南昌大学教材出版资金资助

普通高等教育教材

化工安全与环保

杜 军 刘玉德 公振宇◎主 编
易玉俊 唐安中 邓 强 章亚芳◎副主编

HUAGONG
ANQUAN
YU
HUANBAO

化学工业出版社
·北京·

内容简介

本书分为化工安全和环境保护两篇。化工安全篇介绍了典型危险化学品及其事故应急救援、危险化工工艺安全技术、化学反应安全风险评估、防火防爆和电气安全、装置运行与维护安全技术、特种设备安全技术、安全评价、化工安全生产管理等安全控制技术；环境保护篇介绍了化工“三废”和物理性污染的综合治理技术。本书不但介绍了安全生产的工作程序、操作方法和控制技术，列举了具体的应用实例，对化工生产过程中的问题提出了具体的安全措施；而且介绍了各类应急预案的编制程序、注意事项和演练要求。本书通过较多的实例说明了各类生产过程安全与环保方法，具有较强的实用性和可操作性。

本书可作为高等教育本科、研究生、高职高专化工类和环保类专业的教材，也可供安全环保人员、企业安全环保生产技术管理人员学习和参考。

图书在版编目（CIP）数据

化工安全与环保 / 杜军，刘玉德，公振宇主编. 北京：化学工业出版社，2026. 3. --（普通高等教育教材）. -- ISBN 978-7-122-49805-2

Ⅰ. TQ086；X78

中国国家版本馆 CIP 数据核字第 2026N76U82 号

责任编辑：廉　静　　　文字编辑：刘　莎　师明远
责任校对：王　静　　　装帧设计：王晓宇

出版发行：化学工业出版社
（北京市东城区青年湖南街 13 号　邮政编码 100011）
印　　装：大厂回族自治县聚鑫印刷有限责任公司
787mm×1092mm　1/16　印张 20¾　字数 538 千字
2026 年 3 月北京第 1 版第 1 次印刷

购书咨询：010-64518888　　　售后服务：010-64518899
网　　址：http://www.cip.com.cn
凡购买本书，如有缺损质量问题，本社销售中心负责调换。

定　　价：68.00 元

PREFACE

前言

化工行业是国民经济的支柱产业，预防安全事故和环境污染的发生，对维护正常的生产和社会秩序起到至关重要的作用。近年来，我国发布了一系列有关安全生产与环境保护的规范和标准，如《首批重点监管的危险化工工艺目录》（安监总管三〔2009〕116号）、《第二批重点监管的危险化工工艺目录》（安监总管三〔2013〕3号）、《危险化学品安全管理条例》（国务院令第591号）、《危险化学品重大危险源辨识》（GB 18248—2018）等。可见，现代化学工业在追求经济利润的同时，必须重视加强厂内外的安全与环保管理，才能避免灾害发生，将危害风险及无形社会损失成本降至最低，达到经营的基本效益。因此，企业越来越渴求具有化工安全和环保技能的人才，大学教育也应适应国家法律和标准与社会进步的需要。

根据国家“新工科”建设和工程教育认证的要求，化工安全与环保课程已列为化工类专业的必修课程。随着对化工安全与环保要求的日益提高，相关教材已无法适应快速发展的化工安全管理及环保防治工作的要求。为着力造就拔尖创新人才，编制面向新时代、适应新发展的《化工安全与环保》教材显得十分必要。

本教材按照化工安全生产和环保的实际需要，由江西省应急管理厅的资深技术专家和具有丰富实践经验的高级工程师们联合编写，丰富的化工安全与环保的实践与管理经验，使教材更贴近化工安全生产和环境保护的实际情况，能充分反映当前及今后化工安全生产与环境保护的管理标准和发展趋势。本教材通过引用大量鲜活的生产安全事故实例，说明事故发生原因，进行事故分析，揭示事故原因，并提出相应的应急预案与防范措施，把规范标准、安全管理、操作要求和应急救援措施有机融合在一起，帮助提高学生解决实际工作中可能遇到的化工安全生产和环境保护方面的各种常见问题的能力。这对学生的专业学习、适应现代化化学工业的发展、培养学生的创新意识和创新能力有明显的促进作用。

本教材共分两篇。第一篇为化工安全篇，包括第二章～第九章，介绍了典型危险化学品及其事故应急救援、危险化工工艺安全技术、化学反应安全风险评估、防火防爆和电气安全、装置运行与维护安全技术、特种设备安全技术、安全评价、化工安全生产管理等安全控制与管理技术。第二篇为环境保护篇，包括第十章～第十五章，介绍了化工“三废”和物理性污染的综合治理技术。教材中个别标记“* ”号的内容为选学，扫描二维码可下载学习。本书能为学生走上工作岗位较快胜任化工安全和环保生产打下良好的知识和技能基础。

本书的第一章、第四章、第七章由杜军和彭海龙编写，第二章、第八章由江西零壹迭代技术服务有限公司的易玉俊编写，第三章、第九章由江西省应急管理科学研究院的刘玉德编写，第五章、第六章由开普工程技术有限公司江西分公司公振宇编写，第十章、第十一章由中国石油化工有限公司九江分公司的唐安中和沈翠林编写，第十二章、第十三章由邓强和江西峰帆工程技术有限公司田泽由编写，第十四章、第十五章由章亚芳编写。

由于编者水平有限，难免有不妥之处。希望读者批评指正，以便再版时修正，编者在此致以深切的歉意。

编者

2025年12月

目录

CONTENTS

《化学安全与环保》二维码资源目录

续表

第一章 绪论

学习目标

通过本章的学习，了解化学工业的特点和化工安全事故的危害，了解国家的安全生产政策，了解化工安全设计和安全生产基本控制技术。主要培养学生的化工安全基本职业素质和化工安全生产基本工作能力。

化学工业是国家的支柱产业，其生产总值约占国民经济的三分之一。世界各主要工业化国家化学工业的发展速度一般均高于整个工业平均发展速度，化学工业的发展水平是衡量一个国家综合国力的重要标志之一。化学工业可按三种方式分类：第一种是不受现行管理体制的局限，将化工产品分成 19 大类，该分类方式与国外化学工业分类方式的可比性较大；第二种分类方式是按与上述产品基本相对应的行业分类，将化学工业分为 20 个行业；第三种是国家统计部门在统计工作中对我国化工行业的分类，较为粗略，但与国际通用的分类接近。化学工业既是加工工业，也是原材料工业；既包括生产资料的生产，也包括生活资料的生产。三种分类方法涉及的化工产品见表 1-1，从中可看出化学工业的产品包括酸碱、无机盐、有机化工原料、合成橡胶、塑料、合成纤维、农药、染料、涂料和颜料、试剂、感光材料、橡胶制品、新型合成材料等，这些产品的生产和加工通常称为“大化工”。

表 1-1 化工产品分类

序号	按产品分类	按行业分类	统计部门的分类
1	化学矿	化学矿	基本化学原料制造业
2	无机化工原料	无机盐	化学肥料制造业
3	有机化工原料	有机化工原料	化学农药制造业
4	化学肥料	化学肥料	有机化学品制造业
5	农药	化学农药	合成材料制造业
6	高分子聚合物	合成纤维单体	日用化学产品制造业
7	涂料、颜料	涂料、颜料	其他化学工业
8	染料	染料和中间体	医药工业
9	信息用化学品	感光和磁性材料	化学纤维工业
10	试剂	化学试剂	橡胶制品业
11	食品和饲料添加剂	石油化工	塑料制品业
12	合成药品	化学医药	

续表

序号	按产品分类	按行业分类	统计部门的分类
13	日用化学品	合成树脂和塑料	
14	胶黏剂	酸、碱	
15	橡胶和橡塑制品	合成橡胶	
16	催化剂和助剂	催化剂、试剂和助剂	
17	火工产品	煤化工	
18	其他化学产品	橡胶制品	
19	化工机械	化工机械	
20		化工新型材料	

整个国民经济由一个个相互联系、相互制约且相对独立的生产企业等经济组织组成。企业经济是构成国民经济的基础，企业经济目标的完成和企业的发展需要安全生产的保障。如果一个企业事故频发、劳动者职业危害严重，生产就不可能稳定，产品质量就不可能优异，企业就无商誉可言，也就不可能在竞争中处于有利地位，更不可能在同行业中获得高于平均收益率的利润。安全事故可能会导致企业蒙受巨大的损失和严重的人员伤亡，还会带来不良的社会影响。

因此，企业安全生产同国民经济是不可分割的整体。没有安全生产的保证体系，就不可能有企业的经济效益；没有企业的经济效益，国民经济目标就不可能实现。所以安全生产是实现国民经济目标的重要途径。现代社会中，由技术风险引发的意外事故给社会、经济以及人类的生命和健康造成了严重的损害和巨大的损失，生产安全问题引起了社会、政府以及学术界的极大关注。我国对安全与经济的关系做了深入的探讨。研究表明，在必要、有效的前提下，安全生产的投入具有明显、合理的产出。据财政部测算，20 世纪 90 年代我国的安全生产投入产出比是 1∶5.83，2025 年企业安全生产投入产出比将优化至 1∶8.7。显然安全生产投入有较大的经济效益，因此，生产经营单位负责人应转变长期以来将安全当作“包袱”或“无益成本”的不明智的观点。

安全生产的价值不在于生产什么，而在于如何生产，以及如何创造优质高效的生产、实现产品质量安全。它通过最终提高产品使用价值（通常由许多工序和多个方面共同创造）的劳动来体现，不能简单认为最后产出产品的环节才是使用价值的创造者。安全劳动和生产劳动同属于企业生产活动。从保障生产顺利进行的意义上说，安全劳动处于特殊地位并起着特殊的作用。它的特殊地位和特殊作用在于能够保障决策劳动和生产劳动，将生产的必要性和可能性变为现实。安全生产对社会经济的影响，不仅表现在减少事故造成的经济损失方面，还体现在对经济的“贡献率”——安全也是生产力。因此，重视安全生产工作、加大安全生产投入与促进国民经济持续、健康、快速发展和坚持以经济建设为中心是完全一致的。

化工企业涉及石油化工厂、氯碱厂、染料厂、化肥厂、焦化厂、农药厂、涂料厂、气体厂等，化学工业的生产过程主要表现为化学反应或化学产品加工，物料介质有易燃、易爆、有毒、有腐蚀性等危险性质，生产设备有泵、压缩机、反应釜、精馏塔、吸收塔、压力容器、压力管道等，生产过程具有高温、高压、低温、毒性、腐蚀性、燃烧性、爆炸性、电伤害、机械伤害等危险性。化工企业大多占地面积大、生产装置庞大、投资大、建设周期长、产品附加值高。目前，化工生产装置基本实现规模化、密闭化、连续化、自动化、敞开化等形式，按照科学发展观，认真研究和处理好化学工业中的安全问题，坚持“安全第一、预防为主、综合治理”的安全生产方针，对化学工业乃至整个社会的经济效益和发展都有重要的意义。

第一节　安全生产的意义

一、现代化学工业生产的特点

（1）化工生产中涉及的危险物品多。生产原料、半成品和成品种类繁多，很多是易燃、易爆、有毒、有腐蚀性的危险化学品，在生产、使用、运输等管理环节中存在火灾、爆炸、中毒和烧伤等隐患。

（2）化工生产的工艺条件苛刻。化工生产过程存在高温、高压、密闭或深冷等特定条件，必须采取相应的技术措施防范安全事故。

（3）生产规模大型化、生产过程连续化和自动化。生产装置由室内走向露天；生产操作由分散控制变为集中控制。采用大型装置有利于提高劳动生产率，同时也带来了更大的安全风险。

（4）高温、高压设备多。化工生产过程离不开高温、高压，这些设备多为密闭式，能量集中，如果在设计制造中不按规范进行，质量不合格，或在操作中出现失误，就会发生灾害性事故。

（5）工艺复杂，操作要求严格。一种化工产品由多个化工单元操作和若干台特殊要求的设备和仪表联合组成生产系统，形成工艺流程长、技术复杂、工艺参数多、要求严格的生产线。要求任何人不得擅自改动，要严格遵守操作规程，操作时要注意巡回检查、纠正偏差，严格交接班，注意上下工序联系，及时消除隐患，否则将会导致生产事故的发生。

（6）事故多，损失重大。化工行业几乎每年都会发生重大事故，造成人员伤亡，给企业造成重大经济损失。事故中有70%以上是人为因素造成的。因此，要提高职工素质，进行安全教育和专业技能教育。

化工生产过程中处处存在危险因素、事故隐患，一旦失去控制，事故隐患就会转化为事故。而这些事故往往是燃烧、爆炸、毒害、污染等同时发生，会对人身、财产和环境造成巨大的伤害和破坏。因此，化学工业较其他工业生产部门对人员和环境的安全具有更大的危险性。

二、安全生产的意义

在化工生产中涉及易燃、易爆、有毒、有腐蚀性的危险化学品，大量酸、碱等腐蚀性物料会造成设备基础下陷、管道变形开裂、泄漏、破坏绝缘、仪表失灵等，严重影响正常的生产，危害人身安全。因此安全生产是化工生产的关键问题。安全和危险是对立统一的，所谓安全是预测危险并消除危险，不使人身受到伤害，不使财产遭到损失。

（1）安全生产是化工生产的前提条件。化工生产具有易燃、易爆、易中毒、高温、高压、有腐蚀性的特点，与其他行业相比，其危险性更大。操作失误、设备故障、仪表失灵、物料异常等，均会造成安全事故。化工事故现场见图1-1。无数的事故事实表明，没有安全生产基础，现代化工就不可能健康正常地发展。

（2）安全生产是化工生产的保障。只有实现安全生产，才能充分发挥现代化工生产的优

(a) 爆炸事故现场　(b) 燃烧事故现场

(c) 泄漏事故现场　(d) 触电事故现场

图 1-1　化工事故现场

势，确保装置长期、连续、安全地运行。如果发生事故，则装置不能正常运行，必然会造成经济损失。

（3）安全生产是化工生产的关键。化工新产品的开发和试生产必须先解决安全生产问题，否则就不能形成实际生产过程。

总之，化工企业应在生产过程中防止各类事故的发生，确保生产装置连续、正常运转。

第二节　典型化工安全与污染事故的危害

一、典型安全事故的巨大破坏性

随着生产技术的发展和生产规模大型化，安全生产已成为社会问题。一旦发生火灾和爆炸事故，不但会导致生产停止、设备损坏、生产链中断，使社会生产力下降，还会造成人员伤亡、环境污染，给国家和人民造成无法估量的损失和难以挽回的影响。

安全生产已成为化工生产发展的关键问题。装置规模的大型化、生产过程的连续化是现代化工生产发展的方向。企业在充分提高产能的同时，必须安全生产，确保生产装置长期、连续、稳定地安全运行。规模越大，生产越连续，一旦发生事故，损失就越大。

二、典型化工污染事故的极端危害性

环境污染作为一个重大的社会问题，是从工业革命时期开始的。随着科学技术、工业生产、交通运输、全球经济的不断发展，尤其是化学工业的崛起，化工企业分布过分集中、城市人口过分密集，环境污染由局部逐步扩大到区域，由单一的大气污染扩展到大气、水体、土壤和食品等多领域的污染，最终酿成了一系列震惊世界的公害事件。

以下为世界八大公害事件，其中有五个属于大气污染事件：

(1) 1930 年 12 月 1—5 日比利时马斯河谷烟雾事件。
(2) 1948 年 10 月 26—31 日美国宾州多诺拉大气污染事件。
(3) 20 世纪 40 年代初期美国洛杉矶光化学烟雾事件。
(4) 1952 年 12 月 5—8 日英国伦敦烟雾事件。
(5) 1953—1956 年日本熊本县甲基汞中毒事件。
(6) 1955—1972 年日本富山县神通川流域骨痛病事件（镉污染)。
(7) 1961 年日本四日市哮喘事件。
(8) 1968 年 3 月日本北九州市、爱知县米糠油中毒事件。

第三节 我国安全事业与环境保护

一、我国的安全生产事业

由于安全事故危害的直观性和直接性，与化工环境保护问题相比，人们对化工安全生产问题的研究更早、更深刻，也更重视。

我国颁布了《中华人民共和国安全生产法》、《石油化工企业设计防火规范》(GB 50160—2008)、《石油化工企业职业安全卫生设计规范》(SH/T 3047—2021)、《石油化工有毒、可燃介质钢制管道工程施工及验收规范》(SH/T 3501—2021) 等系列劳动保护和安全生产的法律法规、标准、规范，逐步使安全生产法治化、规范化、标准化、系统化、科学化。

(一) 工程建设“三同时”原则

1978 年发布的《中共中央关于认真做好劳动保护工作的通知》以及 1983 年发布的《国务院批转劳动人事部、国家经委、全国总工会关于加强安全生产和劳动安全监察工作的报告的通知》均明确规定：凡是新建、改建、扩建的工矿企业和技改工程项目，都必须有保证安全生产和清除有毒、有害物质的设施，这些设施要与主体工程同时设计、同时施工，同时投入使用（即工程建设“三同时”)。

(二) 安全生产“五同时”原则

在生产活动中，企业的各级领导必须实行安全和生产的“五同时”原则：在计划、布置、检查、总结、评比生产时，同时进行计划、布置、检查、总结、评比安全工作。

(三) 安全生产“三不放过”原则

万一发生了事故，除必须按规定向各级安全生产监督管理机构及时报告外，为了防止同类事故再次发生，还必须贯彻事故处理“三不放过”原则：事故原因分析不清不放过，事故责任人没有受到教育不放过，没有采取防范措施不放过。

二、我国的环境保护事业

随着环境问题日益严重，人们对环境问题的认识也在不断发展和提高。世界各国先后制定了有关环境保护的条例和规定。日本于 1967 年制定了《公害对策基本法》。美国国会于 1949 年通过了《国家环境政策法》。1972 年，联合国在斯德哥尔摩召开了人类环境会议，会议通过了《人类环境宣言》。在此之后许多国家相继把环境问题摆上国家的议事日程，建立环保管理机制，制定相关法律，加强管理和指导，并采用新技术，使部分环境污染得到了有效控制。

我国的环境保护事业进展过程如下：

1972 年，出席斯德哥尔摩联合国人类环境会议。

1973 年，从中央到地方陆续建立环境管理机构和科研教育机构。

1979 年 9 月，通过《中华人民共和国环境保护法（试行）》。

1984 年，成立国务院环境保护委员会，将城乡建设环境保护部环境保护局改为国家环境保护局。

1989 年 12 月，正式通过《中华人民共和国环境保护法》，为制定其他的环保法规提供了依据。

1999 年上半年，发布了 6 部环境法律和 9 部相关资源法律，国务院发布了 29 件环境法规。环保部门发布了 70 多件环境规章，地方环境法规达 100 多件，形成了由国家法律和地方法律相结合的环境保护法律体系。

此后，政府相关部门多次联合提出数批限期治理的严重污染环境的企业名单，并下令关闭一大批严重污染环境而又无法改造的企业，我国环保工作取得了实质性进展，还建立了环境管理的八项制度："三同时"制度、环境影响评价制度、排污收费制度、环境保护目标责任制、排污许可证制度、城市环境综合治理与定量考核制度、污染集中控制制度、污染限制治理制度。

第四节　贯彻预防战略，搞好化工安全生产和环境保护

人们对安全生产和环境保护重要性的认识过程：从不重视到重视，从少数从业人员重视到普通大众普遍重视。

解决安全生产和环境保护问题方式的转变：从事后处理、被动处理到事前消除、主动防范。

现在我国对建设项目的安全和环保设施均要求执行"三同时"的方针，均要求进行风险评估，即安全评估和环境影响评估。从项目的规划开始就应考虑安全和环保问题，贯穿于项目设计、施工、投产各个阶段。

从事安全和环保的专业人员要考虑安全生产，从事工艺、设备、建筑、仪表、控制等领域的专业人员也要考虑，尤其工艺技术人员负有特别重要的责任。因为工艺路线和原料路线的选择、厂址的选择、车间和设备的布置、设备的选型以及设备、电气、仪表、建筑等设计条件的提出和确定，都由工艺技术人员负责，而这些因素都与环保和安全问题息息相关。

化工企业的经营管理者和技术管理者应主动认真地贯彻安全和环保的预防战略，充分认识到安全和环保是现代化工生产技术的两个必要组成部分，从源头解决安全和环保问题，采用本质安全和环保的"绿色产品生产技术、工艺、工程"，实现化工清洁生产，使化工生产在安全和环保问题上变被动为主动。

一、安全设计技术

（一）安全设计过程的要求

一个工程项目从设想到建成投产这一阶段称为基本建设阶段，这个阶段可以分为三个时

期，即投资决策时期、投资时期和生产时期。在投资决策时期，主要是做好技术经济分析工作，以选择最佳方案，确保项目建设顺利进行和取得最佳经济效果。这项工作在国外分为机会研究、初步可行性研究、可行性研究、评价和决策等阶段。国内的做法稍有不同，分为项目建议书、可行性研究、编制计划任务书及扩大初步设计等阶段。投资时期包括谈判和订立合同、设计、施工、试运转等阶段。生产时期即正式投产后进行生产。基本建设阶段的工作大部分是与设计工作密切相关的，有些工作甚至直接由设计工作者完成，是设计工作的一个组成部分。

一般按工程的重要性、技术的复杂性并根据计划任务书的规定，可将项目工程设计分为三段设计、两段设计和一段设计。

设计重要的大型企业以及使用比较新或比较复杂的技术时，为了保证设计质量，可以按初步设计、扩大初步设计、施工图设计三个阶段进行。

① 初步设计。根据计划任务书，对设计对象进行全面的研究，探求在技术上可能、经济上合理的最符合要求的设计方案。初步设计阶段应编写初步设计说明书。

② 扩大初步设计。一般是根据已批准的初步设计，解决初步设计中的主要技术问题，使之进一步明确化、具体化。在扩大初步设计阶段应编写扩大初步设计说明书及工程概算书。

③ 施工图设计。根据已批准的扩大初步设计进行，是进行工程施工的依据，为施工全过程服务。在此设计阶段的设计成品是详细的施工图纸和必要的文字说明书以及工程预算书。

技术上比较成熟的中小型工厂，一般按初步设计和施工图设计两个阶段进行设计。

技术上比较简单、规模较小的工厂或个别车间的设计，可直接进行施工图设计，即一段设计。

总之，设计阶段的划分，需按上级的要求、工程的具体情况和设计能力等条件来决定。

在安全设计的各阶段，需事先充分审查并制订与各个环节有关的必要安全措施。另外，通常在设计阶段中，各技术专业也要同时进行研究，对安全设计必须进行特别慎重的审查，以彻底消除考虑不周之处和设计缺陷。例如化工设备是按图加工和安装的，在进入制造阶段以后就难以发现问题，即使发现问题，也很难采取完备的改善措施。

在安全设计方面一般要求附加下列内容：

① 按化工建设生产程序进行设计和审查。

② 各技术专业都要进行安全审查，制订检查表就是其方法之一。

③ 审查部门或设计部门在设计后期进行综合审查。在综合审查中要尽量多地征求工艺、设备、电控、自动化、安全、技术管理、生产运行等相关专业的意见，提高安全性、可靠性。

④ 将设计委托给外部的专业公司完成时，要建立对安全设计的充分检验和管理体制。

（二）安全设计过程的基本内容

安全设计过程的基本内容包括：

（1）装置结构与材料的安全设计。

（2）过程安全装置设计。

（3）引燃、引爆能量的安全设计。

（4）危险物处理安全设计。

（5）电力及动力系统安全设计。

（6）防止误操作的安全设计。
（7）防止意外事故破坏或扩展的安全设计。
（8）平面布置安全设计。
（9）耐火结构安全设计。
（10）防止火灾蔓延及爆炸扩展的安全设计。
（11）流体局限化安全设计。
（12）消防灭火系统安全设计。
（13）报警、通信系统安全设计。

二、安全控制技术

（一）工艺安全控制技术

1. 工艺安全与危险因素分析

（1）安全生产工艺。现代化工生产操作过程越来越复杂化和多样化，在生产过程中，开车和停车都有一定程序和操作步骤，因此需制订安全措施，加强生产调度，及时消除异常现象。

在化工生产过程控制系统中，监视和管理整个生产过程至关重要。监视生产过程的变化，采集生产过程的实时数据和历史数据，有助于寻找出过程中的危险因素、优化工艺条件以及分析过程操作。

（2）影响安全生产的工艺危险因素。在生产过程中，各种危险因素和工艺设备特性的改变以及操作的稳定性均会影响安全生产，这些影响因素如下：

① 原材料的性质和组成变化。在工业生产过程中，原料性质及成分的变化会严重影响生产的安全运行。

② 产品的变化。市场变化要求改变产品规格型号或更新产品，但太频繁的变化操作会影响生产，产生不安全的危险因素。

③ 设备的安全可靠性。生产装置设备的增减或损坏或被占用，都会影响生产负荷的变化。

④ 能力匹配。相邻装置或工厂的生产能力要匹配，以满足整个生产过程物料与能量的平衡与安全运行的需要。

⑤ 生产设备特性的漂移。在化工生产设备中，某些重要设备的特性会随着生产过程的进行而发生变化，如结垢会影响热交换器的传热效果，化学反应器中催化剂的活性随化学反应的进行而衰减，有些管式裂解炉随着生产的进行而结焦等。这些特性的漂移和扩展的问题都将严重影响装置的安全运行。

⑥ 控制系统失灵。仪表自动控制系统是监督、管理、控制工业生产的关键手段，自动控制系统本身的故障或特性变化也是生产过程的主要危险因素。例如，测量仪表工作时产生的噪声、零点的漂移，控制过程特性改变而控制器的参数没有及时调整以及操作者的操作失误等，这些都是影响装置安全运行的因素。

现代化工生产规模大，设备关联紧密，因此安全稳定生产至关重要。例如，炼油工业中的催化裂化生产过程采用固体催化剂流态化技术，该生产过程不仅要求物料和能量保持平衡，而且要求压力保持平衡，使固体催化剂保持在良好的流态化状态。再如，芳烃精馏生产过程中，各精馏塔之间不仅物料紧密相连，而且采用热集成技术，前后装置的热量耦合在一起。

2. 工艺参数的安全控制

化工生产过程中，工艺参数主要是指温度、压力、流量、液位及物料配比等。应按工艺要求严格控制工艺参数在安全限度以内，实现化工安全生产。

（二）仪表自控安全技术

（1）自动检测系统。对机器、设备及过程自动进行连续检测，显示并记录工艺参数等变化情况的自动化系统。从信号连接关系上看，将工艺参数如压力、流量、液位、温度、物料成分等信号送往自动装置，自动装置将此信号变换、处理并显示出来。

（2）自动调节系统。通过自动装置，使工艺参数保持为定值的自动化系统。工艺系统保持给定值是稳定正常生产所要求的。从信号连接关系上看，欲了解参数是否在预定值上，就需要进行检测，即把对象的信号送往自动装置，与预定值比较后，将一定的命令送往对象，驱动阀门产生调节动作，使参数趋近于给定值。

（3）自动操纵系统。对机器、设备及过程的启动、停止及交换、接通等工序，由自动装置进行操纵的自动化系统。操作人员只要对自动装置发出指令，全部工序即可自动完成，可以有效地降低操作人员的工作强度，提高操作的可靠性。

（4）自动信号、联锁和保护系统。机器、设备及过程出现异常时，会发出警报或自动采取措施，以防止事故发生、保证安全生产的自动化系统。这类系统中，有一类仅负责发出报警信号，通常由电接点、继电器及声光报警装置组成。当参数超出容许范围后，电接点使继电器动作，利用声光报警装置发出报警信号。另一类是不仅报警，而且自动采取措施。例如，当参数进入危险区域时，自动打开安全阀，或在设备不能正常运行时自动停车，并将备用的设备接入等。这类系统通常也由电接点及继电器等组成。

上述四种系统都可以在生产操作中起到控制作用。自动检测系统和自动操纵系统主要是使用仪表和操纵机构，若需调节则尚需人工操作，故通常称为“仪表控制”。自动调节系统则不仅包括检测和操作，还可通过参数与给定值的比较和运算来进行调节，因此也称为“自动控制”。

（三）安全用电控制技术

（1）防爆电气设备。一般按照技术标准，根据易燃性气体、蒸气或粉尘存留的危险性将危险场所分类，再根据危险场所的种类来选择适合的防爆电气设备。

一般要根据装置的种类、环境等不同情况确定危险场所的种类，电气设备的主要防爆结构如下。

① 耐压防爆结构是全封闭结构，即使容器内部发生爆炸，也能承受爆炸压力，结构中的隔爆间隙可防止外部的爆炸性气体被引爆，如图 1-2（a）所示。

② 油浸防爆结构是将有可能产生火花或电弧的部分浸在油中，从而使油面上的爆炸性气体不会被引爆，如图 1-2（b）所示。

③ 充气防爆结构是通过在容器内部充入保护气体（新鲜的空气或不燃性气体）而保持内压，以此防止爆炸性气体侵入。根据内压的保持方式分为通风式［图 1-2（c）］、充压式、封闭式三种。

④ 增安防爆结构是一种对在运转中不得产生火花、电弧或过热的部分在温升或结构上特殊增加安全系数的结构。

⑤ 本安防爆结构是经指定检测机构的点火试验检验确认，在运转过程中以及因短路、接地、断路等产生的火花、电弧或热量不会引燃爆炸性气体的结构。

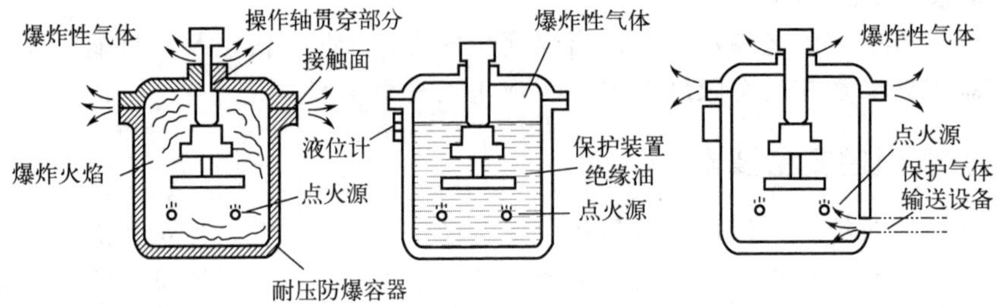

(a) 耐压防爆结构　(b) 油浸防爆结构　(c) 充气防爆结构(通风式)

图 1-2　主要的防爆结构

(2) 防静电措施。液体在配管中流动时，由于摩擦而产生静电，由液体本身输送电荷而产生流动电流。液体的固有电阻越大，产生的静电越多，各种化学物质的固有电阻如表 1-2 所示。一般认为固有电阻为 $10^{10}\sim10^{15}\Omega\cdot cm$ 的液体中会产生危险的静电，在 $10^{13}\Omega\cdot cm$ 时最危险，如果固有电阻在 $10^{6}\Omega\cdot cm$ 以下，即可视为无静电荷积聚。液体产生的电流大小与其流速的 1.75 次方成正比。

表 1-2　各种化学物质的固有电阻

物质名称	固有电阻/(Ω·cm)	物质名称	固有电阻/(Ω·cm)
原油	$10^{7}\sim10^{9}$	氯乙烯单体	1.3×10^{10}
重油(C)	$8.1\times10^{8}\sim8.6\times10^{8}$	丙酸丁酯	1.6×10^{9}
轻油	$1.8\times10^{12}\sim3.1\times10^{12}$	乙酸丁酯	9.2×10^{8}
煤油	$9.0\times10^{10}\sim7.3\times10^{14}$	乙酸乙酯	1.7×10^{7}
喷气发动机燃料(JP-4)	$9.9\times10^{11}\sim2.8\times10^{14}$	乙二醇乙醚	5.8×10^{6}
喷气发动机燃料(JP-1)	$9.2\times10^{13}\sim2.7\times10^{14}$	乙酸	$10^{7}\sim10^{8}$
粗汽油、汽油	$1.7\times10^{14}\sim5.9\times10^{13}$	苯酚	4×10^{6}
苯	1.6×10^{13}	甲醇	$<4\times10^{6}$
甲苯	2.5×10^{13}	变性乙醇	$<4\times10^{6}$
二甲苯	2.8×10^{11}	丁醇	$<4\times10^{6}$
二硫化碳	7.5×10^{11}	丙酮	$<4\times10^{6}$
四氯化碳	1.0×10^{14}	甲基乙基甲酮	$<4\times10^{6}$
四氯乙烯	5.0×10^{13}	甲基异丁基甲酮	$<4\times10^{6}$
氯乙烯	6.1×10^{11}	乙二醇乙醚	$<4\times10^{6}$

容器内流入石油类物质或溶剂时，电位随时间的变化而发生增减，流入几分钟内达到最高电位，如果停止流入，则随时间的推移电荷渐渐分散。分散时间因油品种类、容量及流入量的大小而异。在搅拌或过滤固有电阻高的液体时也会产生静电。有压力的气体夹带液滴喷射时和液体呈雾沫状同其蒸气一起喷射时也会产生静电，带电量因湿度不同而不同，湿度在 60%以下时，由于静电难以分散到大气中，所以会因电荷量增加而呈危险状态。

储罐或塔槽类等设备及其附带的配管等全部金属部分应进行电气连接（接线），以防产生电位差，为了分散电荷要进行接地，接地电阻通常为 10Ω 以下；为了避免流入时流体雾化冲击产生静电，储罐的进料管要设置在储罐的下部，并且设在计量口的对面一侧。另外，储罐内液体的搅拌应采用机械搅拌，避免采用空气或蒸汽；设计的设备和储罐的初始装料速度应在 1 m/s 以下，按照管道的大小确定安全流速；油罐车或油罐汽车的装卸场所应设置供接线及接地的设备。油轮的码头应设置使油轮和配管电位相同的接地开关。另外，根据需要，油轮和陆地配管之间应设置绝缘连接器；为了迅速消散静电，应在环境相对湿度达到65%以上的设备上设置防静电跨接连接，见图 1-3（a）。在室内应喷蒸汽、洒水或采用空调设备，在室外应设置地面洒水设施。

（3）防雷电。雷电是大气中产生的一种静电，雷击所产生的最高温度瞬间可达10000℃左右，其压力最大可达 10MPa 左右，具有极大的破坏力。往往产生雷电地区最高的构筑物容易遭受雷击，周围较低的构筑物受到保护免受直接雷击，其中保护区范围是从最高构筑物的顶点开始，与垂直线成 60°保护角的圆锥面。为了防止因雷击而破坏构筑物，可采取用线等导体将雷电流释放到地下的方法，来防止发热、机械性破坏。有关技术标准对避雷针等防雷措施做了规定：高度超过 20m 的构筑物应设置避雷针，但对铁构架、塔、钢制储罐等导电性好的构筑物可以不设置避雷针，只进行接地即可。常见的防雷防静电措施见图 1-3。

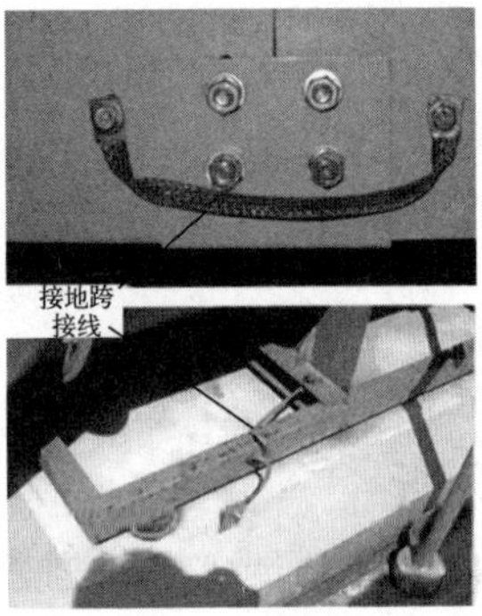

(a) 防静电跨接连接

(b) 防静电工作服

(c) 生产区防雷

(d) 建筑物防雷

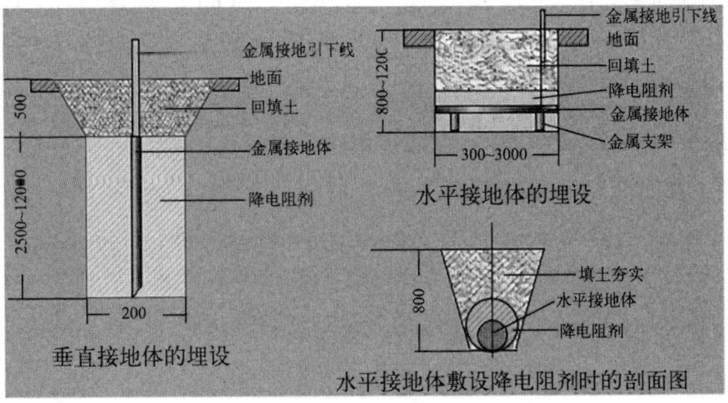

(e) 防雷防静电接地(单位：mm)

图 1-3　防雷防静电措施

（4）杂散电流。虽然电气设备或周围的电缆桥架绝缘性很好，但仍有极微量的电流流入构筑物或大地中，这些电流被称为杂散电流。该电流通常是低压电流，当构筑物大面积与地面接触时，就会造成较高的电压，有可能发生电火花。另外，即使是低压电流，有时也会促使地下管道发生电化学腐蚀。目前，虽然对杂散电流还不能避免，也不能进行检验或计算，但作为安全和防静电措施，进行接地处理即可。另外，电缆桥架的引入线与主线之间也需要绝缘接地。

任务案例

（1）2022年中国石油石化院“7·21”催化剂泄漏燃烧事故。

1.1 中国石油石化院
“7·21”催化剂泄漏燃烧事故

（2）一起倾倒汽油导致的静电燃爆事故分析。

1.2 一起倾倒汽油导致的
静电燃爆事故分析

课后任务

一、情景分析

一起倾倒汽油导致的静电燃爆事故分析

2019年8月9日，深圳市龙岗区一汽修店员工将拆卸油箱内的汽油倒入塑料桶，在移动塑料桶时，引发静电燃爆事故并蔓延成灾。此类事故虽然易发生在油库、加油站，但其他易燃易爆场所同样不应被忽视。事实上，《防止静电事故通用导则》（GB 12158—2006）对该类操作有明确的规定：在使用小型便携式容器灌装易燃绝缘性液体时，宜用金属或导静电容器，避免采用静电非导体容器，对金属容器及金属漏斗应跨接并接地。

请分析该事故的教训并提出相应的防范措施。

二、综合复习

（1）化学工业的特点是什么？化工装置建设过程是什么？化工生产的危险性主要体现在哪些方面？

（2）如何合理选择防爆电气设备？

（3）安全生产的劳动价值是什么？安全生产的主要任务是什么？

第一篇

化工安全篇

第二章 典型危险化学品及其事故应急救援

学习目标

在熟悉危险化学品分类及危害的基础上，熟悉危险化学品事故类型及特点，认识危险化学品事故的严重性，进而做好危险化学品事故应急救援工作。在掌握危险化学品事故应急救援的基本任务、基本形式，熟悉危险化学品事故应急救援基本原则、基本程序及预防措施的基础上，正确处置危险化学品火灾、爆炸、泄漏、中毒窒息、化学灼伤等事故，以避免或降低事故所造成的损失。在掌握心肺复苏术、止血术、包扎术、固定术、搬运术等急救技术的基础上，对危险化学品事故中的伤员进行正确、及时的事故现场急救。

第一节 危险化学品及分类

一、危险化学品的定义

危险化学品是指具有毒害、腐蚀、爆炸、燃烧、助燃等性质，对人体、设施、环境具有危害的化学品。

二、危险化学品的分类

危险化学品目前有数千种，其性质各不相同，每一种危险化学品往往具有多种危险性，在多种危险性中，必有一种对人类危害最大。因此，危险化学品的分类，是根据其主要危险特性进行分类的。目前涉及危险化学品分类的标准主要有《危险货物分类和品名编号》（GB 6944—2025）、《化学品分类和危险性公示　通则》（GB 13690—2009）等国家标准。其中GB 13690—2009 对危险化学品的分类如下。

（一）爆炸物

1. 相关概念

爆炸物质（或混合物）是一种固态或液态物质（或物质的混合物），其本身能够通过化学反应产生气体，而产生气体的温度、压力和速度能对周围环境造成破坏。其中也包括发火物质，即使它们不放出气体。

发火物质（或发火混合物）是一种物质或物质的混合物，它旨在通过非爆炸自持放热化学反应产生的热、光、声、气体、烟或所有这些的组合来产生效应。

爆炸性物品是含有一种或多种爆炸性物质或混合物的物品。

烟火物品是包含一种或多种发火物质或混合物的物品。

2. 爆炸物种类

（1）爆炸性物质和混合物。

（2）爆炸性物品，但不包括下述装置：其中所含爆炸性物质或混合物由于其数量或特性，在意外或偶然点燃或引爆后，不会由于迸射、发火、冒烟、发热或巨响而在装置之外产生任何效应。

（3）上述未提及的为产生实际爆炸或烟火效应而制造的物质、混合物和物品。

（二）易燃气体

易燃气体是在20℃和101.3kPa标准压力下，与空气有易燃范围的气体。

（三）易燃气溶胶

气溶胶是指气溶胶喷雾罐，系任何不可重新罐装的容器，该容器由金属、玻璃或塑料制成，内装强制压缩、液化或溶解的气体，包含或不包含液体、膏剂或粉末，配有释放装置，可使所装物质喷射出来，形成在气体中悬浮的固态或液态微粒或形成泡沫、膏剂或粉末或处于液态或气态。

（四）氧化性气体

氧化性气体是一般通过提供氧气，比空气更能导致或促使其他物质燃烧的任何气体。

（五）压力下气体

压力下气体是指高压气体在压力等于或大于200kPa（表压）下装入贮器的气体，或是液化气体或冷冻液化气体。压力下气体包括压缩气体、液化气体、溶解气体、冷冻液化气体。

（六）易燃液体

易燃液体是指闪点不高于93℃的液体。

（七）易燃固体

易燃固体是容易燃烧或通过摩擦可能引燃或助燃的固体。易燃固体为粉状、颗粒状或糊状物质，它们在与燃烧着的火柴等火源短暂接触即可点燃和火焰迅速蔓延的情况下，都非常危险。

（八）自反应物质或混合物

自反应物质或混合物指即使没有氧（空气）也容易发生激烈放热分解的热不稳定液态或

固态物质或者混合物。本定义不包括根据统一分类制度分类为爆炸物、有机过氧化物或氧化物质的物质和混合物。

自反应物质或混合物如果在实验室试验中其组分容易起爆、迅速爆燃或在封闭条件下加热时显示剧烈效应，应视为具有爆炸性质。

（九）自燃液体

自燃液体是即使数量小也能在与空气接触后5min之内引燃的液体。

（十）自燃固体

自燃固体是即使数量小也能在与空气接触后5min之内引燃的固体。

（十一）自热物质和混合物

自热物质是发火液体或固体以外，与空气反应不需要能源供应就能够自己发热的固体或液体物质或混合物；这类物质或混合物与发火液体或固体不同，因为这类物质只有数量很大（千克级）并经过长时间（几小时或几天）才会燃烧。

（十二）遇水放出易燃气体的物质或混合物

遇水放出易燃气体的物质或混合物是通过与水作用，容易具有自燃性或放出危险数量的易燃气体的固态或液态物质或混合物。

（十三）氧化性液体

氧化性液体是本身未必燃烧，但通常因放出氧气可能引起或促使其他物质燃烧的液体。

（十四）氧化性固体

氧化性固体是本身未必燃烧，但通常因放出氧气可能引起或促使其他物质燃烧的固体。

（十五）有机过氧化物

有机过氧化物含有二价—O—O—结构的液态或固态有机物质，可以看作是一个或两个氢原子被有机基替代的过氧化氢衍生物。该术语也包括有机过氧化物配方（混合物）。有机过氧化物是热不稳定物质或混合物，容易放热自加速分解。另外，它们可能具有下列一种或几种性质：易于爆炸分解；迅速燃烧；对撞击或摩擦敏感；与其他物质发生危险反应。

如果有机过氧化物在实验室试验中，在封闭条件下加热时组分容易爆炸、迅速爆燃或表现出剧烈效应，则可认为它具有爆炸性质。

（十六）金属腐蚀剂

腐蚀金属的物质或混合物是通过化学作用显著损坏或毁坏金属的物质或混合物。

第二节　危险化学品的危害和防治措施

一、危险化学品的危害

危险化学品具有高活性与危险性、燃烧性、爆炸性、毒性、腐蚀性和放射性等特性，因此危险化学品大量排放或泄漏后，可能引起火灾、爆炸，造成人员伤亡，污染空气、水、地面和土壤或食物，同时可以经呼吸道、消化道、皮肤或黏膜进入人体，引起群体中毒甚至死亡事故。

（1）危险化学品的活性与危险性。许多具有爆炸特性的物质活性都很强，活性越强的物质其危险性就越大。

（2）危险化学品的燃烧性。压缩气体和液化气体、易燃液体、易燃固体、自燃物品和遇湿易燃物品、氧化剂和有机过氧化物等均可能发生燃烧而导致火灾事故。

（3）危险化学品的爆炸性。除了爆炸品之外，可燃性气体、压缩气体和液化气体、易燃液体、易燃固体、自燃物品、遇湿易燃物品、氧化剂和有机过氧化物等都有可能引发爆炸。

（4）危险化学品的毒性。许多危险化学品可通过一种或多种途径进入人体，在人体达到一定量时，便会引起机体损伤，破坏正常的生理功能，引起中毒。

（5）毒物危害程度分级标准。《职业性接触毒物危害程度分级》（GBZ/T 230—2010）规定了以毒物的急性毒性、扩散性、蓄积性、致癌性、生殖毒性、致敏性、刺激与腐蚀性、实际危害后果与预后等 9 项指标为基础的定级标准。分级原则是依据急性毒性、影响毒性作用的因素、毒性效应、实际危害后果等 4 大类 9 项分级指标进行综合分析、计算毒物危害指数确定。每项指标均按照危害程度分 5 个等级并赋予相应分值（轻微危害，0 分；轻度危害，1 分；中度危害，2 分；高度危害，3 分；极度危害，4 分）；同时根据各项指标对职业危害影响作用的大小赋予相应的权重系数。依据各项指标加权分值的总和，即毒物危害指数，确定职业性接触毒物危害程度的级别。

按《职业性接触毒物危害程度分级》（GBZ/T 230—2010）规定，接触性毒物危害程度共分为轻度危害（Ⅳ级）、中度危害（Ⅲ级）、高度危害（Ⅱ级）和极度危害（Ⅰ级）4 个等级，职业性接触毒物危害程度分级和评分依据见表 2-1，毒物危害指数计算公式如下：

$$\mathrm{THI}=\sum_{i=1}^{n}(k_i F_i) \tag{2-1}$$

式中，THI 为毒物危害指数；k_i 为分项指标权重系数；F_i 为分项指标积分值。

表 2-1　职业性接触毒物危害程度分级和评分依据

分项指标		极度危害	高度危害	中度危害	轻度危害	轻微危害	权重系数
积分值		4	3	2	1	0	
急性吸入 LC_{50}	气体 /(cm^3/m^3)	<100	≥100～<500	≥500～<2500	≥2500～<20000	≥20000	5
	蒸气 /(mg/m^3)	<500	≥500～<2000	≥2000～<10000	≥10000～<20000	≥20000	
	粉尘和烟雾 /(mg/m^3)	<50	≥50～<500	≥500～<1000	≥1000～<5000	≥5000	
急性经口 LD_{50} /(mg/kg)		<5	≥5～<50	≥50～<300	≥300～<2000	≥2000	
急性经皮 LD_{50} /(mg/kg)		<50	≥50～<200	≥200～<1000	≥1000～<2000	≥2000	1
刺激与腐蚀性		pH≤2 或 pH≥11.5；腐蚀作用或不可逆损伤作用	强刺激作用	中等刺激作用	轻刺激作用	无刺激作用	2

续表

分项指标	极度危害	高度危害	中度危害	轻度危害	轻微危害	权重系数
致敏性	有证据表明该物质能引起人类特定的呼吸系统致敏或重要脏器的变态反应性损伤	有证据表明该物质能导致人类皮肤过敏	动物试验证据充分，但无人类相关证据	现有动物试验证据不能对该物质的致敏性作出结论	无致敏性	2
生殖毒性	明确的人类生殖毒性：已确定对人类的生殖能力、生育或发育造成有害效应的毒物，人类母体接触后可引起子代先天性缺陷	推定的人类生殖毒性：动物试验生殖毒性明确，但对人类生殖毒性作用尚未确定因果关系，推定对人的生殖能力或发育产生有害影响	可疑的人类生殖毒性：动物试验生殖毒性明确，但无人类生殖毒性资料	人类生殖毒性未定论：现有证据或资料不足以对毒物的生殖毒性作出结论	无人类生殖毒性：动物试验阴性，人群调查结果未发现生殖毒性	3
致癌性	Ⅰ组，人类致癌物	ⅡA组，近似人类致癌物	ⅡB组，可能人类致癌物	Ⅲ组，未归入人类致癌物	Ⅳ组，非人类致癌物	4
实际危害后果与预后	职业中毒病死率≥10%	职业中毒病死率＜10%；或致残(不可逆损害)	器质性损害(可逆性重要脏器损害)，脱离接触后可治愈	仅有接触反应	无危害后果	5
扩散性(常温或工业使用时状态)	气态	液态，挥发性高(沸点＜50℃)；固态，扩散性极高(使用时形成烟或烟尘)	液态，挥发性中(50℃≤沸点＜150℃)；固态，扩散性高(细微而轻的粉末，使用时可见尘雾形成，并在空气中停留数分钟以上)	液态，挥发性低(沸点≥150℃)；固态，晶体、粒状固体、扩散性中，使用时能见到粉尘但很快落下，使用后粉尘留在表面	固态，扩散性低[不会破碎的固体小球(块)，使用时几乎不产生粉尘]	3
蓄积性(或生物半减期)	蓄积系数(动物实验，下同)＜1；生物半减期≥4000h	1≤蓄积系数＜3；400h≤生物半减期＜4000h	3≤蓄积系数＜5；40h≤生物半减期＜400 h	蓄积系数＞5；4h≤生物半减期＜40h	生物半减期＜4h	1

注：1. 急性毒性分级指标以急性吸入毒性和急性经皮毒性为分级依据。无急性吸入毒性数据的物质，参照急性经口毒性分级。无急性经皮毒性数据且不经皮吸收的物质，按轻微危害分级；无急性经皮毒性数据、但可经皮肤吸收的物质，参照急性吸入毒性分级。

2. 强、中、轻和无刺激作用的分级依据为 GB/T 21604 和 GB/T 21609。

3. 缺乏蓄积性、致癌性、致敏性、生殖毒性分级有关数据的物质的分项指标暂按极度危害赋分。

4. 工业使用在5年内的新化学品，无实际危害后果资料的，该分项指标暂按极度危害赋分；工业使用在5年以上的物质，无实际危害后果资料的，该分项指标按轻微危害赋分。

5. 一般液态物质的吸入毒性按蒸气类划分。

6. $1cm^3/m^3=1ppm$，ppm 与 mg/m^3 在气温为20℃、大气压为101.3kPa(760mmHg)的条件下的换算公式为：$1ppm=24.04/Mr\ mg/m^3$，其中 Mr 为该气体的分子量。

危害程度的分级范围。轻度危害（Ⅳ级），THI＜35；中度危害（Ⅲ级），35≤THI＜50，高度危害（Ⅱ级），50≤THI＜65；极度危害（Ⅰ级），65≤THI。

二、危险化学品危害的防治措施

对危险化学品危害的防治单靠某一种措施是难以奏效的，必须采取一系列的综合措施，多管齐下，方能消除其危害。

（一）组织管理措施

（1）认真贯彻落实安全生产的法律法规。危险化学品从业单位必须严格贯彻执行我国的《中华人民共和国安全生产法》《中华人民共和国职业病防治法》《危险化学品安全管理条例》《使用有毒物品作业场所劳动保护条例》等一系列法律法规。

（2）设置安全卫生管理机构。危险化学品从业单位应设置安全卫生管理机构或明确对危险化学品安全管理的部门，不能使危险化学品的安全管理形成空白。

（3）配备安全卫生管理人员。危险化学品从业单位在管理层应配备安全卫生管理人员，对危险化学品从业人员的安全健康进行管理。

（4）制订安全卫生管理的规章制度。危险化学品从业单位必须制订安全卫生管理的规章制度，规范从业人员的安全行为和卫生习惯。

（二）工程技术措施

（1）坚持“三同时”。危险化学品从业单位进行新建、改建、扩建和技术引进的工程项目时，其安全卫生设施必须与工程主体同时设计、同时施工、同时投入生产使用。对工程设计要进行安全、职业卫生预评价；工程竣工后要进行安全、职业卫生的竣工验收。

（2）采取新技术、新工艺，消除职业危害。危险化学品的生产工艺应尽量采用新技术、新工艺，采用微机控制，隔离操作，避免作业人员直接接触危险化学品。

（3）加强通风，改善作业环境。生产装置尽量采用框架式，使现场的泄漏物易于消散；生产厂房应加强全面通风和局部送风，使作业人员所在环境的空气一直处于新鲜状态。

（4）安全检修，避免事故发生。危险化学品的生产装置都要定期检修。检修时一般都要拆开设备，一旦发生泄漏，就容易引发事故。因此，检修前一定要制订检修方案，办理各种安全作业证，做好防护，专人监护，防止事故发生。

（三）卫生保健措施

（1）职业健康监护。危险化学品从业单位对作业人员都要进行上岗前、在岗期间、离岗时和应急的健康检查，并建立职业健康监护档案。不得安排有职业禁忌的劳动者从事其禁忌作业。

（2）作业环境定期监测。危险化学品作业环境中的危险化学品浓度要定期进行监测，并公布监测结果，监测结果要存档，建立职业卫生档案。

（3）发放保健食品。给从事有毒有害作业的工人发放保健食品，如牛奶等，增强作业人员的体质和抗病能力。

（四）做好个体防护

（1）发放个体防护用品。企业应按国家的规定向作业者发放合格、有效的个体防护用品，如工作服、呼吸防护器、防护手套等，并教会作业人员正确使用。

（2）不佩戴防护用品，不得上岗。作业人员不佩戴好个体防护用品，不得上岗作业。管理人员应严格检查，严格执行。

（3）对防护用品做好检查、维修。企业对防护用品应加强管理，放置在固定地点，定期进行检查，及时进行维修，使其一直处于良好的状态。

第三节 危险化学品事故

危险化学品事故是指由一种或数种危险化学品或其能量意外释放造成的人员伤亡、财产损失或环境污染事故。危险化学品事故后果通常表现为人员伤亡、财产损失或环境污染以及它们的组合。

一、危险化学品事故的特点

（1）突发性。危险化学品事故往往是在没有先兆的情况下突然发生的，不需要一段时间的酝酿。

（2）复杂性。事故的发生机理常常非常复杂，许多着火、爆炸事故并不是简单地由泄漏的气体、液体引发，而往往是由腐蚀等化学反应引起的，事故的原因往往很复杂，并且具有相当的隐蔽性。

（3）严重性。事故造成的后果往往非常严重，一个罐体的爆炸，会造成整个罐区的连环爆炸，一个罐区的爆炸，可能殃及生产装置，进而造成全厂性爆炸。危险化学品事故不仅会因设备、装置的损坏，生产的中断，而造成重大的经济损失，同时，也会造成重大的人员伤亡。

（4）持久性。事故造成的后果，往往在长时间内都得不到恢复，具有持久性。譬如，人员严重中毒后，常常会留下终生无法消除的后遗症；对环境造成的破坏，往往需要几十年的时间进行治理。

（5）社会性。危险化学品事故往往会造成惨重的人员伤亡和巨大的经济损失，影响社会稳定。灾难性事故常常会给受害者、亲历者造成不亚于战争留下的创伤，在很长时间内都难以消除。

［案例 2-1］1976 年 7 月，意大利塞维索一家化工厂爆炸，剧毒化学品二噁英扩散。这次事故使许多人中毒，附近居民被迫迁走，半径 1.5km 范围内植物被铲除深埋，数公顷的土地均被铲掉几厘米厚的表土层。但是，由于二噁英具有致畸和致癌作用，时隔多年后，当地居民的畸形儿出生率大为增加。

二、危险化学品事故的后果

引发危险化学品事故的原因很多，危险化学品种类繁多，所以发生危险化学品事故的后果也大不相同，可引起爆炸、燃烧或中毒，常常会危及人们生命和财产的安全，带来不可估量的严重后果。

（一）危险化学品事故的发生机理

1. 危险化学品泄漏

（1）易燃易爆化学品泄漏→遇到火源→火灾或爆炸→人员伤亡、财产损失、环境破坏等。

（2）有毒化学品泄漏→急性中毒或慢性中毒→人员伤亡、财产损失、环境破坏等。

（3）腐蚀品泄漏→腐蚀→人员伤亡、财产损失、环境破坏等。

（4）压缩气体或液化气体→物理爆炸→易燃易爆、有毒化学品泄漏。

（5）危险化学品泄漏→没有发生变化→财产损失、环境破坏等。

2. 危险化学品没有发生泄漏

（1）生产装置中的化学品→反应失控→爆炸→人员伤亡、财产损失、环境破坏等。

（2）爆炸品→受到撞击、摩擦或遇到火源等→爆炸→人员伤亡、财产损失等。

（3）易燃易爆化学品→遇到火源→火灾、爆炸或放出有毒气体或烟雾→人员伤亡、财产损失、环境破坏。

（4）有毒有害化学品→与人体接触→腐蚀或中毒→人员伤亡、财产损失等。

（5）压缩气体或液化气体→物理爆炸→人员伤亡、财产损失、环境破坏等。

（二）危险化学品在事故中的重要作用

1. 危险化学品在事故起因中的重要作用

（1）危险化学品的性质直接影响到事故发生的难易程度。这些性质包括毒性、腐蚀性、爆炸品的爆炸性（包括敏感度、稳定性等）、压缩气体或液化气体的蒸气压力、易燃性和助燃性、易燃液体的闪点、易燃固体的燃点和可能散发的有毒气体和烟雾、氧化剂和过氧化剂的氧化性等等。

（2）具有毒性或腐蚀性危险化学品泄漏后，可能直接导致危险化学品事故，如中毒（包括急性中毒和慢性中毒）、灼伤（或腐蚀）、环境污染（包括水体污染、土壤污染、大气污染等）。

（3）不燃性气体可造成窒息事故。

（4）可燃性危险化学品泄漏后遇火源或高温热源即可发生燃烧、爆炸事故。

（5）爆炸性物品受热或撞击，极易发生爆炸事故。

（6）压缩气体或液化气体容器超压或容器不合格，极易发生物理爆炸事故。

（7）生产工艺、设备或系统不完善，极易导致危险化学品爆炸或泄漏。

2. 危险化学品在事故后果中的重要作用

事故是由能量的意外释放而导致的。危险化学品事故中的危害能量主要包括如下几个方面。

（1）机械能。主要有压缩气体或液化气体产生物理爆炸的势能，或化学反应爆炸产生的机械能。

（2）热能。危险化学品爆炸、燃烧、酸碱腐蚀或其他化学反应产生的热能，或氧化剂和过氧化物与其他物质反应发生燃烧或爆炸产生的热能。

（3）毒性化学能。有毒化学品或化学品反应后产生的有毒物质，与体液或组织发生生物化学作用或生物物理变化，扰乱或破坏机体的正常生理功能。

（4）阻隔能力。不燃性气体可阻隔空气，造成窒息事故。

（5）腐蚀能力。腐蚀品使人体或金属等物品的接触表面发生化学反应，在短时间内造成明显破损的现象。

（6）环境污染。有毒有害危险化学品泄漏后，往往对水体、土壤、大气等环境造成污染或破坏。

以下案例能充分体现危险化学品事故后果的严重性。

[案例 2-2] 2015 天津港爆炸事件。

2.1 2015 天津港爆炸

[案例 2-3] 印度某农药厂 MIC 泄漏惨案：1984 年 12 月 3 日，美国某公司建在印度中央邦首府博帕尔的农药厂发生异氰酸甲酯（MIC）泄漏事故，导致 4000 名居民死亡，20 万人深受其害，事故经济损失高达近百亿美元，震惊整个世界，成为世界工业史上绝无仅有的大惨案。

危险化学品事故的特点及后果使危险化学品事故应急救援工作的组织与实施显得尤其重要。

三、危险化学品事故应急救援

（一）危险化学品事故应急救援工作的特点

（1）危险性。应急救援工作处在高度危险的环境中，特别是事故原因不明、危险源尚未有效控制的情况下，随时可能造成新的人员伤害。这就要求救援人员树立临危不惧、勇于作战和对人民高度负责的精神。

（2）复杂性。复杂性表现在事故原因的复杂性、救援环境的复杂性，这就为实施救援工作带来一定的困难。因此，救援工作必须采取科学的态度和方法，避免蛮干和防止“人海战术”。在救援过程中采取灵活机动的战略战术，根据事故原因、环境、气象因素和自身技术、装备条件，科学地实施救援。

（3）突发性。突发性使应急救援工作面临任务重、工作突击性强的困难。在条件差、人手少、任务重的情况下，就要求救援人员发扬不怕苦和连续作战的精神，以最小的代价取得最大的效果。

（二）危险化学品事故应急救援的基本原则

危险化学品事故应急救援工作应在预防为主的前提下，贯彻以下原则。

（1）统一指挥的原则。危险化学品事故的抢险救灾工作必须在危险化学品生产安全应急救援指挥中心的统一领导、指挥下开展。应急预案应当贯彻统一指挥的原则。各类事故具有意外性、突发性、扩展迅速、危害严重的特点，因此，救援工作必须坚持集中领导、统一指挥的原则。因为在紧急情况下，多头领导会导致一线救援人员无所适从，贻误时机。

（2）充分准备、快速反应、高效救援的原则。针对可能发生的危险化学品事故，做好充分的准备；一旦发生危险化学品事故，快速做出反应，尽可能减少应急救援组织的层次，以利于事故和救援信息的快速传递，减少信息失真，提高救援效率。

（3）生命至上的原则。应急救援的首要任务是不惜一切代价，维护人民生命安全。事故发生后，应当首先保护所有无关人员安全撤离现场，转移到安全地点，并全力抢救受伤人员，寻找失踪人员，同时保护应急救援人员的安全同样重要。

（4）单位自救和社会救援相结合的原则。单位人员熟悉各方面情况，又身处事故现场，有利于初起事故的救援，在确保单位人员安全的前提下，将事故消灭在初始状态。单位救援人员即使不能完全控制事故的蔓延，也可以为外部救援赢得时间。事故发生初期，事故单位应按照灾害预防和处理规范（预案）积极组织抢险，并迅速组织遇险人员沿避灾路线撤离，防止事故扩大。

（5）分级负责、协同作战的原则。各级地方政府、有关部门和危险化学品单位及相关的单位按照各自的职责分工，实行分级负责、各尽其能、各司其职，做到协调有序、资源共享、快速反应，积极做好应急救援工作。

（6）科学分析、规范运行、措施果断的原则。科学分析是做好应急救援的前提，规范运行是保证应急预案能够有效实施的基础，针对事故现场果断决策采取不同的应对措施是保证救援成效的关键。

（7）安全抢险的原则。在事故抢险过程中，应采取切实有效的措施，确保抢险救护人员的安全，严防抢险过程中发生二次事故。

（三）危险化学品事故应急救援的基本任务

（1）控制危险源。及时控制造成事故的危险源是应急救援工作的首要任务，只有及时控制住危险源，防止事故的继续扩展，才能及时、有效地进行救援。特别对发生在城市或人口稠密地区的化学事故，应尽快组织工程抢险队与事故单位技术人员一起及时堵源，控制事故继续扩展。

(2) 抢救受害人员。抢救受害人员是应急救援的重要任务。在应急救援行动中，及时、有序、有效地实施现场急救与安全转送伤员是降低伤亡率、减少事故损失的关键。

(3) 指导群众防护，组织群众撤离。化学事故发生突然、扩散迅速、涉及范围广、危害大，应及时指导和组织群众采取各种措施进行自身防护，并向上风方向迅速撤离出危险区或可能受到危害的区域。在撤离过程中应积极组织群众开展自救和互救工作。

(4) 做好现场清消，消除危害后果。对事故外溢的有毒有害物质和可能继续对人和环境造成危害的物质，应及时组织人员予以清除，消除危害后果。

(5) 查清事故原因，估算危害程度，向有关部门和社会媒体提供翔实情报。事故发生后应及时调查事故的发生原因和事故性质，估算出事故的危害波及范围和程度，查明人员伤亡情况，做好事故调查报告。

（四）危险化学品事故应急救援的基本形式

危险化学品事故应急救援工作按事故波及范围及其危害程度，可采取三种不同的救援形式。

(1) 事故单位自救。事故单位自救是化学事故应急救援最基本、最重要的救援形式，这是因为事故单位最了解事故的现场情况，即使事故危害已经扩大到事故单位以外区域，事故单位仍须全力组织自救，特别是尽快控制危险源。

(2) 对事故单位的社会救援。主要是指重大或灾害性化学事故，事故危害虽然局限于事故单位内，但危害程度较大或危害范围已经影响周围邻近地区，依靠本单位以及消防部门的力量不能控制事故或不能及时消除事故后果而组织的社会救援。

(3) 对事故单位以外危害区域的社会救援。主要是对灾害性化学事故而言，指事故危害超出本事故单位区域，其危害程度较大或事故危害跨区、县或需要各救援力量协同作战而组织的社会救援。

[案例 2-4] 印度博帕尔市农药厂毒气泄漏事故发生后，政府调动了 4000 余名警察帮助受害者撤离，并在市郊架设大片帐篷，解决 12.5 万人的临时居住问题。还从新德里和孟买调来数百名医务人员参加抢救伤病员。为了避免再次发生泄漏，印度中央联邦政府又于该年 12 月 16 日开始，组织大批技术人员将剩余的 25t 异氰酸甲酯全部作销毁处理，在处理过程中，政府采取了特别保安措施：该农药厂周围岗哨林立，沙袋墙高筑，并用大型褐色帆布包围，印度空军还派遣 3 架能装 5000L 水的直升机，在现场上空向下不停喷洒水雾，仅此一项即持续了 7 天时间。

四、危险化学品事故现场急救

（一）现场急救的基本原则

危险化学品事故现场一般都比较复杂和混乱，救灾医疗条件艰苦，事故后可能瞬间出现大批伤员，而且伤情复杂，大量伤员同时需要救护。所以危险化学品事故现场救治应遵循以下原则。

(1) 立即就地、争分夺秒。该原则强调的是救人和抢险的速度，只有快速行动，才能赢得最终的胜利。

例如，泄漏的有毒气体、挥发性液体导致现场人员中毒的反应速度相当快，往往一口毒气就会造成窒息，因此，现场救护人员要迅速佩戴上呼吸器将中毒者移至安全地点，并立即进行人工呼吸。

（2）先群体，后个人。在救护现场如遇受威胁人数较多的情况时，要遵循“先救受威胁人数较多的群体，后救受威胁的个人”的原则。

（3）先危重，后较轻。当遇到多个需要救治的伤员时，要先救治危重伤员，后救治较轻伤员。如果参与救治的人员较多，可采取分头救治的办法。如果救治中毒者时发现有伤口严重流血时，要按“先治较重部位，后治较轻部位”的原则，进行快速止血包扎，防止中毒者因流血过多而造成死亡；如果救护者多于被救者，应同时进行人工呼吸与伤口包扎。

（4）防救兼顾。深入事故现场进行救人的救援人员一定要加强自身防护。

（5）坚持自救与互救。危险化学品事故具有突发性，因此要求现场作业人员具有自救、互救的能力。

自救是指发生危险化学品事故时，事故单位实施的救援行动以及在事故现场受到事故危害的人员自身采取的保护防御行为。自救是危险化学品事故现场急救工作基本的救援形式。自救行为的主体是企业及职工本身。由于他们对现场情况最熟悉、反应速度最快，发挥救援的作用最大，危险化学品事故现场抢救工作往往通过自救行为能控制或解决问题。

互救（他救）是指发生危险化学品事故时，事故现场的受害人员相互之间的救护以及他人或企业救护队伍或社会救援力量组织实施的一切救援措施与行动。互救是救死扶伤的人道主义和互帮互助的社会主义精神文明的体现。在发生大的危险化学品事故特别是灾害性危险化学品事故时，在本身救援力量有限的情况下，争取他人救助和社会力量的救援相当重要。危险化学品事故应急救援中心在危险化学品事故医疗救援中，会充分发挥急救、技术咨询、指导、培训的作用，为救援工作作出应有贡献。

自救与互救是危险化学品事故应急救援工作中不能截然分开的重要的基本形式。救援人员和企业职工，特别是医务人员必须掌握自救与互救方面的一些基础知识和基本技能，如胸外心脏按压、人工呼吸、防护用品的使用，事故状态下的紧急逃生、撤离，烧伤或触电的现场紧急处置，外伤急救四大技术等，以使现场急救工作成效显著。

（6）现场急救的一般救治原则。

① 立即消除致伤原因，撤离事故现场。

② 将神志不清的伤员置于侧卧位，防止气道梗阻，缺氧者给予氧气吸入，呼吸停止者立即施行人工呼吸，心跳停止者立即施行胸外心脏按压。

③ 皮肤烧伤应尽快清洁创面，并用清洁或已消毒的纱布保护好创面，酸、碱及其他化学物质烧伤者用大量流动清水和足够时间（一般 20min）进行冲洗后再进一步处置，禁止在创面上涂敷消炎粉、油膏类药物，眼睛灼伤后要先彻底冲洗。

④ 如严重中毒要立即在现场实施病因治疗及相应对症、支持治疗；一般中毒伤员要平坐或平卧休息，密切观察监护，随时注意病情的变化。

⑤ 骨折，特别是脊柱骨折时，在没有正确固定的情况下，除止血外应尽量少动伤员，以免加重损伤。

⑥ 勿随意给伤员饮食，以免呕吐物误入气管内。

⑦ 将伤员放置于空气新鲜、安全清静的环境中。

⑧ 防止休克，特别是要注意保护心、肝、脑、肺、肾等重要器官。

（二）现场急救的基本方法

以有毒物质泄漏事故为例：

(1) 安全进入事故毒物污染区，切断毒物来源。救援人员必须佩戴空气呼吸器、防毒防化服等个人防护用品，在保证自身安全的前提下安全迅速地进入事故现场进行救援工作。救援人员在进入事故现场后，应迅速采取果断措施切断毒物的来源，防止毒物继续外溢。对已经逸散出来的有毒气体或蒸气，应立即采取措施降低其在空气中的浓度，为进一步开展抢救工作创造有利条件。

(2) 迅速将伤员脱离污染区，转移到通风良好的场所。在转移伤员过程中要沉着、冷静，不要强抢硬拉，防止造成骨折。如伤员已有骨折或外伤，则要注意包扎和固定。

(3) 彻底清除毒物污染，防止继续吸收。先脱去受污染的衣物，然后用大量微温的清水冲洗被污染的皮肤；对于能被皮肤吸收的毒物及化学灼伤，应在现场用清水或其他解毒剂、中和剂冲洗。

(4) 对患者进行现场急救治疗，迅速抢救生命。将伤员从现场转移出来后，要采取正确的方法进行紧急救护。首先应松解伤员的衣扣和腰带，维护呼吸道畅通，并注意保暖；然后去除伤员身上的毒物，防止毒物继续侵入人体；再对伤情进行初步检查，重点检查伤员是否有意识障碍、呼吸和心跳是否停止，有无出血或骨折等。对于心脏停止者，立即拳击心脏部位的胸壁或做胸外心脏按压，直接对心脏内注射肾上腺素或异丙肾上腺素，抬高下肢使头部低位后仰；对于呼吸停止者，立即进行人工呼吸，最好用口对口吹气法；人工呼吸和胸外按压可同时交替进行，直至恢复自主心搏和呼吸；最后根据伤员的症状、中毒的途径以及毒物的类型采取相应的急救方法。

(三) 现场急救注意事项

1. 染毒区人员撤离现场的注意事项

(1) 做好防护再撤离。染毒区人员撤离前应自行或相互帮助戴好防毒面罩或者用湿毛巾捂住口鼻，同时穿好防毒衣或雨衣（风衣）把暴露的皮肤保护起来免受损害。

(2) 迅速判明上风方向。撤离现场的人员应迅速判明风向，可利用旗帜、树枝、手帕等来辨明风向。

(3) 防止继发伤害。染毒区人员应尽可能利用交通工具向上风向作快速转移。撤离时，应选择安全的撤离路线，避免横穿毒源中心区域或危险地带，防止发生继发伤害。

(4) 应在安全区域实行急救。遇呼吸心搏骤停的伤员应立即将其运离染毒区，然后就地实施人工心肺复苏，并通知其他医务人员前来抢救，或者边做心肺复苏边就近转送医院。

(5) 发扬互帮互助精神。染毒区人员应在自救的基础上，帮助同伴一起撤离染毒区域，对于已受伤或中毒的人员更是需要他人的救助。

2. 救援人员进入染毒区域的注意事项

(1) 救援人员进入染毒区域，必须事先了解染毒区域的地形、建筑物分布，判断有无爆炸及燃烧的危险、毒物种类及大致浓度，正确选择合适的防毒面具和防护服。

(2) 应至少 2～3 人为一组集体行动，以便互相照应。所用的救援装备须具备防爆功能。

(3) 进入染毒区的人员必须明确一位负责人，指挥协调在染毒区域的救援行动，最好配备一台对讲机随时与现场指挥部及其他救援队伍联系。

3. 开展现场急救工作时的注意事项

(1) 做好自身防护。要备好防毒面罩和防护服，在现场急救过程中要注意风向的变化，一旦发现急救医疗点处于下风向遭受污染时，立即做好自身及伤员的防护，并迅速向安全区域转移，重新设置现场急救医疗点。

(2) 实行分工合作。在事故现场特别是有大批伤员的情况下，现场救援人员应实行分工合作，做到任务到人、职责明确、团结协作。

① 检伤分类组。负责伤员的初检分类。

② 危重伤员急救组。负责危重伤员的现场急救如心肺复苏及其他危急症的处理。

③ 一般伤员救治组。负责一般伤员的处理如冲洗、中和、止血、包扎、复位、固定及其他一般性救护工作。

④ 伤员转运组。视伤员情况给予就地救治后安排车辆转送，特殊伤员在有医学监护的情况下转送。

⑤ 现场调查监测组。对事故现场进行调查分析、空气监测等。

⑥ 现场救援医疗分队。必须明确队长 1 名、副队长 1～2 名，负责现场急救工作的组织、指挥、协调。

(3) 急救处理程序化。为了避免现场救治工作杂乱无章，可事先设计好不同类型的危险化学品事故所应该采取的现场急救程序。如群体化学中毒事故，可采取如下步骤：除去伤员污染的衣物→冲洗→共性处理→个性处理→转送医院。

(4) 注意保护好伤员的眼睛。在为伤员做医疗处置的过程中，应尽可能地保护好伤员的眼睛，切记不要遗漏对眼睛的检查和处理。

(5) 处理污染物。要注意对伤员污染衣物的处理，防止发生继发性损害。

对某些毒物中毒（如氰化物、硫化氢）人员做人工呼吸时，要谨防救援人员再次引起中毒，因此不宜进行口对口人工呼吸。

(6) 初步诊断，处理措施记录在卡片上，并别在病人胸前或挂在手腕上，便于识别，也便于下一步的诊治。移交伤员时手续要完备。

(7) 做好登记统计工作。应做好现场急救工作的统计工作，做到资料完整、数据准确，为日后总结经验教训积累第一手资料。一般应包括如下内容：事故单位、时间、地点、毒物名称、中毒及受伤人员、死亡人数、事故原因、处理经过、危害程度、经济损失、成功的经验与失败的教训。

4. 转送伤员的注意事项

(1) 合理安排车辆。在救护车辆不够的情况下，对危重伤员应在医疗监护的情况下安排急救型救护车转送，中度伤员安排普通型救护车转送，对轻度伤员可安排客车或货车集体转送。

(2) 合理选送医院。转送伤员时，应根据伤员的情况以及附近医疗机构的技术力量和特点有针对性地转送，避免再度转院。如一氧化碳中毒人员宜就近转到有高压氧舱的医院，有颅脑外伤的人员应尽可能转送至有颅脑外科的医院，烧伤严重的伤员应尽可能转送至有烧伤科的医院。但是必须注意避免一味追求医院条件而延误抢救时机。

第四节　典型危险化学品事故应急处置方案

一、火灾事故

（一）扑救危险化学品火灾事故中的处置措施

(1) 迅速扑救初期火灾，关闭火灾部位的上下游阀门，切断进入火灾事故地点的一切物料；在火灾尚未扩大到不可控制之前，应使用移动式灭火器或现场其他各种消防设备、器材扑灭初期火灾和控制火源。

(2) 应迅速查明燃烧范围、燃烧物品及其周围物品的品名和主要危险特性、火势蔓延的主要途径。

（3）先控制，后消灭。针对危险化学品火灾火势发展蔓延快和燃烧面积大的特点，为防止火灾危及相邻设施，可采取以下保护措施：

① 对周围设施及时采取冷却保护措施；

② 迅速疏散受火势威胁的物资；

③ 有的火灾可能造成易燃液体外流，这时可用沙袋或其他材料筑堤拦截飘散流淌的液体或挖沟导流将物料导向安全地点；

④ 用毛毡、海草帘堵住下水井、窨井口等处，防止火势蔓延。

（4）扑救人员应占领上风或侧风阵地进行灭火，并有针对性地采取自我防护措施，如佩戴防护面具、穿戴专用防护服等。

（5）对有可能发生爆炸、爆裂、喷溅等特别危险需紧急撤退的情况，应按照统一的撤退信号和撤退方法及时撤退（撤退信号应格外醒目，能使现场所有人员都看到或听到，并应经常演练）。

（6）火灾扑灭后，仍然要派人监护现场，消灭余火。起火单位应当保护现场，接受事故调查，协助公安消防部门和安全管理部门调查火灾原因，核定火灾损失，查明火灾责任，未经公安消防部门和安全监督管理部门的同意，不得擅自清理火灾现场。

（7）扑救化学品火灾时，绝不可盲目行动，应针对每一类化学品，选择正确的灭火剂和灭火方法来安全地控制火灾。化学品火灾的扑救应由专业消防队来进行。其他人员不可盲目行动，待消防队到达后，介绍物料性质，配合扑救。

（二）不同种类危险化学品的灭火扑救方法

1. 扑救易燃液体火灾的基本方法

（1）首先应切断火势蔓延的途径，冷却和疏散受火势威胁的压力容器及密闭容器和可燃物，控制燃烧范围，并积极抢救受伤和被困人员。

（2）及时了解和掌握着火液体的品名、相对密度、水溶性，以及有无毒害、腐蚀、沸溢、喷溅等危险性，以便采取相应的灭火和防护措施。

（3）对较大的储罐或流淌火灾，应准确判断着火面积。小面积（一般 $50m^2$ 以内）液体火灾一般可用雾状水扑灭，用泡沫、干粉、二氧化碳、卤代烷（1211，1301）灭火一般更有效。大面积液体火灾则必须根据其相对密度、水溶性和燃烧面积大小，选择正确的灭火剂扑救。

（4）比水轻又不溶于水的液体（如汽油、苯等）起火时用普通蛋白泡沫或轻水泡沫灭火。比水重又不溶于水的液体（如二硫化碳）起火时可用水扑救，水能覆盖在液面上灭火。

（5）具有水溶性的液体（如醇类、酮类等）起火，最好用抗溶性泡沫扑救，用干粉或卤代烷扑救时，灭火效果要视燃烧面积大小和燃烧条件而定，还需用水冷却罐壁。

（6）扑救具有毒害性、腐蚀性或燃烧产物毒害性较强的易燃液体火灾，扑救人员必须佩戴防护面具，采取防护措施。

2. 扑救毒害品和腐蚀品火灾的方法

灭火人员必须穿防护服，佩戴防护面具。一般情况下采取全身防护即可，对有特殊要求的物品火灾，应使用专用防护服。扑救时应尽量使用低压水流或雾状水，避免腐蚀品、毒害品溅出。遇酸类或碱类腐蚀品最好调制相应的中和剂稀释中和。浓硫酸遇水能放出大量的热，会导致沸腾飞溅，需特别注意防护。扑救浓硫酸与其他可燃物品接触发生的火灾，浓硫酸数量不多时，可用大量低压水快速扑救；如果浓硫酸量很大，应先用二氧化碳、干粉、卤代烷等灭火，然后再把着火物品与浓硫酸分开。

3. 扑救易燃固体火灾的基本方法

易燃固体一般都可用水或泡沫扑救，相对其他种类的化学危险物品而言是比较容易扑救的，只要控制住燃烧范围，逐步扑灭即可。但也有少数易燃固体的扑救方法比较特殊，如2,4-二硝基苯甲酸、2-硝基萘、萘、黄磷等。2,4-二硝基苯甲酸、2-硝基萘、萘等是能升华的易燃固体，受热产生易燃蒸气，在扑救过程中应不时向燃烧区域上空及周围喷射雾状水，并用水浇灭燃烧区域及周围的一切火源。遇黄磷火灾时，用低压水或雾状水扑救，用泥土、沙袋等筑堤拦截黄磷熔融液体并用雾状水冷却，对磷块和冷却后已固化的黄磷，应用工具转入储水容器中。

4. 扑救遇湿易燃物品火灾的基本方法

遇湿易燃物品能与水发生化学反应，产生可燃气体和热量，有时即使没有明火也能自行着火或爆炸，如金属钾、钠以及三乙基铝（液态）等。因此，当这类物品达到一定数量时，严禁用水、泡沫、酸碱灭火器等湿性灭火剂扑救，应用干粉、二氧化碳、卤代烷等扑救，但金属钾、钠、铝、镁等个别物品用二氧化碳、卤代烷无效。遇湿易燃固体应用水泥、干砂、干粉、硅藻土和蛭石等覆盖。

二、爆炸事故

（一）爆炸事故扑救要点

爆炸事故都是瞬间发生，往往会引发火灾，危险性、破坏性极大，给扑救带来很大困难。因此，在保证扑救人员安全的前提下，应把握以下要点。

（1）迅速判断和查明再次发生爆炸的可能性和危险性，紧紧抓住初次爆炸后和再次发生爆炸之前的有利时机。采取一切可能的措施，全力制止再次爆炸的发生。

（2）切忌用沙土盖压，以免增强爆炸物品爆炸时的威力。

（3）如果有疏散可能，人身安全方面确有可靠保障，应迅即组织力量及时疏散着火区域周围的爆炸物品，使着火区周围形成一个隔离带。

（4）扑救爆炸物品堆垛时，水流应采用吊射，避免强力水流直接冲击堆垛，以免堆垛倒塌引起再次爆炸。

（5）灭火人员应尽量利用现场现成的掩蔽体或尽量采用卧姿等低姿射水，尽可能地采取自我保护措施。消防车辆不要停靠在离爆炸物品太近的水源处。

（6）灭火人员发现有发生再次爆炸的危险时，应立即向现场指挥报告，现场指挥应迅即作出准确判断，确有发生再次爆炸征兆或危险时，应立即下达撤退命令。灭火人员看到或听到撤退信号后，应迅速撤至安全地带，来不及撤退时，应就地卧倒。

（二）扑救压缩或液化气体火灾的基本方法

压缩或液化气体总是被储存在不同的容器内，或通过管道输送。其中储存在较小钢瓶内的气体压力较高，受热或受火焰熏烤气瓶容易发生爆裂。气体泄漏后遇火源已形成稳定燃烧时，其发生爆炸或再次爆炸的危险性与可燃气体泄漏未燃时相比要小得多。遇压缩或液化气体火灾一般应采取以下基本对策。

首先应扑灭外围被火源引燃的可燃物火势，控制燃烧范围，切忌盲目扑灭主体火势，在没有采取堵漏措施的情况下，必须保持稳定燃烧。否则，大量可燃气体泄漏出来与空气混合，遇着火源就会发生爆炸，后果将不堪设想。

如果火势中有压力容器或有受到火焰辐射热威胁的压力容器，能疏散的应尽量在水枪的掩护下疏散到安全地带，不能疏散的应部署足够的水枪进行冷却保护。为防止容器爆裂伤人，进行冷却的人员应尽量采用低姿射水或利用现场坚实的掩蔽体防护。对卧式储罐，冷却人员应选择储罐四侧角作为射水阵地。

如果是输气管道泄漏着火，应设法找到气源阀门。阀门完好时，只要关闭气体的进出阀门，火势就会自动熄灭。关阀无效时，应根据火势判断气体压力和泄漏口的大小及其形状，准备好相应的堵漏材料（如软木塞、橡皮塞、气囊塞、黏合剂、弯管工具等）。堵漏工作准备就绪后，即可用水扑救火势，也可用干粉、二氧化碳、卤代烷灭火，但仍需用水冷却烧烫的管道或罐壁。火被扑灭后，应立即用堵漏材料堵漏，同时用雾状水稀释和驱散泄漏出来的气体。如果确认泄漏口非常大，根本无法堵漏，只需冷却着火容器及其周围容器和可燃物品，控制着火范围，直到燃气燃尽，火势自动熄灭。

现场指挥应密切注意各种危险征兆，遇有火势熄灭后较长时间未能恢复稳定燃烧或受热辐射的容器安全阀火焰变得耀眼、发出刺耳声响、晃动等爆裂征兆时，指挥员必须适时作出准确判断，及时下达撤退命令。现场人员看到或听到事先规定的撤退信号后，应迅速撤退至安全地带。

三、泄漏事故

在化学品的生产、储存和使用过程中，盛装化学品的容器常常发生一些意外的破裂、洒漏等事故，造成化学危险品的外漏，因此需要采取简单、有效的安全技术措施来消除或减少泄漏危险。下面介绍一下化学品泄漏必须采取的应急处理措施。

（一）疏散与隔离

在化学品生产、储存和使用过程中一旦发生泄漏，首先要疏散无关人员，隔离泄漏污染区。如果是易燃易爆化学品大量泄漏，这时一定要打“119”报警，请求消防专业人员救援，同时要保护、控制好现场。

（二）泄漏控制

1. 泄漏源控制

（1）如果在生产使用过程中发生泄漏，要在统一指挥下，通过关闭有关阀门，切断与之相连的设备、管线，停止作业，或改变工艺流程等方法来控制化学品的泄漏。

（2）对容器壁、管道壁堵漏，可使用专用的软橡胶封堵物（圆锥状、楔子状等多种形状和规格的塞子）、木塞子、胶泥、棉纱和肥皂等。对于较大的孔洞，还可用湿棉絮封堵、捆扎。需要注意的是，在化工工艺流程中的容器泄漏处直接堵漏时，一般不要先轻易关闭阀门或开关，而应先根据具体情况，在事故单位工程技术人员的指导下，正确地采取降温降压措施（消防人员可在技术人员的指导下，实施均匀的开花水流冷却），然后再关闭阀门、开关止漏，以防因容器内压力和温度突然升高而发生爆炸。

（3）对不能立即止漏而继续外泄的有毒有害物质，可根据其性质，与水或相应的溶液混合，使其迅速解毒或稀释。

（4）泄漏物正在燃烧时，只要是稳定型燃烧，一般不要急于灭火，而应首先用水枪对泄漏燃烧的容器、管道及其周围的容器、管道、阀门等设备以及受到火焰、高温威胁的建筑物进行冷却保护，在充分准备并确有把握处置事故的情况下，方才灭火。

2. 切断火源

切断火源对化学品的泄漏处理特别重要，如果泄漏物品是易燃品，必须立即消除泄漏污染区域的各种火源。

3. 个人防护

进入泄漏现场进行处理时，应注意安全防护，进入现场的救援人员必须配备必要的个人防护器具。

参加泄漏处理人员应对泄漏品的化学性质和反应特征有充分的了解，要于高处和上风处进行处理，严禁单独行动，要有监护人。必要时要用水枪（雾状水）掩护。要根据泄漏品的性质和毒物接触形式，选择适当的防护用品，防止事故处理过程中发生伤亡、中毒事故。

如果泄漏物是有毒的，应使用专用防护服、隔绝式空气面具，立即在事故中心区边界设置警戒线，根据事故情况和事故发展，确定事故波及区人员的撤离方案。为了在现场上能正确使用相关装备并熟练应对，平时应进行严格的适应性训练。

（三）泄漏物的处理

(1) 围堤堵截。如果化学品为液体，泄漏到地面上时会四处漫延扩散，难以收集处理。为此需要筑堤堵截或者引流到安全地点。储罐区发生液体泄漏时，要及时关闭雨水阀，防止物料沿明沟外流。

(2) 稀释与覆盖。向有害物蒸气云喷射雾状水，加速气体向高空扩散。对于可燃物泄漏，也可以在现场释放大量水蒸气或氮气，破坏燃烧条件。对于液体泄漏，为降低物料向大气中的蒸发速度，可用泡沫或其他覆盖物品覆盖外泄的物料，在其表面形成覆盖层，抑制其蒸发。

(3) 收容（集）。对于大型泄漏，可选择用气动或手动隔膜泵将泄漏出的物料抽入容器内或槽车内；当泄漏量较小时，可用沙子、吸附材料、中和材料等吸收中和。

(4) 废弃。将收集的泄漏物运至废物处理场所处置。用消防水冲洗剩下的少量物料，冲洗水排入污水系统处理。

需特别注意的是，对参与化学事故抢险救援的消防车辆及其他车辆、装备、器材也必须进行消毒处理。否则会成为扩散源。对参与抢险救援的人员除必须对其穿戴的防化服、战斗服、作训服和使用的防毒设施、检测仪器、设备进行消毒外，还必须彻底地淋浴冲洗躯体、皮肤，并注意观察身体状况，进行健康检查。

四、中毒窒息事故

在化工生产和检修现场，有时由于设备突发性损坏或泄漏致使大量毒物外溢（逸），造成作业人员急性中毒。这类情况往往比较严重，且发展变化快。因此必须全力以赴、争分夺秒地进行抢救。

中毒现场应急处置应遵循下列原则。

(1) 安全进入毒物污染区。对于高浓度的硫化氢、一氧化碳等毒物污染区以及严重缺氧环境，必须先予通风。救援人员须佩戴供氧式防毒面具。对于其他毒物污染区，也应采取有效防护措施方可入内救护，同时佩戴相应的防护用品、氧气分析报警仪和可燃气体报警仪。

(2) 切断毒物来源。救援人员进入现场后，除对中毒者进行抢救外，同时应侦查毒物来源，并采取果断措施切断其来源，如关闭泄漏管道的阀门、堵加盲板、停止加送物料、堵塞泄漏设备等，以防止毒物继续外溢（逸）。对于已经扩散出来的有毒气体或蒸气应立即启动通风排毒设施或开启门窗，以降低有毒物质在空气中的含量，为抢救工作创造有利条件。

(3) 彻底清除毒物污染，防止继续吸收。救援人员进入现场后，应迅速将中毒者转移至有新鲜空气处，并解开中毒者颈部、胸部纽扣及腰带，以保持呼吸通畅。同时对中毒者要注意保暖和保持安静，严密注意中毒者神志、呼吸状态和循环系统的功能。

救援人员脱离污染区后，应立即脱去受污染的衣物。对于皮肤、毛发甚至指甲缝中的污染，都要注意清除。对能由皮肤吸收的毒物及化学灼伤，应在现场用大量清水或其他备用的解毒、中和液冲洗。毒物经口侵入体内时，应及时彻底洗胃或催吐，除去胃内毒物，并及时服用中和、解毒药物减少毒物的吸收。

（4）迅速抢救生命。中毒者脱离染毒区后，应在现场立即着手急救。对于心脏停止跳动者，立即拳击心脏部位的胸壁或进行胸外心脏按压；直接对心脏内注射肾上腺素或异丙肾上腺素，抬高下肢使头部低位后仰。对于呼吸停止者，应立即做人工呼吸，最好用口对口吹气法。剧毒品不适宜用口对口法时，可使用史氏人工呼吸法。人工呼吸与胸外心脏按压可同时交替进行，直至恢复自主心搏和呼吸。急救操作不可动作粗暴，造成新的损伤。眼部溅入毒物时，应立即用清水冲洗，或将脸部浸入满盆清水中，张眼并不断摆动头部，稀释洗去毒物。

（5）及时解毒和促进毒物排出。发生急性中毒后应及时采取各种解毒及排毒措施，降低或消除毒物对机体的作用。如采用各种金属配位剂与毒物的金属离子配合成稳定的有机配合物，随尿液排出体外。

毒物经口引起的急性中毒，若毒物无腐蚀性，应立即用催吐或洗胃等方法清除毒物。对于某些毒物亦可使其变为不溶的物质以防止其吸收，如氯化钡、碳酸钡中毒，可口服硫酸钠，使胃肠道尚未吸收的钡盐成为硫酸钡沉淀而防止吸收。氨、铬酸盐、铜盐、汞盐、羧酸类、醛类、酯类中毒时，可给中毒者服用牛奶、生鸡蛋等。烷烃、苯、石油醚中毒时，可给中毒者喝一汤匙液状石蜡和一杯含硫酸镁或硫酸钠的水。一氧化碳中毒应立即吸入氧气，以缓解机体缺氧并促进毒物排出。

（6）送医院治疗。经过初步急救后，速送医院继续治疗。

五、化学烧伤事故

（一）化学烧伤的特点及致伤机理

化学烧伤不同于一般的热力烧伤，具有化学烧伤危害的物质与皮肤的接触时间一般比热烧伤的长，因此某些化学烧伤可以是局部很深的进行性损害，甚至通过创面等途径吸收，导致全身各脏器的损害。

（1）局部损害。局部损害的情况与化学物质的种类、浓度及与皮肤接触的时间等均有关系。化学物质的性能不同，局部损害的方式也不同。例如：酸凝固组织蛋白，碱则皂化脂肪组织；有的物质会破坏组织的胶体状态，使细胞脱水或与组织蛋白结合；有的物质则因本身的燃烧而引起烧伤，如磷烧伤；有的物质本身对健康皮肤并不致伤，但会引起大爆炸燃烧致皮肤烧伤，进而通过创面吸收，加深对局部的损害或引起中毒等。局部损害中，除皮肤损害外，黏膜受伤的机会也较多，尤其是某些化学蒸气或发生爆炸燃烧时更为多见。因此，化学烧伤中眼睛和呼吸道的烧伤比一般火焰烧伤更为常见。

（2）全身损害。化学烧伤的严重性不仅在于局部损害，更严重的是有些化学药物可以通过创面、正常皮肤、呼吸道、消化道黏膜等吸收，引起中毒和内脏继发性损伤，甚至死亡。有的烧伤并不太严重，但由于有合并中毒，增加了救治的困难，使治愈效果比同面积与深度的一般烧伤差。化学工业迅速发展，能致伤的化学物品种类繁多，有时对某些致伤物品的性能一时不了解，可能会增加抢救的困难。

（二）危险化学品导致化学烧伤的处理原则

化学烧伤的处理原则同一般烧伤相似，应迅速脱离事故现场，终止化学物质对机体的继续损害；采取有效解毒措施，防止中毒；随后进行全面体检和化学监测。

（1）脱离现场与危险化学品隔离。为了终止危险化学品对机体继续损害，应立即脱离现场，脱去被化学物质浸渍的衣服，并迅速用大量清水冲洗。其目的一是稀释，二是机械冲洗，将化学物质从创面和黏膜上冲洗干净，冲洗时可能产生一定热量，所以冲洗要充分，使热量逐渐消散。

头、面部烧伤时，要注意眼睛、鼻、耳、口腔的清洗。特别是眼睛，应首先冲洗，动作要轻柔，一般用清水即可，如有条件可用生理盐水冲洗。如发现眼睑痉挛、流泪、结膜充血、角膜上皮损伤及前房混浊等，应立即用生理盐水或蒸馏水冲洗，同时使用消炎眼药水、眼膏等以预防继发性感染。眼部局部不必用眼罩或纱布包扎，但应用单层纱布覆盖以保护裸露的角膜，防止因干燥而造成损害。

石灰烧伤时，在清洗前应将石灰去除，以免石灰遇水后产生热量，加重创面损害。

有些化学物质的烧伤则要按其理化特性分别处理。大量流动水的持续冲洗，比单纯用中和剂拮抗的效果更好。用中和剂的时间不宜过长，一般 20min 即可，中和处理后仍须再用清水冲洗，以避免因为中和反应产生热量而带来进一步的损伤。

（2）防止中毒。有些化学物质可引起全身中毒，应严密观察伤情变化，一旦诊断有化学中毒可能时，应根据致伤因素的性质和病理损害的特点，选用相应的解毒剂或对抗剂治疗，有些毒物迄今尚无特效解毒药物。在发生中毒时，应使毒物尽快排出体外，以减轻其危害。一般可静脉补液或使用利尿剂来加速排尿。

（三）群体性化学烧伤的应急与救护

（1）群体性化学烧伤定义。指一次性发生 3 人以上的化学烧伤。化工系统死亡人数最多的前三位原因依次为：①爆炸事故，占总死亡人数的 25%；②中毒、窒息事故，占总死亡人数的 15%；③高处坠落事故，占总死亡人数的 14%。而前两位事故导致的死亡病例中，相当一部分均存在不同程度的化学烧伤。因此，对这样一种突发性、群体性、多学科性事故，如何组织抢救，如何开展应急救援，已成为救援工作中的重要问题。

（2）群体性化学烧伤的分类。一般按烧伤人数分为轻度（烧伤人数 10～50 名）、中度（烧伤人数 51～250 名）、重度（烧伤人数 251 名以上）三种。若综合考虑伤员的严重程度、救护力量的动员范围，以及对社区的影响等复杂因素，可将群体性化学烧伤事故分为一般性、重大及灾害性事故三大类，见表 2-2。群体性化学烧伤的应急救护，主要指后两者。

表 2-2 群体性化学烧伤事故的分类

分类	烧伤人数	死亡人数	救护力量调动
一般性群体化学烧伤事故	4～10	1～3	主要限于事故单位内
重大化学烧伤事故	11～100	4～30	需区域性或行业性救援
灾害性化学烧伤事故	超过 100	超过 30	需跨区域或社会救援

注：烧伤人数不到 4 人，一般称为个别性化学烧伤，不属群体性化学烧伤的范畴。

（3）群体性化学烧伤现场救护处理原则。所有救护人员及现场抢险组成员在现场救援时，必须佩戴性能可靠的个人防护用品。具体的处理原则如下。

① 任何化学物烧伤，首先要脱去污染的衣服，用自来水冲洗 2～30min（眼睛烧伤冲洗不少于 10min），并用石蕊 pH 试纸测试，冲洗至中性为止。烧伤面积大、有休克症状者的冲洗要从速、从简。人数较多时可用临近水源（河、塘、湖、海等）进行冲洗。常见的化学烧伤急救处理方法见表 2-3。

表 2-3 常见化学烧伤急救处理方法

烧伤物质名称	急救处理方法
碱类：氢氧化钠、氢氧化钾、氨水、碳酸钠、碳酸钾、氧化钙	立即用大量清水冲洗，然后用2%乙酸溶液洗涤中和，也可用2%以上的硼酸水湿敷。氧化钙烧伤时，可用植物油洗涤
酸类：硫酸、盐酸、硝酸、高氯酸、磷酸、乙酸、草酸、苦味酸	立即用大量清水冲洗，再用5%碳酸氢钠水溶液洗涤中和，然后用净水冲洗
碱金属、氰化物、氢氰酸	用大量的清水冲洗后，用0.1%高锰酸钾溶液冲洗，再用5%硫化铵溶液冲洗
溴	用水冲洗后，再以10%硫代硫酸钠溶液洗涤，然后涂碳酸氢钠糊剂或用1体积(25%)氨水+1体积松节油+10体积乙醇(95%)的混合液处理
铬酸	先用大量的水冲洗，然后用5%硫代硫酸钠溶液或1%硫酸钠溶液洗涤
氢氟酸	立即用大量水冲洗，直至伤口表面发红，再用5%碳酸氢钠溶液洗涤，再涂以甘油与氧化镁(2∶1)悬浮剂，或调敷如意金黄散，然后用消毒纱布包扎
磷	如有磷颗粒附着在皮肤上，不可将创面暴露在空气中或用油脂涂抹，应将局部浸入水中，用刷子清除，再用1%～2%硫酸铜溶液冲洗数分钟，然后用5%碳酸氢钠溶液洗去残留的硫酸铜，最后用生理盐水湿敷，用绷带包扎好
苯酚	用大量水冲洗，或用4体积乙醇(7%)+1体积氯化铁(1/3mol/L)的混合液洗涤，再用5%碳酸氢钠溶液湿敷
氯化锌、硝酸银	用水冲洗，再用5%碳酸氢钠溶液洗涤，涂油膏及磺胺粉
三氯化砷	用大量水冲洗，再用2.5%氯化铵溶液湿敷，然后涂上2%二巯丙醇软膏
焦油、沥青(热烫伤)	以棉花蘸乙醚或二甲苯，消除粘在皮肤上的焦油或沥青，然后涂上羊毛脂

② 选择上风向、距离最近的医务室或卫生所为现场急救场所，安排烧伤科医师负责接诊、收治登记，初步估计烧伤面积，进行初步分类，并标注颜色标记，以便分别进行不同方法急救处理。

③ 烧伤创面经清创后用一次性敷料包扎，以免二次损伤或污染。对某些化学物质烧伤，如氢氟酸烧伤，可考虑使用中和剂，但注意创面上不要抹有颜色的外用药，以免影响观察创面。

④ 对合并有内脏破裂、气胸、骨折等严重外伤者，应优先进行处理，并尽快安排转送去有手术条件的医院。

⑤ 对中度以上严重烧伤伤员，应迅速建立静脉通道，以利液体复苏，降低休克发生率或使伤员平稳渡过休克关，为以后治疗创造条件。

⑥ 所有伤员须先行清创、包扎处理，以防转运途中创面暴露，既增加护理难度，又增加感染机会。转送途中应有医护人员护送，应转送至设有烧伤中心或专科病房的医院为佳。

任务案例

重大危险化学品事故案例集锦。

2.2 重大危险化学品事故案例集锦

课后任务

一、综合复习

（一）填空题

泄漏物的处理方式有：(　　　　)、(　　　　)、(　　　　)、(　　　　)。

（二）简答题

(1) 危险化学品事故现场急救的目的有哪些?

(2) 危险化学品事故现场急救应遵循哪些原则?

(3) 如何对危险化学品事故现场的中毒人员实施心肺复苏?

(4) 简述危险化学品火灾扑救的注意事项。

(5) 试结合危险化学品事故应急救援的内容简述如遇到危险化学品事故应采取哪些自救和互救的措施。

第三章　危险化工工艺安全技术

学习目标

学习危险化工工艺的概念和分类，熟知危险化工工艺中涉及的原料、中间产物、产品等物质的危险特性和工艺过程中潜在的危险因素，掌握各类危险工艺的基本控制要求，熟悉国家和地方针对危险化工工艺制定的相关法律法规、标准规范。

化工产业是我国国民经济的重要支柱产业，经过数十年的发展，已经形成了配套比较齐全的化学工业体系。然而，化工生产过程中的许多危险化工工艺，涉及剧毒、易燃易爆或高危险性物质，具有重大安全风险。这些工艺如果控制不当，极易引发火灾、爆炸、中毒等严重事故，对人员生命、财产安全及环境造成严重危害。因此，对危险化工工艺进行重点监管，是保障化工行业安全发展的重要措施。

重点监管的危险化工工艺，是指在化学工业生产过程中，因为涉及剧毒、易燃易爆或高危险性物质而具有重大安全风险的生产工艺。这些工艺通常伴随着复杂的化学反应，涉及高温、高压等极端操作条件。

我国于2009年公布了《首批重点监管的危险化工工艺目录》和《首批重点监管的危险化工工艺安全控制要求、重点监控参数及推荐的控制方案》，包括光气及光气化工艺、电解工艺（氯碱）、氯化工艺、硝化工艺、合成氨工艺、裂解（裂化）工艺、氟化工艺、加氢工艺、重氮化工艺、氧化工艺、过氧化工艺、胺基化工艺、磺化工艺、聚合工艺、烷基化工艺。2013年公布了《第二批重点监管危险化工工艺目录》《第二批重点监管危险化工工艺重点监控参数、安全控制基本要求及推荐的控制方案》《调整的首批重点监管危险化工工艺中的部分典型工艺》，其中第二批重点监管的危险化工工艺包括煤制油（甲醇制汽油、费-托合成油）、煤制烯烃（甲醇制烯烃）、煤制二甲醚、煤制乙二醇（合成气制乙二醇）、煤制甲烷气（煤气甲烷化）、煤制甲醇、甲醇制醋酸等新型煤化工工艺，以及电石生产工艺、偶氮化工艺。《调整的首批重点监管的危险化工工艺目录中的部分典型工艺》包括：涉及涂料、黏合剂、油漆等产品的常压条件生产工艺不再列入“聚合工艺”，将“异氰酸酯的制备”列入“光气及光气化工艺”的典型工艺中，将“次氯酸、次氯酸钠或*N*-氯代丁二酰亚胺与胺反应制备*N*-氯化物”“氯化亚砜作为氯化剂制备氯化物”列入“氯化工艺”的典型工艺中，将“硝酸胍、硝基胍的制备”“浓硝酸、亚硝酸钠和甲醇制备亚硝酸甲酯”列入“硝化工艺”的典型工艺中，将“三氟化硼的制备”列入“氟化工艺”的典型工艺中，将“克劳斯法气体脱硫”“一氧化氮、氧气和甲（乙）醇制备亚硝酸甲（乙）酯”“以过氧化氢或有机过氧化物为氧化剂生产环氧丙烷、环氧氯丙烷”列入“氯化工艺”的典型工艺，将“叔丁醇与双氧水制备叔丁基过氧化氢”列入“过氧化工艺”的典型工艺中，将“氯氨法生产甲基肼”列入“胺基化工艺”的典型工艺中。

第一节　光气及光气化工艺

一、工艺简介

光气及光气化工艺包括光气的制备工艺，以及以光气为原料制备光气化产品的工艺。光气化工艺主要分为气相和液相两种。

二、工艺危险特点

（1）光气（$COCl_2$）为剧毒气体，在化工领域中因其特殊的化学性质而被广泛应用，但同时也带来了极大的安全隐患。光气在储运、使用过程中发生泄漏后，易造成大面积污染、中毒事故；光气具有刺激性气味，其毒性极强，即便在极低浓度下，如空气中含量达到百万分之一（ppm）的量级，长时间暴露也会对人体产生不可逆的损害。

1991 年 9 月 3 日，江西某农药厂发生光气泄漏事故。当天，光气合成塔的冷却系统发生故障，导致反应温度失控，大量光气泄漏。光气迅速在厂区及周边区域扩散，周边居民和工厂职工纷纷出现中毒症状。据事后统计，此次事故造成 200 多人中毒，其中 5 人因吸入过量光气而出现化学性肺水肿，最终因呼吸衰竭死亡。由于光气泄漏后的扩散速度快、影响范围广，此次事故不仅危及周边居民、工作人员，还对当地生态环境造成了破坏，对公共安全和环境安全构成了极为严重的威胁。

当光气在储存、运输或使用过程中发生泄漏时，由于其密度比空气大（约为空气的 3.4 倍），会迅速沉降并在地面附近积聚，随后随着空气流动向四周扩散，极易造成大面积的污染区域。光气被吸入人体后，会引发一系列严重的中毒反应。初期症状表现为咳嗽、流泪、胸闷、呼吸急促等呼吸道刺激症状，随着中毒时间的延长，会逐渐发展为化学性肺水肿，导致肺泡和间质水肿，严重影响气体交换，进而引发呼吸衰竭，若不及时救治，最终将导致死亡。

（2）在光气的生产工艺以及相关化学反应过程中，所涉及的多种反应介质都具有显著的燃爆危险性。许多与光气参与反应的有机化合物，如醇类、胺类等，往往具有较低的闪点。例如，常见的甲醇，其闪点仅为 11℃，在常温环境下遇明火或高温就极易燃烧。同时，部分反应介质的爆炸极限范围较宽，这意味着在相对较大的浓度范围内都有可能发生爆炸。

2015 年 8 月 12 日，位于天津滨海新区的某物流有限公司危险品仓库发生特别重大火灾爆炸事故。该仓库中储存有大量易燃易爆化学品，其中部分物质在光气生产及相关化学反应中可能作为反应介质。事故发生时，硝化棉自燃引发了周边易燃易爆物品的连锁反应，其中就涉及具有燃爆危险性的反应介质。爆炸造成了巨大的人员伤亡和财产损失，现场火光冲天，周边建筑物被严重损毁，爆炸中心附近的化工企业也受到波及，部分光气储存设备受损，险些引发光气泄漏的二次事故。

（3）副产品氯化氢具有腐蚀性，易造成设备和管线泄漏，发生中毒事故。氯化氢气体本身具有强烈的刺激性和腐蚀性，尤其在潮湿的环境中，极易与水蒸气结合，形成盐酸。盐酸是一种强酸，对金属、混凝土等多种常见的设备和管线材料具有极强的腐蚀作用。

某大型化工企业在光气生产过程中对副产品氯化氢的处理和防护措施不到位，车间内的部分碳钢材质的管线长期受到氯化氢气体的侵蚀。在一次日常巡检中，发现部分管线出现严重腐蚀，壁厚大幅减薄。不久后，一处腐蚀严重的部位发生破裂，大量氯化氢气体泄漏。泄漏的氯化氢气体导致现场多名操作人员中毒，出现咳嗽、呼吸困难等症状。同时，由于氯化氢气体扩散到周边环境，与空气中的水汽结合形成酸雨，对周边的土壤和植被造成了损害，周边农作物大面积减产，树木枯萎。

三、典型工艺

一氧化碳与氯气反应得到光气；光气合成双光气、三光气；采用光气作单体合成聚碳酸酯；甲苯二异氰酸酯（TDI）的制备；4,4′-二苯基甲烷二异氰酸酯（MDI）的制备；等等。

四、重点监控工艺参数

一氧化碳和氯气的含水率、反应釜温度和压力、反应物质的配料比、光气进料速度以及冷却系统中冷却介质的温度、压力、流量等。

五、安全控制的基本要求

事故紧急切断阀；紧急冷却系统；反应釜温度、压力报警联锁；局部排风设施；有毒气体回收及处理系统；自动泄压装置；自动氨或碱液喷淋装置；光气、氯气、一氧化碳检测及超限报警；双电源供电。

六、采用的控制方式

光气及光气化生产系统出现异常现象或发生光气及其剧毒产品泄漏事故时，应通过自控联锁装置启动紧急停车并自动切断所有进出生产装置的物料，将反应装置迅速冷却降温，同时将发生事故设备内的剧毒物料导入事故槽内，开启氨水或碱液喷淋装置，启动通风排毒系统，将事故部位的有毒气体排至处理系统。

第二节　电解工艺（氯碱）

一、工艺简介

电流通过电解质溶液或熔融电解质时，在两个电极上引起的化学变化称为电解反应。涉及电解反应的工艺过程为电解工艺。许多基本化学工业产品（氢、氧、氯、烧碱、过氧化氢等）的制备，都是通过电解来实现的。

二、工艺危险特点

（1）电解食盐水过程中产生的氢气是极易燃烧的气体，氯气是氧化性很强的剧毒气体，两种气体混合极易发生爆炸，当氯气中含氢量达到5%以上时，随时可能在光照或受热情况下发生爆炸。

（2）如果盐水中存在的铵盐超标，在适宜的条件（pH$<$4.5）下，铵盐和氯作用可生成

氯化铵，浓氯化铵溶液与氯还可生成黄色油状的三氯化氮。三氯化氮是一种爆炸性物质，与许多有机物接触或加热至 90℃以上以及被撞击、摩擦等，即发生剧烈的分解而爆炸。故工艺过程需要对盐水的质量严格把控，防止铵盐超标。

(3) 电解溶液腐蚀性强，会对设备、管道等造成严重腐蚀，缩短设备使用寿命，还可能导致泄漏等安全事故。

(4) 液氯的生产、储存、包装、输送、运输过程中可能发生液氯的泄漏，造成人员中毒、环境污染等严重后果。

三、典型工艺

氯化钠（食盐）水溶液电解生产氯气、氢氧化钠、氢气；氯化钾水溶液电解生产氯气、氢氧化钾、氢气；等等。

四、重点监控工艺参数

电解槽内液位、电解槽内电流和电压、电解槽进出物料流量、可燃和有毒气体浓度、电解槽的温度和压力、原料中的铵含量、氯气杂质含量（水、氢气、氧气、三氯化氮等）等。

五、安全控制的基本要求

电解槽温度、压力、液位、流量报警和联锁；电解供电整流装置与电解槽供电的报警和联锁；紧急联锁切断装置；事故状态下氯气吸收中和系统；可燃和有毒气体检测报警装置；等等。

六、采用的控制方式

将电解槽内压力、槽电压等形成联锁关系，系统设立联锁停车系统。

安全设施包括安全阀、高压阀、紧急排放阀、液位计、单向阀及紧急切断装置等。

第三节　氯化工艺

一、工艺简介

氯化反应是指将氯原子引入化合物分子中的反应，包含氯化反应的工艺过程为氯化工艺，主要包括取代氯化、加成氯化、氧氯化等。

二、工艺危险特点

(1) 氯化反应是一个放热过程，反应速度快，放热量较大，尤其在较高温度下进行时，反应更为剧烈。2017 年，某化工企业在进行氯化反应时，因冷却系统故障，无法及时带走反应产生的大量热量，致使反应釜内温度急剧上升，压力迅速增大，最终引发爆炸，造成了严重的人员伤亡和财产损失。

(2) 所用的原料大多具有燃爆危险性。2019 年，一家化工厂在进行苯的氯化反应时，由于管道密封不严，苯发生泄漏，遇到附近的明火后，瞬间发生剧烈燃烧和爆炸。苯的挥发性强，在空气中形成易燃易爆的混合气体，一旦遇到火源，就会引发严重的安全事故。

(3) 常用的氯化剂——氯气，本身为剧毒化学品，氧化性强，储存压力较高，多数氯化工艺采用液氯生产是先气化再氯化，这个过程中一旦发生泄漏，后果不堪设想。2005 年，某化工企业发生的氯气泄漏事故，就是由于液氯储罐的阀门故障，导致大量氯气泄漏，氯气迅速扩散，周边居民出现不同程度的中毒症状，造成了恶劣的社会影响。

(4) 氯气中的杂质，如水、氢气、氧气、三氯化氮等，在使用中易发生危险，特别是三氯化氮积累后，容易引发爆炸危险。2004 年，某氯碱厂因三氯化氮在液氯储罐中积累，最终引发爆炸，整个储罐被炸成碎片，周边设施严重受损。

(5) 生成的氯化氢气体遇水后腐蚀性强。2022 年，某化工企业由于未及时对氯化氢气体输送管道进行防腐处理，管道被盐酸严重腐蚀，出现多处泄漏，不仅导致生产中断，还对周边环境造成了污染。

(6) 氯化反应尾气可能形成爆炸性混合物。2013 年，某化工厂在尾气处理系统出现故障时，未及时采取有效措施，尾气中的可燃气体和空气混合达到爆炸极限，遇到静电火花后发生爆炸，造成了设备严重损坏和人员受伤。

三、典型工艺

(1) 取代氯化：氯取代烷烃的氢原子制备氯代烷烃；氯取代苯的氢原子生产六氯化苯；氯取代萘的氢原子生产多氯化萘；甲醇与氯反应生产氯甲烷；乙醇和氯反应生产氯乙烷（氯乙醛类）；乙酸与氯反应生产氯乙酸；氯取代甲苯的氢原子生产苄基氯；等等。

(2) 加成氯化：乙烯与氯加成氯化生产 1,2-二氯乙烷；乙炔与氯加成氯化生产 1,2-二氯乙烯；乙炔和氯化氢加成生产氯乙烯；等等。

(3) 氧氯化：乙烯氧氯化生产二氯乙烷；丙烯氧氯化生产 1,2-二氯丙烷；甲烷氧氯化生产甲烷氯化物；丙烷氧氯化生产丙烷氯化物；等等。

(4) 其他工艺：硫与氯反应生成一氯化硫；四氯化钛的制备；黄磷与氯气反应生产三氯化磷、五氯化磷；等等。

四、重点监控工艺参数

氯化反应釜内温度、压力和搅拌速率；反应物料的配比；氯化剂进料流量；冷却系统中冷却介质的温度、压力、流量等；氯气杂质含量（水、氢气、氧气、三氯化氮等）；氯化反应尾气组成；等等。

五、安全控制的基本要求

反应釜温度和压力的报警和联锁；反应物料的比例控制和联锁；搅拌的稳定控制；进料缓冲器；紧急进料切断系统；紧急冷却系统；安全泄放系统；事故状态下氯气吸收中和系统；可燃和有毒气体检测报警装置；等等。

六、采用的控制方式

将氯化反应釜内温度、压力与釜内搅拌、氯化剂流量、氯化反应釜夹套冷却水进水阀形成联锁关系，设立紧急停车系统。

安全设施包括安全阀、高压阀、紧急放空阀、液位计、单向阀及紧急切断装置等。

第四节 硝化工艺

一、工艺简介

硝化反应是向有机化合物分子中引入硝基（$—NO_2$）的反应，是常见的取代反应。硝化方法可分成直接硝化法、间接硝化法和亚硝化法，分别用于生产硝基化合物、硝铵、硝酸酯和亚硝基化合物等。涉及硝化反应的工艺过程为硝化工艺。

二、工艺危险特点

（1）反应速度快，放热量大。大多数硝化反应在非均相中进行，反应组分分布不均易引发局部过热导致危险。例如在硝基苯的生产过程中，以苯和混酸（浓硫酸与浓硝酸的混合物）为原料进行硝化反应，在反应开始阶段，若因搅拌故障停止搅拌，反应物料就会局部积聚。苯与混酸的反应活性高，积聚的物料会持续发生反应，但热量无法及时散发。当搅拌恢复时，积聚的反应物迅速充分接触，反应瞬间加剧，释放大量热量。曾有某化工厂在生产硝基苯时，因搅拌叶片脱落未及时发现，重新启动搅拌后，反应釜内温度在短时间内急剧上升超过安全阈值，引发爆炸，造成了严重的人员伤亡和财产损失。

（2）反应物料具有燃爆危险性。甲苯是常见的硝化反应原料，具有燃爆危险性。甲苯易燃，其蒸气与空气可形成爆炸性混合物，遇明火、高热能引起燃烧爆炸。在甲苯硝化制备三硝基甲苯（俗称梯恩梯，TNT）的过程中，如果甲苯在储存或输送过程中发生泄漏，一旦遇到火源，就极易引发爆炸。某化工企业的 TNT 生产车间，因管道连接处密封不严导致甲苯泄漏，车间内的电气设备产生的电火花引燃了泄漏的甲苯蒸气，引发了剧烈爆炸，车间部分设施被严重损毁。

（3）硝化剂具有强腐蚀性、强氧化性。硝化工艺常用的混酸由浓硫酸和浓硝酸组成。浓硫酸具有强烈的腐蚀性，能使有机物碳化，对金属设备也有很强的腐蚀性。浓硝酸则是强氧化剂，与油脂、不饱和有机化合物接触极易引发燃烧或爆炸。在某实验室中，操作人员不慎将少量甘油滴入盛有浓硝酸的试剂瓶中，由于甘油是不饱和有机化合物，浓硝酸迅速与之发生剧烈氧化反应，产生大量热量，试剂瓶瞬间爆炸，造成了实验室严重破坏和人员受伤。

（4）硝化产物、副产物具有爆炸危险性。以间二硝基苯的生产为例，其硝化产物间二硝基苯本身就具有爆炸危险性。间二硝基苯受热、接触明火或受到摩擦、振动、撞击时，极易发生爆炸。某工厂在储存间二硝基苯时，因仓库通风不良，夏季高温使间二硝基苯逐渐分解，释放出的热量无法散发，最终引发了爆炸，周边的仓库和建筑物都受到了不同程度的损坏。

三、典型工艺

（1）直接硝化法：丙三醇与混酸反应制备硝酸甘油；氯苯硝化制备邻硝基氯苯、对硝基氯苯；苯硝化制备硝基苯；蒽醌硝化制备 1-硝基蒽醌；甲苯硝化生产三硝基甲苯；丙烷等烷烃与硝酸通过气相反应制备硝基烷烃；等等。

（2）间接硝化法：苯酚采用磺酰基的取代硝化制备苦味酸等。

（3）亚硝化法：2-萘酚与亚硝酸盐反应制备 1-亚硝基-2-萘酚、二苯胺与亚硝酸钠和硫酸水溶液反应制备对亚硝基二苯胺等。

四、重点监控工艺参数

硝化反应釜内温度和搅拌速率、硝化剂流量、冷却水流量、pH 值、硝化产物中的杂质含量、精馏分离系统温度、塔釜杂质含量等。

五、安全控制的基本要求

反应釜温度的报警和联锁；自动进料控制和联锁；紧急冷却系统；搅拌的稳定控制和联锁系统；分离系统温度控制与联锁；塔釜杂质监控系统；安全泄放系统；等等。

六、采用的控制方式

将硝化反应釜内温度与釜内搅拌速率、硝化剂流量、硝化反应釜夹套冷却水进水阀形成联锁关系，在硝化反应釜处设立紧急停车系统，当硝化反应釜内温度超标或搅拌系统发生故障时，能自动报警并自动停止加料。分离系统温度与加热、冷却形成联锁，温度超标时，能停止加热并紧急冷却。

硝化反应系统应设有泄爆管和紧急排放系统。

任务案例

2015 年山东某化学有限公司硝化工艺事故案例。

3.1 2015 年山东某化学有限公司硝化工艺事故案例

第五节　合成氨工艺

一、工艺简介

氮和氢两种组分按一定比例（1∶3）组成的气体（合成气），在高温、高压下（一般为 400～450℃、15～30MPa）经催化反应生成氨的工艺过程。

二、工艺危险特点

（1）高温、高压使可燃气体爆炸极限扩宽，气体物料一旦过氧（亦称透氧），极易在设备和管道内发生爆炸。2010 年，某化工企业在进行氢气相关的生产作业时，由于设备故障导致可燃气体过氧，在管道内引发了剧烈爆炸，造成了严重的人员伤亡和财产损失。

（2）高温、高压气体物料从设备管线泄漏时会迅速膨胀与空气混合形成爆炸性混合物，遇到明火或因高流速物料与裂（喷）口处摩擦产生静电火花引起着火和空间爆炸。2013 年，某化肥厂发生氨气泄漏，工人在不知情的情况下，在附近使用明火，瞬间引发了空间爆炸，爆炸产生的冲击波摧毁了周边的建筑物，导致多名工人受伤。同时，高流速的氨气在与裂

（喷）口处摩擦时，容易产生静电火花，这也是引发爆炸的重要因素。

（3）气体压缩机等传动设备在高温下运行会使润滑油挥发裂解，在附近管道内造成积炭，可导致积炭燃烧或爆炸。2016年，某天然气输送站就因为压缩机长期在高温下运行，管道内积炭过多，最终引发了积炭燃烧爆炸，导致天然气输送中断，周边区域也受到了不同程度的影响。

（4）高温、高压可加速设备金属材料发生蠕变、改变金相组织，还会加剧氢气、氮气对钢材的氢蚀及渗氮，加剧设备的疲劳腐蚀，使其机械强度减弱，引发物理爆炸。1998年，某合成氨厂的设备由于长期处于恶劣的工作环境，机械强度大幅减弱，最终发生了物理爆炸，爆炸的碎片飞溅，对周围的设施和人员造成了极大的威胁。

（5）液氨大规模事故性泄漏会形成低温云团引起大范围人群中毒，遇明火还会发生空间爆炸。2015年，某制冷厂发生了大规模的液氨泄漏事故。大量的液氨泄漏后迅速气化，形成了低温云团，导致周边区域的许多居民中毒。更严重的是，泄漏的液氨与空气混合后，遇到明火发生了剧烈的空间爆炸，造成了重大的人员伤亡和财产损失，整个事故给当地带来了巨大的灾难。

三、典型工艺

节能AMV法、德士古水煤浆加压气化法、凯洛格法、甲醇与合成氨联合生产的联醇法、纯碱与合成氨联合生产的联碱法、“三催化”气体净化法（采用变换催化剂、氧化锌脱硫剂和甲烷催化剂）等。

四、重点监控工艺参数

合成塔、压缩机、氨储存系统的温度、压力、液位、物料流量及比例等运行基本控制参数。

五、安全控制的基本要求

合成氨装置温度、压力报警和联锁；物料比例控制和联锁；压缩机的温度、入口分离器液位、压力报警和联锁；紧急冷却系统；紧急切断系统；安全泄放系统；可燃、有毒气体检测报警装置。

六、采用的控制方式

将合成氨装置内温度、压力与物料流量、冷却系统形成联锁关系；将压缩机温度、压力、入口分离器液位与供电系统形成联锁关系。

合成单元自动控制还需要设置以下几个控制回路：氨分、冷交液位；废锅液位；循环量控制；废锅蒸汽流量；废锅蒸汽压力。

安全设施包括安全阀、爆破片、紧急放空阀、液位计、单向阀及紧急切断装置等。

第六节　裂解（裂化）工艺

一、工艺简介

裂解是指石油系的烃类原料在高温条件下，发生碳链断裂或脱氢反应，生成烯烃及其他产物的过程。产品以乙烯、丙烯为主，同时副产丁烯、丁二烯等烯烃和裂解汽油、柴油、燃料油等产品。

烃类原料在裂解炉内进行高温裂解，产出组成为氢气、低/高碳烃类、芳烃类以及馏分为288℃以上的裂解燃料油的裂解气混合物。经过急冷、压缩、激冷、分馏以及干燥和加氢等方法，可分离出目标产品和副产品。

裂解过程还伴随着缩合、环化和脱氢等反应。由于所发生的反应很复杂，通常把反应分成两个阶段。第一阶段，目的产物为乙烯、丙烯，该阶段的反应称为一次反应。第二阶段，一次反应生成的乙烯、丙烯继续反应转化为炔烃、二烯烃、芳烃、环烷烃，甚至最终转化为氢气和焦炭，这种反应称为二次反应。裂解产物往往是多种组分混合物。影响裂解的基本因素主要为温度和反应的持续时间。化工生产中用热裂解的方法生产小分子烯烃、炔烃和芳香烃，如乙烯、丙烯、丁二烯、乙炔、苯和甲苯等。

二、工艺危险特点

（1）在高温（高压）下进行反应，装置内的物料温度一般超过其自燃点，一旦发生泄漏就会立即引起火灾。

（2）炉管内壁结焦会使流体阻力增加，影响传热，当焦层达到一定厚度时，因炉管壁温度过高而不能继续运行下去，必须进行清焦，否则会烧穿炉管，使裂解气外泄，引起裂解炉爆炸。

（3）如果由于断电或引风机机械故障而使引风机突然停转，则炉膛内很快变成正压，会从窥视孔或烧嘴等处向外喷火，严重时会引起炉膛爆炸。

（4）如果燃料系统大幅度波动，燃料气压力过低，则可能造成裂解炉烧嘴回火，使烧嘴烧坏，甚至会引起爆炸。

（5）有些裂解工艺产生的单体会自聚或爆炸，需要向生产的单体中加阻聚剂或稀释剂等。

三、典型工艺

热裂解制烯烃工艺；重油催化裂化制汽油、柴油、丙烯、丁烯；乙苯裂解制苯乙烯；二氟一氯甲烷（HCFC-22）热裂解制得四氟乙烯（TFE）；二氟一氯乙烷（HCFC-142b）热裂解制得偏氟乙烯（VDF）；四氟乙烯和八氟环丁烷热裂解制得六氟乙烯（HFP）；等等。

四、重点监控工艺参数

裂解炉进料流量；裂解炉温度；引风机电流；燃料油进料流量；稀释蒸汽比及压力；燃料油压力；滑阀差压超驰控制、主风流量控制、外取热器控制、机组控制、锅炉控制；等等。

五、安全控制的基本要求

裂解炉进料压力、流量控制报警与联锁；紧急裂解炉温度报警和联锁；紧急冷却系统；紧急切断系统；反应压力与压缩机转速及入口放火炬控制；再生压力的分程控制；滑阀差压与料位；温度的超驰控制；再生温度与外取热器负荷控制；外取热器汽包和锅炉汽包液位的三冲量控制；锅炉的熄火保护；机组相关控制；可燃与有毒气体检测报警装置；等等。

六、采用的控制方式

（1）将引风机电流与裂解炉进料阀、燃料油进料阀、稀释蒸汽阀之间形成联锁关系，一旦引风机故障停车，则裂解炉自动停止进料并切断燃料供应，但应继续供应稀释蒸汽，以带走炉膛内的余热。

（2）将燃料油压力与燃料油进料阀、裂解炉进料阀之间形成联锁关系，若燃料油压力降低，则切断燃料油进料阀，同时切断裂解炉进料阀。

（3）分离塔应安装安全阀和放空管，低压系统与高压系统之间应有逆止阀并配备固定的氮气装置、蒸汽灭火装置。

（4）将裂解炉电流与锅炉给水流量、稀释蒸汽流量之间形成联锁关系，一旦水、电、蒸汽等公用工程出现故障，裂解炉能自动紧急停车。

（5）反应压力正常情况下由压缩机转速控制，开工及非正常工况下由压缩机入口放火炬控制。

（6）再生压力由烟机入口蝶阀和旁路滑阀（或蝶阀）分程控制。

（7）再生、待生滑阀正常情况下分别由反应温度信号和反应器料位信号控制，一旦滑阀差压出现低限，则转由滑阀差压控制。

（8）再生温度由外取热器催化剂循环量或流化介质流量控制。

（9）外取热汽包和锅炉汽包液位采用液位、补水量和蒸发量三冲量控制。

（10）带明火的锅炉应设置熄火保护控制。

（11）大型机组应设置相关的轴温、轴振动、轴位移、油压、油温、防喘振等系统控制。

（12）在装置存在可燃气体、有毒气体泄漏风险的部位设置可燃气体报警仪和有毒气体报警仪。

第七节　氟化工艺

一、工艺简介

氟化反应是向化合物分子中引入氟原子的反应，涉及氟化反应的工艺过程为氟化工艺。氟与有机化合物作用是强放热反应，放出大量的热可使反应物分子结构遭到破坏，甚至着火爆炸。氟化剂通常为氟气、卤族氟化物、惰性元素氟化物、高价金属氟化物、氟化氢、氟化钾等。

二、工艺危险特点

（1）反应物料具有燃爆危险性。在氟化反应中，许多参与反应的物料本身就具有易燃、易爆的性质。比如烃类等有机化合物，它们与氟化剂混合后，在一定的温度、压力和引发条件下，很容易发生燃烧甚至爆炸。这是因为这些有机物料的分子结构中含有易被氧化的基团，与氟化剂接触后会引发剧烈的化学反应，释放出大量的热量和气体，如果在有限空间内不能及时扩散，就会导致压力急剧升高，从而引发爆炸。以甲烷与氟气的氟化反应为例，甲烷是一种易燃气体，当它与氟气混合进行氟化反应时，反应非常剧烈，如果反应条件控制不当，就可能引发爆炸事故。

（2）氟化反应为强放热反应，如不及时排除反应热量，易导致超温超压，引发设备爆炸事故。氟化反应通常会释放大量的热量，这是由于氟原子具有很强的电负性，在与其他原子或基团结合时，会形成很强的化学键，而形成化学键的过程会释放出大量的能量。如果这些热量不能及时有效地从反应体系中移出，就会使反应温度迅速升高。温度的升高又会进一步加快反应速率，导致更多的热量产生，形成恶性循环，最终使反应体系的压力急剧上升。当压力超过设备所能承受的极限时，就会引发设备爆炸。例如，在制备氟化氢的过程中，氢气和氟气反应生成氟化氢就是一个强放热反应，必须通过良好的冷却系统和温度控制系统来确保反应温度和压力在安全范围内。

（3）多数氟化剂具有强腐蚀性、剧毒性，在生产、储存、运输、使用等过程中，容易因泄漏、操作不当、误接触以及其他意外而造成危险。氟气是一种极具腐蚀性的气体，能与大多数金属和非金属发生剧烈反应，对设备和管道的材质要求非常高。如果在生产过程中，设备或管道的材质选择不当，就可能被氟气腐蚀，导致泄漏。氢氟酸不仅具有强腐蚀性，还能通过皮肤接触渗透到人体内部，与人体组织中的钙、镁等金属离子结合，造成严重的组织损伤和中毒。在储存、运输过程中，如果容器密封不严、受到撞击或其他原因导致氟化剂泄漏，会对周围环境和人员造成极大的危害。例如在运输氢氟酸的槽罐车发生泄漏时，氢氟酸会迅速挥发并与空气中的水分结合形成酸雾，对周围的土壤、水源和空气造成污染，同时接触到酸雾或泄漏液体的人员会受到严重的伤害。

三、典型工艺

（1）直接氟化：黄磷氟化制备五氟化磷等。

（2）金属氟化物或氟化氢气体氟化：SbF_3、AgF_2、CoF_3 等金属氟化物与烃反应制备氟化烃；氟化氢气体与氢氧化铝反应制备氟化铝；等等。

（3）置换氟化：三氯甲烷氟化制备二氟一氯甲烷；2,4,5,6-四氯嘧啶与氟化钠制备 2,4,6-三氟-5-氟嘧啶；等等。

（4）其他氟化工艺：浓硫酸与氟化钙（萤石）制备无水氟化氢等。

四、重点监控工艺参数

氟化反应釜内温度、压力；氟化反应釜内搅拌速率；氟化物流量；助剂流量；反应物的配料比；氟化物浓度。

五、安全控制的基本要求

反应釜内温度和压力与反应进料、紧急冷却系统的报警和联锁；搅拌的稳定控制系统；安全泄放系统；可燃和有毒气体检测报警装置；等等。

六、采用的控制方式

氟化反应操作中，要严格控制氟化物浓度、投料配比、进料速度和反应温度等，必要时应设置自动比例调节装置和自动联锁控制装置。

将氟化反应釜内温度、压力与釜内搅拌速率、氟化物流量、氟化反应釜夹套冷却水进水阀形成联锁控制，在氟化反应釜处设立紧急停车系统，当氟化反应釜内温度或压力超标或搅拌系统发生故障时自动停止加料并紧急停车。

第八节　加氢工艺

一、工艺简介

加氢反应是在有机化合物分子中加入氢原子的反应，主要包括不饱和键加氢、芳环化合物加氢、含氮化合物加氢、含氧化合物加氢、氢解等，涉及加氢反应的工艺过程为加氢工艺。

二、工艺危险特点

（1）反应物料具有燃爆危险性。氢气的爆炸极限为4%～75%，具有高燃爆危险特性。2019年，某化工园区内一家新能源材料生产企业，在对氢气储存罐区进行设备检修时，工作人员违规操作，导致少量氢气泄漏。当时罐区通风条件不佳，泄漏的氢气在局部空间迅速积聚，当浓度达到爆炸极限范围后，附近一台正在运行的电气设备产生的电火花瞬间点燃了混合气体，引发了剧烈爆炸。此次事故造成了周边多台设备严重损坏，3名检修人员受伤，直接经济损失达数百万元。

（2）加氢反应是强烈的放热反应，在反应过程中会释放出大量的热量。如果热量不能及时有效地移出，会导致反应体系温度急剧升高，进而可能使反应失控，增加爆炸等危险发生的可能性。2015年，某石油炼化企业的加氢裂化装置在运行过程中，由于冷却系统出现故障，无法及时带走加氢反应产生的大量热量。短短几分钟内，反应体系温度迅速飙升，超过了设备的承受极限，最终引发了装置爆炸。爆炸不仅导致该装置彻底报废，还对周边设施造成了严重破坏，周边多个生产车间被迫停产，企业遭受了巨大的经济损失。

（3）氢气在高温高压下与钢材接触时，钢材内的碳分子易与氢气发生反应生成碳氢化合物，这一过程会使钢制设备的强度降低，即发生氢脆现象。2010年，某化工企业的加氢反应器在使用多年后，由于长期处于高温高压的氢气环境中，设备材质逐渐发生氢脆。尽管企业定期进行检测，但由于检测技术有限，未能及时发现设备内部的严重氢脆问题。最终在一次正常生产过程中，反应器突然发生破裂，大量高温高压的反应物料泄漏，引发了火灾，造成了重大人员伤亡和财产损失。

（4）催化剂再生和活化过程中易引发爆炸。在催化剂再生和活化过程中，通常会涉及一些特殊的操作条件和化学反应。2017年，某精细化工企业在进行催化剂再生时，操作人员为了加快再生速度，擅自提高了反应温度和气体流量。由于温度和流量超出了工艺要求范围，导致催化剂与通入的气体发生了剧烈的化学反应，瞬间释放出大量的热量和气体，引发了爆炸。此次爆炸导致催化剂再生装置严重损毁，车间内多名操作人员受伤，企业被迫停产整顿数月。

（5）加氢反应尾气中有未完全反应的氢气和其他杂质，在排放时易引发着火或爆炸。2013年，某化工企业的加氢反应尾气排放管道由于长期未进行维护，管道连接处出现松动，导致尾气泄漏。在一个干燥多风的天气里，附近工人在进行焊接作业时，产生的火花被风吹到了尾气泄漏点，瞬间点燃了泄漏的氢气和尾气中的可燃杂质，引发了火灾。火势迅速沿着尾气管道蔓延，幸好企业消防设施完备，及时启动了应急预案，才避免了更大规模的爆炸事故发生，但也造成了一定的经济损失和生产延误。

三、典型工艺

（1）不饱和炔烃、烯烃的三键和双键加氢、环戊二烯加氢生产环戊烯等。

（2）芳烃加氢：苯加氢生成环己烷、苯酚加氢生产环己醇等。

（3）含氧化合物加氢：一氧化碳加氢生产甲醇、丁醛加氢生产丁醇、辛烯醛加氢生产辛醇等。

（4）含氮化合物加氢：己二腈加氢生产己二胺、硝基苯催化加氢生产苯胺等。

（5）油品加氢：馏分油加氢裂化生产石脑油、柴油和尾油；渣油加氢改质；减压馏分油加氢改质；催化（异构）脱蜡生产低凝柴油、润滑油基础油；等等。

四、重点监控工艺参数

加氢反应釜或催化剂床层温度、压力；加氢反应釜内搅拌速率；氢气流量；反应物质的配料比；系统氧含量；冷却水流量；氢气压缩机运行参数、加氢反应尾气组成；等等。

五、安全控制的基本要求

温度和压力的报警和联锁系统；反应物料的比例控制和联锁系统；紧急冷却系统；搅拌的稳定控制系统；氢气紧急切断系统；加装安全阀、爆破片等安全设施；循环氢压缩机停机报警和联锁；氢气检测报警装置；等等。

六、采用的控制方式

将加氢反应釜内温度、压力与釜内搅拌电流、氢气流量、加氢反应釜夹套冷却水进水阀形成联锁关系，设立紧急停车系统。当加氢反应釜内温度或压力超标或搅拌系统发生故障时自动停止加氢，泄压，并进入紧急状态。

第九节　重氮化工艺

一、工艺简介

伯胺与亚硝酸在低温下作用，生成重氮盐的反应即为重氮化反应。脂肪族、芳香族和杂环的伯胺都可以进行重氮化反应。涉及重氮化反应的工艺过程为重氮化工艺。通常重氮化试剂是由亚硝酸钠和盐酸反应临时制备的。除盐酸外，也可以使用硫酸、高氯酸和氟硼酸等无机酸。脂肪族重氮盐很不稳定，即使在低温下也能迅速自发分解，芳香族重氮盐较为稳定。

二、工艺危险特点

（1）重氮盐在温度稍高或光照的作用下极易分解，特别是含有硝基的重氮盐，有的甚至在室温下就能分解。在干燥状态下，有些重氮盐不稳定，活性强，受热或摩擦、撞击时能发生分解甚至爆炸。例如，对硝基苯重氮盐在室温下会逐渐分解，而在光照条件下分解速度会加快。2023 年 6 月 27 日，在湖北宜化集团有限责任公司的生产中，反应装置的温控系统发生故障，导致反应温度短时间内升高了 10℃，原本稳定的重氮盐迅速分解，产生大量气体，致使反应容器内压力急剧上升，所幸操作人员及时发现并采取紧急降温等措施，才避免了更严重的事故发生。

（2）重氮化工艺所使用的亚硝酸钠是无机氧化剂，175℃时能发生分解并与有机物反应导致着火或爆炸。2007 年 11 月 27 日，在云天化集团有限责任公司，工人在处理干燥的重氮盐产品时，因操作不当，用金属器具碰撞了装有重氮盐的容器，引发重氮盐瞬间分解爆炸，造成了人员伤亡和财产损失。

（3）反应原料具有燃爆危险性。2011 年 11 月 19 日，在山东鲁北企业集团总公司进行重氮化反应时，使用的原料之一具有较强的挥发性和可燃性，在储存过程中，由于储存罐的密封出现问题，原料挥发到车间空气中，达到一定浓度后，遇到车间内的电气火花，引发了爆炸，整个车间遭受严重破坏，生产一度停滞。

三、典型工艺

（1）顺法：对氨基苯磺酸钠与 2-萘酚制备酸性橙-Ⅱ染料、芳香族伯胺与亚硝酸钠反应制备芳香族重氮化合物等。

（2）反加法：间苯二胺生产二氟硼酸间苯二重氮盐、苯胺与亚硝酸钠反应生产苯胺基重氮苯等。

（3）亚硝酰硫酸法：以 2-氰基-4-硝基苯胺、2-氰基-4-硝基-6-溴苯胺、2,4-二硝基-6-溴苯胺、2,6-二氰基-4-硝基苯胺和 2,4-二硝基-6-氰基苯胺为重氮组分与端氨基含醚基的耦合组分经重氮化、偶合制备单偶氮分散染料；2-氰基-4-硝基苯胺为原料制备蓝色分散染料；等等。

（4）硫酸铜催化法：邻、间氨基苯酚与弱酸（醋酸、草酸等）或易于水解的无机盐和亚硝酸钠反应制备邻、间氨基苯酚的重氮化合物等。

（5）盐析法：氨基偶氮化合物通过盐析法进行重氮化生产多偶氮染料等。

四、重点监控工艺参数

重氮化反应釜内温度、压力、液位、pH 值；重氮化反应釜内搅拌速率；亚硝酸钠流量；反应物质的配料比；后处理单元温度；等等。

五、安全控制的基本要求

反应釜温度和压力的报警和联锁系统；反应物料的比例控制和联锁系统；紧急冷却系统；紧急停车系统；安全泄放系统；后处理单元配置温度监测、惰性气体保护的联锁装置等。

六、采用的控制方式

将重氮化反应釜内温度、压力与釜内搅拌速率、亚硝酸钠流量、重氮化反应釜夹套冷却水进水阀形成联锁关系，在重氮化反应釜处设立紧急停车系统，当重氮化反应釜内温度超标或搅拌系统发生故障时自动停止加料并紧急停车。

重氮盐后处理设备应配置温度监测、搅拌、冷却联锁自动控制调节装置，干燥设备应配置温度测量、加热热源开关、惰性气体保护的联锁装置。

安全设施包括安全阀、爆破片、紧急放空阀等。

第十节　氧化工艺

一、工艺简介

氧化为有电子转移的化学反应中失电子的过程，即氧化数升高的过程。多数有机化合物的氧化反应表现为反应原料得到氧或失去氢。涉及氧化反应的工艺过程为氧化工艺。常用的氧化剂有空气、氧气、双氧水、氯酸钾、高锰酸钾、硝酸盐等。

二、工艺危险特点

（1）反应原料及产品具有燃爆危险性。2020 年 8 月 4 日，黎巴嫩贝鲁特港口发生了一场震惊世界的大爆炸。该港口储存了大量硝酸铵，硝酸铵作为一种重要的化工原料及产品，在一定条件下具有燃爆危险性。由于储存管理不善，大量硝酸铵在高温等因素影响下发生剧烈爆炸，造成了极其严重的人员伤亡和财产损失。

（2）反应气相组成容易达到爆炸极限，具有闪爆危险。2019 年 3 月 21 日，江苏响水某化工有限公司发生特别重大爆炸事故。该公司主要生产苯系中间体等化工产品，在生产过程中，硝化废料处理不当，导致反应气相组成达到爆炸极限。当遇到火源等激发条件时，瞬间发生闪爆，爆炸产生的冲击波和高温造成了周边设施严重损毁，大量人员伤亡，对当地环境也造成了极大的破坏。

（3）部分氧化剂具有燃爆危险性，如氯酸钾、高锰酸钾、铬酸酐等都属于氧化剂，如遇高温或受撞击、摩擦，以及与有机物、酸类接触，皆能引起火灾爆炸。2015 年 8 月 12 日，天津港瑞海公司危险品仓库发生火灾和爆炸事故。在该仓库中储存着大量的氧化剂，如氯酸钾等。这些氧化剂与其他易燃物、有机物等混合存放，在受到高温、摩擦等因素影响时，引发了剧烈的氧化还原反应，从而导致火灾爆炸。此次事故造成了巨大的人员伤亡和财产损失，也给社会带来了沉痛的教训。

（4）产物中易生成过氧化物，化学稳定性差，受高温、摩擦或撞击作用易分解、燃烧或爆炸。2013 年 4 月 16 日，位于韩国蔚山的 SK 化学公司工厂发生爆炸。该工厂的生产过程中生成了过氧化物，过氧化物化学稳定性差，在储存和后续处理过程中，因受到不当的操作，如温度控制不当、受到撞击等，发生分解、燃烧并引发爆炸，造成了工厂设施损坏和一定的人员伤亡。

三、典型工艺

乙烯氧化制环氧乙烷；甲醇氧化制备甲醛；对二甲苯氧化制备对苯二甲酸；异丙苯经氧化-酸解联产苯酚和丙酮；环己烷氧化制环己酮；天然气氧化制乙炔；丁烯、丁烷、C_4 馏分或苯的氧化制顺丁烯二酸酐；邻二甲苯或萘的氧化制备邻苯二甲酸酐；均四甲苯的氧化制备均苯四甲酸二酐；等等。

四、重点监控工艺参数

氧化反应釜内温度和压力、氧化反应釜内搅拌速率、氧化剂流量、反应物料的配比、气相氧含量、过氧化物含量等。

五、安全控制的基本要求

反应釜温度和压力的报警和联锁系统；反应物料的比例控制和联锁及紧急切断动力系统；紧急断料系统；紧急冷却系统；紧急送入惰性气体的系统；气相氧含量监测、报警和联锁；安全泄放系统；可燃和有毒气体检测报警装置；等等。

六、采用的控制方式

将氧化反应釜内温度和压力与反应物的配比和流量、氧化反应釜夹套冷却水进水阀、紧急冷却系统形成联锁关系，在氧化反应釜处设立紧急停车系统，当氧化反应釜内温度超标或搅拌系统发生故障时自动停止加料并紧急停车。配备安全阀、爆破片等安全设施。

第十一节　过氧化工艺

一、工艺简介

向有机化合物分子中引入过氧基（—O—O—）的反应称为过氧化反应，产物为过氧化物的工艺过程为过氧化工艺。

二、工艺危险特点

（1）过氧化物都含有过氧基（—O—O—），属含能物质。过氧键结合力弱，断裂时所需的能量不大，对热、振动、冲击或摩擦等都极为敏感，故过氧化物极易分解甚至爆炸。在2015年天津港爆炸事故中，过氧化钠（Na_2O_2）就是重要的致灾物质之一。当时仓库储存的大量过氧化钠在外界因素影响下，发生剧烈分解并引发爆炸，造成了极其严重的人员伤亡和财产损失。

（2）过氧化物与有机物、纤维接触时易发生氧化、引发火灾。2019年，江苏某化工企业由于过氧化物储存不当，与周边的棉质纤维材料接触，引发了剧烈的氧化反应，进而导致火灾。火势蔓延迅速，给扑救工作带来极大困难，造成了较大的经济损失。

（3）反应气相组成容易达到爆炸极限，具有燃爆危险。在化工生产中，过氧化物参与的聚合反应，如果反应条件控制不当，产生的气态副产物与空气混合，就容易达到爆炸极限。2013年，吉林某化工车间在使用过氧化物作为引发剂进行聚合反应时，由于通风系统发生故障，反应产生的可燃气体在车间内积聚，达到爆炸极限后遇明火发生爆炸，车间设施严重受损，多名工人受伤。

三、典型工艺

双氧水的生产；乙酸在硫酸存在下与双氧水作用，制备过氧乙酸水溶液；酸酐与双氧水作用直接制备过氧二酸；苯甲酰氯与双氧水的碱性溶液作用制备过氧化苯甲酰；异丙苯经空气氧化生产过氧化氢异丙苯；等等。

四、重点监控工艺参数

过氧化反应釜内温度和pH值、过氧化反应釜内搅拌速率、（过）氧化剂流量、参加反应物质的配料比、过氧化物浓度、气相氧含量等。

五、安全控制的基本要求

反应釜温度和压力的报警和联锁系统；反应物料的比例控制和联锁及紧急切断动力系统；紧急断料系统；紧急冷却系统；紧急送入惰性气体的系统；气相氧含量监测、报警和联锁系统；紧急停车系统；安全泄放系统；可燃和有毒气体检测报警装置；等等。

六、采用的控制方式

将过氧化反应釜内温度与釜内搅拌电流、过氧化物流量、过氧化反应釜夹套冷却水进水阀形成联锁关系，设置紧急停车系统。过氧化反应系统应设置泄爆管和安全泄放系统。

任务案例

2024年宁夏某新材料有限公司过氧化工艺事故案例分析。

3.2 2024宁夏某新材料有限公司过氧化工艺事故案例分析

第十二节　胺基化工艺

一、工艺简介

胺基化反应是在分子中引入胺基（$R_2N—$）的反应，包括 $R—CH_3$ 烃类化合物（R：氢、烷基、芳基）在催化剂存在下，与氨和空气的混合物进行高温氧化反应，生成腈类等化合物的反应。涉及上述反应的工艺过程为胺基化工艺。

二、工艺危险特点

（1）反应介质具有燃爆危险性。氨气作为反应介质时具有燃爆危险性，在化工生产等涉及氨气的过程中，一旦发生氨气泄漏并与空气混合，极易引发严重的安全事故。2024年4月18日，泰国东部春武里府一家制冰厂突发爆炸，导致厂内氨气泄漏并扩散到周边区域。有160人因氨气泄漏出现不同程度症状，包括呼吸困难、胸闷、头晕、眼睛充血等。

（2）在常压下（20℃），氨气的爆炸极限为15%～27%，随着温度、压力的升高，爆炸极限的范围增大。因此，在一定的温度、压力和催化剂的作用下，氨的氧化反应放出大量热，一旦氨气与空气比失调，就可能发生爆炸事故。2024年1月5日，金昌氨碱源化工有限公司纯碱车间虽发生的是机械伤害事故，但在氨碱生产流程中，存在氨泄漏等潜在风险，一旦氨气泄漏与空气混合达到爆炸极限，遇到合适条件就会引发爆炸事故。这警示我们在涉及氨的生产过程中，对温度、压力以及氨气与空气比例的控制至关重要。

（3）氨呈碱性，具有强腐蚀性，在混有少量水分或湿气的情况下，气态或液态氨都会与铜、银、锡、锌及其合金发生化学作用。

（4）氨易与氧化银或氧化汞反应生成爆炸性化合物（雷酸盐）。

三、典型工艺

邻硝基氯苯与氨水反应制备邻硝基苯胺；对硝基氯苯与氨水反应制备对硝基苯胺；间甲酚与氯化铵的混合物在催化剂和氨水作用下生成间甲苯胺；甲醇在催化剂和氨气作用下制备甲胺；1-硝基蒽醌与过量的氨水在氯苯中制备1-氨基蒽醌；2,6-蒽醌二磺酸氨解制备2,6-二氨基蒽醌；苯乙烯与胺反应制备 *N*-取代苯乙胺；环氧乙烷或亚乙基亚胺与胺或氨发生开环加成反应，制备氨基乙醇或二胺；甲苯经氨氧化制备苯甲腈；丙烯氨氧化制备丙烯腈；等等。

四、重点监控工艺参数

胺基化反应釜内温度、压力；胺基化反应釜内搅拌速率；物料流量；反应物质的配料比；气相氧含量；等等。

五、安全控制的基本要求

反应釜温度和压力的报警和联锁系统、反应物料的比例控制和联锁系统、紧急冷却系统、气相氧含量监控联锁系统、紧急送入惰性气体的系统、紧急停车系统、安全泄放系统、可燃和有毒气体检测报警装置等。

六、采用的控制方式

将胺基化反应釜内温度、压力与釜内搅拌、胺基化物料流量、胺基化反应釜夹套冷却水进水阀形成联锁关系，设置紧急停车系统。

安全设施包括安全阀、爆破片、单向阀及紧急切断装置等。

第十三节　磺化反应

一、工艺简介

磺化反应是向有机化合物分子中引入磺酰基（$—SO_3H$）的反应。磺化方法分为三氧化硫磺化法、共沸去水磺化法、氯磺酸磺化法、烘焙磺化法和亚硫酸盐磺化法等。涉及磺化反应的工艺过程为磺化工艺。磺化反应除了增加产物的水溶性和酸性外，还可以使产品具有表面活性。芳烃经磺化后，其中的磺酸基可进一步被其他基团［如羟基（—OH）、氨基（—NH_2）、氰基（—CN）等］取代，生产多种衍生物。

二、工艺危险特点

（1）反应原料具有燃爆危险性。磺化剂具有氧化性、强腐蚀性，如果投料顺序颠倒、投料速度过快、搅拌不良、冷却效果不佳等，都有可能造成反应温度异常升高，使磺化反应变为燃烧反应，引起火灾或爆炸事故。2012 年 5 月 14 日 9 时，江西海晨鸿华化工有限公司磺化工段操作工向 2＃磺化釜投入 4400kg 氯磺酸、2.03kg 催化剂及 1920kg 硝基苯等物料。后续操作中，反应出现异常，5 月 16 日 7 时 45 分，2＃磺化釜发生冲料现象，随后发生两次爆炸，造成 3 人死亡、2 人受伤，直接经济损失 600 余万元。

（2）氧化硫易冷凝堵管，泄漏后易形成酸雾，危害较大。SO_2 泄漏后，会迅速与空气中的水蒸气结合，形成酸雾。酸雾具有很强的腐蚀性和刺激性，会对呼吸道、眼睛等造成严重的刺激和伤害，可能导致咳嗽、呼吸困难、眼睛刺痛等症状，长期接触还可能引发呼吸道疾病、肺部疾病等。同时，酸雾还会对周围的设备、建筑物等造成腐蚀损坏，影响生产环境和设施的安全运行。

三、典型工艺

（1）SO_3 磺化法：气体 SO_3 和十二烷基苯等制备十二烷基苯磺酸钠、硝基苯与液态 SO_3 制备间硝基苯磺酸、甲苯磺化生产对甲基苯磺酸和对甲酚、对硝基甲苯磺化生产对硝基甲苯邻磺酸等。

（2）共沸去水磺化法：苯磺化制备苯磺酸、甲苯磺化制备甲基苯磺酸等。

（3）氯磺酸磺化法：芳香族化合物与氯磺酸反应制备芳磺酸和芳磺酰氯、乙酰苯胺与氯磺酸生产对乙酰氨基苯磺酰氯等。

（4）烘焙磺化法：苯胺磺化制备对氨基苯磺酸等。

（5）亚硫酸盐磺化法：2,4-二硝基氯苯与亚硫酸氢钠反应制备 2,4-二硝基苯磺酸钠、1-硝基蒽醌与亚硫酸钠反应制备 α-蒽醌硝酸等。

四、重点监控工艺参数

磺化反应釜内温度、磺化反应釜内搅拌速率、磺化剂流量、冷却水流量等。

五、安全控制的基本要求

反应釜温度的报警和联锁系统、搅拌的稳定控制和联锁系统、紧急冷却系统、紧急停车系统、安全泄放系统、三氧化硫泄漏监控报警系统等。

六、采用的控制方式

将磺化反应釜内温度与磺化剂流量、磺化反应釜夹套冷却水进水阀、釜内搅拌电流形成联锁关系，设置紧急断料系统，当磺化反应釜内各参数偏离工艺指标时，能自动报警、停止加料，甚至紧急停车。

任务案例

磺化工艺事故。

3.3 磺化工艺事故

第十四节　聚合工艺

一、工艺简介

聚合反应是一种或几种小分子化合物变成大分子化合物（也称高分子化合物或聚合物，通常分子量为 $1\times10^4\sim1\times10^7$）的反应，涉及聚合反应的工艺过程为聚合工艺。聚合工艺的种类很多，按聚合方法可分为本体聚合、悬浮聚合、乳液聚合、溶液聚合等。

二、工艺危险特点

（1）聚合原料具有自聚和燃爆危险性。许多聚合原料，如乙烯、丙烯、苯乙烯等，具有不饱和键，在一定的温度、压力、引发剂等条件下，容易发生自聚反应。自聚反应是指单体分子在没有其他反应物参与的情况下，自身相互结合形成聚合物的过程。自聚过程往往是放热的，如果在生产、储存或运输过程中，对这些原料的控制不当，例如温度过高、与空气接触、混入杂质等，就可能引发自聚反应。随着自聚反应的进行，热量不断积累，当热量无法及时散发时，会使体系温度急剧上升，从而增加了燃爆的风险。因为温度升高可能会使原料的蒸汽压增大，导致容器内压力升高，当压力超过容器的承受极限时，就会发生爆炸。同时，自聚产生的聚合物可能会堵塞管道、设备等，影响生产的正常进行，甚至引发更严重的安全事故。

（2）如果反应过程中热量不能及时移出，随物料温度上升，裂解和暴聚所产生的热量会使裂解和暴聚过程进一步加剧，形成恶性循环。最终，由于热量的大量积累和压力的急剧增加，引发反应器爆炸。2006 年 8 月 7 日，天津宜坤精细化工公司硝化车间 5 号硝化反应釜就因滴加浓硫酸速度控制不当，使釜内化学反应热量迅速积聚，又未能及时进行冷却处理，导致 5 号硝化反应釜发生爆炸。爆炸的冲击力及碎片还引起了 3 号、4 号、6 号反应釜相继爆炸，造成 10 人死亡、3 人受伤。

（3）部分聚合助剂危险性较大。聚合助剂在聚合反应中起着重要的作用，如引发剂、催化剂、调节剂等。然而，部分聚合助剂具有较大的危险性。例如，过氧化物类引发剂性质活泼，在储存和使用过程中如果受到撞击、摩擦、高温等因素影响，容易发生分解爆炸。2024 年 8 月 19 日，宁东能源化工基地宁夏顺邦达新材料有限公司发生较大爆燃事故。该企业在常温车间非法组织叔丁基过氧化氢生产，将 30% 的氢氧化钠溶液经配置釜窜入钠盐罐，并误将精制釜内叔丁基过氧化氢打入钠盐罐，引起钠盐罐内过氧化物分解放热爆燃，引发车间内其他过氧化物爆燃，造成车间内 5 名作业人员死亡。

三、典型工艺

（1）聚烯烃生产：聚乙烯生产、聚丙烯生产、聚苯乙烯生产等。

（2）聚氯乙烯生产。

（3）合成纤维生产：涤纶生产、锦纶生产、维纶生产、腈纶生产、尼龙生产等。

（4）橡胶生产：丁苯橡胶生产、顺丁橡胶生产、丁腈橡胶生产等。

（5）乳液生产：乙酸乙烯乳液生产、丙烯酸乳液生产等。

（6）涂料黏合剂生产：醇酸油漆生产、聚酯涂料生产、环氧涂料黏合剂生产、丙烯酸涂料黏合剂生产等。

（7）氟化物聚合：四氟乙烯悬浮法、分散法生产聚四氟乙烯，四氟乙烯（TFE）和偏氟乙烯（VDF）聚合生产氟橡胶和偏氟乙烯-全氟丙烯共聚弹性体（俗称 26 型氟橡胶或氟橡胶-26）等；等。

四、重点监控工艺参数

聚合反应釜内温度、压力；聚合反应釜内搅拌速率；引发剂流量；冷却水流量；料仓静电、可燃气体监控；等等。

五、安全控制的基本要求

反应釜温度和压力的报警和联锁系统；紧急冷却系统；紧急切断系统；紧急加入反应终止剂系统；搅拌的稳定控制和联锁系统；料仓静电消除、可燃气体置换系统，可燃和有毒气体检测报警装置；高压聚合反应釜设有防爆墙和泄爆面；等等。

六、采用的控制方式

将聚合反应釜内温度、压力与釜内搅拌电流、聚合单体流量、引发剂加入量、聚合反应釜夹套冷却水进水阀形成联锁关系，在聚合反应釜处设立紧急停车系统。当反应超温、搅拌失效或冷却失效时，能及时加入聚合反应终止剂。设置安全泄放系统。

第十五节　烷基化工艺

一、工艺简介

把烷基引入有机化合物分子中的碳、氮、氧等原子上的反应称为烷基化反应。涉及烷基化反应的工艺过程为烷基化工艺，可分为C-烷基化反应、N-烷基化反应、O-烷基化反应等。

二、工艺危险特点

（1）反应介质具有燃爆危险性。许多烷基化反应所使用的反应介质往往是有机溶剂或具有挥发性的化学物质。例如，在一些芳烃烷基化反应中，常使用苯、甲苯等作为反应介质，这些物质具有较低的闪点和沸点，在常温常压下就容易挥发形成可燃蒸气。当这些可燃蒸气与空气混合达到一定的浓度范围时，遇到火源就会发生燃烧甚至爆炸。而且在反应过程中，如果反应体系密封不良，反应介质泄漏到周围环境中，也会增加燃爆的风险。2019年5月12日，某化工企业在进行甲苯烷基化反应时，由于反应釜的密封垫圈老化损坏，导致反应介质甲苯泄漏。车间内通风系统未能及时有效排出泄漏的甲苯蒸气，使得甲苯蒸气在车间内积聚，当达到爆炸极限后，附近进行设备维修产生的电火花点燃了甲苯蒸气，引发了爆炸事故，造成了严重的人员伤亡和财产损失。

（2）烷基化催化剂具有自燃危险性，遇水剧烈反应，放出大量热量，容易引起火灾甚至爆炸。部分烷基化催化剂，如三乙基铝等，具有很强的还原性和化学活性。在空气中，它们能够与氧气迅速发生氧化反应，反应过程中会释放出大量的热量，当热量积聚到一定程度时就会引发自燃。此外，这些催化剂遇水会发生剧烈的化学反应，比如三乙基铝与水反应会生成氢氧化铝和乙烷，同时放出大量的热，这些热量可能会使周围的可燃物质着火，进而引发火灾甚至爆炸。如果在储存或使用过程中，催化剂接触到空气中的水分或者不慎与水接触，就会引发严重的安全事故。2017年3月7日，某石化工厂在装卸三乙基铝催化剂时，由于操作失误，一桶三乙基铝催化剂被打翻在地，桶体破裂，催化剂暴露在空气中。由于当时空气湿度较大，三乙基铝迅速与空气中的水分发生反应，随即自燃并引发了周边易燃物着火，虽然消防人员及时赶到扑灭了大火，但还是造成了一定的经济损失。

（3）烷基化反应都是在加热条件下进行，原料、催化剂、烷基化剂等加料次序颠倒、加料速度过快或者搅拌中断停止等异常现象容易引起局部剧烈反应，造成跑料，引发火灾或爆炸事故。2020年9月22日，某化工工厂的烷基化反应釜在运行过程中，搅拌器的电机突然发生故障停止运转。由于没有及时发现并采取有效的应急措施，反应釜内的反应物迅速局部积聚，局部反应加剧，温度在几分钟内升高了数十摄氏度，导致物料从反应釜的缝隙中泄漏出来，遇空气中的氧气后发生自燃，引发了火灾，幸好消防系统及时启动，才避免了更严重的后果。

三、典型工艺

（1）C-烷基化反应：乙烯、丙烯以及长链 α-烯烃烷基化制备乙苯、异丙苯和高级烷基苯，苯系物与氯代高级烷烃在催化剂作用下制备高级烷基苯，用脂肪醛和芳烃衍生物制备对称的二芳基甲烷衍生物，苯酚与丙酮在酸催化下制备 2,2-对（对羟基苯基）丙烷（俗称双酚 A），乙烯与苯发生烷基化反应生产乙苯等。

（2）N-烷基化反应：苯胺和甲醚烷基化生产苯甲胺、苯胺与氯乙酸生产苯基氨基乙酸、苯胺和甲醇制备 N,N-二甲基苯胺、苯胺和氯乙烷制备 N,N-二烷基芳胺、对甲苯胺与硫酸二甲酯制备 N,N-二甲基对甲苯胺、环氧乙烷与苯胺制备 N-(β-羟乙基）苯胺、氨或脂肪胺和环氧乙烷制备乙醇胺类化合物、苯胺与丙烯腈反应制备 N-(β-氰乙基）苯胺等。

（3）O-烷基化反应：对苯二酚、氢氧化钠水溶液和氯甲烷制备对苯二甲醚，硫酸二甲酯与苯酚制备苯甲醚，高级脂肪醇或烷基酚与环氧乙烷加成生成聚醚类产物等。

四、重点监控工艺参数

烷基化反应釜内温度和压力、烷基化反应釜内搅拌速率、反应物料的流量及配比等。

五、安全控制的基本要求

反应物料的紧急切断系统、紧急冷却系统、安全泄放系统、可燃和有毒气体检测报警装置等。

六、采用的控制方式

将烷基化反应釜内温度和压力与釜内搅拌、烷基化物料流量、烷基化反应釜夹套冷却水进水阀形成联锁关系，当烷基化反应釜内温度超标或搅拌系统发生故障时自动停止加料并紧急停车。

安全设施包括安全阀、爆破片、紧急放空阀、单向阀及紧急切断装置等。

第十六节　新型煤化工工艺

一、工艺简介

新型煤化工工艺是指以煤为原料，经化学加工使煤直接或者间接转化为气体、液体和固体燃料，以及化工原料或化学品的工艺过程。

二、工艺危险特点

（1）反应介质涉及 CO、氢气、甲烷、乙烯、丙烯等易燃气体，具有燃爆危险性。

（2）反应过程多为高温、高压过程，易发生工艺介质泄漏，引发火灾、爆炸和中毒事故。2024 年 4 月 19 日，内蒙古乌兰泰安能源化工有限责任公司煤储运车间发生一起中毒事故：1名作业人员在进入管道井（井深约2m）关闭阀门时晕倒，后续有4人下井救援，事故造成4人死亡、1人受伤，初步分析为硫化氢中毒。

（3）反应过程可能形成爆炸性混合气体。

（4）多数新型煤化工工艺反应速度快，放热量大，易造成反应失控。

（5）反应中间产物不稳定，易发生分解从而引起爆炸。

三、典型工艺

煤制油（甲醇制汽油、费-托合成油）、煤制烯烃（甲醇制烯烃）、煤制二甲醚、煤制乙二醇（合成气制乙二醇）、煤制甲烷气（煤气甲烷化）、煤制甲醇、甲醇制乙酸等。

四、重点监控工艺参数

反应器温度和压力；反应物料的比例控制；料位；液位；进料介质温度、压力与流量；氧含量；外取热器蒸汽温度与压力；风压和风温；烟气压力与温度；压降；H_2/CO 比；NO/O_2 比；NO/醇比；H_2、H_2S、CO_2 含量；等等。

五、安全控制的基本要求

反应器温度、压力报警与联锁；进料介质流量控制与联锁；反应系统紧急切断进料联锁；料位控制回路；液位控制回路；H_2/CO 比例控制与联锁；NO/O_2 比例控制与联锁；外取热器蒸汽热水泵联锁；主风流量联锁；可燃和有毒气体检测报警装置；紧急冷却系统；安全泄放系统。

六、采用的控制方式

将进料流量、外取热蒸汽流量、外取热蒸汽包液位、H_2/CO 比例与反应器进料系统设立联锁关系，一旦发生异常工况启动联锁，紧急切断所有进料，开启事故蒸汽阀或氮气阀，迅速置换反应器内物料，并将反应器进行冷却、降温。

安全设施包括安全阀、防爆膜、紧急切断阀及紧急排放系统等。

第十七节　电石生产工艺

一、工艺简介

电石生产工艺是以石灰和碳素材料（焦炭、兰炭、石油焦、冶金焦、白煤等）为原料，在电石炉内依靠电弧热和电阻热在高温下进行反应，生成电石的工艺过程。电石炉形式主要分为两种：内燃型和全密闭型。

二、工艺危险特点

（1）电石炉工艺操作具有火灾、爆炸、烧伤、中毒、触电等危险性。电石炉内进行的是高温化学反应，涉及大量的易燃易爆物质。在工艺操作过程中，如果设备密封不良、电气设备出现故障产生电火花等，都可能引发炉内可燃气体泄漏并与空气混合形成爆炸性混合物，遇到火源就会发生火灾或爆炸。2017年2月12日，新疆维吾尔自治区某化工有限公司电石事业部5号电石炉在处理料面时，因未知原因导致可燃气体泄漏形成爆炸性混合气体，发生空间闪爆，此次事故造成2人当场死亡、3人重伤、5人轻伤。

（2）电石遇水会发生剧烈反应，生成乙炔气体，具有燃爆危险性。2023年6月5日，河南省南阳市某材料有限公司原料储存仓库发生爆燃事故。因仓库漏雨，堆放的电石等物质遇水释放出乙炔等可燃气体，作业人员使用角磨机在仓库内进行顶棚切割时产生的火花，与积聚的可燃气体相遇发生爆燃，事故造成4人死亡。

（3）电石的冷却、破碎过程具有人身伤害、烫伤等危险性。在电石冷却后进行破碎操作时，如果设备发生故障，如破碎机的传动部件松动甩出，可能会击中操作人员，造成人身伤害；而在高温电石进行冷却时，若防护不到位，则容易被烫伤。在某电石生产车间，工人李某在配合吊电石坨时，由于电石坨与电石锅粘在一起，打算将电石锅放回原位。李某前去观察情况时，电石锅因在轨道上未放稳而翻倒，电石四处飞溅，溅到李某左脚上，造成其左脚烫伤90％以上。

（4）反应产物一氧化碳有毒，在空气中达到12.5％～74％时会引起燃烧和爆炸。某个电石生产企业，在一次设备检修后，未对生产车间内的一氧化碳浓度进行有效检测就匆忙恢复生产。由于设备连接处密封不严，一氧化碳泄漏到车间内并与空气混合达到爆炸极限，此时车间内一名工人启动了一台普通电气设备的开关，产生的电火花瞬间引发了爆炸和燃烧，造成了严重的人员伤亡和财产损失。

（5）生产中漏糊造成电极软断时，会使炉气出口温度突然升高，炉内压力突然增大，造成严重的爆炸事故。1991年7月5日，河北某电石厂因电炉违章压放电极，致使电极过长过重、焙烧不成熟等一系列问题，最终导致3号电极导电板以下100mm处突然软断，电极遇熔化状态的电石发生爆燃。在炉面上工作的9名工人全部被烧伤，烧伤面积最小为70％，最大者达94％，烧伤深度均在2～3度，其中4人经医院抢救无效死亡 。

三、典型工艺

石灰和碳素材料（焦炭、兰炭、石油焦、冶金焦、白煤等）反应制备电石等。

四、重点监控工艺参数

炉气温度、压力，料仓料位，电极压放量，一次电流，一次电压，电极电流，电极电压，有功功率，冷却水温度、压力，液压箱油位、温度，变压器温度，净化过滤器入口温度、炉气组分分析等。

五、安全控制的基本要求

紧急停炉按钮；电炉运行平台和电极压放视频监控、输送系统视频监控和启停现场声音报警；原料称重和输送系统控制；电石炉炉压调节、控制；电极升降控制；电极压放控制；液压泵站控制；炉气组分在线检测、报警和联锁；可燃和有毒气体检测和声光报警装置；紧急停车按钮；等等。

六、采用的控制方式

将炉气压力、净化总阀与放散阀形成联锁关系；将炉气组分氢、氧含量高与净化系统形成联锁关系；将料仓超料位、氢含量与停炉形成联锁关系。

安全设施包括安全阀、重力泄压阀、紧急放空阀、防爆膜等。

第十八节　偶氮化工艺

一、工艺简介

合成通式为 R—N═N—R 的偶氮化合物的反应为偶氮化反应，其中 R 为脂烃基或芳烃基，两个 R 基可相同也可不同。涉及偶氮化反应的工艺过程为偶氮化工艺。

二、工艺危险特点

（1）部分偶氮化合物极不稳定，活性强，受热或摩擦、撞击等作用极易发生分解甚至爆炸。以 2015 年江苏某化工企业事故为例，该企业在生产过程中涉及偶氮二异丁腈（AIBN）的使用。AIBN 是一种常见的偶氮化合物，常被用作自由基引发剂。当时，由于仓库管理人员操作失误，在搬运 AIBN 储存桶时发生了碰撞，导致桶内 AIBN 受到撞击，进而引发了爆炸。此次事故造成了周边设施不同程度的损坏，所幸无人员伤亡。

（2）偶氮化生产过程中常用的肼类化合物，不仅具有高毒性和腐蚀性，还易发生分解爆炸，遇氧化剂能自燃。2018 年，湖北某化工企业的偶氮化反应车间发生了一起严重事故。该车间在生产过程中使用水合肼作为原料，由于管道长期受到水合肼的腐蚀，出现了泄漏。而当时车间内存在一些氧化性物质，水合肼泄漏后与这些氧化剂接触，瞬间自燃，并引发了周边储存的水合肼分解爆炸。此次事故造成了数名工人中毒，车间设施严重损毁，经济损失巨大。

（3）反应原料具有燃爆危险性。2021 年，浙江某化工企业在生产过程中，由于反应原料中的有机胺和卤代烃储存不当，在高温环境下，有机胺发生了自燃，进而引燃了周边储存的卤代烃，引发了大规模的爆炸。此次事故造成了人员伤亡和周边环境的严重污染。

三、典型工艺

（1）脂肪族偶氮化合物合成：水合肼和丙酮氰醇反应，再经液氯氧化制备偶氮二异丁腈；次氯酸钠水溶液氧化氨基庚腈，或者甲基异丁基酮和水合肼缩合后与氰化氢反应，再经氯气氧化制取偶氮二异庚腈；偶氮二甲酸二乙酯（DEAD）和偶氮二甲酸二异丙酯（DIAD）的制备。

（2）芳香族偶氮化合物合成：由重氮化合物的偶联反应制备偶氮化合物。

四、重点监控工艺参数

偶氮化反应釜内温度、压力、液位、pH 值、搅拌速率，肼流量，反应物质的配料比，后处理单元温度等。

五、安全控制的基本要求

反应釜温度和压力的报警和联锁系统；反应物料的比例控制和联锁系统；紧急冷却系统；紧急停车系统；安全泄放系统；后处理单元配置温度监测、惰性气体保护的联锁装置等。

六、采用的控制方式

将偶氮化反应釜内温度、压力与釜内搅拌、肼流量、偶氮化反应釜夹套冷却水进水阀形成联锁关系。在偶氮化反应釜处设立紧急停车系统，当偶氮化反应釜内温度超标或搅拌系统发生故障时，自动停止加料，并紧急停车。

后处理设备应配置温度检测、搅拌、冷却联锁自动控制调节装置，干燥设备应配置温度测量、加热热源开关、惰性气体保护的联锁装置。

安全设施包括安全阀、爆破片、紧急放空阀等。

任务案例

（1）国家重点监管的危险化工工艺安全事故合集。

（2）氟化工艺反应事故案例分析。

3.4 国家重点监管的危险化工工艺安全事故合集

3.5 氟化工艺反应事故案例分析

课后任务

一、情景分析

（1）2024 年 8 月 19 日，宁夏顺邦达新材料有限公司引发剂车间发生爆燃事故，造成 5 人死亡。查找资料了解事发基本情况，分析原因并制订安全措施。

（2）2024 年 6 月 25 日，辽宁北方煤化工（集团）股份有限公司产品制造室进行高炉煤气取样作业时，发生中毒和窒息事故，造成分析一班检验员赵某，合成作业区设备管理主管工程师朱某某死亡。查找资料了解事发基本情况并分析原因。

（3）2022 年 6 月 18 日，上海石油化工股份有限公司化工部 1＃乙二醇装置环氧乙烷精制塔区域发生爆炸。由环氧乙烷精制塔塔釜至再吸收塔的管道夹具处发生断裂，管道内工艺水大量泄漏，塔釜内溶液漏空后，环氧乙烷落到塔釜底部，沿管道断口处泄漏至大气中，遇点火源起火爆炸，大火导致塔内环氧乙烷发生自分解反应，造成环氧乙烷精制塔爆炸。事故造成 1 人死亡、1 人受伤，直接经济损失约 971.48 万元。查找资料了解事发基本情况，分析原因并制订安全措施。

二、综合复习

（1）我国首批重点监管的危险化工工艺有哪些？

（2）我国第二批重点监管的危险化工工艺有哪些？

（3）过氧化工艺典型工艺有哪些？安全控制要求是什么？

（4）聚合工艺类型有哪些？安全控制要求是什么？用于树脂、涂料、胶黏剂等方面的常压反应在重点监管的危险化工工艺中有什么变化？安全控制要求是什么？

（5）简述过氧化工艺的危险性和安全控制要求。

（6）简述硝化工艺的危险性和安全控制要求。

（7）简述磺化工艺的危险性和安全控制要求。

（8）简述氟化工艺的危险性及安全控制要求。

（9）简述烷基化工艺的危险性和安全控制要求。

（10）简述重氮化工艺的危险性和安全控制要求。

第四章　化学反应安全风险评估

学习目标

熟悉化学反应安全风险评估方法；掌握化学反应安全风险评估各参数的意义及相关安全防范措施，避免化工生产中化学反应安全事故的发生。培养学生进行化学反应安全风险评估的基本工作能力。

第一节　化学反应安全风险评估内容及适用情形

一、化学反应安全风险评估的工作内容

依据《国家安全监管总局关于加强精细化工反应安全风险评估工作的指导意见》（安监总管三〔2017〕1号）和《精细化工反应安全风险评估规范》（GB/T 42300—2022）中反应安全风险评估工作的要求，化学反应安全风险评估工作包含以下五方面内容：

（1）结合相关文献及理论计算获得反应热等数据；

（2）分析计算实际工艺的 ΔT_{ad}、MTSR、MTT 等数据；

（3）通过模拟计算分析反应的热稳定性，获得分解热、T_{D24}、TMR_{ad} 等数据；

（4）综合以上计算和分析得到的数据进行化学反应安全风险评估；

（5）根据评估结果揭示相关的风险，并提出相应的措施建议。

化学反应安全风险评估涉及的物理量有很多，其代表的意义如表 4-1 所示。

表 4-1　化学反应安全风险评估涉及的物理量

序号	符号与缩写	单位	定义
1	$\Delta_r H$	kJ/kg 或 kJ/mol	本征反应热，指工艺操作条件下反应体系需要移出或移入的热量；负数为放热反应，正数为吸热反应
2	T_p	℃或 K	工艺操作温度（temperature of process）
3	ΔT_{ad}	℃或 K	绝热温升（adiabatic temperature rise），绝热条件下反应放出的热量完全释放导致物料温度的温升值
4	MTT	℃或 K	技术最高温度（maximum temperature for technical reasons）
5	MTSR	℃或 K	工艺反应能达到的最高温度（maximum temperature of the synthesis reaction），$MTSR=T_p+\Delta T_{ad}$
6	TMR_{ad}	h	绝热条件下最大反应速率到达时间（time to maximum rate under adiabatic conditions）

续表

序号	符号与缩写	单位	定义
7	T_{D24}	℃或 K	绝热条件下，最大反应速率到达时间 TMR_{ad} 为 24h 时对应的温度
8	Q	kJ	反映本征总放(吸)热量
9	q_r	W/kg	比放热速率，任意时刻单位质量反应釜内总物料的放热速率
10	c_p	kJ/(kg·K)	比热容
11	m_r	g 或 kg	物料质量，任意时刻反应釜内总物料的质量
12	T_r	℃或 K	反应温度，任意时刻反应釜内物料的温度
13	T_{cf}	℃	任意时刻，绝热条件下合成反应可能达到的温度
14	Φ		热惯量，又称热修正系数，即反应器及物料的总热容与物料热容之比

二、应开展化学反应安全风险评估的情形

企业中涉及重点监管危险化工工艺和金属有机物反应（包括格氏反应）的间歇和半间歇反应，有以下情形之一的，要开展化学反应安全风险评估：

（1）国内首次使用的新工艺、新配方投入工业化生产的以及从国外首次引进的新工艺且未进行过反应安全风险评估的；

（2）现有的工艺路线、工艺参数或装置能力发生变更，且没有反应热安全风险评估报告的；

（3）因反应工艺问题，发生过生产安全事故的。

第二节　化学反应安全风险评估标准

根据《精细化工反应安全风险评估导则（试行）》，有五种评估标准，分别是物质分解热评估、严重度评估、可能性评估、矩阵评估、反应工艺危险度评估。这五种评估标准中，前四种一般用于评估物质的热危害，即评估物质在单独存在的情况下由热引发而导致的失控分解或缩聚反应的热危害的风险，反应中涉及的反应物、溶剂、催化剂、产物等物料的热危害可以用这四种方法进行评估。

最后一种评估标准，即反应工艺危险度评估，用于评估有物料混合情况下的反应热危害，此处的反应特指工艺的设计者希望发生的工艺主反应，不包括物质自身的分解或缩聚导致的副反应。反应危险度等级评估结果仅包括分析取热失控条件下的物料与反应热分析，并不考虑物料在意外情况下的泄漏引发的燃烧、爆炸、中毒、环境破坏等风险。

一、物料热分解分析

热分解是指在温度高于常温或加热升温情况下发生的分解反应。化学品的热分解是指在热的作用下，化学物质分子发生断裂，形成分子量小于原来物质分子的众多分解产物的现象。化学品的热分解过程具有分阶段的特点。根据分解过程性质的不同，化学品的热分解通常分为以下四个阶段：

（1）热分解延滞期——在该阶段内，化学品受热后没有发生明显的分解或分解速度很低甚至趋近于零，气体产物很少；

（2）热分解加速期——热分解延滞期结束后的阶段，这时气体生成速度开始加快，直至

达到某一极大值后，停止加速过程，加速期阶段结束；

（3）热分解等速期——该阶段内化学品以一个不变的速度进行一段时间的稳定分解；

（4）热分解降速期——该阶段为分解的最后过程，由于前三个阶段中的分解消耗，化学品量显著减少，所以该阶段表现为热分解速度急剧下降，直到热分解过程结束。

化学品的热分解过程通常有两种：第一种是逐渐热分解过程，在正常的生产、使用、储存、运输等环节中都会发生，热分解速度非常低，这种分解方式是在安全状态下进行的；另外一种则是高度危险的自加速热分解过程，速度很快，并且会不断增加，通常会导致火灾、爆炸等事故的发生。不管是何种热分解，危险化学品在发生热分解时大多会放出大量的热量，热分解放热的剧烈程度以及最终放热量的大小决定了这种危险化学品的热危险性。

二、物质分解热评估

分解热是物质分解释放的热量，分解热大的物质，绝热温升高，潜在的燃爆危险性较高。实际应用过程中，要通过风险研究和风险评估，界定物料的安全操作温度，避免超过规定温度，引发爆炸事故的发生。分解热的评估标准见表 4-2。

表 4-2　分解热的评估标准

等级	分解热/(J/g)	说明
1	分解热<400	潜在爆炸危险性
2	400≤分解热≤1200	分解热较大，潜在爆炸危险性较高
3	1200<分解热<3000	分解热大，潜在爆炸危险性高
4	分解热≥3000	分解热很大，潜在爆炸危险性很高

三、严重度评估

严重度是指反应在不受控情况下的能量释放可能造成破坏的程度。反应释放出的热量越大，失控后反应体系温度的升高情况越显著，容易导致反应体系中温度超过某些组分的热分解温度，发生分解反应以及二次分解反应，产生气体或者造成某些物料本身的气化，从而导致体系压力的增加。在体系压力增大的情况下，可能发生反应容器的破裂以及爆炸事故，造成企业财产损失和人员伤亡。失控反应体系温度的升高情况越显著，造成后果的严重程度越高。反应的绝热温升是一个非常重要的指标，绝热温升不仅仅是影响温度水平的重要因素，同时还是失控反应动力学的重要影响因素。

严重度评估标准如表 4-3 所示，可以分为四个等级。

表 4-3　严重度评估标准

等级	ΔT_{ad}/K	后果
1	$\Delta T_{ad}\leqslant 50$ 且无压力影响	单批次的物料损失
2	$50<\Delta T_{ad}<200$	工厂短期破坏
3	$200\leqslant\Delta T_{ad}<400$	工厂严重损失
4	≥400	工厂毁灭性的损失

绝热温升与反应热成正比，可以利用绝热温升来评估放热反应失控后的严重度。当绝热温升≥200K 时，反应物料的多少不是影响反应速率的主要因素，温升导致反应速率的升高占据主导地位，一旦反应失控，体系温度会在短时间内发生剧烈的变化，并导致严重的后

果。而当绝热温升≤50 K时，温度随时间的变化曲线比较平缓，体现的是一种体系自加热现象，反应物料的多少是反应速率的主要影响因素，在没有溶解气体导致压力增长带来的危险时，这种情况的严重度低。

绝热温升ΔT_{ad}可描述为："在冷却失效等失控条件下，体系不能进行能量交换，放热反应放出的热量，全部用来升高反应体系的温度，是反应失控可能达到的最坏情形。对于失控体系，反应物完全转化时所放出的热量导致物料温度的升高，称为绝热温升。绝热温升与反应热量成正比，对于放热反应来说，反应的放热量越大，绝热温升越高，导致的后果越严重。绝热温升是反映安全风险评估的重要参数，是评估体系失控的极限情况，可以评估失控体系可能导致的严重程度。"

反应或分解的能量直接关系到（事故的）严重程度，也就是说关系到失控后的潜在破坏。如果反应体系不能与外界交换能量，那么体系将成为绝热状态，在这种情况下，反应所释放的全部能量都用来提高体系自身的温度。

ΔT_{ad}的计算除了与反应放热量、物料物性等有关，也与反应器类型、结构等设计操作工况有关，不同的反应器类型（如釜式、管式、微反应器等）会影响绝热温升的计算。与釜式反应器相比，管式反应器的一个很大的优势为反应器尺寸较小。在考虑热容问题时，不能忽略反应器的热容。因为发生冷却失效时，反应释放的热量不仅用来升高反应物料的温度，还升高了反应器壁的温度。这种反应物料的"热稀释"效应源于反应器本身，这意味着一旦冷却失效，绝热温升将大大降低。事实上，常用Φ值来修正反应器类型和结构等对绝热温升计算的影响。Φ称为热惯量，又称热修正系数，即反应器、换热介质及物料的总热容与物料总热容之比。对于釜式反应器，一般有$\Phi \approx 1$；对于管式反应器、微反应器，热修正系数Φ值根据实际情况进行计算，一般有$\Phi > 1$。因此，绝热温升的计算如下：

$$\begin{aligned}\Delta T_{ad} &= \frac{1}{\text{热惯量}} \times \frac{\text{反应放热量}}{\text{体系内物质总热容}} = \frac{1}{\text{热惯量}} \times \frac{\text{体系内基准物 A 的摩尔数} \times \text{反应热}}{\text{体系内物质总质量} \times \text{比热容}} \\ &= \frac{1}{\Phi} \times \frac{n_A(-\Delta_r H)}{m_r c_p} \\ &= \frac{1}{\text{热惯量}} \times \frac{(1-\text{A 的转化率}) \times \text{体系内物质 A 反应前浓度} \times \text{体系内物料总质量} \times \text{反应热}}{\text{体系内物质总质量} \times \text{比热容}} \\ &= \frac{1}{\Phi} \times \frac{(1-\eta_A)C_{A,0}(-\Delta_r H)}{c_p}\end{aligned}$$

当量热实验结果用于评估不同的工艺条件时需要考虑加料方式、浓度等因素。一般地，进行严重度评估时：

（1）对于（半）间歇式操作的搅拌釜式反应器，按转化率$\eta_A = 0$来计算绝热温升，即

$$\Delta T_{ad} = \frac{1}{\Phi} \times \frac{C_{A,0}(-\Delta_r H)}{c_{p,r}} = \frac{1}{\Phi} \times \frac{n_{A,0}(-\Delta_r H)}{m_r c_{p,r}}$$

（2）对于连续式操作的搅拌釜式反应器，在反应过程中搅拌桨一直处于强烈搅拌状态，可认为釜内物料组成与出料的组成一致，因此可按反应器出料的转化率来计算ΔT_{ad}，反应器出料的转化率越高，则绝热温升ΔT_{ad}的数值就会越小。

四、可能性评估

热失控反应的一般发展过程如图4-1所示，首先是主反应出现异常，如取热失效，此时主反应的放热不能移除而导致体系温度升高，最高至MTSR。在此温度下，可能会出现正常工况下不会出现的副反应。

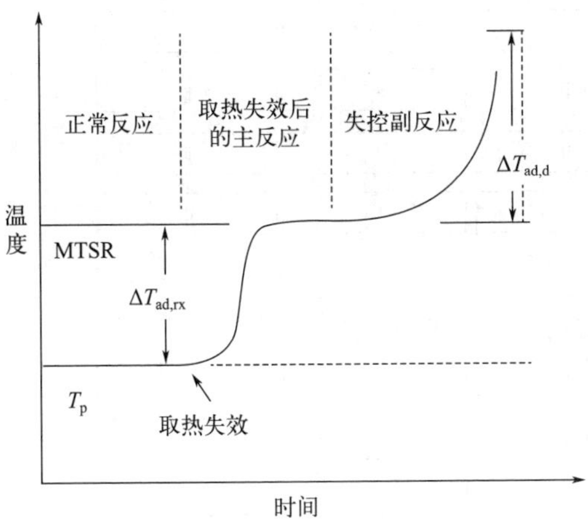

图 4-1　热失控反应发展过程

热失控危害评估一般需要评估热失控反应发生的可能性和严重度。如果事故发生导致的后果严重度很低的话，则可能不需要进一步研究事故发生的可能性。

可能性是指工艺反应本身导致危险事故发生的概率大小。利用时间尺度可以对事故发生的可能性进行评估，可以设定最危险情况的报警时间，便于在失控情况发生时，在一定的时间限度内，及时采取相应的补救措施、降低风险，或者强制疏散，最大限度地避免爆炸等恶性事故发生，保证化工生产安全。

绝热条件下，放热反应从任意温度 T 开始至达到最大反应速率所需要的时间，称为绝热条件下温度 T 对应的最大反应速率到达时间，用 TMR_{ad} 表示。TMR_{ad} 是评估引发二次分解反应可能性的时间尺度。温度 T 对应的 TMR_{ad} 越大，则温度 T 下引发二次分解反应的可能性越小。TMR_{ad} 为 24h 时对应的温度即 T_{D24}。对于工业生产规模的化学反应来说，如果在绝热条件下 $TMR_{ad} \geqslant 24h$，则有足够的时间处置失控反应，导致事故发生的概率较低。如果 $TMR_{ad} \leqslant 8h$，则人为处置失控反应的时间不足，导致事故发生的概率升高。采用上述时间尺度进行评估，还取决于其他许多因素，例如化工生产自动化程度的高低、操作人员的操作水平和培训情况、生产保障系统的故障频率等，工艺安全管理也非常重要。

根据安全温度的 100K 经验法则，起始分解温度减去 100K 得到一个安全温度，当实际操作温度低于该安全温度时，一般而言物质不会发生分解，但对于叠氮化钠等物系，100K 经验法则并不适用，安全温度需要继续降低。可能性评估标准如表 4-4 所示。

表 4-4　可能性评估标准

等级	TMR_{ad}/h	后果
1	$TMR_{ad} \geqslant 24$	很少发生，人为处置失控反应有足够的时间，导致事故发生的概率较低
2	$8 < TMR_{ad} < 24$	偶尔发生
3	$1 < TMR_{ad} \leqslant 8$	很可能发生，人为处置失控反应的时间不足，导致事故发生的概率升高
4	$TMR_{ad} \leqslant 1$	频繁发生，人为处置失控反应的时间不足，导致事故发生的概率升高

五、矩阵评估

风险矩阵是以失控反应发生后果严重度和相应的发生概率进行组合，得到不同的风险类型，从而进行反应安全风险评估，并将可接受风险、有条件接受风险和不可接受风险分别用不同的区域表示，具有良好的辨识性。

矩阵评估标准如图 4-2 所示。以 TMR_{ad} 风险发生的可能性，ΔT_{ad} 表示风险导致的严重度，通过组合不同的严重度和可能性等级，对化学反应风险进行评估。

化学反应安全风险的危险程度由风险发生的可能性和风险带来后果的严重度两个方面决定，风险分级如下：

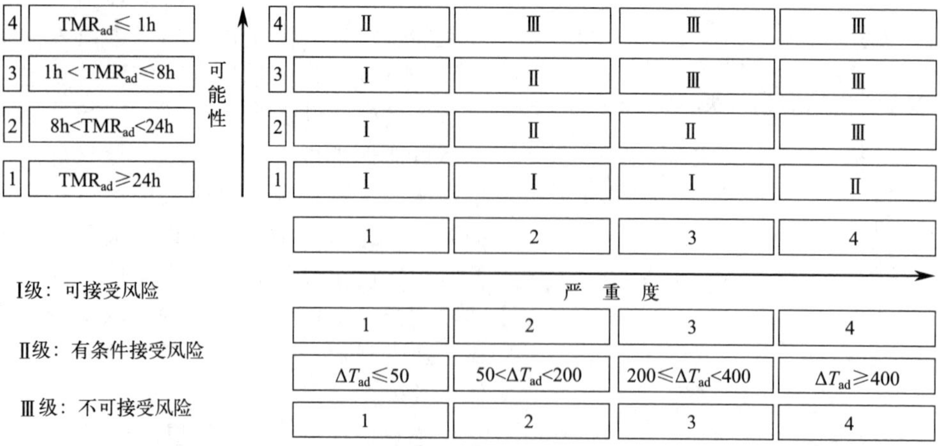

图 4-2 矩阵评估标准

Ⅰ级风险为可接受风险：可以采取常规的控制措施，并适当提高安全管理和装备水平。

Ⅱ级风险为有条件接受风险：在控制措施落实的条件下，可以通过工艺优化和工程、管理上的控制措施，降低风险等级。

Ⅲ级风险为不可接受风险：应当通过工艺优化、技术路线的改变，工程、管理上的控制措施，降低风险等级，或者采取必要的隔离方式，全面实现自动控制。

六、反应工艺危险度评估

反应工艺危险度评估是化学反应安全风险评估的重要评估内容。反应工艺危险度指的是工艺反应本身的危险程度，危险度越大的反应，反应失控后造成事故的后果越严重。

温度作为评价基准是反应工艺危险度评估的重要原则。四个重要的温度参数分别是工艺操作温度 T_p、技术最高温度 MTT、失控体系最大反应速率到达时间 TMR_{ad} 为 24h 对应的温度 T_{D24} 以及失控体系可能达到的最高温度 MTSR，通过对比四个温度参数，确定当前工艺的危险等级。

表 4-5 为反应工艺危险度评估标准。

表 4-5 反应工艺危险度评估标准

等级	TMR_{ad}/h	后果
1	T_p＜MTSR＜MTT＜T_{D24}	反应危险性较低
2	T_p＜MTSR＜T_{D24}	潜在分解风险
3	T_p≤MTT＜MTSR＜T_{D24}	存在冲料和分解风险
4	T_p≤MTT＜T_{D24}	冲料和分解风险较高，潜在爆炸风险
5	T_p＜T_{D24}＜MTSR	爆炸风险较高

1 级危险度：此级别的工艺危险度最低。目标反应失控后温度达不到技术最高温度，且不会触发二次分解反应。因此只需要采取常规的危害控制措施（如工艺操作条件的控制），不需要采取特别措施，但反应物料不应在热累积状态停留太长时间。

2 级危险度：此级别的工艺危险度较低。目标反应失控后温度达不到技术最高温度，但若在热积累状态停留较长时间，仍有可能触发二次分解反应。若可以避免热累积，则不需要采取特别的措施；若不能，则需要通过蒸发冷却或紧急泄压等措施防止系统超压和化学品泄漏。

3级危险度：此级别的工艺危险度一般。目标反应失控后温度达到技术最高温度，但不会触发二次分解反应。这种情况下，工艺安全与否取决于达到MTT时目标反应的放热速率。可利用蒸发冷却或泄压来避免反应系统超压，使物料处于受控状态。还需要采用备用冷却系统、倾泻反应物料或骤冷等其他措施。

4级危险度：此级别的工艺危险度较高。目标反应失控后温度达到技术最高温度，并且会触发二次分解反应。在这种情况下，若技术措施失效，则必引发二次分解反应。因此，所采取的技术措施必须可靠，否则危险性会很高。

5级危险度：此级别的工艺危险度最高。目标反应失控后将触发二次分解反应，且在失控过程中达到技术最高温度。这种情况下，蒸发冷却或紧急泄压很难再起到应有的作用，必须对工艺进行重新设计，以避免发生重大安全事故。

针对不同的反应工艺危险度等级，需建立不同的风险控制措施。对于危险度等级在3级以上的工艺，需要进一步获取失控反应温度、失控反应体系温度与压力的关系、失控过程最高温度、最大压力、最大温度升高速率、最大压力升高速率及绝热温升等参数，确定相应的风险控制措施。

第三节　化学反应安全风险评估流程

按照《精细化工反应安全风险评估导则（试行）》，化学反应安全风险评估的流程主要包括物料热稳定性风险评估、目标反应安全风险发生可能性和导致的严重程度评估、目标反应工艺危险度评估。

一、物料热稳定性风险评估

对所需评估的物料进行热稳定性测试，获取热稳定性评估所需要的技术数据。主要数据包括物料热分解起始分解温度、分解热、绝热条件下最大反应速率到达时间为24h对应的温度。对比工艺温度和物料稳定性温度，如果工艺温度大于绝热条件下最大反应速率到达时间为24h对应的温度，则物料在工艺条件下不稳定，需要优化已有工艺条件，或者采取一定的技术控制措施，保证物料在工艺过程中的安全和稳定。根据物质分解放出的热量大小，对物料潜在的燃爆危险性进行评估，分析分解导致的危险性情况，对物料在使用过程中需要避免受热或超温，引发危险事故的发生提出要求。

二、目标反应发生风险的可能性和严重程度评估

实验测试获取反应过程绝热温升ΔT_{ad}、体系热失控情况下工艺反应可能达到的最高温度MTSR，以及失控体系达到最高温度对应的最大反应速率到达时间TMR_{ad}等数据。考虑工艺过程的热累积度为100%，利用失控体系绝热温升，按照分级标准，对失控反应可能导致的严重程度进行反应安全风险评估；利用最大反应速率到达时间，对失控反应触发二次分解反应的可能性进行反应安全风险评估。综合失控体系绝热温升和最大反应速率到达时间，对失控反应进行复合叠加因素的矩阵评估，判定失控过程风险可接受程度。如果为可接受风险，说明工艺潜在的热危险性是可以接受的；如果为有条件接受风险，则需要采取一定的技术控制措施，降低反应安全风险等级；如果为不可接受风险，说明常规的技术控制措施不能

奏效，已有工艺不具备工程放大条件，需要重新进行工艺研究、工艺优化或工艺设计，保障化工过程的安全。

三、目标反应工艺危险度评估

实验测试获取包括目标工艺温度、失控后体系能够达到的最高温度、失控体系最大反应速率到达时间为24h对应的温度、技术最高温度等数据。在反应冷却失效后，四个温度数值大小排序不同，根据分级原则，对失控反应进行反应工艺危险度评估，形成不同的危险度等级；根据危险度等级，有针对性地采取控制措施。应急冷却、减压等安全措施均可以作为系统安全的有效保护措施。对于反应工艺危险度较高的反应，需要对工艺进行优化或者采取有效的控制措施，降低危险度等级。常规控制措施不能奏效时，需要重新进行工艺研究或工艺优化，改变工艺路线或优化反应条件，减少反应失控后物料的累积程度，实现化工过程安全。

四、措施与建议

综合化反应安全风险评估的结果，考虑不同工艺的危险程度，建立相应的控制措施，在设计中体现，并同时考虑厂区和周边区域的应急响应。

对于反应工艺危险度为1级的工艺过程，应配置常规的自动控制系统，对于主要反应参数进行集中监控和自动调节（DCS或PLC）。

对于反应工艺危险度为2级的工艺过程，应配置常规自动控制系统，对主要反应参数进行集中监控及自动调节（DCS或PLC）的基础上，要设置偏离正常值的报警和联锁控制，在非正常条件下有可能超压的反应系统，应设置爆破片和安全阀等泄放设施。根据评估建议，设置相应的安全仪表系统。

对于反应工艺危险度为3级的工艺过程，在配置常规自动控制系统，对主要反应参数进行集中监控及自动调节，设置偏离正常值的报警和联锁控制，以及设置爆破片和安全阀等泄放设施的基础上，还要设置紧急切断、紧急终止反应、紧急冷却降温等控制设施。根据评估建议，设置相应的安全仪表系统。

对于反应工艺危险度为4级和5级的工艺过程，尤其是风险高但必须实施产业化的项目，要努力优先开展工艺优化或改变工艺方法降低风险，例如通过微反应、连续流完成反应；要配置常规自动控制系统，对主要反应参数进行集中监控及自动调节，要设置偏离正常值的报警和联锁控制，爆破片和安全阀等泄放设施，紧急切断、紧急终止反应、紧急冷却降温等控制设施；还需要进行保护层分析，设置独立的安全仪表系统。对于反应工艺危险度达到5级且必须实施产业化的项目。在设计时，应设置在防爆墙隔离的独立空间中，并设置完善的超压泄爆设施，实施全面自控，除装置安全技术规程和岗位操作规程中对于进入隔离区有明确规定的，反应过程中操作人员不应进入所限制的空间内。

第五章 防火防爆和电气安全技术

学习目标

掌握燃烧爆炸的原理、类型及条件，灭火器使用方法及适用范围，电气防火防爆的综合措施、消减静电的措施，掌握防雷措施。培养学生根据防火防爆知识进行厂房防火防爆安全检查工作的能力，能辨识各种防爆电器，并对这些电器的安全状态进行监控，在发现异常时，能采取有效措施消除相关事故隐患。

第一节 防火技术

一、燃烧

燃烧俗称着火。当燃烧在时间和空间上失去控制发展成灾的时候就成为火灾。火灾自人类掌握火的使用以来便一直存在，时刻威胁着人们的生命和财产安全。

燃烧的本质是一种氧化反应，通常伴有发热、发光和（或）发烟的现象。这些外部特征使得燃烧现象与其他氧化现象得以区分。然而，燃烧并非随时都能发生，它需要具备一定的条件。

（1）可燃物。根据物质的燃烧性能，通常将其分为可燃物、难燃物和不燃物三种。可燃物是指在火源作用下能被点燃，并且当火源移去后能持续燃烧直至燃尽的物质。无论是固体、液体还是气体，凡是能在空气、氧气或其他氧化剂中发生剧烈氧化反应的物质都称为可燃物。可燃物按其组成可分为无机可燃物质和有机可燃物质两类。无机可燃物包括钾、钠、钙、镁、磷、硫、硅、氢等无机单质以及一氧化碳、氨、硫化氢、磷化氢、二硫化碳等无机化合物。有机可燃物质则包括天然气、液化石油气、汽油等低分子有机物以及木材、棉、麻等高分子有机物。

（2）助燃物。助燃物在燃烧过程中起到氧化剂的作用。助燃物本身不一定可燃，但它能导致可燃物燃烧。在燃烧过程中，最常见的助燃物的是空气中的氧气。但在一些特殊火灾中，如化工火灾等，引起燃烧反应的氧化剂则多种多样，包括卤素单质、氯酸盐等强氧化剂。

（3）点火源。点火源是指能够引起可燃物与助燃物发生燃烧反应的能量来源。点火源种类繁多，包括明火、高热物体及高温表面、电火花、静电火花、摩擦与撞击、自行发热、绝热压缩、化学反应热及光线和射线等。

（4）未受抑制的链式反应。可燃物、助燃物和点火源是构成燃烧的三个要素，缺一不可，但当三个基本条件在数量上发生变化时，也会使燃烧速度改变甚至停止燃烧。例如，氧气在空气中的含量降低到14%～16%时，木材的燃烧即行停止。同样地，如果可燃气体与空气的混合物中可燃气体的比例减少，燃烧速度也会减慢甚至停止。此外，点火源如果不具备一定的能量，燃烧也不会发生。因此，燃烧的充分条件除了可燃物、助燃物和点火源外，还需要未受抑制的链式反应。

综上所述，燃烧基本条件的构成可以用燃烧四面体来表示，如图5-1所示。燃烧四面体的每一个面分别代表一个燃烧条件：可燃物、助燃物、点火源以及未受抑制的链式反应。只有当这四个条件同时存在并相互结合时，才能发生燃烧。否则，燃烧就不会发生。

掌握了燃烧发生的条件，就可以通过预防和控制燃烧的基本条件中的任何一个，有效地防止火灾的发生及降低火灾损失。

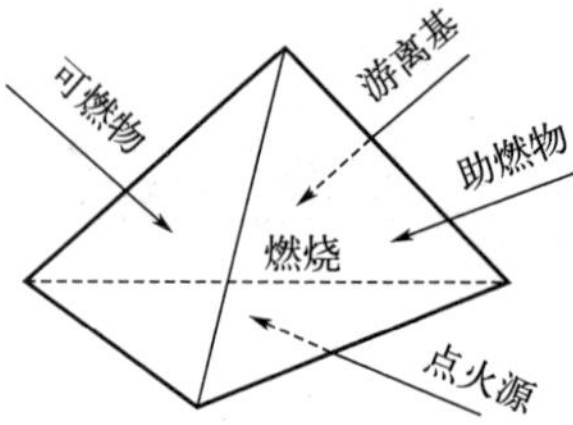

图5-1　燃烧四面体

二、燃烧类型

燃烧可分为闪燃、着火和自燃三种，每一种类型的燃烧都有各自的特点。

（一）闪燃

闪燃是在一定温度下，易燃或可燃液体（包括能蒸发出蒸气的少量固体，如石蜡、樟脑、萘等）的蒸气与空气混合后达到一定的浓度时，遇点火源发生一闪即灭的火苗或火光，这种现象称为闪燃。闪燃是一种瞬间燃烧现象。闪燃发生的原因是易燃或可燃液体在该温度下，蒸发速度还不太快，蒸发出来的气体量较少，仅能维持一刹那的燃烧，来不及补充新的蒸气以维持稳定的燃烧，因而一闪即灭。闪燃是着火的先兆。

在规定的试验条件下，易燃和可燃液体能发生闪燃的最低温度，叫闪点。闪点是评价液体火灾危险性大小的主要依据。液体的闪点越低，火灾危险性也就越大。根据液体的闪点，将闪点低于45℃的液体称为易燃液体，闪点高于45℃的液体称为可燃液体。液体闪点的分类方法如表5-1所示。

表5-1　易燃和可燃液体闪点的分类

种类	类别	闪点 T/℃	举例
易燃液体	甲	$T<28$	汽油、甲醇、乙醇、乙醚、苯、甲苯等
	乙$_A$	$28\leqslant T\leqslant 45$	煤油、丁醇等
	乙$_B$	$45<T<60$	戊醇、己醇、松节油等
可燃液体	丙$_A$	$60\leqslant T\leqslant 120$	柴油、重油等
	丙$_B$	$T>120$	植物油、矿物油、甘油等

几种常见液体的闪点如表5-2所示。

表5-2　常见液体的闪点

物质	闪点/℃	物质	闪点/℃	物质	闪点/℃
汽油	−58～10	二氯乙烷	8	松节油	30
二硫化碳	−45	甲醇	9.5	丁醇	35
乙醚	−45.5	乙醇	11	戊醇	46
丙酮	−17	醋酸丁酯	13	乙二醇	112
苯	−15	醋酸戊酯	25	甘油	176.5
甲苯	4	煤油	28～45	桐油	239
醋酸乙酯	−4	二乙胺	28	冰醋酸	40

（二）着火

可燃物在空气中受点火源的作用而发生持续燃烧的现象称为着火。着火就是燃烧的开始，并且以出现火焰为特征。可燃物发生着火所需要的最低温度叫作该物质的燃点（着火点或火焰点）。物质的燃点越低，越容易着火。常见可燃物的燃点如表 5-3 所示。

表 5-3 常见可燃物的燃点

物质名称	燃点/℃	物质名称	燃点/℃
黄磷	34～60	布匹	200
松节油	53	麦草	200
樟脑	70	硫	207
灯油	86	豆油	220
赛璐珞	100	烟叶	220
橡胶	120	松木	250
纸张	130	胶布	325
漆布	165	涤纶纤维	390
蜡烛	190	棉花	210

（三）自燃

可燃物受热升温，不需明火作用就能自行燃烧的现象称为自燃。物质能够发生自燃的最低温度称为该物质的自燃点。物质的自燃点越低，发生火灾的危险性越大。常见可燃物的自燃点如表 5-4 所示。

表 5-4 常见可燃物的自燃点

物质	自燃点/℃	物质	自燃点/℃	物质	自燃点/℃
黄磷	34～35	二硫化碳	102	棉籽油	370
三硫化四磷	100	乙醛	170	桐油	410
赛璐珞	150～180	煤油	240～290	芝麻油	410
赤磷	200～250	汽油	280	花生油	445
松香	240	石油沥青	270～300	菜籽油	446
锌粉	360	柴油	350～380	豆油	460
丙酮	570	重油	380～420	亚麻仁油	343

根据热量的来源不同，物质的自燃可分为受热自燃和自热自燃（本身自燃）两种。

（1）受热自燃。热量来自外部，当达到物质自燃点时即发生自行着火的现象。例如，在石油化工生产中，可燃物靠近高温设备管道，加热或烘烤过度，或者可燃物料泄漏到未做保温处理的高温设备管道上等情况，均可导致可燃物受热自燃。受热自燃是引起火灾事故的重要原因之一。

（2）自热自燃。热量来源于物质本身，物质内部发生物理、化学、生物等作用而产生热量并积聚起来，当达到自燃点时引起自行着火。

自热自燃与受热自燃的根本区别在于热的来源不同，受热自燃的热量来自外部，而自热自燃的热量来自可燃物本身。因此，能够发生自热自燃的可燃物的火灾危险性更大。

三、物质燃烧过程

可燃物根据其聚集状态（气体、液体、固体）的不同，在接近火源或受热时，会经历不同的燃烧过程。可燃液体燃烧时，会蒸发成蒸气与空气混合后燃烧，而固体可燃物的燃烧过程有所差异：硫、磷、石蜡等会先熔融再气化，木材、沥青、煤等则先分解释放气体，之后才燃烧。大多数可燃物燃烧时会转化为气态，这一过程称为气相燃烧，产生火焰；而某些物质，如焦炭，在固态时燃烧，不产生火焰，称为固相燃烧或无焰燃烧。

四、燃烧性和火灾危险性分类

（一）基本概念

（1）易燃物质指易燃气体、蒸气、液体和薄雾。

（2）易燃气体是指以一定比例与空气混合后形成的爆炸性气体混合物的气体。

（3）易燃或可燃液体是指在可预见的使用条件下能产生可燃蒸气或薄雾。闪点低于60℃的液体称易燃液体；闪点大于或等于60℃的液体称可燃液体。

（4）易燃薄雾是指弥散在空气中的易燃液体的微滴。

（5）引燃温度是指按照标准试验，引燃爆炸性混合物的最低温度。

（二）可燃气体的火灾危险性分类

《石油化工企业设计防火标准（2018年版）》（GB 50160—2008）中对可燃气体的火灾危险性分类见表5-5。

表5-5　可燃气体的火灾危险性分类

类别	可燃气体与空气混合物的爆炸下限(体积分数)/%	常见可燃气体
甲	<10	乙炔，环氧乙烷，氢气，合成气，硫化氢，乙烯，氰化氢，丙烯，丁烯，顺丁烯，反丁烯，甲烷，乙烷，丙烷，丁烷，丙二烯，环丙烷，甲胺，环丁烷，甲醛，甲醚，氯甲烷，氯乙烯，异丁烷
乙	≥10	一氧化碳，氨气，溴甲烷

（三）液化烃、可燃液体的火灾危险性分类

GB 50160—2008中对液化烃、可燃液体的火灾危险性分类见表5-6。

表5-6　液化烃、可燃液体的火灾危险性分类

名称	类别		特征	常见物质
液化烃	甲	A	15℃时的蒸气压力>0.1MPa的烃类液体及其他类似的液体	液化甲烷，液化天然气，液化氯甲烷，液化顺式2-丁烯，液化乙烯，液化乙烷，液化反式2-丁烯，液化环丙烷，液化丙烯，液化丙烷，液化环丁烷，液化新戊烷，液化丁烯，液化丁烷，液化氯乙烯，液化环氧乙烷，液化丁二烯，液化异丁烷，液化石油气，二甲胺
可燃液体		B	甲$_A$类以外，闪点<28℃	异戊二烯，异戊烷，汽油，戊烷，二硫化碳，异己烷，己烷，石油醚，异庚烷，环己烷，辛烷，异辛烷，苯，庚烷，石脑油，原油，甲苯，乙苯，邻二甲苯，间、对二甲苯，异丁醇，乙醚，乙醛，环氧丙烷，甲酸甲酯，乙胺，二乙胺，丙酮，丁醛，二氯甲烷，三乙胺，乙酸乙烯，甲乙酮，丙烯腈，乙酸乙酯，乙酸异丙酯，二氯乙烯，甲醇，异丙醇，乙醇，乙酸丙酯，丙醇，乙酸异丁酯，甲酸丁酯，二氯乙烷，乙酸丁酯，乙酸异戊酯，甲酸戊酯，丙烯酸甲酯
	乙	A	28℃≤闪点≤45℃	丙苯，环氧氯丙烷，苯乙烯，喷气燃料，煤油，丁醇，氯苯，乙二胺，戊醇，环己酮，冰醋酸，异戊醇

续表

名称	类别		特征	常见物质
可燃液体	乙	B	45℃<闪点<60℃	35 号轻柴油，环戊烷，硅酸乙酯，氯乙醇，氯丙醇，二甲基甲酰胺
	丙	A	60℃≤闪点≤120℃	轻柴油，重柴油，苯胺，锭子油，酚，甲酚，糠醛，20 号重油，苯甲醛，环己醇，甲基丙烯酸，甲酸，乙二醇丁醚，甲醛，糠醇，辛醇，乙醇胺，丙二醇，乙二醇，二甲基乙酰胺
		B	闪点>120℃	蜡油，100 号重油，渣油，变压器油，润滑油，二乙二醇醚，三乙二醇醚，邻苯二甲酸二丁酯，甘油，联苯-联苯醚混合物

五、防火措施

火灾是失去控制而蔓延形成的一种灾害性燃烧现象。火灾事故不仅会造成严重的经济损失和人员伤亡，也给社会稳定带来负面影响。因此，在工业生产及日常生活中应积极采取防火技术和措施，有效地防止和控制火灾事故的发生。

（一）火灾及其分类

（1）根据可燃物的形态，火灾分为以下几类。

① A 类火灾：指固体物质火灾，如木材、煤、棉、毛、麻、纸张等火灾。

② B 类火灾：指液体火灾和可熔化的固体物质火灾，如汽油、柴油、原油、甲醇、乙醇等火灾。

③ C 类火灾：指气体火灾，如煤气、天然气、甲烷、乙烷、丙烷、氢气等火灾。

④ D 类火灾：指金属火灾，如钾、钠、镁、铝镁合金等火灾。

⑤ E 类火灾：指带电物体和精密仪器等物质的火灾。

（2）根据人员伤亡数目、财产损失金额分类（注：“以上”包括本数，“以下”不包括本数）。

① 特别重大火灾：造成 30 人以上死亡，或者 100 人以上重伤，或者 1 亿元以上直接财产损失。

② 重大火灾：造成 10 人以上 30 人以下死亡，或者 50 人以上 100 人以下重伤，或者 5000 万元以上 1 亿元以下直接财产损失。

③ 较大火灾：造成 3 人以上 10 人以下死亡，或者 10 人以上 50 人以下重伤，或者 1000 万元以上 5000 万元以下直接财产损失。

④ 一般火灾：造成 3 人以下死亡，或者 10 人以下重伤，或者 1000 万元以下直接财产损失。

（二）防火安全技术措施

防火安全技术措施是根据火灾事故发生、发展的特点，消除或抑制燃烧条件的形成，从根本上减小或消除发生火灾事故的危险性。具体措施包括控制火灾危险性物质和能量、控制点火源，以及采取各种阻隔手段阻止火灾事故灾害的扩大。

1. 控制火灾危险性物质和能量

控制火灾危险性物质和能量，从而从根本上消除发生火灾的物质基础，主要有以下几方面的技术措施。

（1）生产中尽量采用不燃或难燃物质代替可燃物，减少使用强氧化剂。

（2）相互接触能引起燃烧的物质要单独存放，严禁混存混运。

（3）设备、管道间的连接要保证良好的密封，防止跑、冒、滴、漏现象的出现。特别是压力设备更要保证良好的密闭性，正压设备防止物料泄漏，负压设备防止倒吸入空气。

（4）对于某些无法密闭的装置以及易散发可燃气体、蒸气或粉尘的场所，应设置良好的通风除尘装置，降低空气中可燃物的含量。

2. 控制点火源

（1）控制明火。明火是指敞开的火焰、火花、火星等，是引起火灾事故的主要点火源。生产过程中要尽量避免采用明火加热易燃易爆物质；根据火灾危险性大小划定禁火区域，禁火区内禁止明火作业；严格控制焊接、切割、喷灯等维修用火，防止飞溅的火花和金属熔珠引燃周围的可燃物；为防止烟囱飞火，燃料在炉膛内要燃烧充分，烟囱要有足够高度，必要时应在顶部安装火星熄灭器；强化管理职能，健全各种明火的使用、管理和责任制度，认真实施检查和监督。

（2）高温表面、高温物体的控制。高温表面或高温物体能够在一定环境中向可燃物传递热量并能导致可燃物着火，是引起火灾事故的高温点火源。生产中的加热装置、高温物料输送管线、大功率的照明灯具等，都能形成高温表面。控制高温表面成为点火源的基本措施有冷却降温、绝热保温、隔离等。

（3）冲击点火源的控制。

① 摩擦与撞击。当两个表面粗糙的坚硬物体互相猛烈撞击或摩擦时，往往会产生火花或火星，这种火花实质上是撞击和摩擦物体产生的高温发光的固体微粒。摩擦和撞击产生的火星颗粒较大、携带的能量较多时（火星颗粒直径为 0.1～1mm 时，其所带的能量为 1.76～1760mJ），足以点燃可燃气体、蒸气和粉尘。因此，要及时清除机械转动部位的可燃粉尘、油污等，保证良好的润滑；机械设备易发生摩擦和撞击的部位应采用能防止产生火星的材料；搬运盛放可燃气体、易燃液体的金属容器时，要轻搬轻放，禁止野蛮作业；禁止穿带钉子的鞋进入有燃烧危险的区域等。

② 绝热压缩。气体在不与周围进行热交换的状态下被压缩时，压缩过程所耗的功将全部转变成热能。这种热能蓄积于气体内，使其温度升高达到燃点，引起燃烧和爆炸。硝化甘油、硝化甘醇等爆炸敏感度高的液体，应避免绝热压缩现象。

（三）防火安全装置

为阻止火灾的蔓延和扩展，减少其破坏作用，防火安全装置是工艺设备不可缺少的部件或组件。

1. 阻火器

阻火器是利用管子直径或流通孔隙减小到某一程度，火焰就不能蔓延的原理制成的。阻火器常用在容易引起火灾爆炸的高热设备和输送可燃、易燃液体、蒸气的管线之间，以及可燃气体、易燃液体的容器及管道、设备的排气管上。

阻火器有金属网阻火器、波纹金属片阻火器、砾石阻火器等多种形式。构造见图 5-2～图 5-4。

（1）金属网阻火器。该类型阻火器用若干层具有一定孔径的金属网将空间分隔成许多小孔隙，对一般有机溶剂，4 层金属网已经可以阻止火焰蔓延，实际用 10～12 层。阻火网以直径 0.4mm 的铜丝或钢丝制成，网孔数量一般为 210～250 孔/cm^2。

（2）波纹金属片阻火器。用金属波纹片作轴心装在阻火器内，其阻火效果比金属网好，阻力也小。

（3）砾石阻火器。以砾石、卵石、玻璃球或金属屑为填料，将阻火器内空间充满，以达到阻火的目的。主要用于介质对金属材料有腐蚀作用的场所。

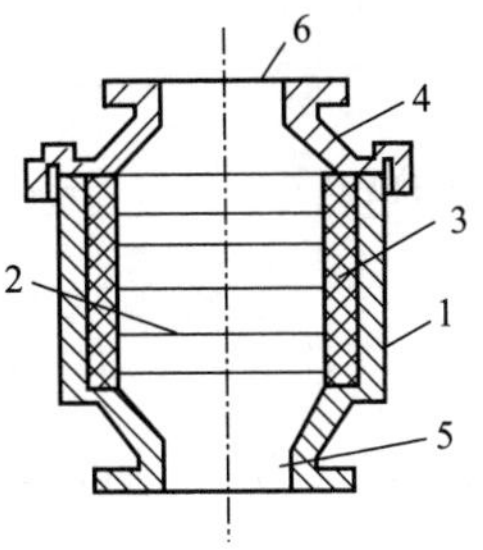

图 5-2　金属网阻火器
1—壳体；2—金属网；3—垫圈；4—上盖；5—进口；6—出口

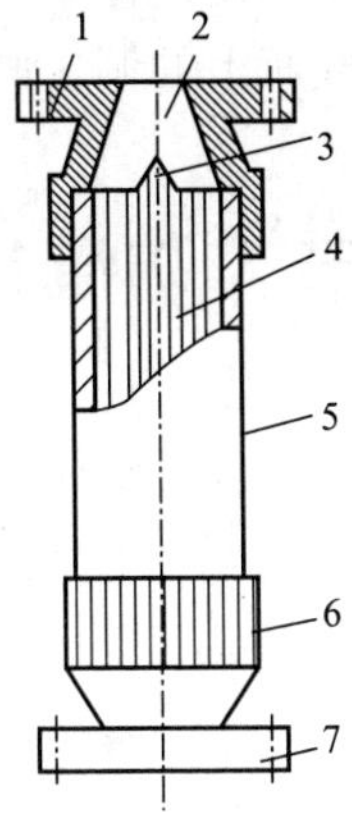

图 5-3　波纹金属片阻火器
1—上盖；2—出口；3—轴芯；4—波纹金属片；5—外壳；6—下盖；7—进口

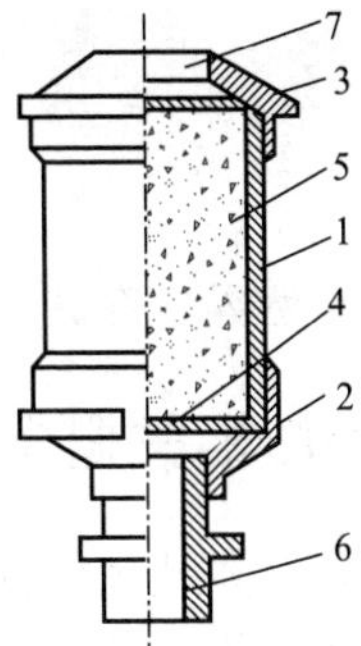

图 5-4　砾石阻火器
1—壳体；2—下盖；3—上盖；4—网格；5—砂粒；6—进口；7—出口

2. 安全液封

安全液封是一种湿式阻火装置，其原理是使具有一定高度、由不燃液体组成的液柱稳定存在于进出口之间，在液封两侧的任一侧着火，火焰都将在液封处熄灭，从而阻止火势蔓延。安全液封有敞开式和封闭式两种（见图 5-5、图 5-6）。

3. 水封井

水封井是安全液封的一种，通常设在有可燃气体、易燃液体蒸气或油污的污水管网上，用以防止燃烧或爆炸沿污水管网蔓延扩展。其结构见图 5-7。水封井的水位高度不宜小于 250mm。

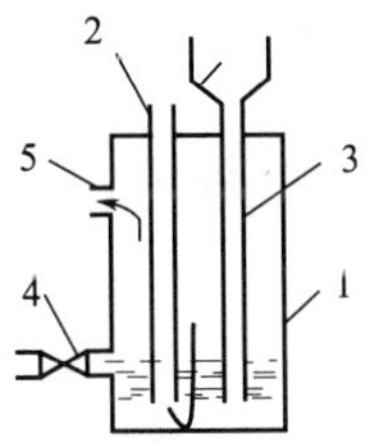

图 5-5　开敞式安全液封
1—外壳；2—进气管；3—安全管；4—验水栓；5—气体出口

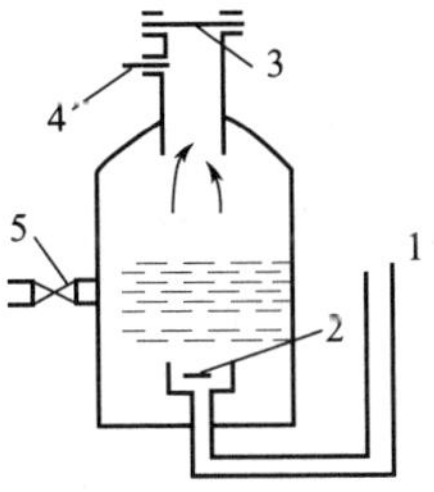

图 5-6　封闭式安全液封
1—进气管；2—单向阀；3—爆破片；4—气体出口；5—验水栓

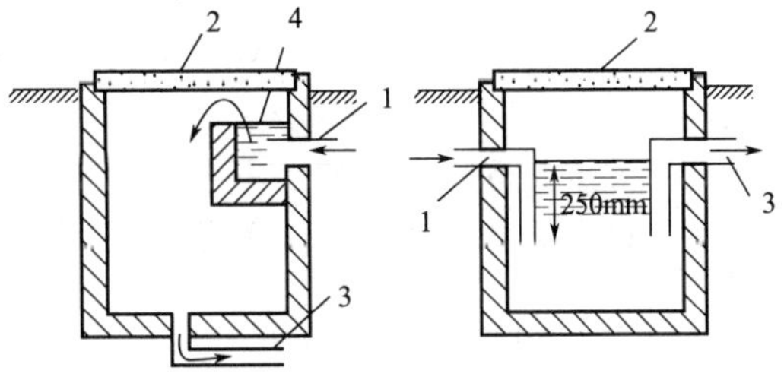

图 5-7　水封井
1—污水进口；2—井盖；3—污水出口；4—溢水槽

4. 阻火闸门

阻火闸门是为防止火焰沿通风管道或生产管道蔓延而设置的阻火装置。有跌落式自动阻火闸门和手动阻火闸门等多种类型。跌落式自动阻火闸门是在易熔组件熔断后，闸板由于自身重力自动跌落而将管道封闭。手动阻火闸门多安装在操作岗位附近，以便于控制。如在煤气发生炉进风管道上装阻火闸门，以防突然停风时，炉内煤气倒流至鼓风机室发生爆炸。

5. 火星熄灭器

火星熄灭器又称防火帽，其原理是因容积或行程改变，使火星的流速下降或行程延长而自行冷却熄灭，或使火星颗粒沉降而消除火灾危险。通常安装在能产生火星的设备的排空系统，如汽车等机动车辆发动机的排气口处。

6. 单向阀

单向阀又称止逆阀、止回阀，其作用是使流体单向通过，遇有回流即自行关闭。常用于防止高压物料冲入低压系统，液化石油气瓶上的调压阀就是单向阀的一种。

第二节　防爆技术

在自然界中存在着各种爆炸现象，它比火灾破坏力更强、波及范围更广。

一、爆炸相关概念

（1）爆炸性气体混合物。大气条件下气体、蒸气、薄雾状的易燃物质与空气的混合物，点燃后燃烧将在整个范围内传播。

（2）爆炸气体环境。含有爆炸性气体混合物的环境。

（3）爆炸性粉尘混合物。大气条件下粉尘或纤维状易燃物质与空气的混合物，点燃后燃烧将在整个范围内传播。

（4）爆炸性粉尘环境。含有爆炸性粉尘混合物的环境。

（5）火灾危险环境。存在火灾危险物质以致有火灾危险的区域。

（6）自然通风环境。利用天然风力或温差的作用使新鲜空气置换原有混合物的区域。

（7）机械通风环境。用风扇、排风机等设备使新鲜空气置换原有混合物的区域。

二、爆炸及其分类

爆炸是物质系统的一种极为迅速的物理或化学的能量释放或转化过程，是系统蕴藏的或瞬间形成的大量能量在有限的体积和极短的时间内骤然释放或转化的现象。在系统能量向外释放或转化的过程中，能量会转化成机械功及光和热等。所谓“极短的时间”，通常是在1s之内。

爆炸按其爆炸过程的性质不同，可分为物理爆炸、化学爆炸及比较特殊的核爆炸，常见的是物理爆炸和化学爆炸两大类。

（一）物理爆炸

物理爆炸是由物理变化（温度、体积和压力等因素）引起的。在物理性爆炸的前后，爆炸物质的性质及化学成分均不改变。

锅炉爆炸是典型的物理爆炸，当锅炉内过热蒸汽压力超过锅炉能承受的极限强度时，锅炉破裂，高压蒸汽骤然释放出来形成爆炸。物理爆炸是蒸气或气体膨胀力作用的瞬时表现，它们的破坏性取决于蒸气或气体的压力。

（二）化学爆炸

化学爆炸是物质在短时间内发生剧烈的化学变化，形成新的物质，同时产生大量气体和能量的现象。化学爆炸的爆炸反应持续时间非常短，因此爆炸也可以称为瞬时燃烧现象。炸药爆炸、可燃气体（甲烷、乙炔等）爆炸等都属于化学性爆炸。

按照爆炸的瞬时燃烧速率可将化学爆炸，分为以下三类。

（1）爆燃（轻爆）。爆炸时的燃烧速度为每秒数米，爆炸时破坏力不大，声响也不太大。

无烟火药在空气中的快速燃烧、可燃气体混合物在接近爆炸浓度上限或下限时的爆炸即属于此类。

（2）爆炸。物质爆炸时的燃烧速度为每秒十几米至数百米，爆炸时能在爆炸点引起压力激增，有较大的破坏力，有震耳的声响。可燃气体混合物在多数情况下的爆炸即属于此类。

（3）爆轰（爆震）。物质爆炸的燃烧速度为每秒数千米以上，同时产生高温（1300～3000℃）、高压（10000～40000MPa）、高能（2930～6279kJ/kg）及高冲击力（破坏力）的冲击波。由于在极短时间内发生（时间为 10^{-5}～10^{-6}s），燃烧产物急速膨胀，像活塞一样挤压周围的气体，反应所产生的能量有一部分传给被压缩的气体层，于是形成的冲击波凭借自身的能量得以维持，迅速传播并能远离爆轰发源地而独立存在，同时能引起一定距离外，与之没有直接联系的其他爆炸性气体混合物或炸药的爆炸，从而产生一种“殉爆”现象。因此，爆轰具有很大的破坏力。各种处于部分或全部封闭状态下的炸药爆炸、气体混合物处于特定的浓度范围内或处于高压下的爆炸均属于爆炸。

[案例 5-1] 2018 四川宜宾爆炸事故。

5.1 2018 四川宜宾爆炸

在日常生产和生活中，当遇到可燃气体泄漏又不能迅速离开危险环境的情况下，应该从两方面着手：一是减少空气中可燃气体的含量，迅速打开所有门窗、通风口，使空气流通，然后切断可燃气体泄漏的源头；二是控制点火源，当发现可燃气体泄漏后，不要触动各种电源开关，防止产生火星形成点火源。

化学反应速率快、产生大量气体和热量是化学性爆炸的基本特征。

（三）核爆炸

原子核裂变（如 ^{235}U 的裂变）或聚变（如氘、氚、锂的聚变）反应释放出核能形成的爆炸即为核爆炸。原子弹、氢弹、中子弹的爆炸就属于核爆炸。

（四）粉尘爆炸

粉尘爆炸是化学爆炸的一种。很早以前人们就注意到煤矿开采过程中形成的煤尘有发生爆炸的危险。此后在棉、麻、烟、茶、谷物、金属、塑料、煤、合成橡胶、合成纤维等的加工过程中，由于粉碎、研磨、分筛、输送、风吹等操作产生的粉尘，也同样具有爆炸危险性。可燃性粉尘爆炸所造成的事故，虽然不如可燃性气体和液体爆炸那样引人注意，但造成的损失也是惊人的。

[案例 5-2] 2002 年发生的麦芽粉尘爆炸事故案例。

5.2 麦芽粉尘爆炸事故案例

要了解粉尘爆炸的特殊危害性，首先要掌握粉尘爆炸的过程及特点。

1. 粉尘爆炸的过程

（1）点火源能量附加在悬浮于空气中（或助燃气体中）的可燃粒子表面，温度逐渐上升。

（2）粒子表面的分子热分解或者引起干馏作用，在粒子周围产生气体。

（3）气体与周围空气混合，形成爆炸性混合气体，在点火源作用下燃烧。

（4）燃烧产生的热量用于粉尘进一步分解，连续产生可燃性气体和空气混合而使火焰传播，从而形成宏观上的粉尘爆炸。

粉尘爆炸实质上也是气体爆炸。但是，可燃性粉尘粒子表面温度上升主要是热辐射导致的，这一点与气体爆炸不同，因为气体燃烧热的供给主要靠热传导。

2. 粉尘爆炸特点

（1）可燃性粉尘飞扬悬浮于空中（或助燃气体中），混合达到爆炸浓度极限，遇点火源才会发生爆炸。且爆炸浓度极限通常以下限表示。

（2）粉尘爆炸需要的点火能量高，因为要提供粒子表面分子分解所需的能量，是一般可燃气体的10～100倍；所需的点火时间也较长。

（3）粉尘爆炸有出现连续爆炸（二次爆炸）的危险，爆炸形成的冲击波使沉积在地面及设备表面的粉尘进一步被扬起来，粉尘浓度及扩散范围增大，形成连锁爆炸。

（4）粉尘爆炸容易引起不完全燃烧，生成的气体中含有大量的一氧化碳。此外，有些粉尘（如塑料）自身分解会释放有毒气体，因此粉尘爆炸中易出现人员中毒伤亡。

结合以上特点可知，一般粉尘粒径越小，越容易吸附助燃气体，燃点越低，粉尘的爆炸下限也越低；粉尘的粒子越干燥，表面带电荷量越大，危险性就越大。因此，在容易形成爆炸性粉尘的环境中，增大空气中的湿度是重要的防粉尘爆炸技术措施之一。

三、爆炸极限

可燃气体、粉尘或可燃液体的蒸气与空气（氧气）形成的混合物遇火源发生爆炸的极限浓度称为爆炸极限。可燃性混合物在遇到点火源后可能发生爆炸的最低和最高浓度，分别称为该气体或蒸气、粉尘的爆炸下限和爆炸上限。下限和上限之间的浓度范围称为爆炸范围。在外界条件不变的情况下，混合物的浓度低于下限或高于上限时，既不能发生爆炸也不能发生燃烧。气体、蒸气的爆炸极限通常用体积分数 φ（%）来表示；粉尘通常用单位体积中的质量 ρ（mg/L）来表示。一些常见可燃气体及可燃液体蒸气的爆炸极限见表5-7。

表5-7 常见可燃气体和液体可燃物在空气中的爆炸极限

可燃物名称	分子式	φ/%		ρ/(mg/L)	
		下限	上限	下限	上限
氢	H_2	4.0	75.0	3.3	63
一氧化碳	CO	12.5	74.0	146	860
甲烷	CH_4	5.3	14.0	35	93
乙烷	C_2H_6	3.0	12.5	38	156
乙烯	C_2H_4	3.1	36.0	32	370
乙炔	C_2H_2	2.5	81.0	27	880
丙烷	C_3H_8	2.2	9.5	40	174
丁烷	C_4H_{10}	1.9	8.5	46	206
戊烷	C_5H_{12}	1.5	7.8	45	234

续表

可燃物名称	分子式	φ/%		ρ/(mg/L)	
		下限	上限	下限	上限
己烷	C_6H_{14}	1.2	7.5	43	270
环己烷	C_6H_{12}	1.3	8.0	44	270
苯	C_6H_6	1.4	7.1	46	230
庚烷	C_7H_{16}	1.2	6.7	50	280
甲苯	C_7H_8	1.4	6.7	54	260
辛烷	C_8H_{18}	1.0	—	48	—
二甲苯	C_8H_{10}	1.0	6.0	44	265
乙醚	$(C_2H_5)_2O$	1.9	48.0	59	1480
丙酮	$(CH_3)_2CO$	3.0	11.0	72	270
乙醇	C_2H_5OH	4.3	19.0	82	360
甲醇	CH_3OH	7.3	36.0	97	480

可燃性气体或液体蒸气的爆炸极限范围越宽，爆炸下限越低，出现爆炸条件的机会也就越多，其爆炸危险性越大。

可燃液体的爆炸极限还与液体所处的环境温度有关，因为液体的蒸发量会随着温度的变化而改变。当可燃液体受热蒸发出的蒸气浓度达到其爆炸浓度极限时，所对应的温度范围叫作该可燃液体的爆炸温度极限。爆炸温度极限也同样具有上限和下限之分。可燃液体的爆炸温度下限也就是液体的闪点，爆炸温度上限即液体在该温度下蒸发出等于爆炸浓度上限的蒸气浓度。同样，可燃液体爆炸温度上、下限值之间的范围越大，爆炸危险性就越大。

［案例 5-3］2017 山东金誉液化气泄漏爆炸事故。

5.3 2017 山东某公司液化气泄漏爆炸事故

四、爆炸分区

（一）相关概念

（1）爆炸危险区域。爆炸性混合物出现的或预期可能出现的数量达到足以要求对电气设备的结构、安装和使用采取预防措施的区域。

（2）非爆炸危险区域。爆炸性混合物预期出现的数量不足以要求对电气设备的结构、安装和使用采取预防措施的区域。

（3）释放源是指可释放出能形成爆炸性混合物的物质所在位置或地点。

（4）释放源分级。释放源按易燃物质释放的频繁程度和持续时间分为以下三个基本等级。

① 连续级释放源：预计长期释放或短时频繁释放的释放源。

② 第一级释放源：预计正常运行周期周放或偶尔释放的释放源。

③ 第二级释放源：预计在正常运行时不会释放，或偶尔短时释放的释放源。

在实际情况中，既存在单一等级释放源，也可能存在两个或两个以上等级释放源的组合。

（5）一次危险和次生危险。一次危险是设备或系统内潜在发生火灾或爆炸的危险，但在正常操作状况下不会危害人身安全或毁坏设备。次生危险是指由一次危险而引起的危险，会直接危害人身安全、使设备毁坏和建筑物倒塌等。

在爆炸性气体环境中，产生爆炸同时存在两个条件：一是存在可燃气体、可燃液体的蒸气或薄雾，其浓度在爆炸极限范围内；二是有足以点燃爆炸性气体混合物的火花、电弧或高温。

（二）爆炸性气体环境危险区域的划分原则

爆炸性气体环境危险区域是根据爆炸性气体混合物出现的频繁程度和持续时间划分的，按规定分为0区、1区、2区、附加2区。

0区：连续出现或长期出现爆炸性气体混合物的环境。

1区：在正常运行时可能出现爆炸性气体混合物的环境。

2区：在正常运行时不可能出现和存在爆炸性气体混合物的环境。

附加2区：当易燃物质可能大量释放并扩散到15m以外时，或即使出现也仅短时形成爆炸危险的区域，划分为附加2区。

五、爆炸的破坏作用

爆炸也称为瞬时燃烧现象，爆炸产生的气体和热量在极短时间内高度集中，具有极大的压力和密度，其产生的巨大力量会使周围介质受到严重破坏。爆炸的破坏作用主要包括爆炸形成的火球对物体的直接破坏、爆炸形成固体飞散物（破片、抛掷物等）的冲击作用以及爆炸形成的空气冲击波对物体及人体的伤害。

(1) 爆炸火球。爆炸形成的火球温度高达上千摄氏度，会对周围的设备、建筑及人体造成极强热辐射效应。

(2) 破片。破片有一次破片（初始破片）和二次破片（次生破片）两种。一次破片形成于发生爆炸的设备、容器本身，破片形状大小不一，初速高，可达每秒数千米，飞行距离远。二次破片是由爆源附近物体松脱，离开固定位置，经冲击波加速而形成的。高速飞行的破片会对周围建筑及设备、人体造成极强的打击伤害，携带较高热量的破片与抛掷物接触到可燃物，还会成为点火源，引起可燃物质的燃烧。

(3) 冲击波。空气冲击波是由爆炸产生的高温高压气体作用于周围空气而产生的。冲击波对人体的作用分为直接冲击波作用与间接冲击波作用。直接冲击波作用对人体中相邻组织密度差最大的部位伤害最严重，如肺部、耳鼓膜、腹腔、脊柱膜等。间接冲击波作用是：爆炸装置本身或周围物体形成的破片、抛掷物在冲击波作用下加速，对人体造成打击伤害；人体本身在冲击波和气流作用下，位置发生移动，撞击到物体上造成伤害。冲击波随着传播的距离增加，其速度及力量会逐渐减弱，直至消失。

此外，爆炸还极易引发二次事故。如前面提到的，在冲击波作用下出现的殉爆现象以及爆炸形成的高温及抛掷物容易引发次生火灾等，都会使灾害范围扩大。

六、防爆安全装置

(1) 安全阀。安全阀用于防止设备或容器内压力过高引起爆炸。当系统内压力高出设定压力时，开启安全阀泄压，在压力降到正常工作值后能自动复位。安全阀通常安装在非正常条件下可能超压甚至破裂的设备或机械上。常用安全阀有重力式、杠杆式［图5-8 (a)］和弹簧式［图5-8 (b)］三种类型。

液化可燃气体容器上的安全阀应安装于气相部分，防止泄压时排出液态物料而发生危险。安全阀用于泄放可燃气体时，应连接至火炬或其他安全设施；用于可燃或有毒液体设备上时，排泄管应接入事故储槽或其他容器；泄放携带腐蚀性液滴的可燃气体，应经分液罐后送至火炬燃烧。

(2) 防爆片。防爆片又称爆破片、防爆膜、泄压膜，是在压力突然升高时能自动破裂泄

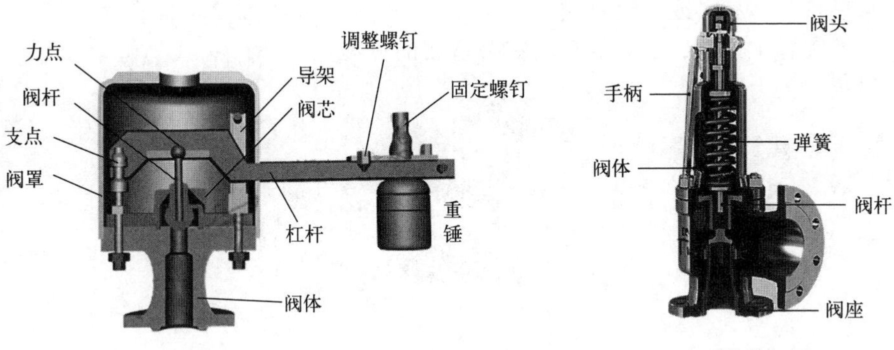

(a) 杠杆式安全阀　　(b) 弹簧式安全阀

图 5-8　安全阀

压的一次性安全装置，由具有一定厚度和面积的片状脆性材料制成。通常安装在含有可燃气体、蒸气或粉尘等物料的密闭压力容器或管道上，当设备或管道内压力突然上升超过设计值时，防爆片作为薄弱环节首先自动爆破泄压，从而保证设备主体安全。

（3）泄爆门（窗）。泄爆门（窗）又称防爆门、泄爆窗、泄爆门。常安装在加热炉燃烧室外壁上，是爆炸时能够掀开泄压、保护设备完整的防爆安全装置。为了防止燃烧气体逸出伤人或掀开的盖子伤人，泄爆门（窗）应设置在人不常到的地方，高度不应低于 2m，并应定期检修、试动以保证效果。

（4）放空管（阀）。放空管是一种管式排放泄压安全装置，又称排气管。放空管有两种类型：一种是排放正常生产中的废气；另一种是发生事故时，将受压设备内气体紧急放空的装置。

放空管一般应安设在设备或容器的顶部，室内设备安设的放空管应引出室外，其管口要高于附近有人操作的最高设备 2m 以上。对经常排放有燃烧爆炸危险的气态物质的放空管，管口附近还应设置阻火器。

第三节　建筑防火

建筑物是现代人类活动的主要场所，也是财产和人员极为集中的地方，因而建筑火灾的发生往往会造成十分严重的人员伤亡和财产损失。

一、建筑起火原因及发展

（一）建筑起火原因

建筑起火的原因大致可归纳为六类。

（1）生活和生产用火不慎。此类火灾多数是由用火管理不慎引起的。如随意丢弃未熄灭的烟头、炊事用火不慎、取暖用火不慎、燃放烟花爆竹、宗教活动用火管理不严格以及生产用火不慎。

（2）违反生产安全制度。例如，在工业企业中，违规动火，将性质相抵触的物品混存，在焊接或切割时没有采取相应的防火措施，生产设备、管道上出现可燃气体、易燃和可燃液体跑、冒、滴、漏现象等。

（3）电气设备设计、安装、使用及维护不当。如电气设备过负荷、照明灯具设备使用不当，在易燃易爆的车间内使用非防爆型电器、开关等。

（4）自燃现象。易燃或可燃物质自燃。

（5）自然灾害。雷电、地震等自然灾害造成的火灾。

（6）纵火。人为纵火。

[案例 5-4] 建筑着火案例。

5.4 建筑着火事故

（二）建筑火灾的发展和蔓延

（1）火灾初起阶段。在火灾初起阶段，最初只是起火部位及周围可燃物着火燃烧，燃烧范围不大，起火点周围与室内其他区域温度差别非常明显，室内平均温度低；初起阶段是灭火的最有利时机，许多建筑火灾由于未能把握灭火最佳时间而使火灾范围扩大，损失加重。

（2）火灾全面发展阶段。室内火灾由初起阶段的局部燃烧发展为全室性燃烧的现象，称为轰燃现象。轰燃现象的出现，也是室内火灾进入全面燃烧阶段的标志。在该阶段，参与燃烧的物品数量增加，放热量增大，室内出现持续性高温，加快了火势向室外各区域的蔓延，高温又使建筑物构件的承载能力下降，甚至造成建筑物局部或整体倒塌破坏。

（3）火灾熄灭阶段。随着室内可燃物数量的不断减少，以及完全燃烧产物数量的逐渐增多，火灾燃烧速度递减，温度逐渐下降。当室内平均温度降到温度最高值的80%时，则认为火灾进入熄灭阶段。

二、建筑物火灾危险性及建筑构件防火

（一）工业建筑火灾危险性

工业生产的建筑火灾危险性大小是由生产中使用或产生的物质性质及其数量等因素决定的，同理，用于储存物品库房的火灾危险性也应根据储存物品的性质和储存物品中的可燃物数量等因素来决定。按《建筑设计防火规范》（GB 50016—2014）中的生产厂房和储存物品的火灾危险性可分为甲、乙、丙、丁、戊共五类，具体见表 5-8。

表 5-8　火灾危险性分类

类别	使用或产生下列物质生产的火灾危险性特征	储存物品的火灾危险性特征
甲	1. 闪点<28℃的易燃液体 2. 爆炸下限<10%的可燃液体 3. 常温下能自行分解或在空气中氧化即能导致迅速自燃或爆炸的物质 4. 常温下受到水或空气中水蒸气的作用，能产生可燃气体并引起燃烧或爆炸的物质 5. 遇酸、受热、撞击、摩擦、催化以及遇有机物或硫黄等易燃的无机物，极易引起燃烧或爆炸的强氧化剂 6. 受撞击、摩擦或与氧化剂、有机物接触时能引起燃烧或爆炸的物质 7. 在密闭设备内操作温度等于或超过物质本身自燃点的生产	1. 闪点<28℃的液体 2. 爆炸下限<10%的气体，受到水或空气中水蒸气的作用能产生爆炸下限<10%气体的固体物质 3. 常温下能自行分解或在空气中氧化能导致迅速自燃或爆炸的物质 4. 常温下受到水或空气中水蒸气的作用，能产生可燃气体并引起燃烧或爆炸的物质 5. 遇酸、受热、撞击、摩擦以及遇有机物或硫黄等易燃的无机物，极易引起燃烧或爆炸的强氧化剂 6. 受撞击、摩擦或与氧化剂、有机物接触时能引起燃烧或爆炸的物质

续表

类别	使用或产生下列物质生产的火灾危险性特征	储存物品的火灾危险性特征
乙	1. 28℃≤闪点＜60℃的液体 2. 爆炸下限≥10％的可燃气体 3. 不属于甲类的氧化剂 4. 不属于甲类的易燃固体 5. 并能与空气形成爆炸性混合物的浮游状态的粉尘、纤维、闪点≥60℃的液体雾滴	1. 28℃≤闪点＜60℃的液体 2. 爆炸下限≥10％的气体 3. 不属于甲类的氧化剂 4. 不属于甲类的易燃固体 5. 助燃气体 6. 常温下与空气接触能缓慢氧化，积热不散引起自燃的物品
丙	1. 闪点≥60℃的可燃液体 2. 可燃固体	1. 闪点≥60℃的液体 2. 可燃固体
丁	1. 对不燃烧物质进行加工，并在高热或熔化状态下经常产生强辐射热、火花或火焰的生产 2. 利用气体、液体、固体作为燃料，或将气体、液体进行燃烧作其他用的各种生产 3. 常温下使用或加工难燃烧物质的生产	难燃烧物品
戊	常温下使用或加工不燃烧物质的生产	不燃烧物品

注：1. 在生产过程中，如使用或产生易燃、可燃物的量较少，不足以构成爆炸或火灾危险时，可以按实际情况确定其火灾危险性的类别。

2. 同一座厂房内或厂房的任一防火分区内有不同火灾危险性生产时，厂房或火灾分区内的生产火灾危险性类别应按火灾危险性较大的部分确定；火灾危险性较大的生产部分占本层或本防火分区面积的比例小于5％或丁、戊类厂房内的油漆工段小于10％，且发生火灾事故时不足以蔓延到其他部位，或火灾危险性较大的生产部分采取了有效的防火措施时，可按火灾危险性较小的部分确定。

3. 难燃物品、不燃烧物品的可燃包装质量超过物品本身质量1/4或可燃包装体积大于物品本身体积的1/2时，其火灾危险性应为丙类。

（二）建筑构件防火

建筑构件是构成建筑的主体框架，因此，即建筑构件的燃烧性能和耐火极限，直接关系到建筑物的火灾危险性大小、火灾发生后火势扩大蔓延的速度以及建筑整体的安全。

1. 建筑构件的燃烧性能

建筑构件的燃烧性能主要由建筑构件的材料的燃烧性能决定。不同燃烧性能的建筑材料制成的建筑构件，按其燃烧性能可分为以下三类。

（1）不燃烧体。指在空气中受到火烧或高温作用时不起火、不微燃、不碳化。绝大多数无机建筑材料制成的构件都为不燃烧体，如建筑钢架、混凝土楼板等。

（2）难燃烧体。指在空气中受到火烧或高温作用时难起火、难微燃、难炭化，且当火源移开后燃烧和微燃立即停止，如一些经过阻燃处理的木质防火门、胶合板吊顶等。

（3）燃烧体。指在空气中受到火烧或高温作用时会立即起火或发生微燃，而且当火源移开后，仍继续保持燃烧或微燃。绝大多数有机建筑材料制成的构件都为燃烧体，如木楼梯、木质隔断等。

2. 建筑构件的耐火极限

建筑构件的耐火极限是指构件在标准耐火试验中，从受到火烧时起，到失去稳定性、完整性或绝热性质的这段时间，称为构件的耐火极限，用h表示。

失去稳定性是指构件失去支持能力或抗变形能力。

失去完整性是指构件出现穿透性裂缝或穿火孔隙，使其背火面可燃物燃烧起来，构件失去阻止火焰和高温气体穿透或阻止其背火面出现火焰的性能。

失去绝热性是指构件失去隔绝过量热传导的性能。如背火面表面温度达到220℃时，可以使易燃的棉花、纸张等物起火燃烧。

确定建筑物内具体构件的耐火极限时，要根据不同情况进行具体分析，如墙壁和隔板、门窗是一面受火；楼板、屋面板、吊顶是下面受火；横梁是两侧和底面共三面受火；柱子是所有垂直面受火。

3. 建筑物耐火等级

建筑物的耐火等级是由建筑构件的燃烧性能和最低耐火极限决定的。在我国，建筑物的耐火等级分为四级。一级耐火性能最高，四级最低。各类工业建筑构件的燃烧性能和耐火极限均不应低于表 5-9 的规定。

表 5-9　各类工业建筑构件的燃烧性能和耐火极限　单位：h

构件		耐火等级			
		一级	二级	三级	四级
墙	防火墙	不燃性　3.00	不燃性　3.00	不燃性　3.00	不燃性　3.00
	承重墙	不燃性　3.00	不燃性　2.50	不燃性　2.00	难燃性　0.50
	楼梯间和电梯井的墙	不燃性　2.00	不燃性　2.00	不燃性　1.50	难燃性　0.50
	疏散走道两侧的隔墙	不燃性　1.00	不燃性　1.00	不燃性　0.50	难燃性　0.25
	非承重外墙	不燃性　0.75	不燃性　0.50	难燃性　0.50	难燃性　0.25
	房间隔墙	不燃性　0.75	不燃性　0.50	难燃性　0.50	难燃性　0.25
柱		不燃性　3.00	不燃性　2.50	不燃性　2.00	难燃性　0.50
梁		不燃性　2.00	不燃性　1.50	不燃性　1.00	难燃性　0.50
楼板		不燃性　1.50	不燃性　1.00	不燃性　0.75	难燃性　0.50
屋顶承重构件		不燃性　1.50	不燃性　1.00	难燃性　0.50	可燃性
疏散楼梯		不燃性　1.50	不燃性　1.00	不燃性　0.75	可燃性
吊顶(包括吊顶搁栅)		不燃性　0.25	难燃性　0.25	难燃性　0.15	可燃性

注：二级耐火等级建筑的吊顶采用不燃材料时，其耐火极限不限。

三、建筑防火安全设计

为了防止和减少建筑物火灾的发生，建筑防火安全设计是建筑设计的一个重要组成部分，应始终贯彻“预防为主，防消结合”的方针，积极采用行之有效的先进防火技术，做到保障安全、促进生产、方便使用、经济合理。

（一）建筑防火分区及防火分隔物

1. 防火分区

防火分区是指采用防火分隔措施划分出的、能在一定时间内防止火灾向同一建筑的其余部分蔓延的局部区域（空间单元）。采用划分防火分区这一措施，可以在建筑物发生火灾时，有效地把火势控制在一定的范围内，减少火灾损失，同时可以为人员安全疏散、消防扑救提供有利条件。

防火分区按照防止火灾向防火分区以外扩大蔓延的功能可分为两类：其一是竖向防火分区，用以防止多层或高层建筑物层与层之间竖向发生火灾蔓延；其二是水平防火分区，用以防止火灾在水平方向扩大蔓延。竖向防火分区是指用耐火性能较好的楼板及窗间墙（含窗下墙），在建筑物的垂直方向对每个楼层进行的防火分隔。水平防火分区是指用防火墙或防火门、防火卷帘等防火分隔物将各楼层在水平方向分隔出的防火区域，可以阻止火灾在同一楼层的水平方向蔓延。

防火分区划分得越小，越有利于保证建筑物的防火安全。但还要结合建筑物的使用性质、重要性、火灾危险性、建筑物高度、消防扑救能力以及火灾蔓延的速度等因素来确定防火分区面积大小。

（1）厂房防火分区的划分。厂房内每个防火分区的最大允许建筑面积应符合表 5-10 的要求。

表 5-10　厂房防火分区的最大允许建筑面积

生产类别	厂房的耐火等级	最多允许层数	每个防火分区的最大允许建筑面积/m^2			
			单层厂房	多层厂房	高层厂房	地下室、半地下室
甲	一级	除生产必须采用多层	4000	3000	—	—
	二级	者外，宜采用单层	3000	2000	—	—
乙	一级	不限	5000	4000	2000	—
	二级	6	4000	3000	1500	—
丙	一级	不限	不限	6000	3000	500
	二级	不限	8000	4000	2000	500
	三级	2	3000	2000	—	—
丁	一、二级	不限	不限	不限	4000	1000
	三级	3	4000	2000	—	—
	四级	1	1000	—	—	—
戊	一、二级	不限	不限	不限	6000	1000
	三级	3	5000	3000	—	—
	四级	1	1500			—

（2）库房防火分区的划分。库房内每个防火分区的最大允许建筑面积应符合表 5-11 的要求。

表 5-11　库房防火分区的最大允许建筑面积

储存物品类别		耐火等级	防火分区最大允许建筑面积/m^2						
			单层库房		多层库房		高层库房		地下室和半地下室
			每座库房	防火墙间	每座库房	防火墙间	每座库房	防火墙间	防火墙间
甲	3、4 项	一级	180	60	—	—	—	—	
	1、2、5、6 项	一、二级	750	250	—	—	—	—	
乙	1、3、4 项	一、二级	2000	500	900	300	—	—	
		三级	500	250	—	—	—	—	
	2、5、6 项	一、二级	2800	700	1500	500	—	—	
		三级	900	300	—	—	—	—	
丙	1 项	一、二级	4000	1000	2800	700	—	—	150
		三级	1200	400	—	—	—	—	
	2 项	一、二级	6000	1500	4800	1200	4000	1000	300
		三级	2100	700	1200	400	—	—	—
丁		一、二级	不限	3000	不限	1500	4800	1200	500
		三级	3000	1000	1500	500	—	—	
		四级	2100	700	—	—	—	—	
戊		一、二级	不限	不限	不限	2000	6000	1500	1000
		三级	3000	1000	2100	700	—	—	
		四级	2100	700	—	—	—	—	

注：储存物品类别见表 5-8。

2. 防火分隔物

防火分隔物是指能把建筑内部分隔成若干较小的防火空间，并能在一定时间内阻止火势蔓延的物体。常用防火分隔物有防火墙、防火门、防火卷帘、防火窗、防火水幕带、防火阀和排烟防火阀等。

（1）防火墙。防火墙是由耐火极限不少于4h的不燃烧材料构成的，为减小或避免建筑、结构、设备遭受热辐射危害和防止火灾蔓延，设置在平面上划分防火区段的结构，是防火分区的主要建筑构件。防火墙的耐火极限、燃烧性能、设置部位和构造应符合下列要求。

① 防火墙应直接设置在建筑物的基础或钢筋混凝土框架、梁等承重结构上，轻质防火墙体可不受此限。

② 防火墙应从楼地面基层隔断至顶板底面基层。当屋顶承重结构和屋面板的耐火极限低于0.5h，高层厂房（仓库）屋面板的耐火极限低于1.0h时，防火墙应高出不燃烧体屋面0.4m以上，高出燃烧体或难燃烧体屋面0.5m以上。其他情况防火墙可不高出屋面，但应砌至屋面结构层的底面。

③ 防火墙横截面中心线距天窗端面的水平距离小于4.0m，且天窗端面为燃烧体时，应采取防止火势蔓延的措施。

④ 当建筑物的外墙为难燃烧体时，防火墙应凸出墙的外表面0.4m以上，且在防火墙两侧的外墙应为宽度不小于2.0m的不燃烧体，其耐火极限不应低于该外墙的耐火极限。

⑤ 当建筑物的外墙为不燃烧体时，防火墙可不凸出墙的外表面。紧靠防火墙两侧的门、窗洞口之间最近边缘的水平距离不应小于2.0m；但装有固定窗扇或遇火灾可自动关闭的乙级防火窗时，该距离可不受此限。

⑥ 建筑物内的防火墙不宜设置在转角处。如设置在转角附近，内转角两侧墙上的门、窗洞口之间最近边缘的水平距离不应小于4.0m。

⑦ 防火墙上不应开设门窗洞口，当必须开设时，应设置固定门窗或发生火灾时能自动关闭的甲级防火门窗。

⑧ 可燃气体和甲、乙、丙类液体的管道严禁穿过防火墙。其他管道不宜穿过防火墙，当必须穿过时，应采用防火封堵材料将墙与管道之间的空隙紧密填实；当管道为难燃及可燃材质时，应在防火墙两侧的管道上采取防火措施。防火墙内不应设置排气道。

⑨ 防火墙的构造应能保证防火墙任意一侧的屋架、梁、楼板等受到火灾的影响而破坏时，不致使防火墙倒塌。

（2）防火门。防火门是指在一定时间内，连同框架能满足耐火稳定性、完整性和绝热性要求的门。它是设置在防火分区间、疏散楼梯间、垂直竖井等具有一定耐火性的活动防火分隔物。防火门除具有普通门的作用外，更重要的是还具有阻止火势蔓延和烟气扩散的特殊功能，可确保人员安全疏散。防火门按其耐火极限可分为甲级、乙级和丙级，其耐火极限分别不应低于1.2h、0.9h和0.6h。防火门的设置应符合下列规定：

① 应具有自闭功能。双扇防火门应具有按顺序关闭的功能。

② 常开防火门应能在火灾时自行关闭，并应有信号反馈的功能。

③ 防火门内外两侧应能手动开启，除人员密集场所平时需要控制人员随意出入的疏散用门或设有门禁系统的居住建筑外门外，防火门应保证火灾时不需使用钥匙等任何工具即能从内部轻易打开，并应在显著位置设置标识和使用提示。

④ 设置在变形缝附近时，防火门开启后，其门扇不应跨越变形缝，并应设置在楼层较多的一侧。

（3）防火卷帘。防火卷帘是指在一定时间内，连同框架能满足耐火稳定性和耐火完整性要求的卷帘。防火卷帘是一种活动的防火分隔物，平时卷起放在门窗上口的转轴箱中，起火时将其放下展开，用以阻止火势从门窗洞口蔓延。防火卷帘一般设置在消防电梯前室，自动扶梯周围，中庭与每层走道、过厅、房间相通的开口部位，代替防火墙需设置防火分隔设施的部位等。

防火分区之间采用防火卷帘分隔时，应符合下列规定：

① 防火卷帘的耐火极限不应低于3.0h。当采用不以背火面温升作耐火极限判定条件的防火卷帘时，其卷帘两侧应设独立的闭式自动喷水系统保护，系统喷水延续时间不应小于3.0h。喷头的喷水强度不应小于0.5L/(s·m)，喷头间距应为2～2.5m，喷头距卷帘的垂直距离宜为0.5m。

② 防火卷帘应具有防烟性能，与楼板、梁和墙、柱之间的空隙应采用防火封堵材料封堵。

(4) 防火窗。防火窗是指在一定的时间内，连同框架能满足耐火稳定性和耐火完整性要求的窗户。防火窗一般安装在防火墙或防火门上。

防火窗按安装方法可分为固定窗扇防火窗和活动窗扇防火窗。按耐火极限可分为甲、乙、丙三级。耐火极限不低于1.2h的窗为甲级防火窗；耐火极限不低于0.9h的窗为乙级防火窗，耐火极限不低于0.6h的窗为丙级防火窗。

防火窗的作用：一是隔离和阻止火势蔓延，此种窗多为固定窗；二是采光，此种窗为活动窗扇，正常情况下采光通风，火灾时起防火分隔作用。活动窗扇的防火窗应具有手动和自动关闭功能。

(二) 防火间距

防火间距是指当一幢建筑物起火时，其他建筑物在热辐射的作用下，没用任何保护措施时，也不会起火的最小距离。火灾不仅能在建筑物内部蔓延，还能蔓延至相连或相隔一段距离的建筑物。造成火灾蔓延的主要原因有以下几种。

热辐射：热辐射不需要传热介质，以电磁波的形式存在。起火建筑物燃烧火焰的热量能够传递到一定距离内建筑上。

热对流：起火建筑物燃烧产生的高温烟气由室内冲出后向上升，室外冷空气从下部进入室内，形成冷热空气的对流。高温烟气能把距离很近的可燃物引燃。因此，邻近起火建筑的其他建筑，高度比起火建筑大的更容易在受热情况下出现燃烧，造成火势蔓延。

飞溅物：起火建筑物中有些尚未燃尽的对象，会在热对流的作用下被抛向空中，这些飞溅物携带高温或明火，落到其他建筑上时，就会引起燃烧。

以上三种因素中，一般热辐射的影响最大。为了防止火势从起火建筑物向邻近建筑物蔓延，设置防火间距是必要的。

1. 各类建筑物的防火间距

根据建筑物耐火等级的不同，普通厂房及乙、丙、丁、戊类物品库房之间的防火间距不应小于表5-12的要求。

表5-12 普通厂房之间以及乙、丙、丁、戊类物品库房之间的防火间距 单位：m

防火间距		耐火等级		
		一、二级	三级	四级
耐火等级	一、二级	10	12	14
	三级	12	14	16
	四级	14	16	18

注：详细说明参照《建筑设计防火规范》(GB 50016—2014)。

2. 库房的防火间距

库房之间的防火间距应根据储存物品的火灾危险性类别、储存量的多少、库房建筑耐火等级等因素共同确定。甲类物品库房与其他建筑物的防火间距不应小于表 5-13 的规定。

表 5-13 甲类物品库房与其他建筑物的防火间距 单位：m

建筑物类型			储存物品类别			
			1、2、3 项		4、5、6 项	
			储量≤5t	储量>5t	储量≤10t	储量>10t
民用建筑			30	40	25	30
其他建筑	耐火等级	一、二级	15	20	12	15
		三级	20	25	15	20
		四级	25	30	20	25

3. 易燃、可燃液体储罐堆场的防火间距

易燃、可燃液体的储罐区、堆场与周围建筑物的防火间距不应小于表 5-14 的规定。

表 5-14 易燃、可燃液体的储罐区、堆场与周围建筑物的防火间距 单位：m

名称	一个罐区或堆场的储量/m^3	耐火等级		
		一、二级	三级	四级
易燃液体	1～50	12	15	20
	51～200	15	20	25
	201～1000	20	25	30
	1001～5000	25	30	40
可燃液体	5～250	12	15	20
	251～1000	15	20	25
	1001～5000	20	25	30
	5001～25000	25	30	40

（三）安全疏散

1. 定义

安全疏散就指根据建筑特性设定的火灾条件，针对火灾和烟气传播特性的预测及疏散形式的预测，通过采取一系列防火措施，进行适当的安全疏散设施的设置、设计，以提供合理的疏散方法和其他安全防护方法，保证建筑中的所有人员在紧急情况下迅速疏散，或提供其他方法以保证人员具有足够的安全度。

安全疏散设计以建筑内的人应该能够脱离火灾危险并独立地步行到安全地带为原则。

安全疏散方法不应是单一的一种，而应是多种疏散方式的集合，以防止火灾发生时，单一疏散方式失去效果。

根据火场伤亡的统计，火灾条件下人员伤亡的原因多数是安全疏散通道不畅、人员拥挤以及火灾形成高温、有毒烟气或缺氧。

2. 工业厂房安全疏散设计

（1）安全疏散距离。工业厂房的安全疏散距离是指厂房内最远工作点到外部出口或楼梯间的最大距离。影响安全疏散距离的因素很多，如建筑物的使用性质、人员密集程度、人员本身的活动能力等。工业厂房内最远工作地点到外部出口或楼梯的距离，不应超过表 5-15 的规定。

表 5-15　厂房内任一点到最近安全出口的距离　　单位：m

生产类别	耐火等级	单层厂房	多层厂房	高层厂房	地下、半地下厂房或厂房的地下室、半地下室
甲	一、二级	30.0	25.0	—	—
乙	一、二级	75.0	50.0	30.0	
丙	一、二级	80.0	60.0	40.0	30.0
	三级	60.0	40.0	—	—
丁	一、二级	不限	不限	50.0	45.0
	三级	60.0	50.0	—	—
	四级	50.0	—	—	—
戊	一、二级	不限	不限	不限	60.0
	三级	100.0	75.0	75.0	—
	四级	60.0	—	—	—

（2）安全疏散宽度。厂房内的疏散楼梯、走道、门的各自总净宽度应根据需要疏散的人数，按表 5-16 的规定经过计算来确定。但疏散楼梯的最小净宽度不宜小于 1.1m，疏散走道的最小净宽度不宜小于 1.4m，门的最小净宽度不宜小于 0.9m，以便于建筑内人员安全、及时地疏散。当每层人数不相等时，疏散楼梯的总净宽度应该分层计算，下层楼梯的总净宽度应该按照该层或该层以上人数最多的一层来计算。首层外门的总净宽度应按该层或该层以上人数最多的一层计算，且该门的最小净宽度不应小于 1.2m。

表 5-16　厂房疏散楼梯、走道和门的净宽度指标　　单位：m/百人

厂房层数	一、二层	三层	≥四层
宽度指标	0.6	0.8	1.0

［案例 5-5］全国典型火灾案例。

5.5 全国十大典型火灾案例

第四节　火灾自动报警喷淋系统

火灾自动报警喷淋系统是广泛使用的固定式报警灭火设备，能在火灾初期自动检测并喷水灭火，有效控制火势，减少损失。实践证明，该系统安全可靠、灭火效率高、性能稳定、适用性强、成本低、环保，是国际公认的最有效的室内初起火灾扑救设施之一，被广泛应用于高层建筑、宾馆、商场等多种建筑物的消防安全保护。

一、火灾自动报警喷淋系统组成及工作原理

火灾自动报警喷淋系统包括自动报警系统和喷淋灭火系统两部分。

自动报警系统包括感温、感烟、感光火灾探测器，可检测周围环境条件变化，当达到或超过设定值时即发出声光报警，同时控制主机显示具体事故位置，提示人员及时采取安全措施。

喷淋灭火系统按喷头的封闭情况可分为闭式系统和开式系统两大类。设计时选用何种系统类型，应根据设置场所的火灾特点和环境条件确定。其中闭式系统中的湿式系统在我国应用范围较广。

湿式系统由闭式喷头、湿式报警阀组、管道系统、报警控制装置和给水设备等组成（如图 5-9 所示）。闭式喷头平时处于封闭状态，管道内充满一定压力的水，火灾发生时，火焰或高温气流使闭式喷头的热敏感组件开始工作，喷头随即打开并喷水灭火。此时，管网中的水由静止变为流动，水源的压力使原来处于关闭状态的湿式报警阀开启，压力水流向灭火管网。随着报警阀的开启，报警信号管路开通，压力水冲击水力警铃发出声响报警信号；同时，安装在管路上的压力开关接通并发出相应的电信号，直接或通过消防控制中心自动启动消防水泵向系统加压供水，达到持续自动喷水灭火的目的。另外，串联在管路上的水流指示器会送出相应的电信号，在报警控制器上指示某一区域正在喷水。

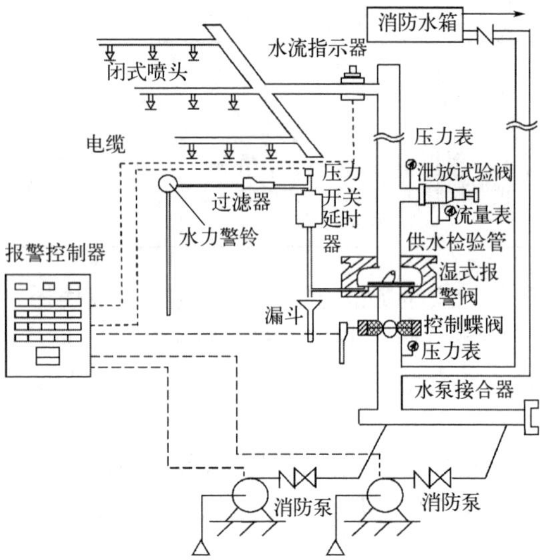

图 5-9　湿式喷淋灭火系统组成

湿式系统的管网内始终有水，因此对外部环境温度有一定要求，系统环境温度不低于 4℃且不高于 70℃的场所，应采用湿式系统。

二、系统设置条件

以下场所应设置火灾自动报警喷淋系统。

（1）大于等于 50000 锭的棉纺厂的开包、清花车间；大于等于 5000 锭的麻纺厂的分级、梳麻车间；火柴厂的烤梗、筛选部位；泡沫塑料厂的预发、成型、切片、压花部位；占地面积大于 1500m^2 的木器厂房；占地面积大于 1500m^2 或总建筑面积大于 3000m^2 的单层、多层制鞋、制衣、玩具及电子等厂房；高层丙类厂房；飞机发动机试验台的准备部位；建筑面积大于 500m^2 的丙类地下厂房。

（2）占地面积大于 1000m^2 的棉、毛、丝、麻、化纤、毛皮及其制品的仓库；占地面积大于 600m^2 的火柴仓库；邮政楼中建筑面积大于 500m^2 的空邮袋库；建筑面积大于 500m^2 的可燃物品地下仓库；可燃、难燃物品的高架仓库和高层仓库（冷库除外）。

（3）特等、甲等或超过 1500 个座位的其他等级的剧院；超过 2000 个座位的会堂或礼堂；超过 3000 个座位的体育馆；超过 5000 人的体育场的室内人员休息室与器材间等。

（4）任一楼层建筑面积大于 1500m^2 或总建筑面积大于 3000m^2 的展览建筑、商店、旅馆建筑以及医院中同样建筑规模的病房楼、门诊楼、手术部；建筑面积大于 500m^2 的地下商店。

（5）设置有送回风道（管）的集中空气调节系统且总建筑面积大于 3000m^2 的办公楼等。

（6）设置在地下、半地下或地上四层及四层以上，或设置在建筑的首层、二层和三层且任一层建筑面积大于 300m^2 的地上歌舞娱乐放映游艺场所（游泳场所除外）。

（7）藏书量超过 50 万册的图书馆。

第五节　消防灭火

一、灭火原理

物质燃烧必须同时具备可燃物、助燃物和点火源三个条件，当其中一个条件被去除或削弱时，就可有效阻止燃烧的进行。灭火的基本原理可概括为以下四种。

（1）冷却灭火。可燃物质发生燃烧必须具备一定的温度和足够的热量，燃烧过程中产生的大量热量也为火势蔓延扩大提供了能量条件。灭火时，将具有冷却降温和吸热作用的灭火剂直接喷射到燃烧物体上，可降低燃烧物质的温度。当其温度降到燃点以下时，火就会熄灭。也可将有吸热冷却作用的灭火剂喷洒在火源附近的可燃物质上，使其温度降低，阻止火势蔓延。

（2）窒息灭火。窒息灭火是阻止助燃气体进入燃烧区，让燃烧物与助燃气体相隔绝使火熄灭的方法。例如：向燃烧区充入大量的氮气、二氧化碳等不助燃的惰性气体，减少空气量；封堵建筑物的门窗，减少空气进入，使燃烧区的氧气被耗尽；用石棉毯、湿棉被、砂土、泡沫等不燃烧或难燃烧的物品覆盖在燃烧物体上，隔绝空气使火熄灭。

（3）隔离灭火。隔离灭火是将燃烧物与附近有可能被引燃的可燃物分隔开一定距离，燃烧就会因缺少可燃物补充而熄灭。这也是一种灭火及阻止火势蔓延的常用方法。灭火时可迅速将着火部位周围的可燃物移到安全地方或将着火物移到没有可燃物的地方。

（4）化学抑制灭火。化学抑制灭火是将化学灭火药剂喷射到燃烧区，通过化学干扰抑制火焰，中断燃烧的连锁反应。但灭火后要采取降温措施，防止发生复燃。

以上四种灭火方法，在具体灭火过程中，既可单独采用也可综合使用。

二、灭火器

灭火器是一种群众性灭火器材，其操作简便，主要针对初期火灾，减少火势蔓延扩大。只有正确选择灭火器的类型，才能有效地扑救不同种类的火灾，达到预期的效果。

（一）灭火器分类和选择

1. 灭火器的分类

（1）按其移动方式可分为手提式和推车式。

（2）按驱动灭火剂的动力来源可分为储气瓶式、储压式、化学反应式。

（3）按所充装的灭火剂可分为泡沫、干粉、二氧化碳、酸碱、清水等。

2. 灭火器的选择

扑救 A 类火灾（即固体燃烧的火灾）应选用水型、泡沫、磷酸铵盐干粉等灭火器。

扑救 B 类火灾（即液体火灾和可熔化的固体物质火灾）应选用干粉、泡沫、二氧化碳型灭火器（注意：化学泡沫灭火器不能灭 B 类极性溶性溶剂火灾）。

扑救 C 类火灾（即气体燃烧的火灾）应选用干粉、二氧化碳灭火器。

扑救 D 类火灾（即金属燃烧的火灾），目前国外主要有粉状石墨灭火器和灭金属火灾专用干粉灭火器，在国内尚未定型生产灭火器和灭火剂，可采用干沙或铸铁沫灭火。

扑救 E 类火灾（即带电火灾）应选用二氧化碳、干粉灭火器。

（二）灭火器使用

（1）干粉灭火器使用的干粉灭火剂由无机盐和添加剂制成。干粉灭火器以氮气为动力，使用时需拔掉保险销，按下压把，接近火焰喷射。干粉易飘散，不宜逆风喷射。保养时应放在干燥通风处，定期检查干粉是否结块或药剂质量，及时更换或充装。使用推车式干粉灭火器时，首先将灭火器快速推到火源近处，拉出喷射胶管并展开伸直，拔出保险销，扳直阀门手柄，对准火焰根部，使粉雾横扫重点火焰，注意切断火源，控制火焰蹿回，由近及远向前推进灭火。

（2）二氧化碳灭火器利用二氧化碳的高密度和不燃特性，通过隔绝空气降低氧浓度来灭火。使用时需拔掉保险销或旋转手轮，注意防冻伤和窒息。定期检查质量，少于 5%时需充气或更换。

（3）泡沫灭火器是将泡沫覆盖于燃烧物表面，防止空气进入。使用时取掉铅封，压下压把喷出泡沫。推车式泡沫灭火器的使用方法同推车式干粉灭火器。药剂半年至一年更换一次，注意防冻、防晒。

（4）清水灭火器适用范围广泛，依靠冷却和窒息作用灭火。使用时直立放稳，拍击开启杠顶端，保持垂直状态。存放地点温度需在 0℃以上，放置在通风干燥处。

（5）酸碱灭火器内装工业硫酸和碳酸氢钠水溶液，灭火时两种药液混合产生气体喷射。使用时手提提环，颠倒筒体摇晃，对准燃烧处喷射。液体喷完前不可旋转筒盖，以免伤人。

第六节　防静电与防雷击

一、防静电技术

静电是由点电荷彼此相互作用的静电力产生的。静电现象是十分普遍的电现象。生活和生产活动中，特别是生产工艺过程中产生的静电可能引起爆炸及其他危险和危害。

（一）静电的产生方式

（1）摩擦起电。用摩擦的方法使两个不同的物体带电的现象，叫摩擦起电（或两种不同的物体相互摩擦后，一种物体带正电，另一种物体带负电的现象）。摩擦起电是电子由一个物体转移到另一个物体的结果。因此原来不带电的两个物体摩擦起电时，它们所带的电量在数值上必然相等。

（2）冲流起电。液体类物质与固体类物质接触时，在接触界面形成整体为电中性的偶电层。当两物质作相对运动时，偶电层被分离、电中性受到破坏而出现的带电过程即为冲流起电。

（3）剥离起电。剥离两个紧密结合的物体时引起电荷分离而使两物体分别带电的过程。例如从一个物体上剥离一张塑料薄膜时就是一种典型的剥离起电现象。

（4）喷射起电。固体、粉体、液体和气体类物质从小截面喷嘴高速喷射时，微粒与喷嘴和空气发生迅速摩擦而使喷嘴和喷射物分别带电的过程。

（5）吸附起电。人处于飘浮带电灰尘或雾滴的环境中，这些微小带电体可在人体体表感应出异号电荷并受库仑力飘向人体，最终把电荷传给人。例如，舞台上用干冰喷雾时，如果地面绝缘性好，常能看到演员因带高压静电而头发竖起的现象。

（6）沉降起电。各种固体微粒、液体、气体在相互混合接触时，由于密度差异而发生沉降，使在不同物质交界面上形成的偶电层发生电荷分离而产生静电的过程。

(7) 溅泼起电。溅泼液体时，微小的液滴落在物体表面并在其界面产生偶电层，由于液滴的惯性滚动而发生电荷分离，使液滴及物体分别带上不同符号电荷的过程。

(8) 喷雾起电。喷射在空间的液体类物质由于扩展分散和分离，会形成许多微小液雾和新的界面，此偶电层被分离而产生静电的过程。

(9) 感应起电。感应起电是物体在静电场的作用下，发生电荷再分布的现象。比如，一个设备加电工作的过程中，产生了一定的电磁场，外围的物体在电磁场的作用会感应出部分电荷，如显示器的屏幕带电。

(二) 静电的危害

(1) 火灾和爆炸。静电能量虽然不大，但因其电压很高而容易发生放电，出现静电火花。在有可燃液体的作业场所（如油料运装等），可能由静电火花引起火灾。在有气体、蒸气爆炸性混合物或粉尘纤维爆炸性混合物的场所（如氧、乙炔、煤粉、铝粉、面粉等），都可能由静电火花引起爆炸。

(2) 电击。由静电造成的电击，可能发生在人体接近带电物体的时候，也可能发生在带静电电荷的人体接近接地体的时候。电击程度与所储存的静电能量有关，能量愈大，电击愈严重。由于一般情况下，静电的能量较小，所以生产过程中产生的静电所引起的电击不会直接导致死亡，但人体可能因电击引起坠落、摔倒等二次事故。电击还可能使工作人员精神紧张，妨碍正常工作。

(3) 妨碍生产。在某些生产过程中，如不消除静电，将会妨碍生产或降低产品质量，例如，静电会使粉体吸附于设备，会影响粉体的过滤和输送。在聚乙烯的物料输送管道和储罐中，常发生物料结块、熔化成团，造成管路堵塞。经分析发现是对静电消除不力造成的。静电还可能引起电子组件误动作，使某些电子计算机类设备工作失常。

[案例 5-6] 静电火灾。

5.6 静电火灾

(三) 静电的削减

静电的削减有两种主要方式，即静电放电和静电泄漏。前者主要是通过空气发生的，后者主要是通过带电体本身及其相连接的其他物体发生的。

1. 静电放电

静电放电形式与带电体的几何形状、电压和带电体的材质有关。

(1) 电晕放电。发生在带电体尖端或曲率半径很小处附近的局部放电。电晕放电可能伴有轻微的嘶嘶声和微弱的淡紫色光。电晕放电一般没有引燃危险。

(2) 刷形放电和传播型刷形放电。这两种放电形式都是发生在绝缘体表面的有声光的多分支放电。当绝缘体背面紧贴有金属导体时，绝缘体正面将出现传播型弧形放电。同一绝缘体上可发生多次刷形放电或传播型刷形放电。刷形放电有一定的引燃危险；传播型刷形放电的引燃危险性较大。

(3) 火花放电。带电体之间发生的通道单一的放电。火花放电有明亮的闪光和有短促的爆裂声，引燃危险性很大。

(4) 雷型放电。悬浮在空间的大范围、高密度带电粒子形成的闪电状放电，引燃危险性很大。

2. 静电泄漏

带电体上的电荷通过带电体自身或其他物体等途径向大地传导而部分或全部消失的过

程。高电阻材料上的静电泄漏很慢，以致产生静电的过程停止之后，材料上可能在很长的时间内还保持有危险的静电。

绝缘体上较大的泄漏有两条途径：一条是绝缘体表面泄漏；另一条是绝缘体内部泄漏。前者遇到的是表面电阻；后者遇到的是体积电阻。

湿度对静电泄漏的影响很大。随着湿度的增加，绝缘固体表面会形成 0.1μm 厚的水膜，其表面电阻率显著降低，泄漏明显加快。为防止大量带电，相对湿度应在 50%以上；为了提高降低静电的效果，相对湿度应提高到 65%～70%；对于吸湿性很强的聚合材料，为了保证降低静电的效果，相对湿度应提高到 80%～90%。因此，吸湿性越大的绝缘体，其静电受湿度的影响也越大。

二、防雷技术

（一）雷电现象

雷电是一种壮观且令人敬畏的自然现象，通常出现在积雨云中，伴随着闪电和雷鸣。积雨云高达 20km，云内电荷的产生源于冰晶和水滴的相互作用。云上部主要带正电，下部带负电，形成电位差，导致放电现象。闪电的电流和电压极高，而雷暴的功率可与小型核电站相当。放电时，空气迅速加热膨胀产生冲击波，形成雷鸣。雷云接近地面时，会发生激烈放电，产生闪光和轰鸣声。闪电的平均电流是 3×10^4A，最大电流可达 30×10^4A。闪电的电压很高，为 $1\times10^8\sim10\times10^8$V。一个中等强度雷暴的功率可达 10MW，相当于一座小型核电站的输出功率。

（二）雷电的类型

（1）直击雷。雷电对人类造成灾难的主要原因是云与大地之间的雷电释放，一般称为云地闪电。而发生在云内和云之间的闪电，因为到达不了地面，所以对人类直接活动的影响不大。在全球发生的云地闪电，大约占全部雷电的 20%。对于云地闪电来讲，形成雷电灾害的是“直击雷”，就是当雷电电流从云中泄放到地面时，直接打在建筑物、构筑物、其他物体以及人畜身上，产生电效应、热效应和机械力，造成破坏和伤亡。

（2）雷电感应。又称为感应雷，分为静电感应和电磁感应。静电感应是指雷云接近地面时，在地面凸出物的顶部感应出大量异性电荷，在雷云放电后，凸出物顶部电荷失去束缚，以雷电波的形式高速传播。电磁感应是指发生雷击后，雷电流在周围空间产生迅速变化的强磁场，这种磁场能在附近金属导体上感应出很高的电压。

[案例 5-7] 雷击火灾事故案例。

5.7 雷击火灾事故案例

（三）雷电防护措施

现代防雷保护包括外部防雷保护和内部防雷保护两部分。外部防雷系统旨在保护建筑物免受直接雷击引发的火灾及人身安全事故，而内部防雷系统则专注于防止雷电波、雷击感应过电压及系统操作过电压对设备的损害。以下是防雷保护的六个关键措施。

（1）接闪。利用避雷针、避雷线、避雷网和避雷带等接闪器，引导雷电按照预设通道泄放到大地，从而使被保护物免受雷击。

（2）均压。采用均压环将处于低电位的导体等电位连接起来，形成“等电位岛”，以减少旁侧闪烁危险，确保人员和设备安全。

（3）屏蔽。利用金属网、箔、壳或管子等导体包围保护对象，截断雷电电磁脉冲波入侵通道，防止其对电子设备产生影响。

（4）接地。确保闪入防雷系统的雷电电流顺利流入大地，防止雷电能量集中在某处对被保护物体造成破坏。

（5）分流保护。在室外导体与防雷接地装置或接地线之间并联避雷器，当直击雷或雷击效应在线路上产生过电压波时，避雷器电阻降低，使雷电电流分流入地。

（6）躲避。建筑物选址时应避开多雷区或易遭雷击地点，以减少防雷工程开支。雷电发生时，应关闭设备并拔掉电源插头。

第七节　防爆电气设备

近年来，由电气设备所引起的火灾爆炸事故，占有相当大的比例。电气设备在生产中必不可少并大量使用，而且有的电气设备在正常运行和事故运行时都会产生电火花或电弧。电火花和电弧的温度很高，可达 3000～6000℃，具有很大的能量，不仅能够引起可燃物质燃烧，还能使金属熔化、飞溅。为此，必须有严格的设计、安装、使用、维修制度，把电火花的危害降低到最低程度。火灾危险区域内的电气设备选型、安装，均应符合设计规范的要求。

一、电气设备选用的一般要求

（1）在进行爆炸性环境的电力设计时，应尽量把电气设备特别是正常运行时发生火花的设备，布置在危险性较小或非爆炸性环境中。火灾危险环境中表面温度较高的设备，应远离可燃物。

（2）在满足工艺生产及安全的前提下，尽量减少防爆电气设备的使用频率。火灾危险环境下不宜使用电热器具，非用不可时应用非燃烧材料进行隔离。

（3）防爆电气设备应有防爆合格证。

（4）少用携带式电气设备。

（5）可在建筑上采取措施，把爆炸性环境限制在一定范围内，如采用隔墙法等。

二、防爆电气设备的类型及标志

按其使用环境的不同，防爆电气设备可分为两类、三级。

Ⅰ类是指煤矿井下用电气设备，只以甲烷为防爆对象，不再分级。

Ⅱ类是指工厂用电气设备，按最大试验安全间隙（MESG）或最小点燃电流（MIC）分为 A、B、C 三级。

电气设备的防爆标志可在铭牌右上方设置清晰的永久性凸纹标志“Ex”；小型电气设备及仪器、仪表可采用标志牌或焊在外壳上，也可采用凹纹标志。在铭牌上按顺序标明防爆型式、类别、级别、温度组别等，这就构成了性能标志。

选择防爆电气设备的基本依据是爆炸危险区域类别及危险区域等级和爆炸危险区域内爆炸性混合物的级别、温度组别以及危险物质的其他性质（引燃点、爆炸极限、闪点等）。

防爆电气设备的类型很多，性能各异。根据电气设备产生火花、电弧和危险温度等特点，为防止其点燃爆炸性混合物而采取的不同措施分为下列 8 种形式。

（一）隔爆型（标志 d）

隔爆型结构的电气设备在爆炸危险区域的应用极为广泛。这类设备不仅能防止爆炸火焰的传出，而且能承受内部爆炸性气体混合物的爆炸压力并阻止内部的爆炸向外壳周围爆炸性混合物传播，多用于强电技术，如电机、变压器、开关等。

（二）增安型（标志 e）

增安型结构在防爆电气设备上使用得比较广泛，如电动机、变压器、灯具和带有电感线圈的电气设备等。在正常运行条件下不会产生电弧、火花，也不会产生足以点燃爆炸性混合物的高温。

（三）本质安全型（标志 ia、ib）

本质安全型防爆结构仅适用于弱电流回路。如测试仪表、控制装置等小型电气设备上。无论在正常情况下，还是非正常情况下发生的电火花或危险温度，都不会使爆炸性物质引爆，因此这种结构是安全性较高的防爆结构。这种电气设备按使用场所和安全程度分为 ia 和 ib 两个等级。

ia 等级设备在正常工作、一个故障和两个故障时均不能点燃爆炸性气体混合物。

ib 等级设备在正常工作和一般故障时不能点燃爆炸性气体混合物。

正常工作和故障状态是用安全系数来衡量的。安全系数是电路最小引爆电流（或电压）与其电路的电流（或电压）的比值，用 K 表示。正常工作时 $K=2.0$，一个故障时 $K=1.5$，两个故障时 $K=1.0$。

（四）正压型（标志 p）

正压型电气设备具有正压外壳，可以保持内部保护气体，即新鲜空气或惰性气体的压力高于周围爆炸性环境的压力，阻止外部混合物进入外壳。

（五）充油型（标志 o）

充油型防爆结构在使用上与传爆等级无关，适合于小型操作开关。这种结构是将电气设备全部或部分部件浸在油内，使设备不能点燃油面以上的或外壳外的爆炸性混合物。

（六）充砂型（标志 q）

在外壳内充填砂粒材料，使一定使用条件下壳内产生的电弧、传播的火焰、外壳壁或砂粒材料表面的过热均不能点燃周围爆炸性混合物。

（七）无火花型（标志 n）

正常运行条件下，不会点燃周围爆炸性混合物，且一般不会发生有点燃作用的故障。这类设备的正常运行即指不应产生电弧或火花（包括滑动触头）。电气设备的热表面或灼热点也不应超过相应温度组别的最高温度。

（八）特殊型（标志 s）

指结构上不属于上述任何一类，而采取其他特殊防爆措施的电气设备。如填充石英砂型的设备即属此例。

第八节 安全用电和安全救护

随着电气化的发展，电的应用越来越广泛，触电事故也随之增加。

触电分为电击和电伤两种。电击是电流通过人体导致器官损害，极为危险，可引起肌肉痉挛、呼吸困难、心脏停搏甚至死亡。电击多发生在220V低压线路或设备上。电伤则是电流的热效应等导致皮肤发红、起泡、烧焦或组织破坏，严重时也可能威胁生命，多发生在1000V以上的高压带电体上。

一、触电方式

（一）单相触电

在人体与大地之间互不绝缘的情况下，人体的某一部位触及三相电源线中的任意一根导线，电流从带电导线经过人体流入大地而造成的触电伤害称为单相触电。单相触电又可分为中性线接地和中性线不接地两种情况。

（二）两相触电

两相触电也叫相间触电，是指在人体与大地绝缘的情况下，同时接触到两根不同的相线，或者人体同时触及电气设备两个不同相的带电部位时，电流由一根相线经过人体到另一根相线，形成闭合回路。两相触电比单相触电更危险，因为此时加在人体上的是线电压。

（三）跨步电压触电

当电气设备的绝缘损坏或线路的一相断线落地时，落地点的电位就是导线的电位，电流就会从落地点（或绝缘损坏处）流入大地。离落地点越远，电位越低。根据实际测量，在离导线落地点20m以外的地方，由于入地电流非常小，地面的电位近似等于零。如果有人走近导线落地点，由于人的两脚电位不同，两脚之间就会出现电位差，这个电位差叫作跨步电压。离电流入地点越近，则跨步电压越大；离电流入地点越远，则跨步电压越小；在20m以外，跨步电压很小，可以看作为零。当发现跨步电压威胁时，应赶快把双脚并在一起，或赶快用一条腿跳着离开危险区，否则，因触电时间长，也会导致触电死亡。

（四）接触电压触电

导线接地后，不但会产生跨步电压触电，还会产生另一种形式的触电，即接触电压触电。

接地装置布置不合理时，接地设备发生碰撞会造成电位分布不均匀，从而形成一个电位分布区域。在此区域内，人体与带电设备外壳相接触时，便会发生接触电压触电。接触电压等于相电压减去人体站立地面点的电压。人体站立点离接地点越近，则接触电压越小，反之就越大。当站立点距离接地点20m以外时，地面电压趋近于零，接触电压为最大，约为电气设备的对地电压，即220V。

二、安全用电

（一）接地保护

使用电气设备时，若设备绝缘损坏或击穿而造成外壳带电，人体触及外壳时就有触电的可能。为此，电气设备必须与大地进行可靠的电气连接，即接地保护，使人体免受触电的危害。接地保护可分为工作接地、保护接地和保护接零。

工作接地是指为保证电气设备（如变压器中性点）的正常工作而进行的接地；保护接地是指为保证人身安全，防止人体接触设备外露部分而触电的一种接地形式。在中性点不接地系统中，设备外露部分（金属外壳或金属构架）必须与大地进行可靠电气连接，即保护接地。接地装置由接地体和接地线组成。埋入地下直接与大地接触的金属导体称为接地体，连接接地体和电气设备接地螺栓的金属导体称为接地线。接地体的对地电阻和接地线电阻的总和，称为接装置的接地电阻。

1. 保护接地

在中性点不接地系统中，设备外壳不接地且意外带电时，外壳与大地间存在电压，若人体触及外壳，人体将有电容电流流过。如果将外壳接地，人体与接地体相当于电阻并联，流过每一通路的电流值将与其电阻的大小成反比。人体电阻通常为600～1000Ω，接地电阻通常小于4Ω，流过人体的电流很小，这样就完全能保证人体的安全。

保护接地适用于中性点不接地的低压电网。在不接地电网中，单相对地电流较小，利用保护接地即可使人体避免发生触电事故。但在中性点接地电网中，单相对地电流较大，保护接地就不能完全避免人体触电的危险，此时应采用保护接零。

2. 保护接零

保护接零是指在电源中性点接地的系统中，将设备需要接地的外露部分与电源中性线直接连接，相当于设备外露部分与大地进行了电气连接。当设备正常工作时，外露部分不带电，人体触及外壳相当于触及零线，无危险。采用保护接零时，应注意不宜将保护接地和保护接零混用，而且中性点工作接地必须可靠。

在电源中性线做了工作接地的系统中，为确保保护接零的可靠性，还需相隔一定距离将中性线或接地线重新接地，称为重复接地。

（二）漏电保护

漏电保护是近年来推广采用的一种防止触电的新型保护装置。在电气设备发生漏电或接地故障而人体尚未触及时，漏电保护器已切断电源；或者在人体已触及带电体时，漏电保护器能在非常短的时间内切断电源，从而减轻对人体的危害。

漏电保护器在技术上应满足以下几点要求。

（1）漏电保护的灵敏度要正确合理，一般启动电流应为15～30mA。

（2）漏电保护的动作时间一般情况下不应大于0.1s。

（3）保护器应装有必要的监视设备，以防运行状态改变时失去保护作用，如对电压型漏电保护器，应装设零线接地的装置。

（三）工业用电安全原则

（1）工人不得随意乱动或私自修理车间内的电气设备，电气设备不得带故障运行。任何电气设备在未验明无电之前，一律认为有电，不要盲目触及。非有关人员不得移动“禁止合闸”“有人操作”等标牌。

（2）电气设备必须有保护性接地、接零装置，并经常对其进行检查，保证连接牢固。

（3）需要移动某些非固定安装的电气设备，如照明灯、电焊机等时，必须先切断电源再移动，同时要防止导线被拉断。

（4）工人经常接触和使用的配电箱、配电板、闸刀开关、按钮开关、插座、插销以及导线等必须保持安全完好，不得有破损。

（5）工作台上、机床上使用的局部照明灯，电压一般不得超过36V。

（6）在雷雨天不要走近高压电杆、铁塔、避雷针，至少远离20m。当遇到高压电线断落时，周围20m内禁止人员入内；如果已在20m以内，要单足或并足跳离危险区。

（7）发生电气火灾时，应立即切断电源，用黄沙、二氧化碳、四氯化碳等灭火，切不可用水或泡沫灭火器。

三、触电急救

触电后人可能不会立即死亡，但会出现神经麻痹、呼吸中断等症状，此时应视为假死状态。及时有效的现场急救至关重要，因为触电后1min内开始救治的存活率高达90%，而超过12min后救治成功的可能性很小。因此，迅速采取行动是关键。

（一）脱离电源

触电急救的首要任务是迅速使触电者脱离电源，因为电流作用时间越长，伤害越重。在脱离电源时，救护人员应注意保护自己，避免直接接触触电者。若触电者处于高处，则需采取措施防止坠落。

（二）伤员脱离电源后的处理

（1）若触电者神志清醒，应让其安静休息，严密观察其状态，必要时送医。

（2）若触电者失去知觉但心脏跳动和呼吸存在，应让其舒适平躺，解开妨碍呼吸的衣物，并保持体温，迅速请医生到现场进行救治。

（3）若触电者呼吸停止但心脏跳动，应立即进行口对口（鼻）人工呼吸，并请医生到现场救治。

（4）若触电者呼吸和心跳完全停止，应立即进行口对口（鼻）人工呼吸和胸外心脏按压，并尽快请医生到现场救治。急救应持续进行，即使在送往医院途中也不应中断。

（三）抢救过程中的注意事项

（1）在进行人工呼吸和急救前，应迅速将触电者衣扣、领带、腰带等解开，清除口腔内假牙、异物、黏液等，保持呼吸道畅通。

（2）避免让触电者直接躺在潮湿或冰冷的地面上。

（3）人工呼吸和急救应连续进行，换人时应保持节奏一致。若触电者有微弱自主呼吸，人工呼吸应与之同步，直至呼吸恢复正常。

（4）对触电者的抢救要坚持到医生确认死亡方可停止。

（四）心肺复苏法

触电者若出现呼吸、心跳停止，必须立即进行心肺复苏急救。心肺复苏包括保持气道畅通、口对口人工呼吸、胸外心脏按压及预防并发症等。具体步骤如下。

（1）判定触电者呼吸、心跳情况，若无呼吸和静脉搏动，可判定为停止。

（2）开放气道，清除触电者口中的异物，防止异物进入咽喉深部。

（3）进行口对口（鼻）人工呼吸，首次吹气两次，每次1～1.5s。

（4）胸外心脏按压法，成人压陷3～4cm，每分钟80次左右，按压后掌根迅速抬起，让触电者胸部自动复原。按压过程中应能触及颈动脉搏动。

在医务人员接手前，不得放弃现场抢救。若心跳呼吸恢复，应严密监护伤员，随时准备再次抢救。

任务案例

（1）北海液化天然气有限责任公司“11·2”较大着火事故。

（2）某禽业有限公司“6·3”特别重大火灾爆炸事故。

5.8 液化天然气有限责任公司“11·2”着火事故

5.9 某公司“6.3”特别重大火灾爆炸事故案例分析

课后任务

一、某储运公司仓储区爆炸事故案例分析

某储运公司仓储区占地300m×300m，共有8个库房，原用于存放一般货物。后来，该储运公司未经任何技术改造和审批，擅自将1号、4号和6号库房改存危险化学品。

2008年3月14日12时18分，仓储区4号库房内首先发生爆炸，12min后，6号库房也发生了爆炸，爆炸引发了火灾，火势越来越大，之后相继发生了几次小规模爆炸。消防队到达现场后，发现消火栓不出水，消防蓄水池没水，随后在1km外找到取水点，并立即展开灭火抢险救援行动。

事故发生前，1号库房存放双氧水5t，4号库房存放硫化钠10t、过硫酸铅40t、高锰酸钾10t、硝酸铵130t、洗衣粉50t，6号库房存放硫黄15t、甲苯4t、甲酸乙酯10t。事故导致15人死亡、36人重伤、近万人疏散，烧损、炸毁建筑物39000m^2和大量化学物品等，直接经济损失1.2亿元。

根据以上场景，回答下列问题。

（1）下列物质中，属于氧化剂的是（　　）。

A. 硫化钠　　B. 高锰酸钾　　C. 甲酸乙酯　　D. 硫黄　　E. 甲苯

（2）本案中，第一次爆炸最可能的直接原因是（　　）。

A. 氧化剂与还原剂混存发生反应　　B. 库房之间的安全距离不够

C. 硝酸铵存储量达130t　　D. 高锰酸钾存储量达10t

E. 库房管理混乱

（3）甲苯挥发蒸气爆炸的基本要素包括（　　）。

A. 甲苯蒸气与空气混合浓度达到爆炸极限　B. 环境相对湿度超过50%

C. 开放空间　　D. 点火源　　E. 受限空间

（4）根据相关法律、法规和规定，下列物质中，目前在我国属于危险化学品的是（　　）。

A. 高锰酸钾　　B. 硝酸铵　　C. 甲苯　　D. 洗衣粉　E. 甲酸乙酯

（5）结合事故特点，为避免该仓储区再出现此类事故，应采取哪些安全技术措施？

二、某服装厂火灾事故案例分析

某服装厂厂房为一栋六层钢筋混凝土建筑物。厂房一层是裁床车间，二层是手缝和包装车间及办公室，三至六层是成衣车间。厂房一层原有4个门，其中两个门被封死，1个门上锁，仅留1个门供员工上下班进出。厂房内唯一的上下楼梯平台上堆放了杂物，仅留0.8m宽的通道供员工通行。

半年前，在厂房一层用木板和铁栅栏分隔出了一个临时库房。由于用电负荷加大，临时库房内总电闸保险丝经常烧断。为不影响生产，电工用铜丝代替临时库房内的总电闸保险丝。经总电闸引出的电线，搭在铁栅栏上，穿出临时库房，但没有用绝缘套管，电线下堆放了2m高的木料。

2008年6月6日，该服装厂发生火灾事故。起火初期火势不大，有员工试图拧开消火栓和用灭火器灭火，但因不会操作未果。火势迅速蔓延至二、三层。当时，正在二层办公的厂长看到火灾后立即逃离现场；二至六层的401名员工在无人指挥的情况下慌乱逃生，多人跳楼逃生摔伤；一层人员全部逃出。

该起火灾事故造成67人死亡、51人受伤，直接经济损失3600万元。事故调查发现，起火原因是一层库房内电线短路产生高温熔珠，引燃堆在下面的木料；整个火灾过程中无人报警；事故前该厂曾收到当地消防机构关于该厂火险隐患的责令限期改正通知书，但未整改；厂内仅有一名电工，且无特种作业人员操作证。

根据以上场景，回答下列问题。

(1) 此次火灾发生初期，作为企业负责人的厂长应优先（　　）。

A. 保护工厂财物　B. 组织员工疏散　C. 保护员工财物　D. 查找起火原因

E. 保护工厂重要文件

(2) 根据《生产安全事故报告和调查处理条例》的规定，此次事故属于（　　）。

A. 特别重大事故　B. 重大事故　C. 较大事故　D. 一般事故

(3) 试分析该起火灾事故的直接原因及间接原因，并提出相应对策措施。

三、综合复习

(1) 化工生产火灾危险性如何分类？爆炸性气体环境危险区域如何分级？职业性接触毒物危害程度如何分级？金属耐腐蚀性标准如何分级？

(2) 环氧乙烷的沸点为10.4℃、闪点为78℃、爆炸极限为3%～100%，环氧乙烷生产厂房的火灾危险性为哪类？环氧乙烷正常生产时不可能出现爆炸性气体混合物的环境，环氧乙烷生产装置划为几区？

(3) 加油站的汽油为液体，其闪点小于0℃，爆炸极限为1.4%～7.6%，加油站的火灾危险性为哪类？

(4) 酒厂乙醇的沸点为78.4℃、闪点为12℃、爆炸极限为3.3%～19%，酒精储罐区正常生产时不可能出现爆炸性气体混合物的环境，酒精储罐区按爆炸性气体环境危险区域划为几区？

(5) 合成氨厂中氨合成车间有进塔合成气（H_2、N_2）、氨气、液氨等物料，通过查阅资料，分析氨合成车间的火灾危险性分级、爆炸性分级、接触物毒性等级和腐蚀性分级。

第六章 装置运行与维护安全技术

学习目标

学习化工生产中的腐蚀知识和安全检修的特点；熟悉化工装置的维护、检修、验收方法；掌握化工装置的生产操作、日常维护、安全检修及堵漏技术，掌握装置开停车的安全处理、化工检修作业的安全要求及防范措施，避免化工生产及检修作业安全事故的发生。培养学生具有安全运行与维护化工装置的基本工作能力。

第一节 化工装置腐蚀

在长周期运行中，受外部负荷、内部应力和相互磨损、腐蚀、疲劳以及自然侵蚀等因素影响，化工装置会出现缺陷和隐患，因此要对装置设备进行定期维护或检修。要实现化工安全生产、提高设备效率、降低能耗、保证产品质量，必须加强企业生产、设备维护、装置检修等安全管理工作。

化工装置腐蚀是设备材料在周围介质的作用下所产生的破坏。引起破坏的原因有物理因素、化学因素以及机械和生物因素等。

（一）腐蚀机理

化工装置的腐蚀分为化学腐蚀和电化学腐蚀。

(1) 化学腐蚀指金属与周围介质发生化学反应而引起的破坏。

(2) 电化学腐蚀指金属与电解质溶液接触时，金属材料的不同组织及组成之间形成原电池，其阴、阳电极之间所产生的氧化还原反应使金属材料的某一组织或组分发生溶解，最终导致材料失效的过程。

（二）腐蚀的分类

(1) 全面腐蚀。在金属设备整个表面或大面积发生程度相同或相近的腐蚀，称为全面腐蚀。

(2) 局部腐蚀。局限于金属结构某些特定区域或部位上的腐蚀称为局部腐蚀。

(3) 点腐蚀。又称孔蚀，指集中于金属表面个别小点上深度较大的腐蚀现象。

(4) 缝隙腐蚀。指在电解液中，金属与金属、金属与非金属之间构成的窄缝隙内发生的腐蚀。

(5) 晶间腐蚀。指沿着金属材料晶粒间界发生的腐蚀。

(6) 应力腐蚀破裂。金属材料在静拉伸应力和腐蚀介质的共同作用下发生破裂的现象。

(7) 氢损伤。指由氢作用引起材料性能下降的一种现象，包括氢腐蚀与氢脆。

(8) 腐蚀疲劳。在交变应力和腐蚀介质的共同作用下，金属的疲劳强度或疲劳寿命与无腐蚀作用时相比有所降低，这种现象叫作腐蚀疲劳。通常，腐蚀疲劳是指在除空气以外的腐蚀介质中的疲劳行为。

(9) 冲刷腐蚀。又称磨损腐蚀，是指溶液与材料以较高速度作相对运动时，冲刷和腐蚀共同引起的材料表面损伤现象。

(三) 金属材料的腐蚀性和分级

工业上常见的金属材料与各种酸、碱、盐溶液接触，在大气、土壤及工业用水、海水等介质中发生的腐蚀多为电化学腐蚀。金属材料在高温气体中的氧化是另一种普遍的腐蚀形式。例如钢铁材料在高温、高压和氢气中发生氢腐蚀，在高温含硫气体中发生硫化腐蚀。

(1) 金属耐腐蚀性分级标准。金属耐腐蚀性分为 10 级标准，如表 6-1 所示。

表 6-1 金属耐腐蚀性分级标准

耐腐蚀性类别	腐蚀率/(mm/a)	等级	耐腐蚀性类别	腐蚀率/(mm/a)	等级
Ⅰ完全耐蚀	<0.001	1	Ⅳ尚耐蚀	0.1～0.5	6
Ⅱ很耐蚀	0.001～0.005	2		0.5～1.0	7
	0.005～0.01	3	Ⅴ欠耐蚀	1.0～5.0	8
Ⅲ耐蚀	0.01～0.05	4		5.0～10.0	9
	0.05～0.1	5	Ⅵ不耐蚀	>10.0	10

(2) 常用金属材料易产生应力腐蚀破裂的环境组合，详见表 6-2。

表 6-2 常用金属材料易产生应力腐蚀破裂的环境组合

合金	环境	合金	环境
碳钢及低合金钢	苛性碱溶液 氨溶液 硝酸盐水溶液 含 HCN 水溶液 湿的 CO-CO_2-空气 碳酸盐和碳酸氢盐溶液 含 H_2S 水溶液 海水 海洋大气和工业大气 CH_3COOH 水溶液	奥氏体不锈钢	高温碱液[NaOH,$Ca(OH)_2$,LiOH],氯化物水溶液 海水,海洋大气 连多硫酸($H_2S_nO_6$,$n=2\sim5$) 高温高压含氧高纯水 浓缩锅炉水 水蒸气(260℃) H_2SO_4(260℃) 湿润空气(湿度 90%) NaCl+H_2O_2 水溶液 热 NaCl
钛及钛合金	红烟硝酸 N_2O_4(含 O_2,不含 NO,24～74℃) 湿 Cl_2(288℃,346℃,427℃) HCl(10%,35℃) H_2SO_4(7%～60%) 甲醇、甲醇蒸气 海水	铜合金	NH_3 蒸气及 NH_3 水溶液 $FeCl_3$ 水,水蒸气 水银
		铝合金	NaCl 水溶液海水 $CaCl_2$+NH_4Cl 水溶液 水银

（3）合金元素在不锈钢和低合金钢中对耐蚀性的影响。常见合金元素在不锈钢和低合金钢中对耐蚀性的影响见表 6-3。

表 6-3　合金元素在不锈钢和低合金钢中对耐蚀性的影响

元素	不锈钢	低合金钢
Cr	提高耐蚀性的基本元素，含量达 13%时，耐蚀性有突变的提高，在 Cr-Mn-N 钢中，能增加 N 的溶解度	提高抗 H_2S、抗高温高压 H_2、抗 CO_2、抗大气以及海水腐蚀的能力
Ni	扩大钝化范围，提高耐蚀性，尤其在非氧化性介质（如稀硫酸）中	抗碱，耐海水，耐大气腐蚀
Mn	在 Cr-Mn-N 钢中增加 N 的溶解度，对某些有机酸（如乙酸）有有利影响	
C	与铅形成碳化物，降低耐蚀性，降低抗晶间腐蚀性能	对耐蚀性无有利影响
N	在 Cr-Mn-N 钢中提高在海水中的抗腐蚀能力	
Mo	扩大还原介质中钝化范围，提高在 H_2SO_4、HCl、H_3PO_4 及某些有机酸中的耐蚀性	提高抗 H_2S、CO、H_2O 以及高温高压 H_2 腐蚀的能力
Cu	提高在 H_2SO_4 中抗蚀性，与 Mo 同时加入效果显著	抗大气及海水腐蚀
Si	提高氧化性介质中的耐蚀性	
Al	生成较致密氧化膜，在氧化性介质中抗蚀	抗大气、H_2S、碳酸铵及高温炉气腐蚀
Ti、Nb	生成稳定碳化物，减少 C 的有害作用，保证有效铬抗晶间腐蚀	抗大气、海水、H_2S、高温高压下 H_2、N_2、NH_3 腐蚀

［案例 6-1］锅炉腐蚀事故。

6.1 锅炉腐蚀事故

第二节　化工装置的使用安全与故障处置

化工设备是化工生产必不可少的物质技术基础，是化工产品质量保证体系的重要组成部分。化工设备性能的优劣及用户对其掌握的程度，将直接关系到化工生产的正常进行，并对整个装置的产品质量、生产能力、消耗定额以及“三废”处理和安全生产等各方面都有重大的影响。

一、化工设备的类型

化工生产条件苛刻，技术含量高，所用设备种类多。按化工设备在生产中的作用可将其归纳为流体输送设备、加热设备、换热设备、传质设备、反应设备及储存设备等几种类型。各种类型设备中，有些设备是依靠自身的运转进行工作的，如各种泵、压缩机、风机等，称为转动设备，习惯上也叫作动设备或机器；有些设备工作时不运动，而是依靠特定的机械结构及工艺等条件，让物料通过设备时自动完成工作任务，如各种塔类设备、换热设备、反应设备、加热设备等，称为工艺设备，习惯上也叫作静设备或设备。化工设备大致可归纳为以下几种类型。

（1）流体输送设备是将原料、成品及半成品等各种液体和气体从一个设备输送到另一个设备，或者使其压力升高以满足化工工艺的要求，包括各种泵、压缩机、鼓风机以及与其相配套的管线和阀门等。这类设备可用于许多场合，不局限于化工或炼油生产，因此也称其为通用设备。

（2）加热设备是将原料加热到一定的温度，使其汽化或为其进行反应提供足够的热量。在石油化工生产中常用的加热设备是管式加热炉，这是一种火力加热设备，按其结构特征有圆筒炉、立式炉及斜顶炉等，其中应用较多的是圆筒炉。

（3）换热设备是将热量从高温流体传给低温流体，以达到加热、冷凝、冷却的目的，并从中回收热量，节约燃料。换热设备的种类很多，按其使用目的可分为加热器、换热器、冷凝器、冷却器及再沸器等，按换热方式可分为直接混合式、蓄热式和间壁式。

（4）传质设备是利用物料之间某些物理性质，如沸点、密度、溶解度等的不同，将处于混合状态的物质（气态或液态）中的某些组分分离出来。在进行分离的过程中物料之间发生的主要是质量的传递，故称其为传质设备。传质设备大多为细而高的塔状，所以通常也叫塔设备。

（5）反应设备的作用是完成一定的化学和物理反应，其中化学反应起主导和决定作用，物理过程起辅助或伴生作用。

（6）储存设备是用来盛装生产用的原料气、液体、液化气等物料的设备。这类设备又称为储存容器或储罐，按其结构特征有立式储罐及球型储罐等。

二、化工设备的使用安全

（一）换热设备的使用与维护

在化工生产中，换热器介质具有腐蚀性或含沉积物，使用一段时间后会积垢锈蚀，降低传热效率，增大流阻，甚至堵塞。介质腐蚀也会损坏设备零件。长期运转振动和受热不均会导致泄漏。这些都会影响换热器的正常工作，因此需加强日常维护，定期检查检修。日常操作需注意防控温度、压力波动，保证压力稳定，避免超压。浮头式换热器易泄漏，维修时需检查浮头螺栓是否因受热变形而松动，可再紧螺栓增强密封性。换热器故障多由管子引起，腐蚀穿孔的管子需及时更换，难以更换时可用管堵堵死，但堵死管子数不得超过总管数10%。易结垢的换热器需及时清洗。

长时间运转后，换热设备需彻底清洗恢复传热效果，常用方法有风扫、水洗、汽扫、化学清洗和机械清洗。化学清洗用清洗剂与垢层反应除垢，适用于复杂形状构件，但会轻微腐蚀金属。机械清洗可用刮刀、钢丝刷除垢，国外采用海绵球自动清洗设备，效果较好。

（二）塔设备的故障诊断及安全生产

塔设备达不到设计指标统称为故障。塔出现故障时，应尽快找出故障原因，以提出解决问题的办法。故障诊断者应对塔及其附属设备的设计及有关方面的知识有较多的了解，了解得越多，故障诊断越容易。

（三）反应器的安全运行

以带搅拌的反应系统为例说明反应器的安全操作。

控制好反应温度对于反应系统安全运行至关重要，控制反应温度一般有如下三种方法。

（1）通过夹套冷却水换热。

（2）由循环风机、气相换热器、反应釜组成气相外循环系统，通过气相换热器能够调节外循环气体的温度，并使其中的易冷凝气相冷凝，冷凝液流回反应釜，从而达到控制反应温度的目的。这种取热方法称为气相外循环取热。

（3）由浆液反循环泵、浆液换热器和反应物组成浆液外循环系统，通过浆液换热器能调节循环浆液的温度，从而达到控制反应温度的目的，这种取热方法称为浆液外循环取热。

压力控制对反应系统的安全运行也很重要。在反应温度恒定的情况下，反应物为气相时反应压力主要通过催化剂的加料量和反应物的加料量来控制，反应物为液相时反应压力主要取决于反应物的蒸气分压，也就是反应温度。反应气相中，不凝的惰性气体含量过高是造成反应釜压力超高的原因之一，此时需放火炬，以降低反应釜内压力。

反应料位一般控制在70%左右，连续反应时通过反应浆液的出料速率来控制，且此时反应物必须有自动料位控制系统，以确保料位准确。料位过低，反应产率低；料位控制过高，会使反应浆液进入换热器、风机等设备中造成事故。

控制反应浆液浓度也非常重要。浆液过浓，会造成搅拌器电动机电流过高，引起超负载跳闸、停转，从而造成反应釜内反应物结块，甚至引发飞温、爆聚事故，停止搅拌是造成爆聚事故的主要原因之一。控制浆液浓度主要是通过控制溶剂的加入量和反应产率来实现的。在反应温度和反应物加入量不变的情况下，反应产率主要通过催化剂加入量来调节。在发生反应温度失控时，应立即停进催化剂、增加溶剂进料量，加大循环冷却水量，紧急放火炬泄压，向后系统排反应浆液，并适时加入阻反应剂。发生停搅拌事故时，应立即加入阻反应剂，并采取其他相应的措施。

反应系统停车程序：首先停进催化剂、反应物，继续加入阻反应剂，维持反应系统继续运行一会儿，在反应停止后，停进所有物料，卸料，停搅拌器及其运转设备，用氮气置换，置换合格后待检修。

（四）化工管道的使用安全

管道是化工设备的重要组成部分，是化工生产的“大动脉”，它将整个生产联结起来构成一个整体。所以保持管路的畅通是保证化工生产正常进行的重要环节。

新设管道施工完毕或在用管道维修完毕后，管内往往留有焊渣、铁锈、泥土等杂物，如不及时清除，在使用中可能会堵塞管路、损坏阀门，甚至污染管内介质，因此管道在投用前必须进行清洗和吹扫。具体方法是：先用水清洗，再用压缩空气吹净管内存水，若吹扫经过过滤器，则应在吹扫后打开过滤器，清除过滤网上的杂质，防止堵塞。

为了检查管道的强度、焊缝的致密性和密封结构的可靠性，对清扫后的管道应进行耐压试验。耐压试验应以水作为试压介质，承受内压的地上钢管道及有色金属管道的试验压力取设计压力的1.5倍，埋地钢管道的试验压力取设计压力的1.5倍和0.4MPa之小者。对于承受内压的埋地铸铁管道，当设计压力≤0.5MPa时，试验压力取设计压力的2倍，当设计压力>0.5MPa时，试验压力取设计压力再加0.5MPa。对于承受外压的管道，其试验压力取设计内外压力差的1.5倍且不小于0.2MPa。对于不宜做水压试验的管道，可做气压试验，气压试验时应做好安全措施，试验压力及其他具体要求查阅有关规范。

管道投用后应进行定期检查，管道的定期检查分为外部检查、重点检查和全面检查，检查周期应根据管道的综合分类等级确定。各类管道每年至少进行一次外部检查，每六年至少进行一次全面检查，Ⅰ、Ⅱ、Ⅲ类管道每年至少进行一次重点检查，Ⅵ、Ⅴ类管道每两年至少进行一次重点检查。管道的外部检查主要是观察管道外表面有无裂纹、腐蚀及变形等缺陷，连接法兰有无偏口，紧固件是否齐全，有无腐蚀、松动等现象，用听声法检查管内有无异物的撞击、摩擦声等。

（五）阀门的使用与维护

为了使阀门使用长久、开关灵活，保证安全生产，应正确使用和合理维护。一般应注意以下几点。

(1) 新安装的阀门应有产品合格证，外观无砂眼、气孔或裂纹，填料压盖应压平整，开关要灵活；使用阀门的压力、温度等级应与管道工作压力相一致，不可将低压阀门装在高压管道上。

(2) 阀门开完应回半圈，以防误开为关；阀门关闭费力时应用特制扳手，尽量避免用管钳，不可用力过猛或用工具将阀门关得过死。

(3) 阀门的填料、大盖、法兰、螺纹等连接和密封部位不得有泄漏，若发现问题应及时紧固或更换，更换时不可带压操作，特别是高温、易腐蚀介质，以防伤人。

(4) 室外阀门，特别是有杆闸门阀，阀杆上应加保护套，以防侵蚀和尘土锈污；对用于水、蒸汽、重油管道上的阀门，冬天应做好防冻保暖工作，防止阀门冻凝，阀体冻裂。

(5) 减压阀、调节阀、疏水阀等自动阀门启用前，应先将管道冲洗干净，未安装旁路和冲洗管的疏水阀，应将疏水阀拆下，吹净管道后再装上使用。

(6) 开启蒸汽阀之前应先预热并排除凝结水，然后慢慢开启阀门以免汽、水冲击，当阀全开后，应将手轮再倒转半圈，使螺纹之间严密，对长期关停的水阀、气阀应注意排除积水。

(7) 应经常保持阀门的清洁，不能利用阀门支撑其他重物，更不能在阀门上站人；阀门的阀体与手轮应按工艺设备的管理要求，做好刷漆防腐；系统管道上的阀门应按工艺要求编号，启闭阀门时应对号挂牌，以防误操作。

三、化工机器的使用安全

化工机器主要有泵等，泵属于传动设备，在石油化工行业中的使用较多。如炼油厂的各类油泵、化工厂的各类酸泵、氮肥厂的尿素泵及给排水系统用的各种水泵等。泵性能的优劣直接影响着生产的正常进行，如果泵出现故障，整个生产系统就会停止工作。

（一）离心泵的操作安全

离心泵的操作方法与其结构形式、用途、驱动机的类型、工艺过程及输送液体的性质等有关。具体的操作方法按泵制造厂提供的产品说明书中的规定及生产单位制订的操作规程进行。现以电动机驱动的离心泵为例说明其操作的大致过程。

1. 启动前的检查和准备

在启动离心泵前应对机组进行检查，包括查看轴承中润滑油是否充足，油质是否清洁，轴封装置中的填料是否松紧适度、泵轴是否转动灵活，如果是首次使用或重新安装的泵，应卸掉联轴器，用手转动泵的转子，看泵的旋转方向是否正确，然后看连接螺栓有无松动；排液阀关闭是否严密，底阀是否有效等。

如果以上检查未发现问题，就可关闭排液阀、压力表和真空表阀门及各个排液孔，再打开放气旋塞向泵内灌注液体，并用手转动联轴器使叶轮内残存的空气排出，直至放气旋塞有水溢出时再将其关闭。对大型泵也可用真空泵把泵内和吸液管中的空气抽出，使吸液罐内的液体进入泵内。

2. 启动

完成灌泵以后，打开轴承冷却水给水阀门，待出口压力正常后打开真空表阀门，最后再打开排液阀，直至管路流量正常。离心泵启动后空运转的时间一般控制在 2～4min，如果时间过长，液体的温度升高，有可能导致气蚀现象或其他不良后果。

3. 运行和维护

在离心泵的运行过程中，要定期检查轴承的温度和润滑情况、轴封的泄漏情况及是否过热、压力表及真空表的读数是否正常，机械振动是否过大、各部分的连接螺栓是否松动；应定期更换润滑油，轴承温度控制在 75℃以内，填料密封的泄漏量一般要求不能流成线，泵运转一定时间后（一般 2000h）应更换磨损件。对备用泵应定期进行盘车并切换使用，热油泵停车后应每半小时盘车一次，直到泵体的温度降到 80℃以下为止，在冬季停车的泵停车后应注意防冻。

4. 离心泵停车

停车时应先关闭压力表和真空表阀门，再关闭排液阀，这样在减少振动的同时，还可防止管路液体倒灌。然后停转电动机，在停泵后再关闭轴封及其他部位的冷却系统，若停车时间较长，还应将泵内液体排放干净以防内部零件锈蚀或在冬季结冰冻裂泵体。

（二）往复泵的使用安全

使用往复泵时应注意以下几点：

（1）在排液管路上设置安全阀。因为往复泵的排出压力取决于管路情况及泵本身的动力、强度及密封情况，所以每台泵的允许排出压力是确定的。安全阀的开启压力不能超过泵的允许排出压力。

（2）泵的安装高度应不超过允许安装高度。往复泵和离心泵一样，也是靠吸液池液面压力与泵入口处的压力差提升液体的，在大气压力不同的地区，输送性质及温度不同的液体时，泵的安装高度是不同的，如果安装高度超出允许值，泵入口处的液体同样也会产生气化现象。

（3）往复泵不能像离心泵那样在排液管路上用阀门调节流量。泵在工作时也不能将排出阀完全关闭。否则，泵内压力会急剧升高，造成泵体、管路及电动机损坏，往复泵通常采用旁通回路、改变活塞行程及改变活塞往复次数等方法调节流量。

（三）活塞式压缩机的安全运行

活塞式压缩机的运行和日常维护应注意以下几个方面：

（1）在压缩机运行时必须认真检查和巡视，注视吸排气压力及温度、排出气体、流量、油压、油温、供油量和冷却水等各项控制指标，注意异常响声，每隔一定时间记录一次。

（2）禁止压缩机在超温、超压和超负荷下运行，如遇超温、超压、缺油、缺水或电流增大等异常现象，应及时排除并报告有关人员。遇易燃、易爆气体大量泄漏而紧急停车时，非防爆型电气开关、启动器禁止在现场操作，应通知电工在变电所内切断电源。

（3）压缩机在大、中修时，对主轴、连杆、活塞杆等主要部件应进行无损检测，对附属的压力容器应按《固定式压力容器安全技术监察规程》的要求进行检验。对可能产生积炭的部位必须进行全面、彻底的检查，将积炭清除后方可用空气试车，以防止积炭在高温下引起爆炸，有条件的企业可用氮气试车。

（4）特殊气体（如氧气）的压缩机，其设备、管道、阀门及附件严禁用含油纱布擦拭，也不得被油类污染，检修后应进行脱脂处理。压缩机房内严禁任意堆放易燃物品，如破油布、棉纱及木屑等。

第三节　化工装置泄漏维护技术

化工生产中大量存在易燃、易爆、有毒、有腐蚀性的危险化学品，生产过程中大量酸、碱等腐蚀性物料造成设备内物料泄漏、管道变形开裂等，严重影响正常的生产，必须采取堵漏等措施确保生产安全。

一、化工密封装置的泄漏检测

所谓泄漏，即内容物由有限空间内部跑到外部或者是其他物质由空间外部进入内部。这里所指的内容物，可以是气体、液体、固体。

（一）泄漏检测法适用的要求

要理解泄漏检测原理和灵敏度的适用范围，明确该方法可以检测出哪一级的泄漏；还要正确判断泄漏点，有些方法可以判断出泄漏点，有的则判断不到泄漏点；有些方法，不管谁用，结果都相同，有的方法则内行和外行用，结果全然不同；结果数据的稳定性；泄漏检测法属于一种计测技术，如果不能经常地获得稳定数据，就毫无意义；在泄漏检测时，要判断出泄漏检测的可靠性；采用某种检测法的经济性，是用户考虑的一个关键因素，既要准确、可靠，更要经济。

（二）泄漏检测方法

主要方法有水压法、肥皂液法、声音法、超声波法、放射性同位素法、橡胶膜法、气体检测法、卤素加压法、热导率检测法、真空法。不论用什么样的方法检测泄漏，都要根据泄漏现场的情况，因地制宜，选择效果好、经济实用的方法。

二、石油化工企业可燃气体和有毒气体检测报警

在《石油化工可燃气体和有毒气体检测报警设计标准》（GB/T 50493—2019）中，规定应对甲类气体和液化烃、甲$_B$、乙$_A$类可燃液体汽化后形成的可燃气体或有毒气体、蒸气进行检测报警。常见的有毒气体、蒸气特性见表 6-4。

表 6-4　有毒气体、蒸气特性

序号	物质名称	蒸气密度/(kg/cm^3)	熔点/℃	沸点/℃	职业暴露限值(OEL)/(mg/m^3)			立即威胁生命和健康浓度(IDLH)/(mg/m^3)
					最高允许浓度(MAC)	时间加权平均容许浓度(PC-TWA)	短时间接触容许浓度(PC-STEL)	
1	一氧化碳	1.17	−199.5	−191.4	—	20	30	1700
2	氯乙烯	2.60	−160	−13.9	—	10	25	—
3	硫化氢	1.44	−85.5	−60.4	10	—	—	430
4	氯	3.00	−101	−34.5	1	—	—	88
5	氰化氢	1.13	−13.2	26.1	1	—	—	56

续表

序号	物质名称	蒸气密度/(kg/cm³)	熔点/℃	沸点/℃	职业暴露限值(OEL)/(mg/m³)			立即威胁生命和健康浓度(IDLH)/(mg/m³)
					最高允许浓度(MAC)	时间加权平均容许浓度(PC-TWA)	短时间接触容许浓度(PC-STEL)	
6	丙烯腈	2.21	−83.6	77.2	—	1	2	1100
7	二氧化氮	3.87	−11.2	21.2	—	5	10	96
8	苯	3.35	5.5	80.1	—	6	10	9800
9	氨	0.73	−78	−33.4	—	20	30	360
10	碳酰氯	4.11	−104	8.3	0.5	—	—	8
11	二氧化硫	2.73	−75.5	−10	—	5	10	270
12	甲醛	1.29	−92	−19.5	—	2	—	37
13	环氧乙烷	1.84	−112.2	10.8	—	0.6	2	1500
14	溴	8.64	−7.2	58.8	0.3	—	—	66

三、现场堵漏技术及其应用

化工生产中，针对法兰因偏口、错口、张口、错孔、热胀冷缩等原因造成泄漏，以及垫片因载荷、黏度、压缩性和回弹性、法兰压缩强度、垫片的蠕变松弛行为、垫片几何尺寸的影响、垫片宽度的影响等原因产生泄漏，应采取不同的堵漏技术。

（一）法兰泄漏堵漏方法

1. 直接捻缝围堵法

如果两法兰的连接间隙在1mm左右，整个法兰外围的错边量不超过5mm，泄漏量不大，压力不高，不超过0.6MPa，原则上可以不采用特制夹具，而是采用一种简便易行的办法——用手锤、偏冲或风动工具直接将法兰的连接间隙捻严，再通过螺栓专用注剂接头或在泄漏法兰上开设注剂孔的方法，形成新的密封空腔，这样就通过捻严法兰本体而直接止住泄漏，达到堵漏目的。

2. 铜丝捻缝围堵法

法兰的连接间隙小于4mm，并且整个法兰外围的间隙量比较均匀，泄漏介质压力低于2.5MPa、泄漏量不是很大时，用铜丝捻缝围堵法。也可以不采用特制夹具，而是用直径等于或略小于泄漏法兰间隙的钢丝、螺栓专用注剂接头或在泄漏法兰上开设注剂孔的方法，组合成新的密封空腔，然后把密封注剂注射到新的密封空腔内，达到止住泄漏的目的。

3. 法兰夹具堵漏法

当存在泄漏法兰间隙大于8mm、泄漏介质压力大于2.5MPa，以及泄漏法兰偏心、两连接法兰外径不等的安装缺陷时，从安全性、可靠性角度考虑，应制作凸形夹具。这种夹具的加工尺寸较为精准，安装在泄漏法兰上后，整体封闭性能好，动态密封作业的成功率高，是注剂式带压密封技术中应用比较广泛的一种夹具。

（二）阀门泄漏的堵漏技术

阀门泄漏的堵漏方法最常见的主要是阀门填料泄漏，阀门填料泄漏堵漏有直接打孔法、带夹具堵漏方法两种方法。

（三）黏结堵漏技术

黏结堵漏技术现已在各领域广泛使用，黏结剂产品逐渐系列化、完善化。黏结可代替焊接、铆接、螺栓连接，将各种构件牢固地连接在一起，并且不变形，简单易操作。黏结剂还可以对一些缺陷、泄漏点进行黏结，达到堵漏、密封、坚固等作用。但黏结剂也存在不少缺陷，如抗拉强度不够、耐老化性能差、耐高温程度差等。

（四）带压焊接堵漏技术

在生产系统中，大多数的容器、管道、阀门等设备及其附件，随着生产系统工艺的波动、变化以及长期的使用，均会出现焊缝开裂、本体裂纹、管道开裂等。一般的常压堵漏方法不能彻底解决，必须采用特殊的常压补焊方法。

常压逆向焊接密封技术适用于在泄漏介质下的带压补焊，由于受到受压本体内介质的压力，熔深较浅。一般只有壁厚的40％左右，最多也只有60％左右，焊缝强度较低，因此不能按压力容器标准焊接来施焊。该焊法对压力较低的容器、管道较适用，但对于压力较高的容器就易于出现再次破裂现象，这样就需要对焊缝采取强化措施。

（五）攻丝堵漏技术

在快速堵漏的方法中，带压攻丝堵漏一般的应用于中压区域，以不超过2.5MPa为宜，压力太高，成功率低。攻丝堵漏是带压堵漏中一种比较简单的方法。一般要用带压攻丝处理的泄漏点，均为沙眼，泄漏面积不大，腐蚀点、裂纹一般在3mm左右，压缩机的壳体、铸件砂眼、气孔等。在使用带压攻丝方法前，首先要看泄漏点的大小和周围的减薄程度，如果减薄的面积较大，裂纹较长，则不可采用此种方法。

（六）顶压堵漏技术

即用外力将泄漏孔顶压密封，消除泄漏。顶压堵漏法分两个压力等级处理，在0.4MPa以下时可以使用顶压黏结的办法来处理，大于0.4MPa时要带上顶压夹具消除泄漏。带压堵漏时应穿戴个人防护用品。

四、现场施工操作安全

（一）化工装置堵漏现场操作的一般规定

（1）生产单位配备的安全防护和消防设施已齐备，安全监护人员应全部到位。

（2）已勘测过的泄漏部位应仍能满足安全施工的要求。

（3）从事带压密封工作的施工单位，应符合下列规定。

① 必须取得省级以上带压密封工程安全施工资质。

② 至少应有1名具有注册安全工程师执业资格的专职安全技术负责人。

③ 必须具有至少1名具有中级以上专业技术职称带压密封工程设计人员。

④ 对带压密封工程所用工器具应执行定检制度，保证其处于完好状态。

⑤ 应配备齐全的泄漏检测设备。

⑥ 带压密封工程作业人员必须经过专业技术培训，考试合格证，并熟知《带压密封技术规范》（HG/T 20201—2007）。

（4）施工操作人员必须经过专业技术培训，持证上岗操作。穿戴好工作服和专用的防护用品，方可进入施工现场。进行带压密封施工时，每个作业面必须有两个或两个以上操作人员进行施工。

（5）制订的带压密封施工方案已审批。

（6）带压密封施工方案应包括下列内容：确定带压密封方法；确定详细的安全操作规程；突发事件的应急处理措施；选择密封注剂；夹具设计和加工；确定注剂工具和施工工具；确定施工材料；确定防护用品。

（二）化工装置堵漏操作防护用品

1. 操作防护用品按用途分类

（1）以防止伤亡事故为目的的安全防护用品。主要包括：防坠落用品，如安全带、安全网等；防冲击用品，如安全帽、防冲击护目镜等；防触电用品，如绝缘鞋、电位工作服等；防机械外伤用品，如防刺、割、绞、碾、磨损用品，防护服、鞋、手套等；防酸碱用品，如耐酸碱手套，防护服和靴等；耐油用品，如耐油防护服、鞋和靴等；防水用品，如胶质工作服，雨衣、雨鞋、雨靴、防水保险手套等；防寒用品，如防寒服、鞋、帽、手套等。

（2）个人劳动卫生防护用品。主要包括：防尘用品，如防尘口罩；防毒用品，如防毒面具、防毒服等；防辐射用品，如防辐射服、铅玻璃眼镜等；防热辐射用品，如隔热防火眼罩、防辐射隔热面罩、电焊手套、有机防护眼镜等；防噪声用品，如耳塞、耳罩、耳帽等。

2. 操作防护用品以人体防护部位分类

（1）头部防护用品。如防护帽、安全帽、防寒帽、防昆虫帽等。

（2）呼吸器官防护用品。如防尘口罩（面罩）、防毒口罩（面罩）等。

（3）眼面部防护用品。如焊接护目镜、炉窑护目镜、防冲击护目镜等。

（4）手部防护用品。如一般防护手套、各种特殊防护手套、绝缘手套等。

（5）足部防护用品。如防尘、防水、防油、防滑、防高温、防酸碱、防震鞋及电绝缘鞋（靴）等。

（6）躯干防护用品（通常称为防护服）。如一般防护服、防水服、防寒服、防油服、防电磁辐射服、隔热服、防酸碱服等。

（7）护肤用品。用于防毒、防腐、防酸碱、防射线等的相应保护剂。

第四节　化工装置安全检修技术

一、化工检修的特点

（一）化工检修的频繁性

所谓频繁是指计划检修、计划外检修次数多；化工生产的复杂性决定了化工设备及管道的故障和事故的频繁性，因而也决定了检修的频繁性。

（二）化工检修的复杂性

化工生产中使用的设备、机械、仪表、管道、阀门等，种类繁多，规格不一，结构、性能和特点各异，同时检修中由于受到环境、气候、场地的限制，有些要在露天作业，有些要在设备内作业，有些要在地坑或井下作业，有时还要上、中、下立体交叉作业，加上外来务工、临时工进入现场机会多，而且对检修环境不熟悉，这些因素都增加了化工检修的复杂性。

（三）化工检修的危险性

化工生产的危险性决定了化工检修的危险性。化工设备和管道在检修前做过充分的吹扫置换，但其中仍不可避免会存在易燃易爆、有毒有害、有腐蚀性的物质，而检修又离不开动火、进罐作业，稍有疏忽就会发生火灾爆炸、中毒和灼伤等事故。

二、化工装置检修分类

化工设备、管道、阀件、仪表等运行中的不稳定因素很多，如介质自身的危险性、对设备的腐蚀性、高温和高压的生产条件、设备的设计及制造错误、材料及制造的缺陷、安全装置或控制装置失灵、安装或修理不当、违章操作等，都可能导致设备突发性的损坏，因此，为了维持正常生产，尽量减少非正常停车给生产造成的损失，必须加强对化工设备的维护、保养、检测和维修。

根据化工生产中机械设备的实际运转和使用情况，化工检修可分为计划检修和计划外检修。

（1）计划检修。指企业根据设备管理、使用的经验以及设备状况，制订设备检修计划，对设备进行有组织、有准备、有安排、按计划的检修。根据检修的内容、周期和要求不同，计划检修又可分为大修和一般性检修（包括中修和小修）。

（2）计划外检修。在生产过程运行中因突发性的故障或事故而造成设备或装置临时性停车的检修称为计划外检修。计划外检修事先难以预料，无法计划安排，而且要求检修时间短、检修质量高，检修的环境及工况复杂，故难度较大。计划外检修是目前化工企业不可避免的检修作业之一，因此计划外检修的安全管理也是检修安全管理的一个重要内容。

由于化工设备在运行中受到腐蚀和磨损程度不同，除计划检修和计划外检修，临时性的停工抢修也极为频繁。

三、检修安全管理

检修安全管理工作是化工安全检修的一个重要环节。实现化工检修安全不仅能确保在检修工作中的安全，防止发生各类安全事故，保护广大职工的健康与安全，还能保质保量及时完成检修任务，为下一步的安全生产创造有利的条件。不论是计划检修还是计划外检修，都必须严格遵守检修工作的各项规章制度，办理各种安全检修许可证（如动土证）的申请、审核和批准等手续。

（1）组织准备。在化工企业中，大修、中修、小修都要杜绝各类事故的发生。为此必须建立健全的检修指挥机构，负责检修项目的落实、物资准备、施工准备、人员准备和开停车、置换方案的拟订工作。检修指挥机构中要设立安全组，各级安全员与各级安全负责人及安全组要构成联络网。计划外检修和日常维护也必须指定专人负责，办理申请、审批手续，指定安全负责人。

（2）技术准备。检修的技术准备包括施工项目、内容的审定；施工方案和停、开车方案的制订；计划进度的制订；施工图表的绘制；施工部门和施工任务以及施工安全措施的落实等。

（3）材料准备。根据检修项目、内容和要求，准备好检修所需的材料、附件和设备，并严格检查是否合格，不合格的不可以使用。

（4）安全用具准备。为了保证检修的安全，检修前必须准备好安全及消防用具，如安全帽、安全带、防毒面具、脚手架以及测氧、测爆、测毒等分析化验仪器和消防器材、消防设施等。消防器材及设施应指定专人负责。检修中还必须保证消防用水的供应。

（5）组织领导。大修和中修应成立检修指挥系统，负责检修工作的筹划、调度，安排人力、物力、运输及安全工作。在各级检修指挥机构中要设立安全组，各车间的安全负责人及安全员与厂指挥部安全组构成安全联络网。各级安全机构负责对安全规章制度的宣传、教育、监督、检查，并办理动火、动土及检修许可证。

（6）制订检修计划。在检修计划中，应根据生产工艺过程及公用工程之间的相互关系，确定各装置先后停车的顺序，停水、停气、停电的具体时间，灭火炬、点火炬的具体时间；还要明确规定各个装置的检修时间、检修项目的进度以及开车顺序，一般都要画出检修计划图（鱼翅图）。

（7）安全教育。化工装置检修的安全教育不仅包括对本单位参加检修人员的教育，对各类参加检修的人员都必须进行安全教育，并经考试合格后才能准许参加检修。安全教育的内容包括企业检修的安全制度和检修现场必须遵守的有关规定。检修现场的十大禁令如下：

① 不戴安全帽、不穿工作服者禁止进入现场；

② 穿凉鞋、高跟鞋者禁止进入现场；

③ 上班前饮酒者禁止进入现场；

④ 在作业中禁止打闹或其他有碍作业的行为；

⑤ 检修现场禁止吸烟；

⑥ 禁止用汽油或其他化工溶剂冲洗设备、机具和衣物；

⑦ 禁止随意泼洒油品、化学危险品、电石废渣等；

⑧ 禁止堵塞消防通道；

⑨ 禁止挪用或损坏消防工具和设备；

⑩ 禁止将现场器材挪作他用。

（8）安全检查。安全检查包括对检修项目、检修机具的检查和对检修现场的巡回检查。对检修项目，特别是重要的检修项目，在制订检修方案时，需同时制订安全技术措施。没有安全技术措施的项目，不准检修。检修所用的机具时，检查合格后由安全主管部门审查并发给合格证，贴在设备醒目处，以便安全检查人员现场检查。没有检查合格证的设备、机具不准进入检修现场和使用。在检修过程中，要组织安全检查人员到现场巡回检查，检查各检修现场是否认真执行安全检修的各项规定，发现问题及时纠正、解决。如有严重违章者，安全检查员有权令其停止作业。

四、设备内检修技术

（一）设备内作业的定义

进入化工生产区域内的各类塔、球、釜、槽、罐、炉膛、锅筒、管道、容器以及地下室、窨井、地坑、下水道或其他封闭场所内进行的作业均为设备内作业。

（二）进入设备作业证制度

进入设备作业前，必须办理进入设备作业证。进入设备作业证由生产单位签发，由该单位的主要负责人签署。

生产单位在对设备进行置换、清洗并进行可靠的隔离后，事先应进行设备内可燃气体分析和氧含量分析。有电动和照明设备时必须切断电源，并挂上“有人检修，禁止合闸”的牌子。以防止有人误操作伤人。

检修人员凭有负责人签字的进入设备作业证及分析合格单，才能进入设备内作业。在进入设备内作业期间，生产单位和施工单位应有专人进行监护和救护，并在该设备外明显部位挂上“设备内有人作业”的牌子。

（三）设备内作业安全要求

（1）安全隔离。设备上所有与外界连通的管道、孔洞均应与外界有效隔绝。设备上与外界连接的电源应有效切断。管道可采用插入盲板或拆除一段管道进行隔绝，不能用水封或阀门等代替盲板或拆除管道。可采用取下电源保险熔丝或将电源开关拉下后上锁等措施有效切断电源，并加挂警示牌。

（2）空气置换。凡用惰性气体置换过的设备，在进入之前必须用空气置换出惰性气体，并对设备内空气中的氧含量进行测定。设备内动火作业除了空气中的可燃物含量应符合动火规定外，氧含量应为18%～21%。若设备内介质有毒的话，还应测定设备内空气中有毒物质的浓度。有毒气体和可燃气体浓度应符合《化工企业安全管理制度》的规定。

（3）通风。要采取措施保持设备内空气良好流通。打开所有人孔、手孔、料孔等进行自然通风。必要时可采取机械通风。采用管道空气送风时，通风前必须对管道内介质和风源进行分析确认。不准向设备内充氧气或富氧空气。

（4）定时监测。作业前30min内，必须对设备内气体采样分析，分析合格后办理设备内安全作业证，方可进入设备。采样点要有代表性。作业中要加强定时监测，情况异常立即停止作业，并撤离人员。作业现场经处理后，取样分析合格方可继续作业。涂刷具有挥发性溶剂的涂料时，应做连续分析，并采取可靠通风措施。

（5）用电安全。设备内作业照明使用的电动工具必须使用安全电压，在干燥的设备内电压为36V，在潮湿环境或密闭性好的金属容器内电压＜12V；若有可燃物质存在时，还应符合防爆要求。悬吊行灯时不能使导线承受张力，必须用附属的吊具来悬吊；行灯的防护装置和电动工具的机架等金属部分应该预先可靠接地。

设备内焊接时应准备橡胶板，穿戴其他电气防护工具，应采用绝缘焊机托架，最好在电焊机上装上防止电击的装置再使用。

（6）设备外监护。设备内作业必须有专人监护，一般应指派两人以上。进入设备前，监护人应会同作业人员检查安全措施，统一联系信号。险情重大的设备内作业，应增设监护人员，并随时与设备内取得联系。监护人应了解介质的理化性能、毒性、中毒症状和火灾、爆炸性；监护人应位于能经常看见设备内全部操作人员的位置，时刻关注操作人员；监护人除了向设备内作业人员递送工具、材料外，不得从事其他工作，更不准擅离岗位；发现设备内有异常时，应立即召集急救人员，设法将设备内受害人员救出，监护人应从事设备外的急救工作；如果没有代理监护人，即使在非常时候，监护人也不得自己进入设备内；凡进入设备内抢救的人员，必须根据现场的情况穿戴防毒面具或氧气呼吸器、安全带等防护器具。绝不允许不采取任何个人防护而冒险进入设备救人。

（7）个人防护。设备内作业时，设备内及其周围环境应符合安全卫生的要求。在不得已的情况下戴防毒面具进入设备作业时，防毒面具务必事先做严格检查，确保完好，并规定在设备内的停留时间，严密监护，轮换作业；在设备内空气中氧和有毒有害物质含量均符合安全规定时方可进行作业，还应该正确使用劳动保护用品。设备内作业人员必须穿戴好工作帽、工作服、工作鞋；衣袖、裤子不得卷起，皮肤不要露在外面；不得穿戴黏附油脂的工作服；有可能落下工具、材料及其他物体或漏滴液体等的场合，要戴安全帽；有可能接触酸、碱、苯酚之类腐蚀性液体的场合，应戴防护眼镜、面罩、毛巾等保护整个面部和颈部；设备内作业一般穿中筒或高筒橡皮靴，为了防止脚部伤害也可以穿反牛皮靴等工作鞋。

（四）进入容器、设备的八个“必须”

（1）必须申请、办证，并得到批准；
（2）必须进行安全隔绝；
（3）必须切断动力电，并使用安全灯具；
（4）必须进行置换、通风；
（5）必须按时间要求进行安全分析；
（6）必须佩戴规定的防护用具；
（7）必须有人在器外监护，并坚守岗位；
（8）必须有抢救后备措施。

[案例 6-2] 上海赛科石化“5·12”爆炸事故。

2018 年 5 月 12 日 15 时 25 分左右，在上海赛科石油化工有限责任公司公用工程罐区，上海埃金科工程建设服务有限公司的作业人员在对苯罐进行检维修作业过程中，苯罐发生闪爆，造成在该苯罐内进行浮盘拆除作业的 6 名作业人员当场死亡。

事故直接原因：内浮顶储罐的浮盘铝合金浮箱组件有内漏积液（苯），在拆除浮箱过程中，浮箱内的苯外泄在储罐底板上且未被及时清理。由于苯易挥发且储罐内封闭环境无有效通风，易燃的苯蒸气与空气混合形成爆炸环境，局部浓度达到爆炸极限。罐内作业人员拆除浮箱过程中，使用的非防爆工具及作业过程可能产生的点火能量，遇混合气体发生爆燃，燃烧产生的高温又将其他铝合金浮箱熔融，使浮箱内积存的苯外泄造成短时间持续燃烧。

五、高空检修技术

化工企业高处坠落事故造成的伤亡人数仅次于火灾、爆炸和中毒事故，而高处坠落事故又往往是化工检修过程发生较多的事故，因此预防高处坠落事故对大幅度减少化工重大伤亡事故有很大作用。

（一）高处作业的定义

凡距坠落高度基准面（指从作业位置到最低坠落地点的水平面）2m 及以上，有可能坠落的高处进行的作业，称为高处作业。

（二）高处作业的分级

高处作业的分级见表 6-5。

表 6-5 高处作业分级

级别	一	二	三	特级
高度 H/m	$2<H\leqslant 5$	$5<H\leqslant 15$	$15<H\leqslant 30$	$H>30$

（三）高处作业的分类

高处作业分为特殊高处作业、化工工况高处作业和一般高处作业。

1. 特殊高处作业

（1）在阵风风力为6级（风速10.8m/s）及以上情况下进行的强风高处作业；

（2）在高温或低温环境下进行的异常温度高处作业；

（3）在降雪时进行的雪天高处作业；

（4）在降雨时进行的雨天高处作业；

（5）在室外完全采用人工照明进行的夜间高处作业；

（6）在接近或接触带电体条件下进行的带电高处作业；

（7）在无货物牢靠立足点的条件下进行的选矿高处作业。

2. 化工工况高处作业

（1）在坡度大于45°的斜坡上面进行高处作业；

（2）在升降（吊装）口、坑、井、池、沟、洞等上面或附近进行的高处作业；

（3）在易燃、易爆、易中毒、易灼伤的区域或用电设备附近进行高处作业；

（4）在无平台、无护栏的塔、釜、炉、罐等化工容器、设备及架空管道上进行高处作业；

（5）在塔、釜、炉、罐等设备内进行的高处作业。

3. 一般高处作业

除特殊高处作业和化工工况高处作业以外的高处作业。

（四）高处安全作业证的管理

一级高处作业及化工工况（1）（2）类高处作业由车间负责审批；二级、三级高处作业及化工工况（3）（4）类高处作业由车间审核后，报厂安全管理部门审批；特级、特殊高处作业及化工工况（5）类高处作业由厂安全部门审核后报主管厂长或总工程师审批。

施工负责人必须根据高处作业的分级和类别向审批单位提出申请，办理高处安全作业证。高处安全作业证一式三份，一份交作业人员，一份交施工负责人，一份交安全管理部门留存。

对施工期较长的项目，施工负责人应经常深入现场检查，发现隐患及时整改，并做好记录。若施工条件发生重大变化，应重新办理高处安全作业证。

（五）高处作业的安全要求

患有精神病、癫痫、高血压、心脏病等疾病的人不准参加高处作业。工作人员饮酒、精神不振时禁止登高作业，高度近视人员也不宜从事高处作业；高处作业均需先搭脚手架或采取其他防止坠落的措施后，方可进行；在没有脚手架或者没有栏杆的脚手架上工作，高度超过1.5m时，必须使用安全带或采取其他可靠的安全措施；高处作业现场应设有围栏或其他明显的安全界标，除有关人员外，不准其他人在作业地点的下面通行或逗留；进入高处作业现场的所有工作人员必须戴好安全帽；高处作业应一律使用工具袋，防止工具材料坠落；脚手架搭建时应避开高压线，防止触电。

暴雨、打雷、大雾等恶劣天气，应停止露天高处作业。

登高作业人员不宜穿塑料底等易滑的或硬性厚底的鞋子；冬季在−10℃从事露天高处作业时应注意防止冻伤，必要时应该在施工地附近设有取暖的休息所。取暖地点的选择和取暖方式应符合化工企业有关防火、防爆和防中毒窒息的要求。

[案例 6-3] 2003 年 12 月 23 日，武汉某石化检修现场，原管道工程公司管工肖某在 4.9m 标高管廊管线拆除过程中，当切割完一段管线后，管线没有自然断落。肖某用脚踏管线时，管线突然断落，没有系挂安全带的肖某随同管线一起坠落到地面，造成外伤性高位截瘫。

原因分析：①肖某高处作业未系挂安全带；②肖某违章作业，用脚蹬踏切割后的管线。

六、电气检修技术

[案例 6-4] 一名工人正在操作 151mm 盐水管线的阀门，他穿着橡胶鞋，一只脚站在通电的制氯气的电解槽组上，另一只脚站在绝缘的工作台上，同时，一只手扶在盐水管阀门上，另一只手伸出去抓架设在电解槽组上的金属栏杆支架。这时他遭到电击，刹那间不省人事，从 2.6m 高的地方跌落到地面，右臂肘部骨折。

原因分析：①操作台上的栏杆不合格；②操作工一手扶在接地的盐水管线上，一手伸去抓带电的电槽组上的栏杆。

其他检修技术，如动火检修技术及动土检修技术可自学。

6.2 动火检修技术　　6.3 动土检修技术　　6.4 电气检修技术　　6.5 其他检修技术

第五节　化工装置试车安全技术

在化工装置检修结束时，必须进行全面的检查和验收。对设备检修的安全评价主要体现在安全质量上：整个检修能否抓住关键、把好关，做到安全检修；同时实现科学检修、文明施工；做到安全交接，达到一次开车成功。检修时要认真负责，保证质量。在安全交接上，做好扫尾工作，要工完、料尽、场地清，并进行详细、彻底的检查，确认无误，才能交接进行装置试车。

一、现场清理及开工前检查

检修后的安全交接及其安全评价，也就是后期交接的安全管理主要包括以下几项内容。

（一）现场清理

检修完毕，检修人员要检查自己的工作有无遗漏，要清理现场，将火种、油渍垃圾、边角废料等全部清除，不得在现场遗留任何材料、器具和废物。

大修结束后，施工单位撤离现场前，要做到“三清”：一是清查设备内有无遗忘的工具和零件；二是清扫管路通道，查看有无应拆除的盲板等；三是清除设备、屋顶、地面上的杂物垃圾。在清理现场过程中，重点对设备装置进行“二试二调”（试压、试漏、调校安全阀、调校仪表和联锁装置）检查。撤离现场应有计划地进行，化工生产单位要配合协助。凡先完成的工种，应先将工具、机具搬走，然后拆除临时支架、临时电气装置等。拆除脚手架时，要自上而下，拆除工程禁止数层同时进行；下方要有人监护，禁止行人逗留；高处要注意电线、仪表等装置。拆下的材料物体要用绳子系好吊下，或采用吊运和顺槽流放的方法，及时清理运出，不能抛掷，要随拆随运，不可堆积。电工临时电线要拆除彻底，如属永久性电气装置。检修完毕，要先检查作业人员是否全部撤离，标志是否全部取下，然后拆除临时接地线、遮栏、护罩等，再检查绝缘，恢复原有的安全防护。在清理现场过程中，应遵守有关安全规定，防止物体打击等事故发生。

检修竣工后，要仔细检查安全装置和安全措施，如护栏、防护罩、设备孔盖板、安全阀、减压阀、各种计量计（表）、信号灯、报警装置、联锁装置、自控设备、刹车、行程开关、制动开关、阻火器、防爆膜、静电导线、接地线、接零线等，经过校验使其全部恢复正常，并经各级验收合格后方可投入运行。检修移交验收前，不得拆除悬挂的警告牌和开启切断的管道阀门。

（二）装置开车前安全检查

检修作业结束后，要对检修项目进行彻底检查，确认没有问题，进行妥善的安全交接，开车前还要仔细检查安全装置和安全措施，如护栏、防护罩、设备孔盖板、安全阀、减压阀、各种计量表、信号灯、报警装置、联锁装置、自控设备、刹车、行程开关、阻火器、防爆膜、接地线、接零线等，再经过校验全部验收合格后，才能进行试车或开车。总之，每一个项目检修完成后，都要进行自检，在自检合格的基础上再进行互检和专业检查，不合格要及时返修。生产装置经过停工检修后，在开车运行前要进行一次全面的安全检查验收。目的是检查检修项目是否全部完工，质量是否全部合格，劳动保护安全卫生设施是否全部恢复完善，设备、容器、管道内部是否全部吹扫干净并封闭，盲板是否按要求抽加完毕、有无遗漏，检修现场是否工完、料尽、场地清，检修人员、工具是否撤出现场，达到了安全开工条件。

检修质量检查和验收工作宜组织责任心强、有丰富实践经验的人员进行。这项工作既是评价检修施工效果，又是为安全生产奠定基础，一定要消除各种隐患，未经验收的设备不许开车投产。

（三）焊接检验

凡化工装置使用易燃、易爆、剧毒介质以及特殊工艺条件的设备、管线及经过动火检修的部位，都应按相应的规程要求进行 X 射线检验和残余应力处理。如发现焊缝有问题，必须重焊，直到验收合格，否则将导致严重后果。

[案例 6-5] 某厂气分装置脱丙烯塔与再沸器之间焊接的一条直径为 80mm 的丙烷抽出管线，因焊接质量问题，开车后断裂跑料，发生重大爆炸事故。

事故的直接原因是焊接质量低劣，有严重的夹渣和未焊透现象，断裂处整个焊缝有三个气孔，其中一个气孔直径达 2mm，有的焊缝厚度仅为 1～2mm。

（四）安全检查要点

（1）检查设备、管线上的压力表、温度计、液面计、流量计、热电偶、安全阀是否调校安装完毕、灵敏好用。

（2）试压前所有的安全阀、压力表应关闭，有关仪表应隔离或拆除，防止起跳或超程损坏。

（3）对被试压的设备、管线要反复检查流程是否正确，必须采取可靠的隔离措施，防止系统与系统之间相互穿通。

（4）试压时，试压介质、压力、稳定时间都要符合设计要求，并严格按有关规程执行。

（5）对于大型、重要设备和中、高压及超高压设备、管道，在试压前应编制试压方案，确定可靠的安全措施。

(6) 采用气压试验时，试压现场应加设围栏或警告牌，管线的输入端应装安全阀。

(7) 带压设备、管线，在试验过程中严禁强烈机械冲撞或外来气体串入，升压和降压应缓慢进行。

(8) 在检查受压设备和管线时，法兰、法兰盖的侧面和对面都不能站人。

(9) 在试压过程中，受压设备、管线如有异常响声，如压力下降、表面油漆剥落、压力表指针不动或来回不停摆动，应立即停止试压，并卸压查明原因，视具体情况再决定是否继续试压。

(10) 登高检查时应设平台围栏，系好安全带；试压过程中发现泄漏，不得带压紧固螺栓、补焊或修理。

（五）吹扫、清洗

在检修装置开工前，应彻底清洗全部管线和设备，把施工过程中遗留在管线和设备内的焊渣、泥沙、锈皮等杂质清除掉，使所有管线都贯通。如吹扫、清洗不彻底，杂物易堵塞阀门、管线和设备，对泵体、叶轮产生磨损，严重时还会堵塞泵过滤网。如不及时检查，将使泵抽空，造成泵或电机损坏的设备事故。

一般处理液体管线用水冲洗，处理气体管线用空气或氮气吹扫，蒸汽等特殊管线除外。如仪表用气管线应用净化风吹扫，蒸汽管线按压力等级不同使用相应的蒸汽吹扫等。吹扫、清洗中应拆除易堵卡物件（如孔板、调节阀、阻火器、过滤网等），安全阀加盲板隔离，关闭压力表手阀及液位计连通阀，严格按方案执行；吹扫、清洗要严，按系统、介质的种类、压力等级分别进行，并应符合现行规范要求；在吹扫过程中，要有防止噪声和静电产生的措施；放空口要设置在安全的地方或有专人监视；操作人员应配齐个人防护用具，与吹扫无关的部位要关闭或加盲板隔绝；用蒸汽吹扫管线时，要先慢慢暖管，并将冷凝水引到安全位置排放干净，以防水击，还要有防止检查人烫伤的安全措施；对低点排凝、高点放空，要顺吹扫方向逐个打开和关闭，待吹扫达到规定时间要求时，先关阀后停气；吹扫后要用氮气或空气吹干，防止蒸汽冷凝液造成真空而损坏管线；输送气体管线如用液体清洗时，应核对支撑物强度能否满足要求；清洗过程要用最大安全体积和流量。

（六）烘炉

各种反应炉在检修后开车前，应按烘炉规程要求进行烘炉。

(1) 编制烘炉方案，并经有关部门审查批准。组织操作人员学习，掌握其操作程序和注意事项。

(2) 烘炉操作应在车间主管生产的负责人指导下进行。

(3) 烘炉前，有关的报警信号、生产联锁应调校合格，并投入使用。

(4) 点火前，要分析燃料气中的氧含量和炉膛内可燃气体含量，符合要求后方能点火。点火时应遵守“先火后气”的原则。点火时要采取防止喷火烧伤的安全措施以及灭火的设施。炉子熄灭后，必须再进行置换，合格后再点火。

（七）传动设备试车

化工生产装置中机、泵起着输送液体、气体、固体介质的作用，由于操作环境复杂，一旦单机发生故障，就会影响全局。因此要通过试车，对机、泵检修后能否保证安全投料一次开车成功进行考核。

（1）编制试车方案，并经有关部门审查批准。

（2）专人负责，全面仔细地检查，使其符合要求，安全设施和装置要齐全完好。

（3）试车工作应由车间主管、生产的负责人统一指挥。

（4）冷却水、润滑油、电机通风、温度计、压力表、安全阀、报警信号、联锁装置等，要灵敏可靠，运行正常。

（5）查明阀门的开关情况，使其处于规定的状态。

（6）试车现场要整洁干净，并有明显的警戒线。

二、装置性能试验

装置性能试验是对检修过的设备装置进行验证，必须经检查验收合格后才能进行，内容有试温、试压、试速、试漏、安全装置及仪表检验等。

（1）试温。试温指高温设备，按工艺要求升温至最高温度，验证其防热、耐火、保温的功能是否符合要求。

（2）试压。试压包括水压试验、气压试验、气密性试验和耐压试验。目的是检验压力容器是否符合生产和安全要求。试压非常重要，必须严格按规定进行。

（3）试速。试速是指对转动设备的验证，以规定的速度运转，观察其摩擦、振动情况，有无松动。

（4）试漏。试漏指检验常压设备、管道的连接部位是否紧密，是否有跑、冒、滴、漏现象。

（5）安全装置和安全附件的校验。安全阀按规定进行检验、定压、铅封；爆破片进行更换；压力表按规定校验、铅封。

（6）仪表校验、调试各种仪表进行校验、调试，达到灵敏可靠。

三、试运转操作安全与事故预防

生产装置安全运行是一项系统工程，涉及部门广，人员多，应充分做好前期的准备工作，并制订详细可行的方案，以确保试运行的安全。

（一）建立组织保证体系

成立安全运行的领导机构，厂部主要领导全面负责，安全、设备、生产、技术、环保及后勤保障等部门人员参与，并明确分工，各司其职，各负其责。

（二）制定详细的运行方案

安全运行方案至少包括以下内容。

（1）工艺过程的说明。详细说明工艺条件，如温度、压力等；工艺的组成内容，如原辅料、中间体、产品的性质等。

（2）运转操作程序及时间安排。

（3）运转操作的重点环节。如明确主要设备类运转及控制参数、发生误操作的应急措施等。

（4）试运转的准备。如运转前的最后检查、公用工程设备的启动、转动机械类的试运转、有关安全设备的试操作和性能检验、紧急切断回路的动作确认等。

（5）模拟运转。包括试压、检漏及单机空运转，联动试车方案。

(6) 装置性能确认和投料。包括运行各阶段中的操作方法以及中间产品、不合格产品的处理方法，记述保持正常运转的操作方法，记述项目各单元装置开始运转的顺序及运转变更条件、运转的问题及特殊注意事项等。

(7) 停车安全。

(8) 安全管理。

(9) 其他需说明的事项。

(三)做好安全教育

结合试运转方案，对参加试运转的人员进行装置试运转前的安全操作、安全管理培训，提高参与人员执行各种规章制度的自觉性，落实安全责任，从思想上、组织上、制度上进一步落实安全措施，从而为安全试运行方案的实施创造必要的条件。

(四)联动试车

装置检修后的联动试车，重点要注意做好以下几个方面的工作。

(1) 编制联动试车方案，并经有关领导审查批准。

(2) 指定专人对装置进行全面认真地检查，查出的缺陷要及时消除。检修资料要齐全，安全设施要完好。

(3) 专人检查系统内盲板的抽、加情况，登记建档，签字认可，严防遗漏。

(4) 装置的自保系统和安全联锁装置调校合格，正常运行时灵敏可靠，专业负责人要签字认可。

(5) 供水、供气、供电等辅助系统要运行正常，符合工艺要求。整个装置要具备开车条件。

(6) 在厂部或车间领导统一指挥下进行联动试车工作。

(五)试运转安全事故预防

对于生产装置，即便是安全设计认真详细，特别是新的工艺，要预防事故发生，都需要有设计及运转的丰富经验。

(1) 一般来说，试运转事故的原因比例如下：机械故障引起的事故占75%，设备操作不当引起的事故占20%，由工艺本身引起的事故占5%。因此要重点预防机械故障。

(2) 正确分析运行中的各种现象，如比较设计条件与生产运转的数据，或比较发生故障之前的数据和正常时的数据，再稍微调整运转条件，消除可能引起事故的因素。

(3) 蒸馏塔的液泛会阻碍正常的蒸馏操作，减少进料，减少供给再沸器的热源或暂时提高蒸馏塔的压力，应采取措施制止液泛。

(4) 要特别注意冷却、加热介质及工艺流体的出入口温度和压力的变化。加热器未按设计量供给热能，又没有污染时，如果是蒸汽加热，应检查疏水器效果及加热器内是否积存冷凝水；如果是蒸汽以外的热介质加热，则检查热介质本身的温度及加热管内的液体流动是否畅通。

(5) 在装填催化剂的反应器中，运转条件正常但得不到所要求的反应物时，应考虑反应器内部的格子板及分解器等构件上有无缺陷、有关仪表有无错误、反应器内是否发生偏流、反应系统是否被污染等，如果这些问题都排除，则检查催化剂本身有无缺陷、活性有无问题、活化是否恰当。

四、生产开停车安全

装置开车要在开车指挥部的领导下，统一安排，并由装置所属的车间领导负责指挥开车。岗位操作工人要严格按工艺卡片的要求和操作规程操作。

（一）公用工程设备的开车安全

在装置试运转之前，应先启动公用工程设备，确认这些设备运行稳定，确认操作工能熟练掌握设备操作技能。

（1）启动水、电、气等公用工程设备，确认其运行正常。

（2）启动制冷系统、送排风系统。确认其运行正常。

（3）启动排水设备及环保设施，确认装置区内“三废”处理设施的功能符合设计要求，环境保护设施有效。

（4）有关安全设备的检验、试运转，确认消防设备及其他设备的功能等。

（二）单元操作试运转

化工生产线由不同单元组成，每个单元内又分容器设备、传动设备，在联动试车前，应对单体设备的运行状况进行检验，并且要预先做好试压、试漏等准备工作。

1. 单机设备试运转的准备

（1）试运转前的安全检查、检验。检查塔、槽、换热器等容器设备内部的清扫状况，确认无残留杂质、安装无异常；检查确认配管及附件是否按图纸安装，材质的选择能否满足工艺条件；泵、压缩机等转动类机械，按各自的特点确定检查要点，如泵应用手转动联轴节，转了应无异常状态，驱动机采用电动机时，应核对电动机的转动方向等；通常在施工结束后、装置启动前进行仪表检验，使其指示值可靠。

（2）施工质量的检查。凡化工装置使用易燃、易爆、剧毒介质以及特殊工艺条件的设备，应按相应规程要求对管线经过焊接等施工的部位进行检查和残余应力处理，如发现焊缝有问题，必须重焊，直到验收合格。否则将导致严重后果。

（3）试压和气密性试验。任何设备、管线在安装施工后，应严格按规定进行试压和气密性试验，以检验施工质量，防止生产时跑、冒、滴、漏，造成事故。

压力容器试压前应编制试压方案，容器和管线的试压一般用水作介质，不得采用有危险的液体，不宜用压缩空气和氮气作耐压试验，气压试验的危险性比水压试验大得多，曾有用气压试验代替水压试验而发生事故的教训，特殊情况必须采取气压试验时，试压现场应加设围栏或警告牌，管线输入端应装安全阀。在试压过程中，受压设备、管线如有异常响声，如压力下降、表面油漆剥落、压力表指针不动或来回不停摆动，应立即停止试压，并卸压查明原因。在试压过程中发现泄漏，不得带压紧固螺栓、补焊或修理。

2. 单元试运转要领

（1）转动机械类试运转。每个班组员工最好至少进行启动、停车三次以上，使员工熟练掌握设备的操作要领。压缩机尽量用空气进行试验，并稳定运转一定时间，但是不要使出口压力和出口温度过大；进行泵的水运转时，水的相对密度及其他方面与工艺流体不一样，所以要采取措施，以防因出口压力过大和超负荷等引起故障。

（2）塔、槽、换热器、反应罐类按工艺条件装一定量的水，实际用泵应尽量按工艺系统使水循环。对重沸器等如果可能则通入热源，进行塔内的蒸发。

（3）试运转时进水量应尽量接近实际运转，调节与流量及液位有关的仪表，在此期间试验自动控制回路和调节阀的动作状况。

(4) 需要预处理的设备等应按要求操作，如烘炉等。

(5) 单元操作试运转由生产主管统一负责指挥，试车现场要整洁、干净，并有明显的警戒线和警示标志。

(三) 贯通流程

将蒸汽、氮气通入装置系统，一方面扫去装置检修时可能残留部分的焊渣、焊条头、铁屑、氧化皮、破布等，防止这些杂物堵塞管线；另一方面验证流程是否贯通。这时应按工艺流程逐个检查，确认无误，做到开车时不窜料、不憋压。按规定用蒸汽、氮气对装置系统置换，分析系统氧含量是否达到安全值以下。

(四) 装置进料

在联动试车贯通流程后，进行装置进料运行。进料前，在升温、预冷等工艺调整操作中，检修工与操作工要配合做好螺栓紧固部位的热把、冷把工作，防止物料泄漏。岗位应备有防毒面具。油系统要加强脱水操作，深冷系统要加强干燥操作，为投料奠定基础。

(1) 装置开车要按预先制订的方案统一安排、统一领导，车间领导负责现场指挥，岗位操作工按要求和操作规程操作。安全防护措施一定要到位，如有有毒有害物质的岗位，密闭化生产的同时，岗位还应备有防毒面具等。

(2) 装置进料前，要关闭所有的放空、排污等阀门，然后按规定流程，经班长检查复核，确认安全后，操作工启动机泵进料，进料过程中，操作工沿管线进行检查，防止物料泄漏或物料走错流程；装置开车过程中，严禁乱排乱放各种物料；装置的升温、升压、加量都按规定进行，操作调整阶段，应注意检查阀门开度是否合适，逐步提高处理量，达到正常生产为止。

(五) 装置停车安全

无论是正常停车还是紧急停车，停车都按方案确定的时间、步骤、工艺变化幅度以及确认的停车操作顺序图，有秩序地进行。

1. 正常停车

正常停车情况要有详细记录，如果停车后装置要维修的还要考虑维修和再启动情况。停车操作应注意的事项如下。

(1) 停车过程中的操作应准确无误，关键操作采用监护复核制度，操作时要注意观察是否符合操作意图，如开关动作的缓慢等。

(2) 降温降压的速度应严格按照工艺规定进行，防止温度变化过大，使易燃、易爆、有毒及腐蚀性介质产生泄漏。

(3) 装置停车时，所有传动机械、容器设备、管线中的物料要处理干净，排放残留物料时，应采取相应的安全措施。

2. 紧急停车

因某些原因不能继续运转的情况下，为了装置的安全，实施局部或全部的紧急停车。应进行员工紧急停车操作训练，利用装置模型进行演习，使员工掌握实际操作的技能。如遇冷却水等公用工程供给不足等外部原因或设备发生重大故障，泄漏严重，不能应急处置等内部原因，应紧急停车。发生紧急情况时，运转指挥人员必须科学地判断原因，采用正确的方式紧急停车。

五、安全生产工艺参数的控制

化工生产过程中的工艺参数主要包括温度、压力、流量及物料配比等。按工艺要求严格控制工艺参数在安全限度以内，是实现化工安全生产的基本保证。实现这些参数的自动调节和控制是保证化工安全生产的重要措施。

（一）温度控制

温度是化工生产中的主要控制参数之一。不同的化学反应都有其最适宜的反应温度。化学反应速率与温度有着密切关系。如果超温，反应物有可能加剧反应，造成压力升高，导致爆炸；也可能发生副反应，生成新的危险物质。升温过快、过高或冷却降温设施发生故障，还可能引起剧烈反应发生冲料或爆炸。温度过低有时会造成反应速率减慢或停滞，而一旦反应温度恢复正常，往往会因为未反应的物料过多而发生剧烈反应，引起爆炸。温度过低还会使某些物料冻结，造成管路堵塞或破裂，致使物料泄漏而发生火灾爆炸。液化气体和低沸点液体介质都可能由于温度升高而气化，发生超压爆炸。因此必须防止工艺温度过高或过低。

1. 移除反应热

化工反应一般都伴随着热效应。例如，基本有机合成中的各种氧化反应、氯化反应、水合和聚合反应等均是放热反应；而各种裂解反应、脱氢反应、脱水反应等则是吸热反应。为使反应在一定温度下进行，必须向反应系统中加入或移去一定的热量。

移除热量的方法目前有夹套冷却、内蛇管冷却、夹套内蛇管兼用、干浆循环、液化丙烯循环、稀释剂回流冷却、惰性气体循环等。

此外，还可采用一些特殊结构的反应器，如在反应器内装热交换装置，或向反应器内加入其他介质。例如，通入水蒸气带走部分热量。乙醇氧化制取乙醛时，采用乙醇蒸气、空气和水蒸气的混合气体送入氧化炉，在催化剂作用下生成乙醛，利用水蒸气的吸热作用将多余的反应热带走。

2. 防止搅拌中断

搅拌可以加速热量的扩散与传递，如果中断搅拌可能造成散热不良，或局部反应剧烈而发生危险。因此，要采取双路供电、增设应急人工搅拌装置等可靠的措施。

3. 正确选择传热介质

化工生产中常用的热载体有水蒸气、热水、过热水、碳氢化合物（如矿物油、二苯醚等）、熔盐、汞和熔融金属、烟道气等。充分掌握、了解热载体的性质并进行正确选择，对加热过程的安全十分重要。

（二）压力控制

压力是生产装置运行过程的重要参数。当管道其他部分阻力发生变化或有其他扰动时，压力将偏离设定值，影响生产过程的稳定，甚至引起各种重大生产事故的发生，因此必须保证生产系统压力的恒定，才能维护化工生产的正常进行。

（三）投料控制

主要是指对投料速度、投料配比、投料顺序、原料纯度以及投料量的控制。

1. 投料速度

对于放热反应，加料速度不能超过设备的传热能力。加料速度过快会引起温度急剧升高，引起物料的分解、突沸而产生事故。加料速度若突然减少，会导致温度降低，使一部分反应物料因温度过低而不反应。加料温度过低，往往会造成物料积累、过量，一旦温度恢复正常，反应便会加剧进行，如果此时热量不能及时导出，温度及压力都会超过正常指标，从而造成事故。投料速度太快时，除影响反应速率和温度之外，还可能造成尾气吸收不完全，引起毒气或可燃性气体外溢。例如某农药厂乐果生产硫化岗位，由于投料速度太快，使硫化氢尾气来不及吸收而外溢，引起中毒事故。因此必须严格控制投料速度。

2. 投料配比

对于放热反应，投入物料的配比十分重要。对于连续化程度较高，危险性较大的生产，更要特别注意反应物料的配比关系。例如环氧乙烷生产中乙烯和氧的混合反应，其浓度接近爆炸范围，尤其在开停车过程中，乙烯和氧的浓度都在发生变化，而且开车时催化剂活性较低，容易造成反应器出口氧浓度过高。为保证安全，应设置联锁装置，经常核对循环气的组成，尽量减少开停车次数。

3. 投料顺序

化工生产中必须按照一定的顺序投料。例如：氯化氢合成应先投氢后投氯；三氯化磷生产应先投磷后投氯；磷酸酯与甲胺反应时，应先投磷酸酯，再滴加甲胺等。否则可能发生爆炸。

4. 原料纯度

化学反应中，反应物料中有过量杂质可能引起燃烧爆炸。如用于生产乙炔的电石，其含磷量不得超过 0.08%，因为电石中的磷化钙遇水后生成易自燃的磷化氢，磷化氢与空气燃烧会导致乙炔-空气混合物的爆炸。此外，在反应原料气中，如果有害气体不清除干净，就会在物料循环过程中越聚越多，最终导致爆炸。因此，对生产原料、中间产品及成品应有严格的质量检验制度，以保证原料的纯度。

5. 投料量

化工反应设备或储罐都有一定的安全容积，带有搅拌器的反应设备要考虑搅拌开动时液面的升高；储罐、气瓶要考虑温度升高后液面或压力的升高。若投料过多，超过安全容积系数，往往会引起溢料或超压。投料过少，也可能发生事故。有两种情况：一种是加料量少，使温度计接触不到料面，温度指示出现假象，导致判断错误，引起事故；另一种是物料的液相不符合加热面接触（夹套、蛇管加热面）可使易于热分解的物料局部过热分解，从而引起事故，甚至爆炸。

催化剂对化学反应的速率影响很大，催化剂过量，可能发生危险。可燃或易燃物与氧化剂的反应，要严格控制氧化剂的投料速度和投料量。能形成爆炸性混合物的生产，其配比应严格控制在爆炸极限范围以外。如果工艺条件允许，可以添加水蒸气、氮气等惰性气体进行稀释。

（四）溢料和泄漏的控制

化工生产中，发生溢料情况并不鲜见，然而若溢出的是易燃物，则是相当危险的。造成溢料的原因很多，与物料的构成、反应温度、投料速度以及消泡剂用量、质量有关。投料速度过快，产生的气泡大量溢出，同时夹带走大量物料；加热速度过快、物料黏度大也易产生这种现象。

化工生产中的大量物料泄漏，通常是由于设备损坏、人为操作错误和反应失去控制等原因造成的，一旦发生可能会造成严重后果。因此必须在工艺指标控制、设备结构形式等方面采取相应的措施。比如重要的阀门采取两级控制；对于危险性大的装置，应设置远距离遥控断路阀，以备一旦装置异常，立即和其他装置隔离；为了防止误操作，重要控制阀的管线应涂色，以示区别，或挂标志、加锁等；此外，仪表配管也要以各种颜色加以区别，各管道上的阀门要保持一定距离。

在化工生产中还存在着反应物料的跑、冒、滴、漏现象，原因较多，加强维护管理是非常重要的。因为易燃物的跑、冒、滴、漏可能会引起火灾爆炸事故。

（五）自动控制与安全保护装置

1. 自动控制

化工自动化生产中，大多是对连续变化的参数进行自动调节。在生产控制中要求一定的时间间隔做周期性动作，如合成氨生产中原料气的制造，要求一组阀门按一定的要求作周期性切换，就可采用自动过程控制系统来实现。该系统主要是由过程控制器按一定时间间隔发出信号，驱动执行机构动作。

2. 安全保护装置

（1）信号报警装置。化工生产中，在出现危险状态时信号报警装置可以警告操作者，及时采取措施消除隐患。

（2）保险装置。保险装置在发生危险状况时，则能自动消除不正常状况。如锅炉、压力容器上装设的安全阀和防爆片等安全装置。

（3）安全联锁装置。所谓联锁就是利用机械或电气控制依次接通各个仪器及设备，并使之彼此发生联系，达到安全生产的目的。例如，需要经常打开的带压反应器，开启前必须将器内压力排除，经常连续操作容易出现疏忽，因此可将打开孔盖与排除器内压力的阀门进行联锁。

例如，在硫酸与水的混合操作中，必须首先往设备中注入水再注入硫酸，否则将会发生喷溅和灼伤事故。将注水阀门和注酸阀门依次联锁起来，就可达到此目的。如果只凭工人记忆操作，很可能因为疏忽使顺序颠倒，发生事故。

六、安全生产检查和事故的控制

（一）安全生产检查

安全生产检查对象的确定应本着突出重点的原则，对于危险性大、易发事故、事故危害大的生产系统、部位、装置、设备等应加强检查。一般应重点检查易造成重大损失的易燃易爆危险物品、剧毒品、锅炉、压力容器、起重、运输、冶炼设备、冲压机械、高处作业，和本企业易发生伤亡、火灾、爆炸等事故的设备、工种、场所及其作业人员；造成职业中毒或职业病的尘毒点及其作业人员；直接管理重要危险点和有害点的部门及其负责人。

安全检查的内容包括软件系统和硬件系统，具体主要是查思想、查管理、查隐患、查整改、查事故处理。

（二）泄漏处理

（1）泄漏源控制。利用截止阀切断泄漏源，在线堵漏减少泄漏量或利用备用泄料装置使其安全释放。

（2）泄漏物处理现场。泄漏物要及时进行覆盖、收容、稀释、处理。在处理时，还应按照危险化学品特性，采用合适的方法处理。

（三）火灾控制

（1）正确选择灭火剂并充分发挥其效能。在扑救火灾时，一定要根据燃烧物料的性质、设备设施的特点、火源点部位（高、低）及其火势等情况，要选择合适的灭火剂。

（2）注意保护重点部位。例如，当某个区域内有大量易燃易爆或毒性化学物质时，就应该把这个部位作为重点保护对象，在实行冷却保护的同时，要尽快地组织力量消灭其周围的火源点，以防灾情扩大。

（3）防止复燃复爆。将火灾消灭以后，要留有必要的灭火力量继续冷却燃烧区内的设备、设施、建（构）筑物等，消除着火源，同时将泄漏出的危险化学品及时处理。对可以用水灭火的场所要尽量使用蒸汽或喷雾水流稀释，排出空间内残存的可燃气体或蒸气，以防止复燃复爆。

（4）防止高温危害。火场上高温的存在不仅会造成火势蔓延扩大，也会威胁灭火人员安全。可以使用喷水降温、利用掩体保护、隔热服装保护、定时组织换班等方法避免高温危害。

（5）防止毒害危害。发生火灾时，可能出现一氧化碳、二氧化碳、二氧化硫、光气等有毒物质。在扑救时，应当设置警戒区，进入警戒区的抢险人员应当佩戴个体防护装备，并采取适当的手段消除毒物。

（6）易燃固体、自燃物品火灾一般可用水和泡沫灭火器扑救，只要控制住燃烧范围，逐步扑灭即可。但有少数易燃固体、自燃物品的扑救方法比较特殊，如二硝基苯甲酰、二硝基萘、萘等是易升华的易燃固体，受热放出易燃蒸气，能与空气形成爆炸性混合物，尤其是在室内，易发生爆炸。在扑救过程中应不时向燃烧区域上空及周围喷射雾状水，并消除周围一切火源。

第六节　安全生产与装置的验收

一、装置安全的验收标准

化工和石油化工工业及其他流水工业建设中的安全规范、规程和标准是一个庞大的系统，涉及建设和运行中的各个方面。在一个石油化工建设项目被批准后，确定设计基础条件时就应该确定该项目要执行的各种设计标准和规范。

对化工、石油化工企业而言，国家规定有一些强制性的标准。在设计生产过程中必须无条件执行。如《建设防火设计规范》《石油化工企业设计防火规范》就是在装置设计时，在总图及装置布置设计中必须严格遵守的。为了保证设计质量，各个专业都应该选取一些必需的标准规范，这些规范要符合国家标准。

二、装置安全设计验收的内容

质量保证通过审查、评价质量管理计划是否稳妥并确认其完成情况，以保证所完成装置能顺利运转。因此，质量保证与质量管理的所有阶段都有关，对于确实能发挥质量保证作用的组织、程序、准备及部署状况、文件等也要全面监督。明确适当的组织、责任、权限以及符合所要求工序的人力调度。全部专业技术的有关人员都要参加。例如，决定设计图时，有关的全部专业技术部门必须派代表参加，提出意见，项目经理或项目工程师根据意见调整后征得全体人员同意。特别是设计基础、地下管道、地下电缆等地下埋设物时，有关的专业技术人员应相互充分协商，决定埋设物的位置，而且在施工计划之前还要在协商的基础上进行设计。设计中的各项目，例如在土木工程基础的设计中，有关的全部专业技术部门，即土木、配管、容器、机工、电气、仪表等技术人员应将各自的检验表分发给有关人员，请有关技术人员检验。即使是与建设、采购有关的事项也要详细无遗漏地告知有关人员。为此，应规定文件的交流制度，定期或在工程的每个重要环节召开会议。

三、安全验收的程序和工作步骤

化工装置验收包括装置堵漏验收、检修后验收、新装置验收等。

（一）装置堵漏现场施工操作验收

现以带压密封的施工为例，说明现场操作验收内容及要求。

(1) 带压密封施工结束后，连续48h无泄漏为合格，并应填写带压密封施工验收记录。

(2) 消除泄漏后的检测，可采用目测、肥皂液体、微量检漏仪进行检测或生产单位（甲方）、施工单位（乙方）双方商定的检测方法进行检测。允许泄漏量可根据介质泄漏的安全期限，由甲、乙双方共同商定。

(3) 带压密封消除泄漏后，保持期应为半年。在保持期内，如出现再泄漏。施工单位应报修。

（二）检修后验收

在化工装置检修结束时，必须进行全面的检查和验收。检修后进行安全交接及其安全评价，主要包括以下几项内容：检修完毕，检修人员要检查自己的工作有无遗漏，清理现场，将火种、油渍垃圾、边角废料等全部清除；试车就是对检修过的设备装置进行验证，必须经检查验收合格后才能进行，试车的规模有单机试车、分段试车和联动试车，内容有试温、试压、试速、试漏、试安全装置及仪表灵敏度等；试车合格后，按规定办理验收、正式移交生产；解除检修措施，在设备正式投产前，检修单位拆去临时电源、临时防火墙、安全界标、栅栏以及各种检修用的临时设施。移交后方可解除检修时采取的安全措施。

（三）新装置验收

新安装的化工装置应进行全面验收。验收的具体项目包括设计制造单位资质、保温层隔热层衬里、壁厚、表面缺陷、埋藏缺陷、材质、紧固件、强度、安全附件、气密性以及其他必要的项目。验收方法以资料审查、宏观检查、壁厚测定、表面无损检测为主，必要时可以采用超声检测、射线检测、硬度测定、金相检验、化学分析或者光谱分析、涡流检测、强度校核或者应力测定、气密性试验、声发射检测等方法进行检测。

1. 宏观检查

主要是外观检查，包括装置本体、对接焊缝、接管角焊缝等部位的裂纹、过热、变形、泄漏等，焊缝表面（包括近缝区）以肉眼或者5～10倍放大镜检查裂纹；内外表面的腐蚀和机械损伤；紧固螺栓；支承或者支座，大型容器基础的下沉、倾斜、开裂；排放（疏水、排污）装置；快开式压力容器的安全联锁装置；多层包扎、热套容器的泄放孔等结构检查［包括筒体与封头的连接、开孔及补强、角接、搭接、布置不合理的焊缝、封头（端盖）；支座或者支撑、法兰等］及几何尺寸检查［包括纵、环焊缝对口错边量、棱角度，焊缝余高、角焊缝的焊缝厚度和焊脚尺寸，同一断面最大直径与最小直径，封头表面凹凸量、直边高度和直边部位的纵向皱褶，不等厚板（锻）件对接接头未进行削薄或者堆焊过渡的两侧厚度差］。

2. 保温层、隔热层、衬里检查

包括保温层的破损、脱落、潮湿、跑冷；有金属衬里的压力容器，如果发现衬里有穿透性腐蚀、裂纹、凹陷、检查孔已流出介质，应当局部或者全部拆除衬里层，查明本体的腐蚀状况或者其他缺陷；带堆焊层的，检查堆焊层的龟裂、剥离和脱落等；对于非金属材料作衬

里的，如果发现衬里破损、皲裂或者脱落，或者在运行中本体壁温出现异常，应当局部或者全部拆除衬里，查明本体的腐蚀状况及其他缺陷等。

3. 壁厚测定

厚度测定点的位置，一般应当选择以下部位：液位经常波动的部位；易受腐蚀、冲蚀的部位；制造成型时壁厚减薄部位和使用中易产生变形及磨损的部位；表面缺陷检查时，发现的可疑部位等。测定壁厚时，如果遇母材存在夹层缺陷，应当增加测定点或者用超声检测，查明夹层分布情况以及与母材表面的倾斜度，同时作图记录。

4. 表面无损检测

在检测中发现裂纹后，检验人员应当根据可能存在的潜在缺陷，确定扩大表面无损检测的比例；如果扩检中仍发现裂纹，则应当进行全部焊接接头的表面无损检测。内表面的焊接接头已有裂纹的部位，对其相应外表面的焊接接头应当进行抽查。如果内表面无法进行检测，可以在外表面采用其他方法进行检测。对应力集中部位、变形部位，异种钢焊接部位、奥氏体不锈钢堆焊层、T形焊接接头、其他有怀疑的焊接接头，补焊区，工卡具焊迹、电弧损伤处和易产生裂纹部位，应当重点检查。对焊接裂纹敏感的材料，注意检查可能发生的焊接裂纹。有晶间腐蚀倾向的，可以采用金相检验检查。绕带式压力容器的钢带始、末端焊接接头，应当进行表面无损检测，不得有裂纹。铁磁性材料的表面无损检测优先选用磁粉检测。标准抗拉强度下限 $\sigma_b \geqslant 540\text{MPa}$ 的钢制压力容器，耐压试验后应当进行表面无损检测抽查。

5. 材质检查

主要装置及受压组件材质的种类和牌号一般应当查明。材质不明者，对于无特殊要求的容器，按Q235钢进行强度校核。对于第三类压力容器、移动式压力容器以及有特殊要求的压力容器，必须查明材质。对于已进行过此项检查，或者已做出明确处理的，不再重复检查。检查主要受压组件材质是否劣化，可以根据具体情况，采用硬度测定、化学分析、金相检验或者光谱分析等，予以确定。

6. 紧固件检查

对主螺栓应当逐个清洗，检查其损伤和裂纹情况，必要时进行无损检测。重点检查螺纹及过渡部位有无环向裂纹。

7. 强度校核

当压力容器存在腐蚀深度超过腐蚀裕量、设计参数与实际情况不符、名义厚度不明、结构不合理，或者已发现严重缺陷、检验人员对强度有怀疑等情况之一时应当进行强度校核。强度校核由检验机构或者有资格的压力容器设计单位进行，对不能以常规方法进行强度校核的，可以采用有限元方法、应力分析设计或者实验应力分析等方法校核。

8. 安全附件检查

(1) 压力表。要求无压力时，压力表指针回到限止钉处或者回到零位数值；压力表的检定和维护必须符合国家计量部门的有关规定，压力表安装前应当进行检定，并注明下次检定日期，压力表检定后应当加铅封。

(2) 安全阀。安全阀应当从压力容器上拆下，按安全阀校验要求进行解体检查、维修与调校。安全阀校验合格后，打上铅封，出具校验报告后方可使用；新安全阀根据使用情况调试并且铅封后，才可安装使用。

(3) 防爆片。需按有关规定，按期更换。

(4) 紧急切断装置。应当从压力容器上拆下，进行解体、检验、维修和调整，做耐压、密封、紧急切断等性能试验。检验合格并且重新铅封方准使用。

9. 气密性试验

介质毒性程度为极度、高度危害或者设计上不允许有微量泄漏的压力容器，必须进行气密性试验。对设计图样要求做气压试验的压力容器，是否需再做气密性试验，按设计图样规定。气密性试验的试验介质由设计图样规定。气密性试验的试验压力应当等于本次检验核定的最高工作压力，安全阀的开启压力不高于容器的设计压力。盛装易燃介质的压力容器，在气密性试验前，必须进行彻底的蒸汽清洗、置换，并且经过取样分析合格，否则严禁用空气作为试验介质。对盛装易燃介质的压力容器，如果以氮气或者其他惰性气体进行气密性试验，试验后，应当保留 0.05～0.1MPa 的余压，保持密封。有色金属制压力容器的气密性试验，应当符合相应标准规定或者设计图样的要求。

10. 耐压试验

指压力容器全面检验合格后，所进行的超过最高工作压力的液压试验或者气压试验。每两次全面检验期间内，原则上应当进行一次耐压试验。全面检验合格后方允许进行耐压试验。耐压试验前，压力容器各连接部位的紧固螺栓，必须装配齐全，紧固妥当。耐压试验场地应当有可靠的安全防护设施，并且经过使用单位技术负责人和安全部门检查认可。耐压试验过程中，检验人员与使用单位压力容器管理人员到试验现场进行检验。检验时不得进行与试验无关的工作，无关人员不得在试验现场停留。

以上项目验收合格后，经试车，投料生产符合要求，再出具化工装置验收报告。

任务案例

入罐作业事故案例分析。

6.6 入罐作业事故案例分析

课后任务

试分析以下事故原因及应采取的防范措施。

（1）2004 年 5 月 10 日上午，某公司原胶车间主任王某找到该车间维修班长李某，提出对酒精蒸馏工序中冷却装置的冷却水管道进行改造，需切割冷却水管，焊接法兰，安装阀门。下午 5 时 30 分，有关人员办理了动火证，11 日上午 6 时 30 分左右，开始焊接前的准备工作。7 时 30 分左右，准备工作完毕，在整个车间未停产的情况下开始动火作业。8 时 15 分左右，切割作业完成。8 时 30 分左右，酒精储罐突然爆炸，致使 4 个酒精储罐内约 $100m^3$ 的酒精飞溅燃烧，当场死亡 10 人，2 人重伤，4 人轻伤，其中 1 名重伤人员在抢救治疗过程中死亡。本次事故共造成 11 人死亡，5 人受伤，直接经济损失 396.8 万元。

（2）2006 年 3 月 11 日，某公司安装二队钳工作业班组 6 人，在某石化 45 万吨/年 PTA 精制单元 13m 平台铺设钢格板。潘某站立在没有固定的第四块钢格板上，用钢筋钩拖动第五块钢格板（2400mm×995mm）就位时，其站立的钢格板被撞击移位，脱离钢梁失衡坠落，潘某随之坠落地面，头部受伤，抢救无效死亡。

第七章　特种设备安全技术

学习目标

学习压力容器、压力管道、锅炉、气瓶等化工常用特种设备的安全技术，熟悉生产过程中安全操作和管理的要求，严格执行定期检验、维护、报废、档案资料保存的安全工作制度。重点培养学生安全操作和管理的工作能力。

第一节　压力容器的安全使用技术

对国内压力容器爆炸事故分析表明：因违章作业和误操作等使用管理不善（含安全附件失灵，维修不当）占58.1%，制造质量不良（焊接缺陷）、设计用材不合理占29.6%。为确保压力容器的安全运行，防止压力容器泄漏、爆炸等事故造成环境污染，确保人身安全与健康，对压力容器的使用维护提出了更为苛刻的要求，同时对压力容器的管理、使用操作人员的安全管理技术和人员素质提出了更高的要求。

一、压力容器的验收、登记

压力容器是有爆炸危险的承压设备。为了加强压力容器使用的安全监察工作，根据《特种设备安全监察条例》有关规定，制定了《特种设备使用管理规则》（TSG 08—2017）。通过压力容器使用登记，可以使当地压力容器安全监察机构掌握压力容器有关方面的基本情况，提高安全管理水平。同时，通过使用登记，可以建立压力容器的技术档案，加强统计管理，为安全使用提供重要依据。

固定式压力容器的使用单位，必须逐台向地、市级（或有条件的县级）劳动部门锅炉压力容器安全监察机构申报和办理使用登记手续；超高压容器和液化气体罐车的使用单位，必须逐台向省级劳动部门锅炉压力容器安全监察机构申报和办理使用登记手续。

二、压力容器的安全管理与检修

（一）压力容器的安全管理

压力容器投入使用后，必须对每台压力容器进行编号、登记、建立设备档案。压力容器的技术档案应包括压力容器的产品合格证、质量证明书、登记卡片、检查鉴定记录、验收单、检修记录、运行累计时间表、年运行记录、理化检验报告、竣工图以及中高压反应容器和储运容器的主要受压组件强度计算书等。还要根据生产工艺要求和压力容器的技术性能制订压力容器安全操作规程、工艺操作规程、维护保养制度等，并严格执行。

加强现场安全管理。应定时、定点、定线进行巡回检查，监督安全操作规程和岗位责任制的执行情况；严禁超温、超压运行；经常检查安全附件是否齐全、灵敏、可靠；如发现异常现象，如工作压力、介质温度、壁温超过许用值且不能使之下降、受压组件发生裂缝、鼓包、变形、泄漏、安全附件失灵、接管断裂、紧固件损坏，应采取紧急措施，及时处理并向有关部门报告。

（二）压力容器的检修安全

压力容器检修前，必须彻底切断容器与其他还有压力或气体的设备的连接管道，特别是与可燃或有毒介质的设备的通路，不但要关闭阀门，还必须用盲板严密封闭。容器内部的介质要全部排净。盛装可燃、有毒或窒息性介质的容器还应进行清洗、置换或消毒等技术处理，并经取样分析合格。与容器有关的电源，如搅拌装置、翻转机构等的电源必须切断，并有明显的禁止接通的指示标志。

压力容器检修中的安全注意事项如下：

（1）注意通风和监护。在进入容器前，必须将容器上的人孔全部打开，使空气对流一定时间，充分通风。进入容器进行检验时，器外必须有人监护。

（2）注意用电安全。进入容器检验时，应使用电压不超过 12V 或 24V 的低压防爆灯。检验仪器和修理工具的电源电压超过 36V 时，必须采用绝缘良好的软线和可靠的接地线。容器内严禁采用明火照明。

三、压力容器的安全操作

（一）压力容器操作人员须具备的基本条件

（1）必须经过专业的培训和考核，取得相应的特种设备作业人员证书，如特种设备作业人员证（压力容器操作项目），方可从事压力容器的操作工作。

（2）操作人员应熟悉生产工艺流程，了解本岗位压力容器的结构、技术特性和主要技术参数，掌握容器的正常操作方法，在容器出现异常情况时，能准确判断，及时、正确地采取紧急措施。

（3）掌握各种安全装置的型号、规格、性能及用途，保证安全装置齐全、灵活、准确可靠。

（4）严格遵守安全操作规程，坚守岗位，精心操作，认真记录，加强巡回检查和维护保养。

（5）定期参加专业培训教育，不断提高自身的专业素质和操作技能。

（二）压力容器操作人员应履行的职责

（1）按照操作规程的规定，正确操作使用压力容器，确保安全运行。

（2）做好压力容器的维护保养工作，使容器保持良好的技术状态。

（3）经常对压力容器的运行情况进行检查，发现操作条件不正常时及时进行调整。遇紧急情况应按规定采取紧急处理措施，并及时向上级主管部门报告。

（4）对任何不利于压力容器安全的违章指挥，应拒绝执行。

（三）压力容器投用前准备工作

由于工艺条件的不同，压力容器的操作内容、方法、程序与注意事项也不尽一致。做好投用前的准备工作，对保证整个生产过程安全运行有着重要意义。压力容器投用前要做好如下准备工作：

(1) 要组织对压力容器及其装置进行全面检查验收工作。检查验收的内容包括：压力容器及其装置的设计、制造、安装、检修等质量是否符合国家有关技术法规、标准的要求；施工现场应清理干净；操作平台上梯子、栏杆应完好；安全装置应齐全、灵敏、可靠；照明正常；地面平整清洁；操作及维修用备件齐全；水、电、蒸汽、风、氧气、通风正常等。

(2) 编制压力容器及装置的开工方案。开工方案应包括：压力容器吹扫及贯通试压工作；单元容器的试运转；系统置换驱赶空气；抽堵盲板；引进工艺介质及物料，建立循环；转入正常生产。开工方案一般应由车间领导、技术人员及有经验的操作人员共同编制，并报有关部门批准。对批准后的开工方案，应组织操作人员认真学习。

(3) 操作人员在操作前应做好以下准备工作：按规定着装，带齐操作工具；认真检查本岗位的压力容器、安全装置、机泵及工艺流程中的进出口管线、阀门、电气设备等各种设备及仪表附件的完善情况；检查岗位的清洁卫生情况；检查各阀门是否灵活，检查系统阀门开关情况。操作人员在确认压力容器及设备能投入正常运行后，才能开工启动系统。

（四）压力容器操作注意事项

(1) 压力容器操作人员要熟悉本岗位的工艺流程以及有关容器的结构、类别、主要技术参数和技术性能，严格按操作规程操作；掌握处理一般事故的方法，认真填写有关记录。

(2) 压力容器操作人员需取得当地劳动部门颁发的压力容器操作人员合格证后方可上岗工作。对工作期间发生的异常情况应及时处理并向上级汇报。

(3) 压力容器严禁超温、超压运行。实行压力容器安全操作挂牌制度和采用机械联锁机构，防止误操作。检查减压阀失灵与否。装料时避免过急、过量，液化气体严禁超量装载，并防止意外受热等。随时检查安全附件运行情况。

(4) 压力容器要平稳操作。开始加压时，速度不宜过快，要防止压力突然上升。高温容器或工作温度低于0℃的容器，加热或冷却都应缓慢进行。尽量避免操作中压力的频繁和大幅度波动。

（五）压力容器运行期间的检查

压力容器运行期间的检查是压力容器动态监测的重要手段，其目的是及时发现操作上或设备上所出现的不正常状态，采取相应的措施进行调整或消除，防止异常情况的扩大和延续，保证容器安全运行。对运行中的容器进行检查，主要包括以下三个方面：

(1) 工艺条件方面。主要检查操作条件，包括操作压力、操作温度、液位是否在工艺规定的范围内；工作介质的化学成分、物料配比、投料数量等，特别是影响安全的成分是否符合要求。

(2) 设备状况方面。主要检查容器各连接部位有无泄漏、渗漏现象；容器的部件和附件有无塑性变形、腐蚀及其他缺陷或可疑迹象；容器及其连接管道有无振动、磨损等现象。

(3) 安全装置方面。主要检查安全装置以及与安全有关的计量器具（如温度计、投料或液化气体充装计量用的磅秤等）是否保持完好状态；压力表的取出管有无泄漏或堵塞现象；弹簧式安全阀的弹簧是否有锈蚀、被油污黏结等情况；冬季装设在室外的露天安全阀有无冻结的现象；这些装置和器具是否在规定的允许使用期限内。

对运行中的容器进行巡回检查要定时、定点、定线路，操作人员在进行巡回检查时，应随身携带检查工具，沿着固定的检查线路和检查点认真检查。

（六）压力容器正常停运时应注意的问题

压力容器按生产规程要进行定期检验、检修、技术改造，或因原料、能源供应不及时，或因容器本身要求采用间歇式操作工艺的方法等停止运行，均属于正常停运。正常停运时应注意以下问题：

（1）控制降温速度。对于高温工作的压力容器，急剧降温，会使壳壁产生较大的收缩应力，严重时会使容器产生裂纹、变形、零件松脱、连接部位发生泄漏等现象，因而应控制降温速度。

（2）采取降温的方法降压。对于储存液化气的容器，由于器内的压力取决于温度，所以单纯排放液化气的气体或液体均达不到降压的目的，必须先降温，才能实现降压。

（3）应清除干净剩余物料。容器内的剩余物料多为有毒或剧毒、易燃易爆、腐蚀性等有害物质，若不清除干净，无法进入容器内部检查和修理。

（4）准确执行各项操作规程。停运时的操作不同于正常生产操作，要求更加严格、准确无误。

（5）杜绝火源。停运操作期间，容器周围应杜绝一切火源。对残留物料的排放与清理应采取相应措施，特别是可燃有毒气体应排至安全区域。

7.1 压力容器的
年度检查和定期检验

7.2 某科技（无锡）有限公司
“12·8”压力容器一般事故调查报告

任务案例

某科技（无锡）有限公司“12·8”压力容器一般事故调查报告。

第二节　压力管道的安全技术

一、压力管道管理

（一）外部检查

管道外部检查每年一次。外部检查的主要项目有：

（1）有无裂纹、腐蚀、变形、泄漏等情况；

（2）紧固件是否齐全，有无松动，法兰有无偏斜，吊卡、支架是否完好等；

（3）绝热层、防腐层是否完好；

（4）管道振动情况，管道与相邻对象有无摩擦；

（5）阀门填料有无泄漏，操作机构是否灵活；

（6）易燃易爆介质管道每年必须检查一次防静电接地电阻。法兰间接触电阻应小0.03Ω，管道对地电阻不得大于100Ω。停用两年以上需重新启用的，外部检查合格后方可使用。

（二）定点测厚

定点测厚主要用于检查高压、超高压管道。一般每年至少进行一次。

主要检查管道易冲刷、腐蚀、磨损的焊缝弯管、角管、三通等部位。定点测厚部位的测点数量，按管道腐蚀、冲刷、磨损情况及直径大小、使用年限等确定。定点测厚发现问题时，应扩大检测范围，做进一步检测。定点测厚数据记入设备档案中。

（三）全面检查

管道的全面检查每3～6年进行一次。可根据实际技术状况和检测情况，延长或缩短检查周期，但最长不得超过9年。高压、超高压管道全面检查一般6年进行一次。使用期限超过15年的各类管道，经全面检查，技术状况良好，经单位技术负责人批准，仍可按原定周期检查，否则应缩短检查周期。

1. 运行前的检查

（1）竣工文件检查。竣工文件是指装置（单元）设计、采购及施工完成之后的最终图纸文件资料，主要包括设计竣工文件、采购竣工文件和施工竣工文件三部分。设计竣工文件的检查主要是查设计文件是否齐全、设计方案是否满足生产要求、设计内容是否有足够而且切实可行的安全保护措施等内容。

（2）现场检查。现场检查可以分为设计与施工漏项、未完工程、施工质量等三个方面的检查。

① 设计与施工漏项。设计与施工漏项可能发生在各个方面，出现频率较高的问题有以下几个方面：阀门、跨线、高点排气及低点排液等遗漏；操作及测量指示点太高以致无法操作或观察，尤其是仪表现场指示组件；缺少梯子或梯子设置较少，巡回检查不方便；支吊架偏少，以致管道挠度超出标准要求，或管道不稳定；管道或构筑物的梁柱等影响操作通道；设备、机泵、特殊仪表组件（如热电偶、仪表箱、流量计等）、阀门等缺少必要的操作检修场地，或空间太小，操作检修不方便。

② 未完工程。未完工程的检查适用于中间检查或分期分批投入开车的装置检查。对于本次开车所涉及的工程，必须确认其已完成并不影响正常的开车。对于分期分批投入开车的装置，未列入本次开车的部分，应进行隔离，并确认它们之间相互不影响。

③ 施工质量。施工质量可能发生在各个方面，因此应全面检查。可着重从管道及其组件、支吊架、焊接、隔热防腐等方面进行检查。

（3）理化检验。下列管道，在全面检验时进行理化检验：

① 工作壁温大于370℃的碳钢和铁素体不锈钢管道；

② 工作壁温大于430℃的低合金钢和奥氏体不锈钢管道；

③ 工作壁温大于220℃的临氢介质碳钢和低合金钢管道；

④ 工作壁温大于320℃的钛及钛合金管道；

⑤ 工作介质含湿H_2S的碳钢和低合金钢管道。

检验内容包括内表面表层及不同深度层的化学成分分析、硬度测定和金相组织检查、力学性能（抗拉、抗弯及冲击韧性）试验。

对于在应力腐蚀敏感介质中使用的管道，应进行焊接接头的硬度测定，以查明焊缝热处理（消除焊接残余应力）效果，从而判定管道的应力腐蚀破裂倾向的大小，确定硬度测定点的部位。

（4）理化检验的评定。破坏性试验凡发现较明确的材质劣化现象的，如化学成分改变（脱碳、增碳等）、强度降低（氢腐蚀等）、塑性及韧性降低（湿H_2S介质中的氢脆等）、金相组织改变（珠光体严重球化或石墨化，晶间腐蚀等）等，则该管道必须判废。

碳钢管焊缝的硬度值不应超过母材最高硬度的120%；对合金钢管，不应超过母材最高硬度的125%。在含湿H_2S介质中，要求硬度小于22HRC。

2. 运行中的检查和监测

运行中的检查和监测包括运行初期检查、巡级检查及在线监测、末期检查及寿命评估三部分。

（1）运行初期检查。由于可能存在的设计、制造、施工等问题，当管道初期升温和升压后，这些问题都会暴露出来。此时，操作人员应会同设计、施工等技术人员，对运行的管道进行全面系统的检查，以便及时发现问题，及时解决。在对管道进行全面系统的检查过程中，应着重从管道的位移情况、振动情况、支撑情况、阀门及法兰的严密性等方面进行检查。

（2）巡线检查及在线监测。在装置运行过程中，由于操作波动等其他因素的影响，或压力管道及其附件在使用一段时间后因遭受腐蚀、磨损、疲劳、蠕变等损伤，随时都有可能发生压力管道的破坏，故应对在役压力管道进行定期或不定期的巡检，及时发现可能产生事故的苗头，并采取措施，以免造成较大的危害。

除了进行巡线检查外，对于重要管道或管道的重点部位还可利用现代检测技术进行在线监测，即可利用工业电视系统、声发射检漏技术、红外线成像技术等对在线管道的运行状态、裂纹扩展动态、泄漏等进行不间断监测，并判断管道的安定性和可靠性，从而保证压力管道的安全运行。

（3）末期检查及寿命评估。经过长时期运行，因遭受介质腐蚀、磨损、疲劳、老化、蠕变等的损伤，一些管道已处于不稳定状态或临近寿命终点，因此更应加强在线监测，并制订好应急措施和救援方案，随时准备着抢险救灾。

压力管道寿命的评估应根据压力管道的损伤情况和检测数据进行，总的来说，主要是针对管道材料已发生的蠕变、疲劳、相变、均匀腐蚀和裂纹等几方面进行评估。

二、化工管道工程验收

化工管道工程投入运行前应进行全面的检查验收，验收内容包括试压、吹扫清洗和验收。较大和复杂管网系统的试压、吹扫清洗，事先应制订专门的方案，有计划地进行。

（一）试压

管道系统的压力试验，包括强度试验、严密性试验、真空度试验和泄漏量试验。

强度与严密性试验一般应采用液压试验。如有困难或特殊原因时，也可采用气压试验，但必须有相关安全措施并经有关主管部门批准，以气压代替液压进行强度试验时，试验压力应为设计压力的 1.1 倍。

埋地压力管道在回填土后，还要进行最终水压试验和渗水量测定，即进行第二次压力试验和测定渗水量。具体方法和标准按规范规定进行。

真空管道在强度试验和严密性试验合格后，还应做真空试验。真空试验一般在工作压力下试验 24h，A 级管道的增压率不大于 3.5%，B、C 级管道不大于 5%为合格。

A、B 级管道试验前，应由建设单位与施工单位对管子、管件、阀门、焊条的制造合格证、阀门试验记录、静电测试记录等有关资料按相关规定进行审查。

（二）吹扫清洗

吹扫清洗的目的是保证管道系统内部的清洁。采用气体或蒸汽清理称为吹扫，采用液体介质清理称为清洗。吹扫清洗前应编制吹扫清洗方案，以确保吹扫清洗质量和安全。

（1）空气吹扫。工作介质为气体的管道，一般用空气吹扫。空气吹扫时，在排出口用白布或涂有白漆的靶板检查，5min 内靶板上无铁锈、灰尘、水分和其他脏物为合格。

（2）蒸汽吹扫。工作介质为蒸汽的管道和用空气吹扫达不到清洁要求的非蒸汽管道用蒸汽吹扫。蒸汽吹扫应先缓慢升温暖管，防止升温过快造成管道系统膨胀破坏。

一般蒸汽管道或其他管道，吹扫时可用刨光的木板置于排汽口处检测，无铁锈、脏物为合格。中、高压蒸汽管道及蒸汽透平机的入口管道，吹扫质量要求比一般管道严格，用装于排气管口的铝靶板检查，俗称打靶。两次靶板更换检查时，每次肉眼可见的冲击斑痕不多于10点，每点不大于1mm，视为蒸汽吹扫合格。

(3) 油清洗。润滑、密封及控制油系统管道，在试压吹扫合格后，系统试运转前进行油清洗。清洗至目测过滤网（200目或100g，根据设备转速定），每厘米滤网上滤出的杂物不多于3个颗粒为合格。油清洗合格的管道系统，在试运转前换上合格的正常使用的油品。

(4) 管道脱脂。氧气管道、富氧管道等忌油管道，要进行脱脂处理。脱脂处理应在水或蒸汽吹扫、清除杂物合格后进行。脱脂处理一般可选用二氯乙烷、三氯乙烯、四氯化碳、工业酒精、浓硝酸或液碱等进行。脱脂剂为易燃易爆、有毒、腐蚀介质，因此脱脂作业要有防火、防毒、防腐蚀灼伤的安全措施。

(5) 酸洗钝化。酸洗的目的是清除管道系统内壁的锈迹、锈斑，而又不损坏内壁表面。一般石油化工装置在投料前都要进行整个系统或局部系统的酸洗、钝化。

（三）验收

管道施工完毕后交付生产时，应提交一系列技术文件，如管道、管件、阀门等的材料合格证，以及材料代用记录、焊接探伤记录、各种试验检查记录、竣工图等。高压管道系统还应提交高压管道管件制造厂家的全部证明书、验收记录及校验报告单、加工记录、紧固件及阀门的制造厂家的全部证明及校验报告单，高压阀门试验报告、修改设计通知及材料代用记录，焊接记录及Ⅰ类焊缝位置单线图，热处理记录及探伤报告单，压力试验、吹洗、检查记录，其他记录及竣工图等。

三、压力管道的外保护

（一）化工管道的防腐

1. 管材的腐蚀特性与管材选择

管道的种类繁多，它们的工作压力、工作介质和温度、敷设的条件、所处的环境都各不相同。为了延长管道的使用寿命，达到经久耐用的目的，应了解和掌握各种管材的腐蚀特性，合理地选用管材。

2. 管道的防腐措施

各种金属管道和金属构件的主要防腐措施是在金属表面涂上不同的防腐材料（即防腐油漆），经过固化而形成涂层，牢固地结合在金属表面上。涂层把金属表面同外界严密隔绝，阻止金属与外界介质进行化学反应或电化学反应，从而防止了金属的腐蚀。

除了采用防腐涂料措施外，也可采用在金属管表面镀锌、镀铬以及在金属管内加耐腐蚀衬里（如橡胶、塑料、铅、玻璃）等措施。

3. 管道防腐施工

(1) 管道表面清理。通常在金属管道和构件的表面都有金属氧化物、油脂、泥灰、浮锈等杂质，这些杂质影响防腐层同金属表面的结合，因此在刷油漆前必须去掉这些杂质。除采用7108稳化型带锈底漆允许有80μm以下的锈层之外，一般都要求露出金属本色。表面清理分为除油、除锈和酸洗。

(2) 涂漆。涂漆是对管道进行防腐的主要方法。涂漆质量的好坏将直接关系到防腐效果，为保证油漆质量，必须掌握涂漆技术。

涂漆一般采用刷漆、喷漆、浸漆、浇漆等方法。在化工管道工程中大多采用刷漆和喷漆方法。人工刷漆时应分层进行，每层应往复涂刷，纵横交错，并保持涂层均匀，不得漏涂，涂刷要均匀，每层不应涂得太厚，以免起皱或附着不牢。机械喷涂时，喷射的漆流应与喷漆面垂直，喷漆面为圆弧时，喷嘴与喷漆面的距离为400mm。有绝热层的明装管道及暗装管道均应涂两遍防锈漆进行施工。埋设在地下的铸铁管出厂时未给管道涂防腐层者，施工前应在其表面涂刷两遍沥青漆。现场施工中在施工验收后要对连接部分进行补涂，补涂要求与原涂层相同。

（二）化工管路的保温

保温材料应具有热导率小、容重轻、耐热、耐湿、对金属无腐蚀作用、不易燃烧、来源广泛、价格低廉等特点。常用的保温材料有玻璃棉、矿渣棉、石棉、膨胀珍珠岩、泡沫混凝土、软木砖、木屑、聚氨酯泡沫塑料、聚苯乙烯泡沫塑料等。

管路的保温施工，应在设备及管路的强度试验、气密性试验合格及防腐工程完工后进行。管路上的支架、吊架、仪表管座等附件，当设计无规定时，可不必保温；保冷管路的上述附件，必须进行保冷。除设计规定需按管束保温的管路外，其余管路均应单独进行保温，在施工前，对保温材料及其制品应核查其性能。

保温结构一般由防锈层、保温层、防潮层和保护层构成。

(1) 防锈层。也称防锈底层，是将管路金属表面的污垢、锈迹除去后，在需要保温的管路上刷的一至两遍底漆。

(2) 保温层。保温层是保温结构的主要部分，有涂抹式、制品式、缠包式等。

① 涂抹式。将和好的胶泥状保温材料直接涂抹在管道上，常用胶泥材料有石棉、硅藻土、石棉粉等。一般先在管外刷两遍防锈漆，再分层涂抹胶泥，第一层厚5mm左右，干燥后再涂第二层，从第二层起以后各层涂抹厚度为10～15mm，前一层干燥后再涂下一层，直到设计要求的厚度为止。立管保温时，为防止保温层下坠，应先在管道上每隔2～4m焊一支承环，支承环由2～4块扁钢组成，宽度与保温层厚度相近。在保温层干透后，用玻璃纤维布或加铁丝网后再涂抹石棉水泥做保护层。

② 制品式。将保温材料（膨胀珍珠岩、硅藻土、泡沫混凝土、发泡塑料等）预制成砖块状或瓦块状，施工时用铁丝将其捆扎在管外。为保证管道保温效果，在进行捆绑作业前，应将预制件先干燥，以减少其含水量。块间接缝处用石棉硅藻土胶泥填实，最外层用玻璃丝布、铁皮或加铁丝网后涂抹石棉水泥作保护层。制品式保温结构如图7-1所示。

③ 缠包式。用矿渣棉毡、玻璃棉毡或石棉绳直接包卷缠绕在管外，用铁丝捆牢，厚度不够时可多包几层，各层间包紧，外层用玻璃丝布作保护层。图7-2所示为石棉绳缠包式保温结构。

(3) 防潮层。防潮层主要用于保冷管路、埋地保温管路，应完整、严密地包在干燥的保温层上。防潮层有两种：一种为石油沥青油毡，内外各涂一层沥青玛蹄脂；另一种为玻璃布，内外各涂一层沥青玛蹄脂。

(4) 保护层。保护层是无防潮层的保温结构，保护层在保温层外；有防潮层的保温结构，保护层在防潮层外。保护层对保温层的保温效果及使用寿命有很大影响。

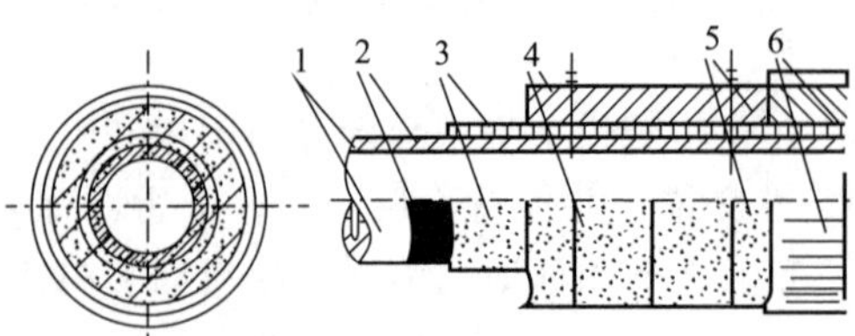

图 7-1　制品式保温结构

1—管子；2—红丹防蚀层；3—胶泥层；
4—保温制品（管瓦）；5— 铁丝或扁铁环；6—铁丝网

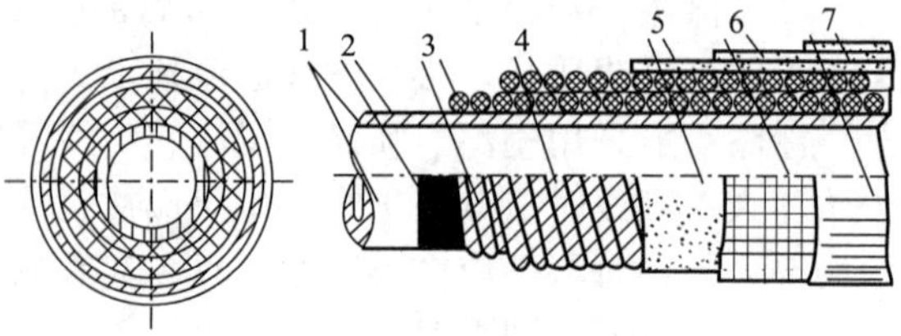

图 7-2　石棉绳缠包式保温结构

1—管子；2—红丹防蚀层；3—第一层石棉绳；
4—第二层石棉绳；5— 胶泥层；6—铁丝网；7—保护层

四、压力管道的检查、试验

（一）压力管道的检查

化工压力管道的检验管理是化工企业设备管理的薄弱环节。长期以来，有相当多的化工企业对管道未能做到有成效的检验，甚至只用不管，致使化工压力管道存在问题较多，时有爆炸事故发生，对化工生产的发展、人民生命财产的安全造成巨大影响。为改变现状，强化压力管道的管理，特制定《压力管道定期检验规则——工业管道》（TSG D7005—2018）。

本规则编制的基点主要是考虑管道内大多是易燃、易爆、有毒的化工介质，一旦泄漏，往往会造成火灾、二次爆炸及人员中毒，后果极为严重。如果某些企业的管道的安全对生产影响大，一旦失控，会造成装置停车，经济损失巨大，企业也可将其纳入本规程管理范围。

压力管道检测的方法与化工设备检测的方法相同，主要包括表面检测、射线检测和超声波检测，这里不再赘述。

1. 一般管路的检验

（1）对宏观检查发现裂纹（或裂纹迹象）及可疑部位进行表面检测检查。

（2）对保温层破损有可能渗入雨水的不锈钢管道，应在该处的管道外表面进行渗透检测，以检查是否有应力腐蚀裂纹产生。

（3）对有可能产生疲劳的管道，应在其焊缝及管端丝扣等容易造成应力集中处进行表面检测，以检查是否有疲劳裂纹产生。

（4）对 GC1 级管道焊缝进行至少 15%、GC2 级管道至少 10%的射线检测（RT）或超声波检测（UT）抽查。其他管道由检验人员视具体情况确定是否需要进行 RT 或 UT 抽查及抽查比例。若管道在制造、安装中执行现有规程、标准情况较好时，则 RT 或 UT 抽查比例可减半。抽查中，若发现有超标（指本规则评定标准，下同）缺陷，应适当扩大检查比例；若继续发现有超标缺陷，则应根据缺陷状况和管道使用条件进行处理。

（5）无损检测方法执行《承压设备无损检测》（NB/T 47013.1～47013.13—2015）的要求。

2. 用法兰连接的高压管道全面检验

（1）去除绝热层、防腐层及表面锈垢，对外表面进行全面的宏观检查。

（2）逐段测定壁厚，每段管道的测厚点不少于 3 点。

（3）对管端丝扣及不少于 20%的表面进行表面检测抽检，如发现裂纹等危害性缺陷，则需扩大比例，甚至 100%检查。必须将裂纹等缺陷消除后，方可继续投入使用。

3. 管道的耐压试验与严密性试验

一般随装置贯通试压一并进行，参照《管道阀门选用与安装》（21K201）和《石油天然气工业　管道输送系统　管道阀门》（GB/T 20173—2013）的有关规定。在工业压力管道的检测监测和安全评估方面，已有压力管道危险源评价、危险性缺陷检测、安全状况等级划分、管系内力计算与塑性极限载荷分析、含缺陷管道安全评定等多项关键技术、方法和标准，并研制出相应的检测仪器设备，解决了长期困扰企业压力管道安全管理和政府安全监察的技术难题，为建立我国工业压力管道检验评估管理体系奠定了坚实的技术基础。

（1）小直径薄壁管超声波探伤方法和专用仪器。应用超声波方法检测管道缺陷具有成本低、速度快、对检验人员无人身伤害、对裂纹性缺陷敏感、能够测定缺陷的自身高度等突出优点，因此得到越来越广泛的应用。

（2）管道泄漏声发射检测监测技术和专用仪器。压力管道在运行过程中的泄漏事故十分频繁，在压力管道泄漏后，尽早发现和确定泄漏点，并及时进行抢险堵漏，是防止压力管道爆炸事故的重要手段，国内外对此也一直在不断开展研究。围绕压力管道泄漏存在与否和泄漏源的定位这两项攻关目标，应用声发射方法研究出了新的管道泄漏检测监测技术和专用仪器，其主要包括以下几点。

① 在大量实验室和现场数据分析基础上，获得了泄漏信号、压力管道噪声信号的特征，为泄漏状态的判断提供了理论依据。

② 对泄漏信号的处理方法进行了深入研究，采用了经典谱、现代谱、小波、模式识别、神经网络等方法，采用了小波降噪、功率谱作为主要分析手段的泄漏信号分析方法。

③ 对于泄漏状态的判断问题综合了模式识别、神经网络、分形处理等特点，采用了功率谱形态的分形判断方法。

④ 采用全数字化的压力管道声发射泄漏检测仪器系统。系统由专用泄漏检测传感器、前置放大器、主放大器、采集板卡、计算机及系统软件组成，双通道的系统可以实时检测管道的泄漏状态，系统的信号采样速度为 200kHz～20MHz，采样精度为 12 位；在对信号进行数据处理的基础上可实时判断有无泄漏发生；基于能量方法能够判断泄漏的位置。

（二）压力管道检测的评定

1. 理化检验的评定

（1）管道表面不允许存在裂纹、重皮、折叠及严重变形，焊缝表面不允许存在裂纹。对此类危害较大的缺陷，必须进行消除、补焊或更换处理。

（2）对于因泄漏而采用的临时性管道堵漏措施（为维持连续生产），在停车检修时必须予以拆除，同时对该管道进行全面仔细检测，然后彻底修复。

（3）GC1、GC2 级管道中，凡承受交变应力的管道及振动较严重的管道，其对接焊缝的咬边及表面凹陷允许存在的限度为：焊缝全长的 10%，且小于 100mm。若超过此限度，则应修复。

（4）GC1、GC2 级管道对接焊缝的错边量应小于壁厚的 20%且不大于 3mm，否则也应修复。

（5）管件、阀门等附件存在危害安全的使用缺陷时，均应进行修理或更换。

2. 无损检测缺陷评定

（1）表面检测缺陷评定。表面检测（磁粉检测和渗透检测）检出的所有裂纹均不允许存在。

（2）射线检测缺陷评定。Ⅳ级片中的裂纹缺陷不允许存在；Ⅳ级片中的未熔合、未焊透、条状夹渣等是否允许存在，应视被检管道的工况、应力复杂程度、应力水平高低、缺陷的自身高度等诸多因素，由检验人员确定。

3. 超声波检测缺陷评定

（1）不允许存在检测人员判定为裂纹等危害性的缺陷。

（2）GC1 级管道不允许存在反射波幅位于Ⅱ区的缺陷。

（三）压力管道的试压

管路安装完毕后，在未进行保温工作以前都应进行试压，其目的是检查管路的连接处及焊缝的严密性。管路过长时，可以分段试压。管道系统的压力试验包括强度试验、严密性试验、真空试验和泄漏量试验。

1. 中低压管路的试压

中低压管路的工作压力为0.25～6.4MPa（表压），其试验压力为工作压力的1.5倍。试验时，将管路升压至试验压力，维持20min，以便查出漏水的地方。然后将压力降至工作压力，用质量为0.8～1.0kg的光头小锤敲击焊缝。假使压力维持不降，焊缝、管子及管件等处都未发现漏水和“出汗”等现象，则水压试验即为合格。动力蒸汽管道的水压试验压力为工作压力的1.25倍。

2. 高压管路的试压

高压管路的工作压力为10～100MPa（表压），其试验压力为工作压力的1.5倍。试验时，将管路升压至试验压力，维持20min，以便查出漏水的地方。然后将压力降至工作压力，并用0.8～1.0kg的光头小锤敲击管路。全部敲过之后，再将压力升至试验压力，保持5min。然后重新降至工作压力，并在此压力下保持足以查出全部缺陷的时间。当管内有压力时，不允许对其上的缺陷进行任何的修整工作。

* 第三节　锅炉的安全技术

7.3 锅炉的安全技术

* 第四节　气瓶的安全技术

7.4 气瓶的安全技术

第五节　安全装置

压力容器常见的安全装置有安全阀、防爆片、阻火器、呼吸阀、限流孔板、减压阀、安全仪表等。

一、安全阀

（一）安全阀的种类

常用的安全阀有杠杆式和弹簧式两种。它们是利用杠杆与重锤或弹簧弹力的作用，压住容器内的介质，当介质压力超过杠杆与重锤或弹簧弹力所能维持的压力时，阀芯被顶起，介质向外排放，器内压力迅速降低；当容器内压力小于杠杆与重锤或弹簧弹力后，阀芯再次与阀座闭合。

(1) 杠杆式安全阀。靠移动重锤的位置或改变重锤的质量来调节安全阀的开启压力。具有结构简单、调整方便、比较准确以及适用较高温度的优点。但杠杆式安全阀结构比较笨重，不宜用于高压容器上面。

(2) 弹簧式安全阀。弹簧式安全阀的加载机构是一个螺旋圈形弹簧，利用压缩弹簧的弹力来平衡作用在阀瓣上的力。通过调节弹簧压紧螺母，可以增加或降低弹簧的弹力，从而能按需要校正安全阀的整定压力。弹簧式安全阀结构轻便、紧凑、体积小、动作灵敏度较高；安装方位不受影响，对振动不太敏感，故可安装在移动式压力容器上。缺点是阀内弹簧受高温影响时，弹性有所降低。

（二）安全阀的选用

安全阀的制造单位必须有国家颁发的制造许可证。产品出厂应有合格证，合格证上应有质量检查部门的印章及检验日期。

安全阀的排放量是选用安全阀的关键因素，安全阀的排放量不得小于容器的安全泄放量。从气体排放方式来看，对盛装有毒、易燃或污染环境的介质容器应选用封闭式安全阀。选用安全阀时，要注意工作压力范围与压力容器的工作压力范围相匹配。

（三）安全阀的安装

安全阀应垂直向上安装在压力容器本体的液面以上气相空间部位。安全阀确实不宜装在容器本体上，而用短管与容器连接时，则接管的直径必须大于安全阀的进口直径，接管上一般禁止装设阀门或其他引出管。对于盛装易燃，毒性程度为极度、高度、中高度危害或黏性介质的容器，为便于安全阀更换、清洗，可装截止阀，但截止阀的流通面积不得小于安全阀的最小流通面积，并且要有可靠的措施和严格的制度，以保证在运行中截止阀保持全开状态并加铅封。

选择安装位置时，应考虑到安全阀的日常检查、维护和检修的方便。安装在室外露天的安全阀要有防止冬季阀内水分冻结的可靠措施。装有排气管的安全阀，排气管的最小截面积应大于安全阀内的出口截面积，排气管应尽可能短而直，并且不得装截止阀门。安装杠杆式安全阀时，必须使阀杆保持在铅垂位置。

（四）安全阀的维护和检验

安全阀在安装前应由专业人员进行水压试验和气密性试验，经试验合格后进行调整校正。安全阀的开启压力不得超过容器的设计压力。校正调整后的安全阀应进行铅封。

安全阀必须动作灵敏、可靠和密封性能良好，应加强日常维护检查。安全阀应经常保持清洁，防止阀体弹簧等被油垢及脏弃物黏住或被腐蚀。还应经常检查安全阀的铅封是否完好。气温过低时，检查有无冻结的可能性，检查安全阀是否有泄漏。对杠杆式安全阀，要检查其重锤是否松动或被移动等。如发现缺陷，要及时校正或更换。

安全阀要定期检验，每年至少校验一次。定期检验工作包括清洗、研磨、试验和校正。

二、防爆片

防爆片又称防爆膜、防爆板，是一种断裂型的安全泄压装置。防爆片具有密封性能好、反应动作快以及不易受介质中黏污物的影响等优点。但它是通过膜片的断裂来卸压的，所以卸压后不能继续使用，容器也被迫停止运行。因此防爆片一般在不宜安装安全阀的压力容器上使用。

防爆片的结构比较简单。主零件是一块很薄的金属板，用一副特殊的管法兰夹持着装入容器引出的短管中，也有把膜片直接与密封垫片一起放入接管法兰的。容器在正常运行时，防爆片虽可能有较大的变形，但能保持严密不漏。当容器超压时，膜片即断裂排泄介质，避免容器因超压而发生爆炸。

根据失效时的受力状态和基本结构形式，防爆片可以分为以下 4 种。

（1）剪切型防爆片又称切破式防爆片。当它承受压力时，周边受剪切而破裂。这种防爆片中间厚而周边薄。膜片一般用不锈钢、铜、铝、镍等延性材料制造，其特点是全面积排放，阻力小；膜片较厚，易于加工制造。膜片的动作压力（爆破压力）受周边条件（夹持边缘的锋利程度等）影响很大，因而不够稳定。膜片切破后常被整体冲出，易阻塞排放管道。

（2）弯曲型防爆片又称破裂式防爆片，是用铸铁、硬塑料、石墨等脆性材料制造的平板型膜片。膜片在较高的压力载荷作用下产生弯曲应力，当达到材料的抗弯强度时即碎裂。特点是破裂时无明显塑性变形，故动作反应快；膜片较厚，易加工。但膜片的动作压力受材料强度及装配误差的影响很大，不稳定；膜片强度低，安装不慎即可破裂，因而只在较低压力而又有化学反应爆炸可能的容器中使用。

（3）拉伸型防爆片又称正拱形防爆片，由不锈钢、铜、铝、镍等延性材料经过液压预拱成凸形。预拱成型压力一般都大于容器的正常操作压力。安装后，在正常操作压力下膜片一般不会变形，这样可以使其动作压力较为稳定。拉伸型防爆片的特点是无碎片飞出、阻力小、膜片的动作压力稳定。但膜片在长期的拉伸应力作用下，特别是受脉动载荷时，易被拉断。

（4）压缩型防爆片又称失稳型、反拱形防爆片。这种膜片制造材料与拉伸型相同，工作时凸面朝下安装，在压力作用下，凸形膜片会突然发生失稳，于是整个膜片向上翻转，被装设在其上的刀具切破，或整片脱落弹出。这种膜片的特点是：在几何尺寸一定的情况下，失稳的压力只与材料的弹性模数有关，因此膜片的动作压力较易控制；且在相同条件下，膜片较厚，易于加工，寿命长。这是一种很有发展价值的新型防爆片。

防爆片的设计压力一般为工作压力的 1.25 倍，对压力波动幅度较大的容器，其设计破裂压力还要相应大一些。但在任何情况下，防爆片的爆破压力都不得大于容器设计压力。一般防爆片材料的选择、膜片的厚度以及采用的结构形式，均是经过专门的理论计算和试验测试而定的。

运行中应经常检查防爆片法兰连接处有无泄漏，防爆片有无变形。通常情况下，防爆片应每年更换一次，发生超压而未爆破的防爆片应该立即更换。

三、呼吸阀

呼吸阀是为了防止内超压或形成负压引起罐体破坏的通气装置。当罐内液体挥发度较低时，用通气管即可；当罐内储存的是易挥发性液体时，则要在罐顶安装呼吸阀。根据呼吸阀的工作原理，可以分为机械式呼吸阀和液压式呼吸阀。

（一）机械式呼吸阀

机械式呼吸阀是用铸铁或铝做成的盒子，设在液体储罐的顶板上，是调节储罐内外压力、保护储罐储液安全的重要附件，如图 7-3 所示。内有两个阀门：一是罐内蒸气出口，当罐内空间气体压力增高时，此阀开启，将罐内气体导入大气；二是空气入口，当罐内压力低于大气压时，此阀打开，空气进入罐内。在这两个阀的上面设有易开启的盖子，便于检修。为防止阀门堵塞，在其外面通气孔上装有色金属制成的金属网。

机械式呼吸阀的工作原理是：当罐内气压力大于罐允许压力时，蒸气经压力阀外溢，此时真空阀处于关闭状态；当罐内气压力小于罐允许真空度时，新鲜空气通过真空阀进入罐内，此时压力阀处于关闭状态。允许压力（或真空压力）靠调节盘的质量来控制。

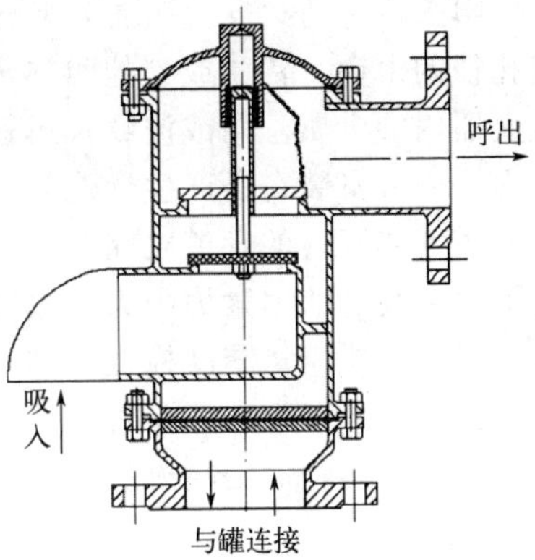

图 7-3 机械式呼吸阀

必须注意，呼吸阀座盘若太轻或有损坏，容易使罐内轻质油品的蒸气大量向罐外散逸，增加火灾危险性。呼吸阀的通气孔如选择不正确，压力阀太重，或阀盘升降失灵，就有可能使罐产生爆裂或压瘪变形的危险。机械式呼吸阀有时会锈蚀发生堵塞，在冬季会因蒸汽内含水而使阀盘与阀座冻结。要定期对呼吸阀进行全面的检查与维护。对于地面罐和半地下罐的机械呼吸阀，每年的一、四季度每月检查两次，二、三季度每月检查一次；对于油库内的机械式呼吸阀，每半年检查一次。

（二）液压式呼吸阀

液压式呼吸阀与机械式呼吸阀并排安装于油罐顶部，液压式呼吸阀如图 7-4 所示。液压式呼吸阀是为了防止罐上机械式呼吸阀故障而设置的，液压式呼吸阀控制的压力或真空值比机械式呼吸阀高 10%，因此在正常情况下是不会动作的。当机械式呼吸阀发生故障时，液压式呼吸阀就能代替机械式呼吸阀进行排气吸气。在罐上既安装机械式呼吸阀，又装液压式呼吸阀，安全性更高。

液压式安全阀的法兰装在储罐顶的阻火器上，阀体内充润滑油。阀内用沸点高（夏季不易挥发）、蒸发慢、凝点低（冬季不易凝固）的油品（如轻柴油、太阳油或变压器油）作为密封液体（简称封液）。当罐内气体空间处于正压状态时，气体由内环空间把封液挤入外环空间，压力不断升高，封液液位不断变化，当内环空间的封液液位与隔板的下缘相平时，罐内气体经隔板的下缘进入大气。相反，当罐内出现负压时，外环空间的封液进入内环空间，大气进入罐内。罐内压力与周围空气压力平衡时，内外环空间的封液液位保持在同一液面上。

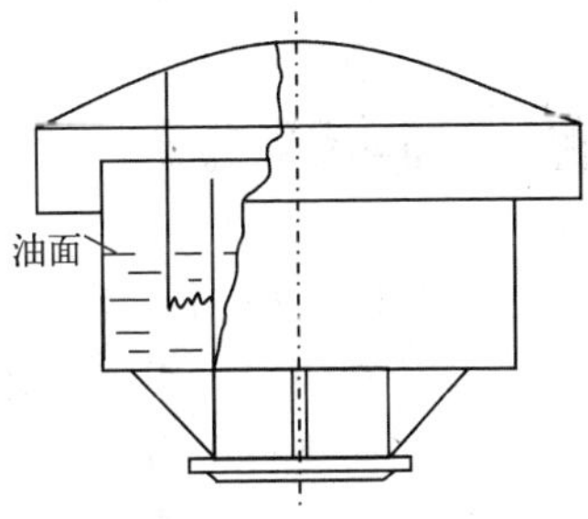

图 7-4 液压式呼吸阀

使用中必须注意保持封液的流动性和封液的一定量，量少时要及时补充，否则，罐内与大气直接相通，油气散逸，会增加罐区的危险性。

液压呼吸阀的检查与维护主要有两个方面：一是阀体，二是液封油料。特别是液封油料，在使用过程中要挥发损耗一部分，另外，水蒸气及罐内排出的一部分油气会凝结到液封油料中，因此，长期使用后，液封油料的数量和重度都将有变化，为保证其控制压力和正确性，必须定期检查和校正。

四、阻火器

阻火器是防火安全装置，常位于罐顶上机械呼吸阀的下部，外形类似箱盒，里面装有一定孔径的由铜、铝（或其他耐热金属）制成的多层丝网或波纹板。一旦有火焰进入呼吸阀，阻火器内的金属丝网或波纹板迅速吸收燃烧气体的热量，使火焰熄灭，阻止火焰进入罐内。阻火器一般安装在易产生燃烧和爆炸的设备、燃烧室、高温氧化炉、反应器与输送可燃气体和易燃液体蒸气的管道之间，以及易燃液体、可燃气体的容器、管道、设备的排气管上。影响阻火器性能的因素为阻火层厚度及其孔隙或通道的大小。

对阻火器应每季度检查一次，冰冻季节每月检查一次。

检查内容：阻火芯是否清洁通畅，有无冰冻，垫片是否严密，有无腐蚀现象。

维护内容：清洁阻火芯，用煤油洗去尘土和锈污，给螺栓加油保护。

任务案例

（1）压力容器一般泄漏闪燃事故调查报告。

（2）管道爆炸事故报告（大连石化、中石化东黄）。

（3）CNG 钢瓶爆炸事故案例分析。

（4）锅炉爆炸事故案例分析。

7.5 压力容器一般泄漏闪燃事故调查报告

7.6 管道爆炸事故——大连管道爆炸事故报告

7.7 中石化东黄输油管道泄漏爆炸特别重大事故

7.8 钢瓶爆炸事故 CNG 典型事故案例分析

7.9 锅炉爆炸事故分析

课后任务

一、综合复习

（1）什么叫压力容器？如何分类？

（2）如何进行压力容器的安全管理？

（3）压力容器有哪些安全附件？有何作用？

（4）如何安全使用气瓶？

（5）锅炉运行中安全要点有哪些？

（6）锅炉运行中在什么情况下必须停炉？

（7）什么是化工管道？化工管道包括哪些部件？

（8）蒸汽管道为什么要安装疏水装置？

（9）管道外部检查主要内容是什么？

（10）化工管道验收包括哪些内容？

（11）压力管道的试压的目的是什么？

（12）压力管道为什么要采用外保护？

第八章　安全评价

学习目标

熟悉危险、有害因素的辨识方法，重点掌握安全检查表、危险度、火灾爆炸指数评价法、ICI 蒙德法、故障树分析法、危险可操作性研究、预先性危险分析等评价方法。能辨识各种危险、有害因素，能应用安全检查表等主要评价方法，会阅读评价报告。

第一节　概述

安全评价是指以实现安全为目的，应用安全系统工程原理和方法，辨识与分析工程、系统、生产经营活动中的危险、有害因素，预测发生事故或造成职业危害的可能性及其严重程度，提出科学、合理、可行的安全对策措施建议，作出评价结论的活动。

我国发布的《危险化学品安全管理条例》，在规定了对危险化学品各环节管理和监督的同时，提出了“生产、储存危险化学品的企业，应当委托具备国家规定的资质条件的机构，对本企业的安全生产条件每 3 年进行一次安全评价，提出安全评价报告”的要求，推动和完善了安全评价工作的进展。

一、安全评价的目的和意义

（一）安全评价的目的

安全评价的目的是查找、分析和预测工程、系统、生产经营活动中存在的危险、有害因素及可能导致的危险、危害后果和程度，提出科学可行的安全对策措施，指导危险源监控和事故预防，以达到最低事故率、最少损失和最优的安全投资效益。重点要提高系统本质安全，实现全过程安全控制，建立系统安全的最优方案，为决策者提供依据，为实现安全技术、安全管理的标准化和科学化创造有利条件。

（二）安全评价的意义

我国安全生产的基本方针是“安全第一、预防为主、综合治理”，安全评价通过对装置的分析、论证和评估，找出可能产生的损失和伤害及其影响范围与严重程度，提出相应的对策措施等，最大限度地预防事故发生、减少财产损失和人员伤亡。安全评价是安全生产管理的重要组成部分，有助于政府对安全生产实行宏观控制，提高安全投资的经济性；有助于提高生产经营单位的安全管理水平，真正实现安全生产和经济效益的同步增长。

二、安全评价的基本概念

（一）安全和危险

安全是指免遭不可接受危险的伤害。安全的实质就是防止事故，消除导致死亡、伤害、职业危害及各种财产损失发生的条件。危险是指系统中存在导致发生不期望后果的可能性超过了人们的承受程度。系统危险性由系统中的危险因素决定，危险因素与危险之间具有因果关系。安全与危险是相对的概念，在安全评价中，主要是指人和物的安全与危险。

（二）事故

事故是指造成人员死亡、伤害、职业病、财产损失或其他损失的意外事件。事件的发生可能造成事故，也可能没有造成任何损失。对于没有造成职业病、死亡、伤害、财产损失或其他损失的事件可称为未遂事件或未遂过失。因此，事件包括事故事件和未遂事件。事故是由危险因素导致的，危险因素导致的人员死亡、伤害、职业危害及各种财产损失都属于事故。

（三）风险

风险是危险、危害事故发生的可能性与危险、危害事故所造成损失的严重程度的综合度量。风险大小可以用风险率 R 来衡量，风险率等于事故发生的概率 P（可能性或事故频率）与事故损失严重程度 S 的乘积：$R=PS$。

$$\text{风险率}=\frac{\text{事故次数}}{\text{单位时间}}\times\frac{\text{事故损失}}{\text{事故次数}}=\frac{\text{事故损失}}{\text{单位时间}}$$

单位时间可以是系统的运行周期，也可以是一年或几年；事故损失可以用死亡人数、事故次数、损失工作日数或经济损失等表示；风险率可以定量表示为百万工时事故死亡率、百万工时总事故率等，对于财产损失则可以表示为千人经济损失率等。

（四）系统和系统安全

系统是指由若干相互作用、相互信赖的若干组成部分结合而成的具有特定功能的有机整体。对生产系统来讲，系统构成包括人员、物资、设备、资金、任务指标和信息六个要素。系统安全是指在系统寿命周期内，应用系统安全工程的原理和方法，识别系统中的危险源，定性或定量表征其危险性，并采取控制措施使其危险性最小化，从而使系统在规定的性能、时间和成本范围内达到最佳的可接受安全程度。

（五）安全系统工程

安全系统工程是指应用系统工程的基本原理和方法，辨识、分析、评价、排除和控制系统中的各种危险，对工艺过程、设备、生产周期和资金等因素进行分析评价和综合处理，使系统可能发生的事故得到控制，并使系统安全性达到最佳状态的一门综合性技术科学。

三、安全评价的分类

按照国家安全生产行业标准《安全评价通则》（AQ 8001—2007），安全评价按照实施阶段的不同分为安全预评价、安全验收评价和安全现状评价三类。

（一）安全预评价

安全预评价是在建设项目可行性研究阶段、工业园区规划阶段或生产经营活动组织实施之前，根据相关的基础资料，辨识与分析建设项目、工业园区、生产经营活动潜在的危险、有害因素，确定其与安全生产法律法规、规章、标准、规范的符合性，预测发生事故的可能性及其严重程度，提出科学、合理、可行的安全对策措施建议，做出安全评价结论的活动。

（二）安全验收评价

安全验收评价是在建设项目竣工后，正式生产运行前或工业园区建设完成后，通过检查建设项目安全设施与主体工程同时设计、同时施工、同时投入生产和使用的情况或工业园区内的安全设施、设备、装置投入生产和使用的情况，检查安全生产管理措施到位情况，检查安全生产规章制度健全情况，检查事故应急救援预案建立情况，审查确定建设项目、工业园区建设与安全生产法律法规、规章、标准、规范要求的符合性，从整体上确定建设项目、工业园区的运行状况和安全管理情况，做出安全验收评价结论的活动。

（三）安全现状评价

安全现状评价是针对生产经营活动中、工业园区内的事故风险、安全管理等情况，辨识与分析其存在的危险、有害因素，审查确定其与安全生产法律法规、规章、标准、规范要求的符合性，预测发生事故或造成职业危害的可能性及其严重程度，提出科学、合理、可行的安全对策措施建议，做出安全现状评价结论的活动。

四、安全评价的程序

安全评价程序包括：前期准备，辨识与分析危险、有害因素，划分评价单元，定性定量评价，提出安全对策措施建议，作出评价结论，编制安全评价报告，如图 8-1 所示。

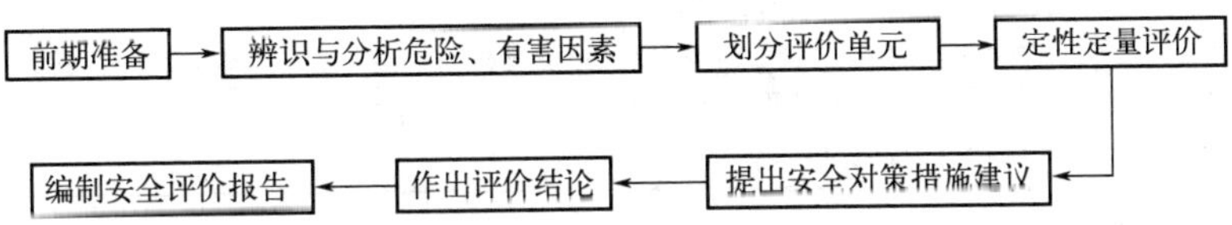

图 8-1　安全评价程序

第二节　危险、有害因素辨识及评价单元的划分

危险因素是指能对人造成伤亡或对物造成突发性损坏的因素，主要强调突发性和瞬间作用；有害因素是指能影响人的身体健康、导致疾病，或对物造成慢性损坏的因素，主要强调在一定时间范围内的积累作用。客观存在的危险、有害物质或能量超过一定限值（一般称临界值）的设备、设施和场所，都有可能成为危险、有害因素。

一、危险、有害因素的产生

事故的发生是存在危险有害物质、能量和危险有害物质、能量失去控制两方面因素的综合作用，并导致危险有害物质的泄漏、散发和能量的意外释放。

危险有害物质和能量失控主要体现在人的不安全行为、物的不安全状态和管理缺陷等三个方面。

（一）人的不安全行为

《企业职工伤亡事故分类》（GB 6441—1986）将人的不安全行为归纳为13大类。见表8-1。

表8-1　人的不安全行为

分类号	不安全行为
7.01	操作错误、忽视安全、忽视警告
7.02	造成安全装置失效
7.03	使用不安全设备
7.04	手代替工具操作
7.05	物体(指成品、半成品、材料、工具、切屑和生产用品等)存放不当
7.06	冒险进入危险场所
7.07	攀、坐不安全位置(如平台护栏、汽车挡板、吊车吊钩)
7.08	在起吊物下作业、停留
7.09	机器运转时进行加油、修理、检查、调整、焊接、清扫等工作
7.10	有分散注意力行为
7.11	在必须使用个人防护用品用具的作业或场合中，忽视其使用
7.12	不安全装束
7.13	对易燃、易爆等危险物品处理错误

（二）物的不安全状态

《企业职工伤亡事故分类》（GB 6441—1986）中，将物的不安全状态分为4大类。见表8-2。

表8-2　物的不安全状态

分类号	不安全状态
6.01	防护、保险、信号等装置缺乏或有缺陷
6.02	设备、设施、工具、附件有缺陷
6.03	个人防护用品用具——防护服、手套、护目镜及面罩、呼吸器官护具、听力护具、安全带、安全帽、安全鞋等缺少或有缺陷
6.04	生产(施工)现场环境不良

（三）管理缺陷

安全管理的缺陷可参考以下分类：对物（含作业环境）性能控制的缺陷；对人失误控制的缺陷；工艺过程、作业程序的缺陷；用人单位的缺陷；对来自相关方（供应商、承包商等）风险管理的缺陷。

（四）违反安全人机工程原理

此外，一些客观环境因素，如温度、湿度、风雨雪、照明、视野、噪声、振动、通风换气、色彩等环境因素也会引起设备故障和人员失误，是导致危险、有害物质和能量失控的间接因素。

二、危险、有害因素的分类

（一）参照导致事故和职业危害的直接原因分类

《生产过程危险和有害因素分类与代码》（GB/T 13861—2022）规定，将生产过程中的危险、有害因素分为 4 大类，见表 8-3。

表 8-3　生产过程中的危险、有害因素

序号	类别名称	序号	类别名称
01	人的因素	03	环境因素
02	物的因素	04	管理因素

此分类方法所列出的危险和有害因素具体、详细、科学合理，在各行业规划、设计和生产组织中，可对危险、有害因素进行预测和预防，对伤亡事故进行统计分析，也可用于安全评价中的危险、有害因素的辨识。

（二）参照事故类别进行分类

参照《企业职工伤亡事故分类》（GB 6441—1986），将事故和危险、有害因素分为 20 类，综合考虑了起因物、引起事故的诱导性原因、致害物和伤害方式等，在安全评价中是较常用的危险、有害因素的辨识方法，见表 8-4。

表 8-4　按事故类别划分的危险、有害因素

序号	类别名称	序号	类别名称
01	物体打击	011	冒顶片帮
02	车辆伤害	012	透水
03	机械伤害	013	放炮
04	超重伤害	014	火药爆炸
05	触电	015	瓦斯爆炸
06	淹溺	016	锅炉爆炸
07	灼烫	017	容器爆炸
08	火灾	018	其他爆炸
09	高处坠落	019	中毒和窒息
010	坍塌	020	其他伤害

（三）参照职业病类别分类

参照《职业病分类和目录》，将危险、有害因素分为生产性粉尘、毒物、噪声与振动、高温、低温、辐射（包括电离辐射、非电离辐射）和其他有害因素 7 大类。

三、危险、有害因素的辨识

危险、有害因素的辨识应遵循科学性、系统性、全面性、预测性的原则。

（一）危险、有害因素的辨识方法

1. 直观经验分析方法

（1）对照、经验法：对照有关标准、法规、检查表或依靠分析人员的观察分析能力，借助于经验和判断能力直观对评价对象的危险、有害因素进行分析的方法。

（2）类比方法：利用相同或相似工程系统或作业条件的经验和劳动安全卫生的统计资料来类推、分析评价对象的危险、有害因素。

2. 系统安全分析方法

应用某些系统安全工程评价方法进行危险、有害因素辨识。系统安全分析方法常用于复杂、没有事故经历的新开发系统。常用的系统安全分析方法有事件树、事故树等。

（二）危险、有害因素辨识的辨识内容

（1）厂址。工程地质、地形地貌、水文、气象条件等。

（2）总平面布置。功能分区、防火间距和安全间距、动力设施、道路、储运设施等。

（3）道路及运输。装卸、人流、物流、平面和竖向交叉运输等。

（4）建、构筑物。生产火灾危险性分类、库房储存物品的火灾危险性分类、耐火等级、结构、层数、防火间距等。

（5）工艺过程。

① 新建、改建、扩建项目设计阶段：从根本消除的措施、预防性措施、减少危险性措施、隔离措施、联锁措施、安全色和安全标志几方面考察。

② 对安全现状综合评价可针对行业和专业的特点及行业和专业制定的安全标准、规程进行分析、识别。

③ 根据归纳在手册、规范、规程和规定中典型的单元过程的危险、有害因素进行识别。

（6）生产设备、装置。工艺设备从高温、高压、腐蚀、振动、控制、检修和故障等方面；机械设备从运动零部件和工件、操作条件、检修、误操作等方面；电气设备从触电、火灾、静电、雷击等方面进行识别。

（7）作业环境。存在毒物、噪声、振动、辐射、粉尘等作业部位。

（8）安全管理措施。组织机构、管理制度、事故应急救援预案、特种作业人员培训等方面。

（三）危险化学品重大危险源辨识

对于危险化学品重大危险源，参照《危险化学品重大危险源辨识》（GB 18218—2018）进行识别。

1. 危险化学品重大危险源

指长期或临时地生产、储存、使用和经营危险化学品，且危险化学品的数量等于或超过临界量的单元。

单元包括生产单元和储存单元。生产单元是指危险化学品的生产、加工及使用等的装置及设施，当装置及设施之间有切断阀时，以切断阀作为分隔界限划分为独立的单元。储存单元是指用于储存危险化学品的储罐或仓库组成的相对独立的区域，储罐区以罐区防火堤为界限划分为独立的单元，仓库以独立库房（独立建筑物）为界限划分为独立的单元。

临界量是指对于某种或某类危险化学品构成重大危险源所规定的最小数量。

2. 重大危险源的辨识指标

生产单元、储存单元内存在危险化学品的数量等于或超过《危险化学品重大危险源辨识》（GB 18218—2018）规定的临界量，即被定位为重大危险源。单元内存在的危险化学品数量根据处理危险化学品种类的多少区分为以下两种情况。

（1）生产单元、储存单元内存在的危险化学品为单一品种，该危险化学品的数量即为单元内危险化学品的总量，若等于或超过相应的临界量，则定为重大危险源。

（2）生产单元、储存单元内存在的危险化学品为多品种时，按式（8-1）计算，若满足式（8-1），则定为重大危险源。

$$S=q_1/Q_1+q_2/Q_2+\cdots+q_n/Q_n\geqslant 1 \tag{8-1}$$

式中，S 为辨识指标；q_1，q_2，…，q_n 为每种危险化学品的实际存在量，t；Q_1，Q_2，…，Q_n 为与每种危险化学品相对应的临界量，t。

急性毒性危害类别见表 8-5。

表 8-5　急性毒性危害类别（GB 30000.18—2013）

接触途径	单位	类别 1	类别 2	类别 3	类别 4	类别 5
经口	mg/kg	5	50	300	2000	5000 见具体标准
经皮肤	mg/kg	50	200	1000	2000	
气体	mL/L	0.1	0.5	2.5	20	见具体标准
蒸气	mg/L	0.5	2.0	10	20	
粉尘和烟雾	mg/L	0.05	0.5	1.0	5	

（四）危险、有害因素辨识应注意的问题

（1）为了有序、方便地进行分析，防止遗漏，宜按厂址、平面布局、建筑物、物质、生产工艺及设备、辅助生产设施（包括公用工程）、作业环境等几个方面，分别分析其存在的危险、有害因素，列表登记，综合归纳。

（2）对导致事故发生的直接原因、诱导原因进行重点分析，从而为确定评价目标、评价重点、划分评价单元、选择评价方法和采取控制措施计划提供依据。

（3）对重大危险、有害因素，不仅要分析正常生产、运输、操作时的危险、有害因素，更重要的是分析设备、装置破坏及操作失误可能产生严重后果的危险、危害因素。

四、评价单元划分原则和方法

评价单元一般以生产工艺、工艺装置、物料的特点和特征与危险、有害因素的类别、分布有机结合进行划分，还可以按评价的需要将一个评价单元再划分为若干子评价单元或更细致的单元。评价单元的划分应服务于评价目标和评价方法，因此，只要能达到评价目的，评价单元划分并不要求绝对一致。

（一）以危险、有害因素的类别划分评价单元

（1）在进行工艺方案、总体布置及自然条件、社会环境对系统影响等方面的分析和评价时，可将整个系统作为一个评价单元。

（2）将具有共性危险、有害因素的场所和装置划分为一个评价单元。再按工艺、物料、作业特点划分成子单元分别评价。

（二）以装置和物质的特征划分评价单元

（1）按照装置、工艺、功能划分评价单元。

（2）按布置的相对独立性划分评价单元。

（3）按工艺条件划分评价单元。

（4）按所储存、处理危险物质的潜在化学能、毒性和数量划分评价单元。

① 在一个储存区域内储存不同危险物质时，为了能够正确识别其相对危险性，可按照危险物质的类别划分成不同的评价单元。

② 为避免夸大评价单元的危险性，评价单元内的可燃、易燃、易爆等危险物质应有最低限量。由美国道（DOW）化学公司提出的火灾爆炸指数评价法中要求评价单元内可燃、易燃、易爆等危险物质的最低限量为 2270kg 或 2.27m^3；小规模试验工厂上述物质的最低限量为 454kg 或 0.545m^3。若低于该要求则不能列为评价单元。

（5）根据以往事故资料划分评价单元。

① 可将事故发生时导致造成巨大损失和伤害的关键设备作为一个评价单元。
② 可将危险、有害因素大且资金密度大的区域作为一个评价单元。
③ 可将危险、有害因素特别大的区域、装置作为一个评价单元。
④ 可将具有类似危险性潜能的单元合并为一个大的评价单元。

第三节　安全评价分析

安全评价方法是进行定性、定量安全评价的工具。在进行安全评价时，应根据安全评价对象和要达到的安全评价目标，选择适合的安全评价方法。

一、安全评价方法概述

（一）安全评价方法分类

安全评价方法的分类方法很多，常用的有按照评价结果的量化程度分类、按照安全评价的逻辑推理过程分类、按照安全评价要达到的目的分类等。

1. 按照评价结果的量化程度分类

（1）定性安全评价方法。定性安全评价方法主要是根据经验和直观判断能力对生产系统的工艺、设备、设施、环境、人员和管理等方面的状况进行定性的分析，安全评价的结果是一些定性的指标。有安全检查表、专家现场询问观察法、作业条件危险性评价法（格雷厄姆-金尼法或 LEC 法）、故障类型和影响分析、危险可操作性研究等。

定性安全评价方法的优点是容易理解、便于掌握，评价过程简单。缺点是评价人员的经验和经历等差异大，带有一定的局限性，安全评价结果无量化的危险度，缺乏可比性。

（2）定量安全评价方法。定量安全评价方法是使用大量的实验结果和广泛的事故资料统计分析获得的指标或规律（数学模型），对生产系统的工艺、设备、设施、环境、人员和管理等方面的状况进行定量的计算，评价的结果是一些量化指标。按照安全评价给出的定量结果的类别不同，定量安全评价方法还可以分为概率风险评价法、伤害（或破坏）范围评价法和危险指数评价法。

① 概率风险评价法。是根据事故基本致因因素的事故发生概率，应用数理统计中的概率分析方法，求取事故基本致因因素的关联度（或重要度）或整个评价系统的事故发生概率的安全评价方法。故障类型及影响分析、故障树分析、统计图表分析法等都属于此类方法。随着计算机在安全评价中的应用，模糊数学理论、灰色系统理论和神经网络理论已经应用到安全评价中，扩大了该类评价方法的应用范围。

② 伤害（或破坏）范围评价法。根据事故的数学模型，应用数学计算方法，求取事故对人员或物体的破坏范围的安全评价方法，液体泄漏模型、气体泄漏模型、气体绝热扩散模型、池火火焰与辐射强度评价模型、火球爆炸伤害模型、爆炸冲击波超压伤害模型、蒸气云爆炸超压破坏模型、毒物泄漏扩散模型和锅炉爆炸伤害 TNT 当量法都属于伤害（或破坏）范围评价法。该类评价方法计算量大，需要使用计算机，特别是计算的初值和边值选取不同会使评价结果出现较大的失真。因此，该类评价方法只适用于系统的事故模型及初值和边值比较确定的安全评价。

③ 危险指数评价法。应用系统的事故危险指数模型，根据系统及其物质、设备（设施）、工艺的基本性质和状态，采用推算的办法，逐步给出事故的可能损失、引起事故发生

或使事故扩大的设备、事故的危险性以及采取安全措施的有效性的安全评价方法。常用的危险指数评价法有火灾爆炸指数评价法，ICI 蒙德法、危险度评价法等。优点是评价指数值同时含有事故发生的可能性和事故后果两方面的因素，克服了事故概率和事故后果难以确定的缺点。缺点是采用的安全评价模型对系统安全保障设施（或设备、工艺）的功能重视不够，评价过程中的安全保障设施的修正系数一般只与设施的设置条件和覆盖范围有关，而与设施的功能多少、优劣等无关，忽略了系统中危险物质和安全保障设施间的相互作用关系，各因素的修正系数只是简单地相加或相乘，忽略了各因素之间重要程度的不同。因此该类评价方法的灵活性和敏感性较差。

2. 按照安全评价的逻辑推理过程分类

（1）归纳推理评价法。从事故原因推论结果的评价方法，即从最基本危险、有害因素开始，逐渐分析出导致事故发生的直接因素，最终分析到可能的事故。

（2）演绎推理评价法。从结果推论事故原因的评价方法，即从事故开始，推论导致事故发生的直接因素，再分析与直接因素相关的间接因素，最终分析和查找出导致事故发生的最基本危险、有害因素。

3. 按照安全评价要达到的目的分类

安全评价方法可分为事故致因因素安全评价法、危险性分级安全评价法和事故后果安全评价法。

4. 按研究对象的内容分类

安全评价方法可分为工厂设计的危险性评审、安全管理的有效性评价、生产设备的可靠性评价、作业行为危险性评价、作业环境和环境质量评价、化学物质的物理化学危险性评价共六类。

5. 按照评价对象的不同分类

安全评价方法可分为设备（设施或工艺）故障率评价法、人员失误率评价法、物质系数评价法、系统危险性评价法等。

（二）安全评价方法选择

任何一种安全评价方法都有其适用条件和范围，在安全评价中如果使用了不适用的安全评价方法，不仅浪费工作时间，影响评价工作正常开展，而且可能导致评价结果严重失真，使安全评价失败。

1. 安全评价方法的选择原则

在进行安全评价时，应该在认真分析并熟悉被评价系统的前提下，选择安全评价方法。选择安全评价方法应遵循充分性、适应性、系统性、针对性和合理性的原则。

2. 安全评价方法的选择过程

不同的被评价系统，应选择不同的安全评价方法，安全评价方法选择过程有所不同。在选择安全评价方法时，应首先详细分析被评价的系统，明确通过安全评价要达到的目标，即通过安全评价需要给出哪些、什么样的安全评价结果，然后应收集尽量多的安全评价方法，将安全评价方法进行分类整理，明确被评价的系统能够提供的基础数据、工艺和其他资料，根据安全评价要达到的目标以及所需的基础数据、工艺和其他资料，选择适用的安全评价方法。如图 8-2 所示。

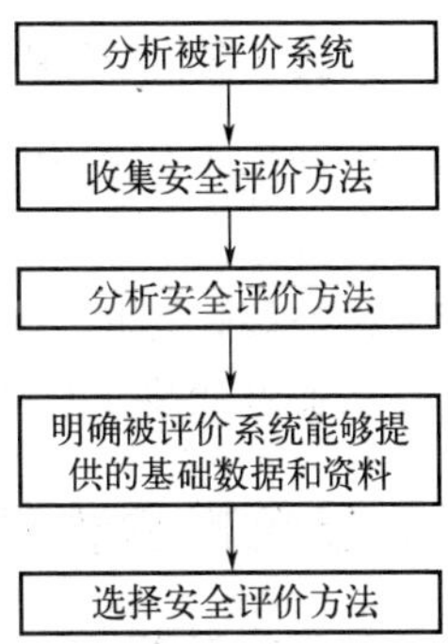

图 8-2 安全评价方法选择过程

3. 选择安全评价方法应注意的问题

根据安全评价的特点、具体条件和需要，针对被评价系统的实际情况、特点和评价目标，认真地分析、比较，科学选择安全评价方法。如果难以确定，可根据评价目标的要求，选择几种安全评价方法同时进行评价，互相补充、分析综合和相互验证，以提高评价结果的可靠性。选择安全评价方法时应注意考虑以下方面：

（1）充分考虑被评价系统的特点；

（2）考虑评价的具体目标和要求的最终结果；

（3）考虑评价资料占有情况；

（4）考虑安全评价人员。

二、安全检查法

安全检查法（safety review，SR）主要用于对过程的设计、装置条件、实际生产过程以及维修等进行详细检查，以识别可能存在的危险性和有害性的方法。安全检查法常用于识别可能导致人员伤亡、财产损失等安全生产事故的装置条件或操作程序，该方法适用于生产工艺过程的各个阶段。

（一）安全检查对象和目的

安全检查对象是可能导致人员伤亡、财产损失或环境损害等事故的设计图纸、装置条件及操作、维修作业。安全检查目的是：警惕工艺过程可能发生的危险性；审核评估控制系统和安全系统的设计依据；发现因新工艺或新设备带来的新危险；检验新兴安全技术对危险控制的可靠性。

（二）安全检查法操作步骤

（1）检查前的准备。包括成立检查组、制订检查计划、确定检查内容和项目以及检查重点、收集相关工程资料等。

（2）进行检查。按照检查计划，有步骤、有重点、系统地开展检查工作并及时记录，如有必要，可进行拍照和录像。

（3）编制安全检查报告。根据检查的情况，分析、整理和编写检查报告文件。

安全检查报告应包括偏离设计工艺条件的安全隐患、偏离规定操作规程的安全隐患以及发现的其他安全隐患等。对隐患项目可下达隐患整改通知书，提供给被检查单位或部门，要求对隐患进行限期整改。对严重威胁安全生产及公共利益的重大隐患项目可下达停业整改通知书。

（三）安全检查法的适用性

安全检查法直观、现实，能及时发现并进行有效纠偏，防止事故的发生，是一种十分常用的评价方法。安全检查的类型有企业安全大检查、专业安全检查、专项安全检查、季节性安全检查等，可用于企业自身的安全管理，也可用于政府职能部门的安全监督。安全检查法的效果关键取决于检查组成员的综合素质以及检查的方法和手段。

三、安全检查表分析法

安全检查表分析法（safety checklist analysis，SCA）是将一系列的分析项目列出检查表进行分析以确定系统的状态，这些项目包括设备、储运、操作、管理等各个方面。

（一）特点

安全检查表分析法是分析人员列出一些危险项目，识别一般工艺设备和操作有关的已知类型的危险设计缺陷以及事故隐患，所列项目差别很大，且常用于检查各种规范和标准的执行情况。

安全检查表分析的弹性很大，既可用于简单的快速分析，也可用于更深层次的分析，是识别已知危险的有效方法。

安全检查表内容包括标准、规范和规定，应随时关注并采用新颁布的有关标准、规范和规定。正确地使用安全检查可保证每个设备符合标准，而且可识别出需进一步分析的区域。

安全检查表分析法是基于经验的方法，编制安全检查表的评价人员应当熟悉装置的操作、标准和规程，并从有关渠道（如内部标准、规范、行业指南等）选择合适的安全检查表，如果无法获得，评价人员必须运用自己的经验和可靠的参考资料编制合适的安全检查表；所拟定的安全检查表应当能通过回答安全检查表所列的问题发现系统设计和操作的各个方面与有关标准不符的地方。

许多机构使用标准的安全检查表对项目发展的各个阶段（从初步设计到装置报废）进行分析。换句话说，针对典型的行业（如锅炉房、液化气站建设项目等）和工艺，其安全检查表内容是一定的；但是，完整的安全检查表应当随着项目从一个阶段到下一个阶段不断完善，这样，安全检查表才能作为交流和控制手段。

（二）分析步骤

安全检查表分析法包括三个步骤：选择或拟定合适的安全检查表；完成分析；编制分析结果文件。

评价人员通过确定标准的设计或操作以建立传统的安全检查表，然后用该表产生一系列基于缺陷或差异的问题。所完成的安全检查表包括对提出的问题回答“是”“不适用”或“需要更多的信息”。定性的分析结果随不同的分析对象而变化，但都将作出与标准或规范是否一致的结论。此外，安全检查表分析通常能提出一系列的提高安全性的可能途径供管理者考虑。

安全检查表在编制时应注意防止漏项。

（三）优缺点及其适用范围

安全检查表是进行安全检查、发现潜在危险的一种有用而简单可行的方法。常用于安全生产管理，对熟知的工艺设计、物料、设备或操作规程进行分析；也可用于新开发工艺过程的早期阶段，识别和消除在类似系统的多年操作中所发现的危险。安全检查表可用于项目发展过程的各个阶段。

[案例 8-1] 对某制药车间生产设备进行安全检查表分析评价，评价结果见表 8-6。

表 8-6　生产设备安全检查表

序号	检查项目	实际情况	检查结果	备注
1	设备主体及部件齐全完好	楼梯有一处锈蚀断裂，管道及反应釜保温层损坏	不符合	整改完成后合格
2	减速机、泵等传动部位设置了可靠的防护设施	传动装置防护基本完好	符合	
3	安全附件完好（如压力表定期校验等）	压力表、温度计盘上无限压限温警示红线；玻璃管式温度计无防护套；压力表头无固定措施	不符合	整改完成后合格

续表

序号	检查项目	实际情况	检查结果	备注
4	管道标色符合标志规定	物料管线无色标和流向标志	不符合	整改完成后合格
5	爆炸危险场所的电器符合防爆要求	车间内部分电器、电线不合规范；配电箱损坏	不符合	整改完成后合格
6	危险性较大、关键性生产设备必须由持专业许可证单位制造	反应釜等主要设备由专业单位制造	符合	
7	产生危险和有害因素的过程应配置检测仪器、自动报警装置	配置检测仪器及可燃气体报警器	符合	
8	在使用酸、碱岗位，设置了洗眼器和喷淋装置	未设喷淋装置	不符合	整改完成后合格
9	金属管法兰跨接符合规范要求	符合要求	符合	
10	生产工艺设备应采用静电导体或静电亚导体，避免采用静电非导体	符合要求	符合	

根据上节内容分析，对生产设备的安全检查表检查 10 项，5 项符合要求，5 项不符合要求。

四、危险度评价法

根据日本劳动省化工企业安全评价六阶段法的定量评价表，结合我国的《石油化工企业设计防火规范》（GB 50160—2008）等规范，将此定量评价表的取值内容做了部分修改，编制一个适合我国标准的危险度评价取值表。同样规定单元危险度由物质、容量、温度、压力和操作五个项目共同确定，其危险度分别按 A=10 分、B=5 分、C=2 分、D=0 分赋值计分，由分数之和确定各单元的危险等级。危险程度分级标准见表 8-7。

表 8-7　危险程度分级标准

单元赋值累计	等级	危险程度
15 分以上	Ⅰ	高度危险
11～15 分	Ⅱ	中度危险
11 分以下	Ⅲ	低度危险

15 分以上是具有高度危险（Ⅰ级）的单元、11～15 分为具有中度危险（Ⅱ级）的单元，11 分以下为低危险度（Ⅲ级）单元。以其中单元最大危险度作为本装置的危险度。危险度评价取值方法见表 8-8。

表 8-8　危险度评价取值表

项目	A(10 分)	B(5 分)	C(2 分)	D(0 分)
物质(系指单元中危险、有害程度最大之物质)	(1)甲类可燃气体 (2)甲$_A$类物质及液态烃类 (3)甲类固体 (4)极度危害介质	(1)乙类可燃气体 (2)甲$_B$、乙$_A$类可燃液体 (3)乙类固体 (4)高度危害介质	(1)乙$_B$、丙$_A$、丙$_B$类可燃液体 (2)丙类固体 (3)中、轻度危害介质	不属左述之 A、B、C 项之物质
容量	(1)气体 $1000m^3$ 以上 (2)液体 $100m^3$ 以上	(1)气体 500～$1000m^3$ (2)液体 50～$100m^3$	(1)气体 100～$500m^3$ (2)液体 10～$50m^3$	(1)气体<$100m^3$ (2)液体<$10m^3$

续表

项目	A(10分)	B(5分)	C(2分)	D(0分)
温度	1000℃以上使用，操作温度在燃点以上	(1) 1000℃以上使用，操作温度在燃点以下 (2) 在250～1000℃使用，操作温度在燃点以上	(1) 在250～1000℃使用，操作温度在燃点以下 (2) 在低于250℃时使用，操作温度在燃点以上	在低于250℃时使用，操作温度在燃点以下
压力	100MPa以上	20～100MPa	1～20MPa	1MPa以下
操作	(1) 临界放热和特别剧烈的放热反应操作 (2) 在爆炸极限范围内或其附近的操作	(1) 中等放热反应(如烷基化、酯化、加成、氧化、聚合、缩合等反应操作) (2) 系统进入空气或不纯物质，可能发生的危险、操作	(1) 轻微放热反应(如加氢、水合、异构化、烷基化、磺化、中和等反应)操作 (2) 在精制过程中伴有化学反应 (3) 单批式操作，但开始使用机械等手段进行程序操作 (4) 有一定危险的操作	无危险地操作

[案例 8-2] 某加油站有油罐和加油两个单元，油储量为汽油罐 3 台，柴油罐 2 台，每台设备容积均为 $50m^3$，加油机 6 台，生产最大用油量为汽油 $4m^3$、柴油 $2m^3$，进行危险度评价，分析结果见表 8-9。

由危险度评价结果可以看出：属于“Ⅰ级”（高度危险）等级的有汽油储罐单元，属于“Ⅱ级”（中度危险）等级的有柴油储罐、汽油机单元，属于“Ⅲ级”（低度危险）等级的有柴油机单元。该企业总体危险度较高。

表 8-9 单元危险度评价表

序号	装置单元		物质	物质评分	容量评分	温度评分	压力容器	操作评分	总分	等级
1	油罐区	汽油储罐	汽油	10	10	0	0	5	25	Ⅰ
2		柴油储罐	柴油	5	5	0	0	5	15	Ⅱ
3	加油区	汽油机	汽油	10	0	0	0	2	12	Ⅱ
4		柴油机	柴油	5	0	0	0	2	7	Ⅲ

五、故障树分析

1961 年，贝尔电话实验室的维森首次提出了故障树分析（fault tree analysis，FTA）的概念。故障树是从结果到原因描述事故发生的有向逻辑树，对故障树进行演绎分析，寻求防止结果发生的对策，这种方法称为故障树分析。显然，故障树分析是从结果开始，寻求结果事件（通称顶上事件）发生的原因事件，是一种逆时序的分析方法。另外故障树分析是一种演绎的逻辑分析方法，将结果演绎成构成这一结果的多种原因，再按逻辑关系构建故障树，寻求防止结果发生的措施。

故障树分析特点是能对各种系统的危险性进行辨识和评价，不仅能分析出事故的直接原因，而且能深入地揭示出事故的潜在原因；描述事故的因果关系直观、明了、思路清晰、逻辑性强；既可定性分析，又能定量分析。

（一）故障树分析步骤

故障树分析的步骤常因被评价对象、分析目的的不同而不同。但一般可按图 8-3 所示程序进行。

目前我国故障树一般都考虑到第 7 步定性分析为主，也能取得较好效果。

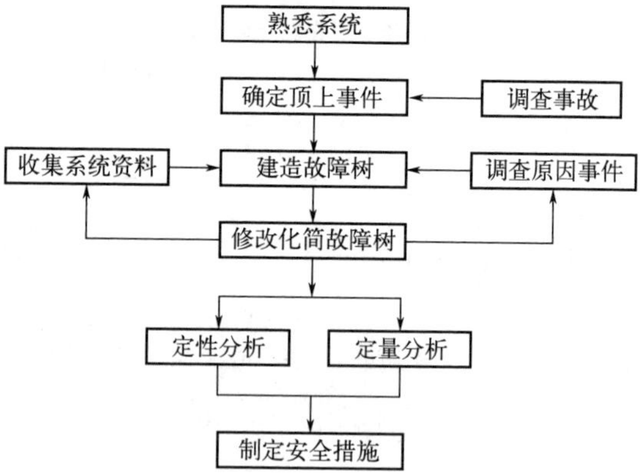

图 8-3　故障树分析的一般程序

（二）故障树分析数学基础

故障树的突出特点是可以进行定量分析和计算，在进行定量分析和计算时需要了解一些基本概念。

（1）集合的概念。具有某种共同属性的事故的全体称为集合。构成集合的事件称为元素。包含一切元素的集合称为全集，用符号 Ω 表示；不包含任何元素的集合称为空集，用符号 Φ 表示。

（2）布尔代数与主要运算法则。在故障树分析中常用逻辑运算符号（·）（+）将各个事件连接起来，这种连接式称为布尔代数表达式。在求最小割集时，要用布尔代数运算法则简化代数式。

（三）故障树的编制

1. 故障树符号的意义

（1）事件符号。

① 矩形符号。表示顶上事件或中间事件，即需要进一步往下分析的事件。将事件扼要记入矩形框内。必须注意，顶上事件一定要清楚明了，不要太笼统。见图 8-4（a）。

② 圆形符号。表示基本（原因）事件，即不能再继续往下分析了。可以是人的差错，也可以是设备、机械故障、环境因素等。它表示最基本的事件，将事故原因扼要记入圆形符号内。见图 8-4（b）。

③ 菱形符号。表示省略事件，即表示事前不能分析，或者没有再分析下去的必要的事件。将事件扼要记入菱形符号内。见图 8-4（c）。

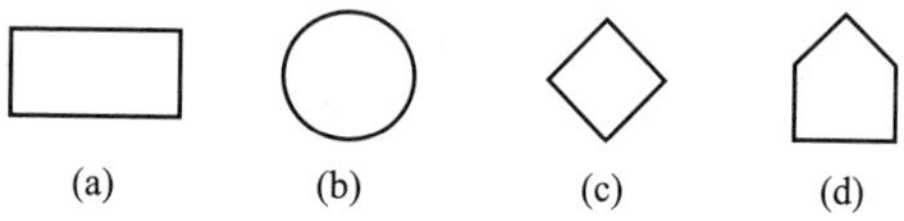

图 8-4　事件符号

④ 屋形符号。表示正常事件，是系统在正常状态下发生的事件。将事件扼要记入屋形符号内。见图 8-4（d）。

（2）逻辑门符号。即连接各个事件，并表示逻辑关系的符号。主要有与门或门、条件与门、条件或门和限制门。

① 与门符号。与门表示输入事件 B_1、B_2 同时发生的情况下，输出事件 A 才会发生的连接关系。二者缺一不可，表现为逻辑乘的关系。即 $A=B_1 \cap B_2$。在有若干输入事件时，也是如此，如图 8-5（a）所示。与门用与门电路图来说明更易理解，如图 8-5（b）所示。

当 B_1、B_2 都接通（$B_1=1$、$B_2=1$）时，电灯才亮（出现信号），用布尔代数表示为 $X=B_1 \cdot B_2=1$。当 B_1、B_2 中有一个断开或都断开（$B_1=1$、$B_2=0$，或 $B_1=0$、$B_2=1$，或 $B_1=0$、$B_2=0$）时，电灯不亮（没有信号），用布尔代数表示为 $X=B_1 \cdot B_2=0$。

② 或门符号。或门连接表示输入事件 B_1 或 B_2 中，任何一个事件发生都可以使事件 A

发生，表现为逻辑加的关系，即 $A=B_1\cup B_2$。在有若干输入事件时，情况也是如此，如图 8-6（a）所示。或门用或门电路来说明更容易理解，如图 8-6（b）所示。

当 B_1、B_2 断开（$B_1=0$，$B_2=0$）时，电灯才不会亮（没有信号），用布尔代数表示为 $X=B_1+B_2=0$。当 B_1、B_2 中有一个连通或两个都接通（即 $B_1=1$、$B_2=0$，或 $B_1=0$、$B_2=1$，或 $B_1=1$、$B_2=1$）时，电灯亮（出现信号），用布尔代数表示为 $X=B_1+B_2=1$。

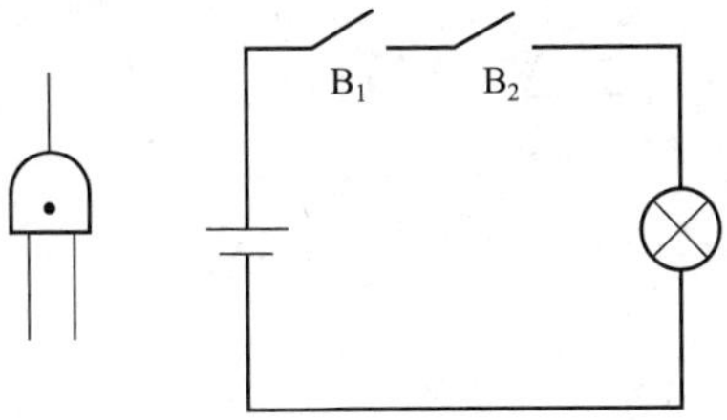

(a)　(b)

图 8-5　与门符号（a）及与门电路图（b）

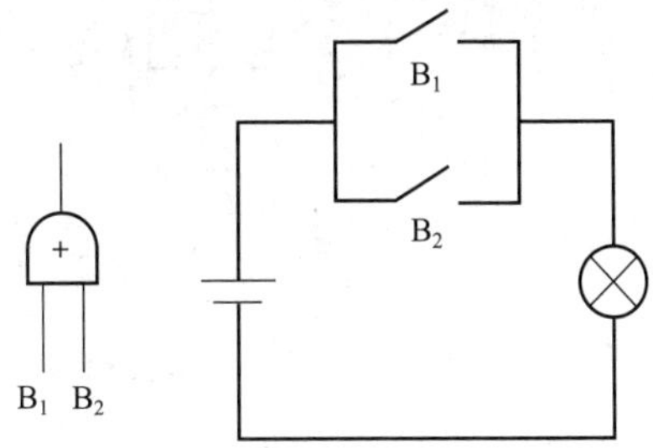

(a)　(b)

图 8-6　或门符号（a）及或门电路图（b）

（3）转移符号。当故障树规模很大时，需要将某些部分画在别的纸上，这就要用转出和转入符号，以标出向何处转出和从何处转入。

① 转出符号。如图 8-7（a）所示，表示这部分树由该处转移至他处，由该处转出（在三角形内标出向何处转移）。

② 转入符号。见图 8-7（b），表示在别处的部分树，由该处转入（在三角形内标出从何处转入）。

2. 故障树的编制

（1）故障树编制的启发性原则。

① 事件符号内必须填写具体事件，每个事件的含义必须明确、清楚，不能把管理上的状况和人的状态写入其中，不得写入笼统、含糊不清或抽象的事件；

② 尽可能地将一些事件划分为更具体的基本事件；

③ 找出每一级中间事件（或顶上事件）的全部直接原因；

④ 将触发事件同“无保护动作”配合起来；

⑤ 找出相互促进的原因。

（2）故障树编制程序。

① 确定顶上事件；

② 调查或分析造成顶上事件的各种原因；

③ 绘制故障树；

④ 认真审定故障树。

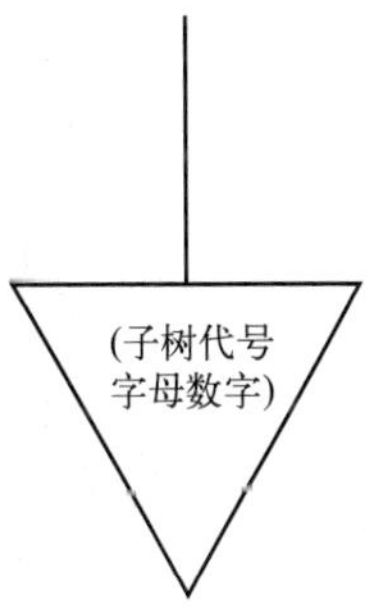

(a) 转出

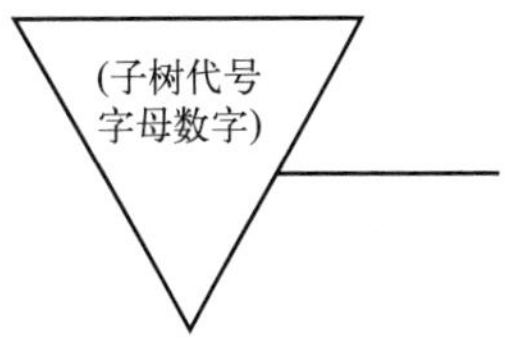

(b) 转入

图 8-7　转移符号

（3）故障树编制时的注意事项。故障树应能反映出系统故障的内在联系和逻辑关系，同时能使人一目了然，形象地掌握这种联系与关系，并据此进行正确的分析，为此，建造故障树时应注意以下几点：熟悉分析系统；循序渐进；选好顶上事件；合理确定系统的边界条件；调查事故事件是系统故障事件还是部件故障事件；准确判明各事件间的因果关系和逻辑关系；避免门连门。

[案例 8-3] 画出简图 8-8 所示的故障树，并做出等效故障树（见图 8-9）。

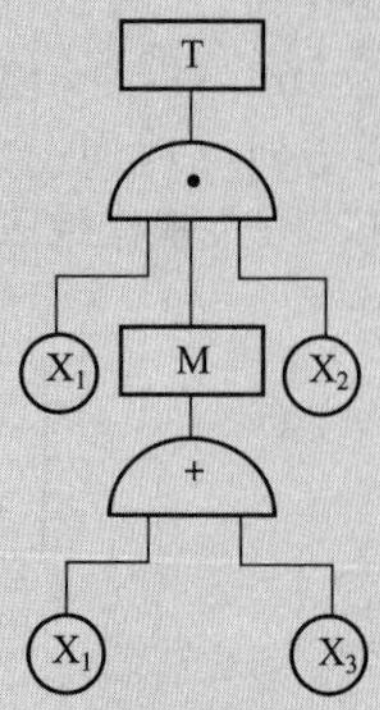

图 8-8 故障树

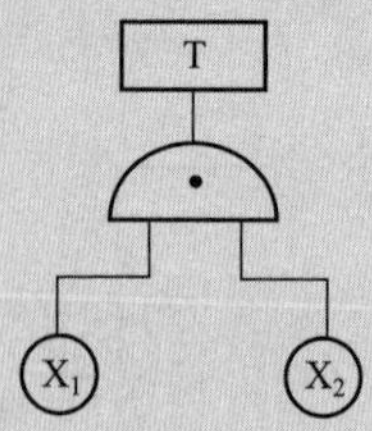

图 8-9 图 8-8 的等效故障树

解：根据图示，其结构式为

$T= X_1MX_2= X_1(X_1+ X_3)X_2= X_1X_1X_2+ X_1X_3X_2$（分配律）

$= X_1X_2+ X_1X_2X_3$（等幂律、交换律）

$= X_1X_2$（吸收律）

[案例 8-4] 某车间存在三氯化磷、液氨等有毒有害物质，当管道、阀门、储罐损坏，硫酸泄漏，散发的蒸气可能致人中毒、窒息。对此进行事故树分析，分析结果见图 8-10。

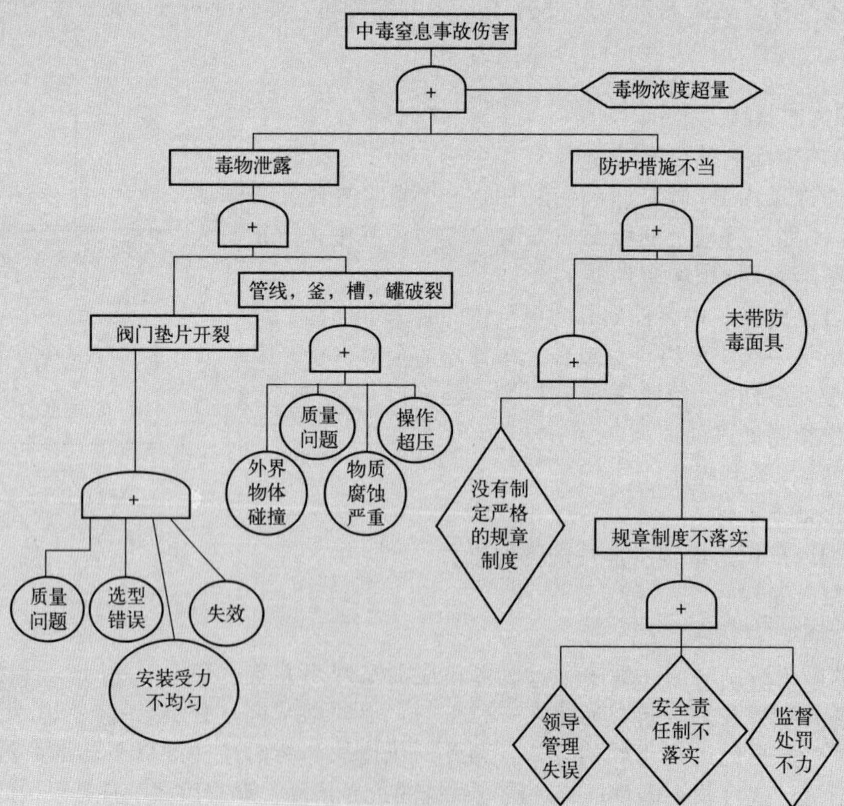

图 8-10 中毒、窒息事故树

六、事件树分析

事件树分析（event tree analysis，ETA）是系统安全工程的重要分析方法之一，是我国国家标准局规定的事故分析的技术方法之一。

ETA 与 FTA 刚好相反，是一种从原因到结果的自下而上的分析方法。ETA 是从一个初始事件开始，交替考虑成功与失败的两种可能性，然后再以这两种可能性为新的初因事件，如此继续分析下去，直至找到最后的结果为止。因此，ETA 是一种归纳逻辑树，能够看到事故发生的动态发展过程。

（一） ETA 的目的和特点

事件树是判断树在灾害分析上的应用，是一种既能定性、又能定量分析的方法。

ETA 的主要目的：判断事故发生与否，以便采取直观的安全措施；指出消除事故的根本措施，改进系统的安全状况；从宏观角度分析系统可能发生的事故，掌握事故发生的规律；找出最严重的事故后果，为确定顶上事件提供依据。

ETA 的主要特点：既可用于对已发生事故的分析，也可用于对未发生事故的预测；ETA 在用于事故分析和预测时比较明确，寻求事故对策时比较直观；ETA 可用于管理上对重大问题的决策；可以弄清初期事件到事故的过程，系统地图示出种种故障与系统成功、失败的关系；对复杂问题可以用 ETA 进行简洁推理与归纳；提供定义故障树顶上事件的手段。

（二） ETA 的步骤

（1）确定顶上事件。初始事件是事件树中在一定条件下造成事故后果的最初原因事件。初始事件可以是系统故障、设备故障、人员误操作或工艺过程异常等。一般情况下选择最感兴趣的异常事件作为初始事件。

（2）找出与初始事件有关的环节事件。环节事件是指出现在初始事件后的一系列可能造成事故后果的其他原因事件。

（3）编制事件树。把初始事件写在最左边，各个环节事件按顺序写在右面；从初始事件画一条水平线到第一环节事件，在水平线末端画一垂直线段，垂直线段上端表示成功，下端表示失败；再从垂直线两端分别向右画水平线到下个环节事件，同样用垂直线段表示成功和失败两种状态，以此类推，直到最后一个环节事件为止。如果某一个环节事件不需要往下分析，则水平线延伸下去，不发生分支。如此下去便编制出相应的事件树。

（4）说明分析结果。在事件树的最后写明由初始事件引起的各种事故结果或后果。为清楚起见，对事件树的初始事件和各环节事件用不同字母加以标记。

七、预先危险性分析

预先危险性分析（PHA）又称初步危险分析，是在某项工作开始之前，为实现系统安全，而在开发初期阶段对系统进行初步或初始分析，包括设计、施工和生产前，先对系统中存在的危险类别、出现条件和导致事故的后果进行分析，以便识别系统中的潜在危险、有害因素，确定危险等级，防止这些危险、有害因素失控而导致事故发生。

（一）预先危险性分析步骤

1. 预先危险性分析的目的

大体识别与系统有关的主要危险、有害因素及产生的原因，预测出现事故时对人体或系统产生的影响，划分危险性等级，制定消除或控制危险的措施。

2. 预先危险性分析的步骤

（1）通过经验判断、技术诊断等方法，确定危险源及危险源存在的地点。

（2）依据过去的经验教训和同行业生产中曾经发生过的事故或灾害情况，对系统的影响和损坏程度，用类比推理的方法判断出所需分析系统中可能出现的情况，找出假设事故或灾害可能发生时，能够造成系统故障、物质损失和人员伤害的危险性，分析和确定事故或灾害的可能类型。

（3）对确定的危险源进行分类，编制预先危险性分析表。

（4）识别转化条件，研究危险、有害因素转变为危险状态的触发条件，危险状态转变为事故或灾害的必要条件，有针对性地寻求预防性的对策措施，并检查对策措施的有效性。

（5）进行危险性分级，列出重点和轻、重、缓、急次序，以便进一步处理。

（6）制定事故或灾害的预防性对策措施。

3. 预先危险性分析的等级划分

在进行预先危险性分析时，将各类危险性按照危险程度的不同划分为 4 个等级，以便衡量危险性的大小及其对系统的破坏程度。危险性等级划分见表 8-10。

表 8-10　危险性等级划分

级别	危险程度	可能导致的后果
Ⅰ	安全的	不会造成人员伤亡及系统损坏
Ⅱ	临界的	处于事故的边缘状态，暂时还不至于造成人员伤亡、系统损坏或降低系统性能，但应予以排除或采取控制措施
Ⅲ	危险的	会造成人员伤亡和系统损坏，要立即采取防范对策措施
Ⅳ	灾难性的	造成人员重大伤亡及系统严重破坏的灾难性事故，必须予以果断排除并进行重点防范

（二）预先危险性分析的几种表格

预先危险性分析的表格一般根据实际应用情况确定，几种常用的基本表格格式如表 8-11、表 8-12、表 8-13 所示。

表 8-11　PHA 工作表格

单元：	编制人员：		日期	
危险	原因	后果	危险等级	改进措施/预防方法

表 8-12　PHA 工作的典型格式

地区（单元）：		会议日期：		
图号：	小组成员：			
危险/意外事故	阶　段	原　因	危险等级	对策
事故名称	危害发生的阶段，如生产、试验、运输、维修、运行等	产生危害的原因	对人员及设备的危害等级	消除、减少或控制危害的措施

表 8-13　预先危险性分析表通用格式

系统：1　子系统：2　状态：3 编号：　日期：			预先危险性分析表（PHA）				制表者： 制表单位：	
潜在事故	危险因素	触发事件（1）	发生条件	触发事件（2）	事故后果	危险等级	防范措施	备注
4	5	6	7	8	9	10	11	12

（三）危险分析

根据危险的组成，一般从物质、能量和环境三个方面进行分析。

（1）物质指生产系统中具有腐蚀、有毒、有害、易燃、易爆性质的原材料、燃料及废弃物等。

（2）能量指生产中电气漏电、静电放电、速度变化、化学反应、冲击与振动、压力变化、能源故障、结构损坏或故障。

（3）环境指生产场所中温度变化、湿度、辐射、振动波和噪声、气候环境等。

［案例 8-5］某车间使用环氧氯丙烷、丙酮、氮气等危险化学品，对其中毒窒息事故进行预先危险性分析，分析结果见表 8-14。

表 8-14　中毒窒息事故预先危险性分析表

潜在事故	危险因素	触发事件(1)	发生条件	触发事件(2)	事故后果	危险等级	防范措施
中毒窒息	环氧氯丙烷、丙酮、氮气等	(1)罐、槽、泵或管道、阀门等破损泄漏 (2)检修、抢修时，设备、管道中有毒有害物料未彻底清洗干净 (3)操作时违章，皮肤直接接触到溶液 (4)生产系统的排风系统发生故障 (5)撞击、自然灾害或人为损坏造成容器、管道泄漏，以及储罐、槽等超装溢出	有毒物质侵入皮肤、眼睛和呼吸系统	(1)通风不良，有毒物质浓度超标 (2)缺乏毒性危害物质泄漏预防及应急处理的安全知识 (3)违章作业，违章指挥，违反劳动纪律 (4)未正确穿戴劳动防护用品或未穿戴防护用品 (5)毒物泄漏现场作业无人监护 (6)存在有毒物和危险化学品未按规定处理	人员中毒、死亡	Ⅱ～Ⅲ	(1)严格遵守危险化学品的储存和使用的有关规定 (2)制订危险化学品安全"周知卡"，教育职工了解安全技术说明书，掌握必要的应急处理方法和自救措施 (3)加强设备的管理，消除跑、冒、滴、漏 (4)操作现场应配置安全信号报警信号、洗眼液和冲淋设施，并保持完好 (5)职工严格遵守各种规章制度、操作规程 (6)正确穿戴劳动防护用品 (7)设立危险、有害、窒息性的标志 (8)搬运时要轻装轻放，防止容器破损 (9)作业现场的通风排毒设施要符合国家有关规定 (10)加强盛装危险化学品的废旧容器的管理 (11)维护、保养通风排毒和报警设施装置，确保完好有效 (12)设立危险、有毒、窒息性的标志 (13)培训作业人员对中毒、窒息等急救处理能力 (14)教育、培训职工掌握预防中毒、窒息的方法及其急救法。遵章守纪，杜绝"三违"

八、危险和可操作性研究

危险和可操作性研究（hazard and operability study，HAZOP）是英国帝国化学工业公司（ICI）于 1974 年针对化工装置开发的一种危险性评价方法。HAZOP 先是找出系统中工艺过程的状态参数（如温度、压力、流量等）的变化（即偏差），然后再继续分析造成偏差的原因、后果及可以采取的对策。通过危险与可操作性研究的分析，能够探明装置及过程存在的危险有害因素，根据危险和有害因素导致的后果，明确系统中的主要危险、有害因素。在进行 HAZOP 的过程中，分析人员要深入了解单元中的工艺过程及设备状况，对于单元中的危险及应采取的措施要有透彻的认识，因此，可操作性研究还被认为是对工人培训的有效方法。

（一）适用范围和方法特点

HAZOP 既适用于设计阶段，也适用于现有的生产装置。对现有生产装置分析时，如能吸收有操作经验和管理经验的人员共同参加，会收到很好的效果。

HAZOP 的主要特点如下。

（1）从生产系统中的工艺状态参数出发来研究系统中的偏差，运用启发性引导词来研究因温度、压力、流量等状态参数的变动可能引起的各种故障的原因、存在的危险以及采取的对策。

（2）研究结果既可用于设计阶段的评价，也可用于操作阶段的评价；既可用来编制、完善安全规程，又可作为操作的安全教育资料。

（3）该法不需要可靠性的专业知识，因而很容易掌握。

（4）该法是故障类型和影响分析的发展。

（5）该法研究的状态参数正是操作人员控制的指标，针对性强，有利于提高安全操作能力。

（二）分析步骤

分析时应全面考查分析对象，对每一个细节提出问题，如在工艺过程的生产运行中，要了解工艺参数（温度、压力、流量、浓度等）与设计要求不一致的地方（即发生偏差），继而进一步分析偏差出现的原因及其产生的后果，并提出相应的对策措施。分析流程如图 8-11 所示。

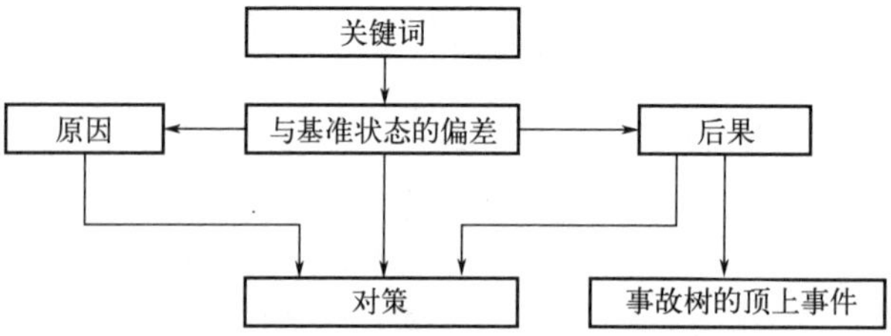

图 8-11　危险和可操作性研究分析流程

HAZOP 分析步骤如下：①成立研究小组，确定任务、研究对象；②划分单元，明确功能；③定义关键词；④分析发生偏差的原因及后果；⑤制订对策；⑥填写汇总表。

为了保证分析详尽而不发生遗漏，分析时应按照关键词表逐一进行，关键词表可以根据研究的对象和环境确定，表 8-15 为关键词定义表。

表 8-15　关键词定义表

关键词	定义	说明
空白	设计与操作所要求的事件完全没有发生	没有物料输入，流量为零
过量	与标准值比较，数量增加	流量或压力过大
减量	与标准值比较，数量减少	流量或压力减小
部分	只完成功能的一部分	物料输送过程中某种成分消失或输送一部分
伴随	在完成预订功能的同时，伴随多余事件发生	物料输送过程中发生组分及相的变化
相逆	出现与设计和操作相反的事件	发生反向的输送
异常	出现与设计和操作要求不相干的事件	异常事件发生

续表

关键词	定义	说明
否	对标准值的完全否定	完全没有完成规定功能，什么都没有发生
多	数量增加	包括：数量的多与少，性质的好与坏，完成功能程序的高与低
少	数量减少	
以及	质的增加	完成规定功能，但有其他事件发生，如增加过程、组分变多
部分	质的减少	仅实现部分功能，有的功能没有实现
相反	逻辑上的规定功能相反	对于过程：反向流动、逆反应、程序颠倒 对于物料：用催化剂还是抑制剂
其他	其他运行状况	包括：其他物料和其他状态、其他过程、不适宜的运行过程、不希望的物理过程

[案例 8-6] 氧气充装工艺 HAZOP 分析。

8.1 氧气充装工艺 HAZOP 分析

九、故障类型和影响分析

美国于 1957 年最早将故障类型和影响分析（failure mode effects analysis，FMEA）法用于飞机发动机故障分析。目前该法在许多国家的核电站、化工、机械、电子、仪表工业中都有广泛应用，是安全系统工程中重要分析方法之一。

（一）基本概念

FMEA 能够对系统或设备部件可能发生的故障模式、危险因素，对系统的影响、危险程度、发生可能性大小或概率等进行全面、系统的定性或定量分析，并可针对故障情况提出相应的检测方法和预防措施，因而具有较强的系统性、全面性和科学性。

实践证明，FMEA 法用于工业系统中的潜在危险辨识和分析，具有良好的效果。该法采取系统分割的概念，根据实际需要把系统分割成子系统，或进一步分割成组件。然后对系统的各个组成部分进行逐个分析，寻求各组成部分中可能发生的故障、故障因素，以及可能出现的事故，可能造成人员伤亡的事故后果，查明各种故障类型对整个系统的影响，并提出防止或消除事故的措施。

（1）故障。组件、子系统、系统在运行时，不能达到设计要求，因而不能实现预定功能的状态称为故障。

（2）故障类型。系统、子系统或组件发生的每一种故障形式称为故障类型。一般可从五个方面考虑，即：运行过程中的故障；过早地启动；规定时间内不能启动；规定时间内不能停车；运行能力降级、超量或受阻。如一个阀门可能有内漏、外漏、打不开和关不严四种故障类型。

（3）故障等级。根据故障类型对系统或子系统影响程度的不同而划分的等级称为故障等级。通常根据故障造成影响的大小而采取相应的处理措施，因此评定故障等级非常必要，故障等级的评定可以从以下五个方面考虑：故障影响的大小；对系统造成影响的范围；故障发生的频率；防止故障的难易；是否重新设计。

（二）故障类型及影响分析步骤

（1）调查所分析系统的情况，收集整理资料。

（2）确定分析的基本要求。通常应满足以下四个方面：分清系统主要功能和次要功能在不同阶段的任务；逐个分析易发生故障的零部件；关键部分要深入分析，次要部分分析可简略；有切实可行的检测方法和处理措施。

（3）绘制系统图和可靠性框图。

（4）分析故障类型和影响。如果经验不足，考虑不周到，将会给分析带来影响，因此这是一项技术性较强的工作，最好由安全技术人员、生产人员和工人三者合作进行。

（5）将分析结果进行故障类型分级。故障类型的等级见表 8-16。

表 8-16　故障类型的等级

故障等级	影响程度	可能造成的损失
Ⅰ级	致命的	可能造成死亡或系统毁坏
Ⅱ级	严重的	可能造成重伤、严重职业病或主系统损坏
Ⅲ级	临界的	可能造成轻伤、轻度职业病或次要系统损坏
Ⅳ级	可忽略的	不会造成伤害和职业病，系统不会受到损坏

十、作业条件危险性评价法

作业条件危险性评价法（LEC 法）是一种简便易行的衡量人在某种具有潜在危险环境中作业的危险性的半定量评价方法。对于一个具有潜在危险性的作业条件，美国安全专家 K. J. 格雷厄姆和 G. F. 金尼认为，影响危险性的主要因素有 3 个：发生事故或危险事件的可能性、暴露于这种危险环境的情况、事故一旦发生可能产生的后果。用公式来表示，则为

$$D=LEC \tag{8-2}$$

式中，D 为作业条件的危险性；L 为事故或危险事件发生的可能性；E 为暴露于危险环境的频率；C 为发生事故或危险事件的可能结果。

（一）作业条件危险性评价法分析步骤

（1）发生事故或危险事件的可能性。事故或危险事件发生的可能性与其实际发生的概率有关。若用概率表示时，绝对不可能发生事故的概率为 0，而必然发生事故的概率为 1，能预料将来某个时候会发生事故的分值规定为 10。实际情况在这之间再根据可能性的大小相应地确定几个中间值，事故或危险事件发生可能性分值见表 8-17。

表 8-17　事故或危险事件发生可能性分值

分值	事情或危险情况发生的可能性	分值	事情或危险情况发生的可能性
10①	完全会被预料到	0.5	可以设想，但高度不可能
6	相当可能	0.2	极不可能
3	不经常，但可能	0.1①	实际上不可能
1①	完全意外，极少可能		

①“打分”参考点。

（2）暴露于危险环境的频率。作业人员暴露于危险作业条件的次数越多、时间越长，则受到伤害的可能性也就越大。为此，K. J. 格雷厄姆和 G. F. 金尼规定了连续出现在潜在危险环境的暴露频率分值为 10，一年仅出现几次非常稀少的暴露频率分值为 1，根本不暴露的分值应为 0。关于暴露于潜在危险环境的分值见表 8-18。

表 8-18 暴露于潜在危险环境的分值

分 值	暴露于危险环境的情况	分值	暴露于危险环境的情况
10①	连续暴露于潜在危险环境	2	每月暴露一次
6	每日在工作时间内暴露	1①	每年几次出现在潜在危险环境
3	每周一次或偶然地暴露	0.5	非常罕见地暴露

①“打分”参考点。

(3) 发生事故或危险事件的可能结果。造成事故或危险事故的人身伤害或物质损失可在很大范围内变化，以工伤事故而言，可以从轻微伤害到许多人死亡，其范围非常宽广。因此，K. J. 格雷厄姆和 G. F. 金尼把需要救护的轻微伤害的可能结果分值规定为 1，以此为一个基准点；而将造成许多人死亡的可能结果分值规定为 100，作为另一个参考点。在两个参考点 1～100 之间，插入相应的中间值，可能结果的分值见表 8-19。

(4) 危险性。确定了上述 3 个具有潜在危险性的作业条件的分值后，按公式进行计算，即可得到危险性分值。因此，确定其危险性程度时按表 8-20 标准进行评定。

表 8-19 发生事故或危险事件可能结果的分值

分值	可能结果	分值	可能结果
100①	大灾难，许多人死亡	7	严重，严重伤害
40	灾难，数人死亡	3	重大，致残
15	非常严重，一人死亡	1①	引人注目，需要救护

①“打分”参考点。

表 8-20 危险性分值

分值	危险程度	分值	危险程度
>320	极其危险，不能继续作业	20～70	可能危险，需要注意
160～320	高度危险，需要立即整改	<20	稍有危险，或许可以接受
70～160	显得危险，需要整改		

（二）方法特点及适用范围

作业条件危险性评价法用于评价人们在某种具有潜在危险的作业环境中进行作业的危险程度，该法简单易行，危险程度的级别划分比较清楚、醒目。但是，该法主要是根据经验来确定 3 个因素的分数值及划定危险程度等级，因此具有一定的局限性。而且是一种作业的局部评价，故不能普遍适用。此外，在具体应用时，还可根据自己的经验、具体情况对该评价方法作适当修正。

[案例 8-7] 某建筑施工项目 100m 处有一座储量为 100t 的液化气储配站，有 10 名职工，每天进行分装，散发着刺激气味，并且常有机动车通过，属易燃易爆区域。该施工项目与液化气储配站的距离虽符合国家规定的安全距离，但站内作业人员和进出人员处于这样的环境中，一旦挥发的可燃气体浓度达到爆炸极限，加之机动车不防火或电线短路、静电积聚、吸烟明火等措施都极可能引发重大火灾爆炸事故，造成人员伤亡。现用作业条件危险性评价法对该作业环境的危险性分析如下。

(1) 确定 3 种因素的分值。

按表 8-17，发生事故是相当可能的，故 $L=6$；

按表 8-18，每天都暴露在危险环境中，故 $E=6$；

按表 8-19，一旦发生火灾爆炸，将造成至少多人死亡的事故，故 $C=40$。

（2）危险性分值的确定。

危险性分值 $D=LEC=6\times6\times40=1440$

由表 8-20 可知，其危险性分值远大于 320 时属极其危险，不能继续作业，应立即停止施工。

十一、伤害（或破坏）范围评价法简介

（一）基本介绍

根据《危险化学品建设项目安全监督管理办法》以及安全生产标准《安全评价通则》（AQ 8001）、《安全预评价导则》（AQ 8002）、《安全验收评价导则》（AQ 8003）等，建设项目设立安全评价要求通过计算，定量分析建设项目安全评价范围内和各个评价单元的固有危险程度。

1. 计算的内容

（1）具有爆炸性的化学品的质量及相当于梯恩梯（TNT）的物质的量；

（2）具有可燃性的化学品的质量及燃烧后放出的热量；

（3）具有毒性的化学品的浓度及质量；

（4）具有腐蚀性的化学品的浓度及质量。

2. 风险预测

风险程度分析中，要求根据已辨识的危险、有害因素，运用合适的安全评价方法，定性、定量分析和预测各个安全评价单元的内容如下：

（1）建设项目具有爆炸性、可燃性、毒性、腐蚀性的化学品泄漏的可能性；

（2）具有爆炸性、可燃性的化学品泄漏后具备造成爆炸、火灾事故的条件和需要的时间；

（3）具有毒性的化学品泄漏后扩散速率及达到人的接触最高限值的时间；

（4）爆炸、火灾、中毒事故造成人员伤害的范围。

（二）模型建立

结合文件要求，对泄漏、扩散、火灾、爆炸、中毒等模型简要介绍如下。

（1）泄漏模型。设备损坏或操作失误导致泄漏，大量易燃、易爆、有毒有害物质的释放，将会导致火灾、爆炸、中毒等重大事故发生。因此，事故后果模拟与分析由泄漏分析开始。泄漏模型包括液体泄漏模型、气体泄漏模型和两相泄漏模型三种。

（2）扩散模型。泄漏物质的特性多种多样，但大多数物质从容器中泄漏出来后，都可以发展呈弥散的气团向周围空间扩散。若为可燃气体。遇到火源就会燃烧。扩散包括液体泄漏后扩散、喷射扩散和绝热扩散等几种形式。其中应用较广的是液体泄漏扩散。液体扩散后立即扩散到地面，一直流到低洼处或人工边界，如防火堤、岸墙，形成液池。

如果泄漏的液体挥发度较低，则液池中液体蒸发量较少，不易形成气团，对厂外人员没有危险；如果着火则形成池火灾；如果渗透进土壤，有可能对环境造成影响。如果泄漏的是挥发性的液体或低沸点的液体，泄漏后液体蒸发量大，大量蒸气在液池上面形成蒸气云，还会扩散到厂外，对厂外人员有影响。

（3）火灾模型。易燃、易爆的液体、气体泄漏后遇到引火源就会被点燃而着火燃烧，燃烧方式有池火、喷射火、火球和突发火。

火灾通过热辐射的方式影响周围环境。当火灾产生的热辐射强度足够大时，可使周围的

物体燃烧或变形。强烈的热辐射可能烧死、烧伤人员，造成财产损失。热辐射造成伤害或损坏的情况取决于人员或物体处辐射热的多少。

（4）爆炸。爆炸是物质的一种非常急剧的物理、化学变化，也是大量能量在短时间内迅速释放或急剧转化成机械功的现象。

（5）中毒。有毒物质泄漏后生成有毒蒸气云，在空气中漂移、扩散，直接影响现场人员并可能波及居民区。大量剧毒物质泄漏可能带来严重的人员伤亡和环境污染。

毒物对人员的伤害程度取决于毒物的性质、毒物的浓度和人员与毒物接触时间等因素。

8.2 道化学火灾、爆炸指数评价法　　8.3 ICI蒙德法　　8.4 化工厂危险程度分级

第四节　安全对策措施及安全评价结论

安全对策措施就是为了实现安全生产、防止事故的发生或减少事故发生后的损失，而采取的方法、手段和技术等。安全对策措施包括安全技术对策措施和安全管理对策措施。

一、安全对策措施的基本要求和遵循的原则

（一）安全对策措施的基本要求

（1）提出的事故隐患、安全对策措施应系统、全面，涵盖被评价单位的厂址选择、厂区平面布置、工艺流程、设备、消防设施、防雷设施、防静电设施、公用工程、安全预警装置和安全管理等诸多方面。

（2）提出的事故隐患、安全对策措施应按“轻、重、缓、急”划分为立即整改、限期整改、建议整改等几个等级。应与被评价单位协商安排整改进度，使安全对策措施落到实处。

（3）提出的事故隐患、安全对策措施应符合被评价单位的实际情况、针对性强、实用性强。

（二）制定安全对策措施应遵循的原则

（1）安全技术对策措施等级顺序为：直接安全技术措施、间接安全技术措施、指示性安全技术措施。如果间接、指示性安全技术措施仍然不能避免事故、危害发生，则应采用安全操作规程、安全教育、培训和个体防护用品等措施来预防、减弱系统的危险、危害程度。

（2）根据安全技术措施等级顺序的要求应遵循的具体原则为消除、预防、减弱、隔离、联锁、警告。

（3）安全对策措施应具有针对性、可操作性和经济合理性。

（4）对策措施应符合国家有关法律法规、标准及设计规范的要求。

应严格按有关法律法规、国家标准、行业安全设计规范规定的要求提出安全对策措施，要标明有关的法规、国家标准和行业安全设计规范的名称、标准号或文件号、相关的条文等。

二、安全技术对策措施

（一）厂址及平面布局的对策措施

（1）项目选址时，除考虑建设项目经济性和技术合理性，满足工业布局和城市规划要求外，还应在安全卫生方面重点考虑地质、地形、水文、气象等自然条件对企业安全生产的影

响和企业与周边区域的相互影响。

(2) 厂区平面布置在满足生产工艺流程、操作要求、使用功能需要和消防、环保要求的同时，主要从风向、安全（防火）距离、交通运输安全和各类作业、物料的危险、危害性出发，在平面布置方面采取对策措施。

(3) 依据《工业企业总平面设计规范》(GB 50187—2012)、《厂矿道路设计规范》(GBJ 22—1987)、行业规范（机械、化工、石化、冶金、核电厂等）和有关单体、单项（石油库、氧气站、压缩空气站、乙炔站、锅炉房、冷库、辐射源和管路布置等）规范的要求，应采取其他相应的平面布置对策措施。

（二）工艺安全对策措施

有爆炸危险的生产过程，应尽可能选择物质危险性较小、工艺条件较缓和成熟的工艺路线；生产装置、设备应具有承受超压性能和完善的生产工艺控制手段，设置可靠的温度、压力、流量、液面等工艺参数的控制仪表和控制系统，对工艺参数控制要求严格的，应设置双系列控制仪表和控制系统；还应设置必要的超温超压的报警、监视、泄压、抑制爆炸装置和防止高低压窜气（液）、紧急安全排放装置。

（三）电气安全对策措施

(1) 防触电安全对策措施。

(2) 电气防火防爆安全对策措施。

(3) 防静电安全对策措施。

(4) 防雷安全对策措施。应当根据建筑物和构筑物、电力设备以及其他保护对象的类别和特征，分别对直击雷、雷电感应、雷电侵入波等采取适当的防雷措施。

(5) 其他。电气设备必须具有国家指定机构认可的安全认证标志。

(6) 因停电可能造成重大危险后果的场所，必须按规定配备自动切换的双路供电电源或备用发电机组、保安电源。

（四）自控安全对策措施

尽可能提高系统自动化程度，采用自动控制技术、遥控技术，自动（或遥控）控制工艺操作程序和物料配比、温度、压力等工艺参数；在设备发生故障、人员误操作形成危险状态时，通过自动报警、自动切换备用设备、启动联锁保护装置和安全装置、实现事故性安全排放直至安全顺序停机等一系列的自动操作，保证系统的安全。

针对引发事故的原因和紧急情况下的需要，应设置故障的安全控制系统（FSC）、特殊的联锁保护、安全装置和就地操作应急控制系统，以提高系统安全的可靠性。

（五）设备安全对策措施

化工机器、设备是完成化工生产正常运行必不可少的。生产过程中接触的物料大多易燃易爆、有毒、有腐蚀性，且生产工艺复杂，工艺条件苛刻，对设备与机器的质量、材料等要求高。材料的正确选择是设备与机器优化设计的关键，也是确保装置安全运行、防止火灾爆炸的重要手段。

（六）消防安全对策措施

在采取有效防火措施的同时，应根据工厂规模、火灾危险性和相邻单位消防协作的可能性，设置相应的灭火设施。

1. 灭火器

厂内除设置全厂性的消防设施外，还应设置小型灭火器和其他简易的灭火器材。其种类及数量，应根据场所的火灾危险性、占地面积及有无其他消防设施等情况综合全面考虑。

灭火器类型的选择应符合下列规定。

（1）扑救A类火灾应选用水型、泡沫、磷酸铵盐干粉、卤代烷型灭火器。

（2）扑救B类火灾应选用干粉、泡沫、卤代烷、二氧化碳型灭火器，扑救极性溶剂B类火灾应选用抗溶泡沫灭火器。

（3）扑救C类火灾应用干粉、卤代烷、二氧化碳型灭火器。

（4）扑救带电火灾应选用卤代烷、二氧化碳、干粉型灭火器。

（5）扑救A、B、C类火灾和带电火灾应选用磷酸铵盐干粉、卤代烷型灭火器。

（6）扑救D类火灾的灭火器材，应由设计单位和当地公安消防监督部门协商解决。

灭火器的配置可按《建筑灭火器配置设计规范》（GB 50140—2005）进行配置。

2. 消防站

油田、石油化工厂、炼油厂及其他大型企业，应建立本厂的消防站。其布置应满足消防队接到火警后5min内消防车能到达消防管辖区（或厂区）最远点的甲、乙、丙类生产装置、厂房或库房；按行车距离计，消防站的保护半径不应大于2.5km，对于丁类、戊类火灾危险性场所，也不宜超过4km。消防车辆应按扑救工厂一处最大火灾的需要进行配备。

消防站应装设不少于2处同时报警的报警电话和有关单位的联系电话。

3. 消防供电

消防供电应考虑建筑物的性质、火灾危险性、疏散和火灾扑救难度等因素，以保证消防设备不间断供电。

（七）特种设备安全对策措施

《特种设备安全监察条例》中规定特种设备是指涉及生命安全、危险性较大的锅炉、压力容器（含气瓶）、压力管道、电梯、起重机械、客运索道、大型游乐设施和场（厂）内专用机动车辆。

《中华人民共和国安全生产法》和《特种设备安全监察条例》对特种设备的安全管理都有明确的规定。对特种设备的设计、制造、安装、使用、检验、修理改造和报废等环节实施严格的控制和管理。各类生产经营单位必须严格按照有关法律法规的要求进行运作。

（八）其他安全对策措施

（1）安全色、安全警示标志。企业中存在危险、有害因素的部位，都必须按照《安全色》（GB 2893—2008）、《安全标志及其使用导则》（GB 2894—2008）、《工作场所职业病危害警示标识》（GBZ 158—2003）和《消防安全标志　第1部分：标志》（GB 13495.1—2015）的规定悬挂醒目的标牌。这些标牌应保证在夜间仍能起到警示作用。

根据《安全色》和《安全标志及其使用导则》，充分利用红（禁止、危险）、黄（警告、注意）、蓝（指令、遵守）、绿（通行、安全）四种传递安全信息的安全色，正确使用安全色，使人员能够迅速发现或分辨安全标志，及时得到提醒，以防止事故、危害的发生。

（2）防高处坠落、物体打击。

（3）防机械伤害安全对策措施。

（4）危险化学品安全管理的对策措施。

三、职业危害安全对策措施

制定职业危害安全对策措施的原则是：优先采用无危害或危害性较小的工艺和物料，减少有害物质的泄漏和扩散；尽量采用密闭化、机械化、自动化的生产装置（生产线），尽量采用自动监测、报警装置、联锁保护、安全排放等装置，实现自动控制、遥控或隔离操作。尽可能避免、减少操作人员在生产过程中直接接触产生有害因素的设备和物料，是优先采取的对策措施。其他对策措施还包括：预防中毒的对策措施，预防缺氧、窒息的对策措施，防噪声安全对策措施，防振动安全对策措施，焊割作业安全对策措施，高温、低温及冷水作业安全对策措施。

四、安全管理对策措施

安全管理是以实现生产过程安全为目的的现代化、科学化的管理。其基本任务是按照国家有关安全生产的方针、政策、法律法规的要求，从企业实际出发，采取相关的安全管理对策措施，以期科学及前瞻地发现、分析和控制生产过程中的危险、有害因素，制定相应的安全技术措施和安全管理规章制度，主动防范、控制事故和职业病的发生，避免、减少有关损失。

（一）建立各项安全管理制度

《中华人民共和国安全生产法》第四条规定：生产经营单位必须遵守本法和其他有关安全生产的法律、法规，加强安全生产管理，建立健全全员安全生产责任制和安全生产规章制度，加大对安全生产资金、物资、技术、人员的投入保障力度，改善安全生产条件……确保安全生产。

（二）安全管理机构和人员配置

生产经营单位应按《中华人民共和国安全生产法》的规定，设置安全管理机构和配备安全管理人员。

《中华人民共和国安全生产法》第二十四条规定，矿山、金属冶炼、建筑施工、运输单位和危险物品的生产、经营、储存、装卸单位，应当设置安全生产管理机构或者配备专职安全生产管理人员。前款规定以外的其他生产经营单位，从业人员超过一百人的，应当设置安全生产管理机构或者配备专职安全生产管理人员；从业人员在一百人以下的，应当配备专职或者兼职的安全生产管理人员。

（三）安全培训、教育和考核

生产经营单位的安全教育、培训工作是提高员工安全意识、安全技术素质、防止产生人的不安全行为、减少操作失误的重要方法。通过教育和培训，可以提高单位管理者及员工安全生产的责任感和自觉性，普及和提高员工的安全技术知识，增强安全操作技能，保护自身和他人的安全与健康。

（四）安全投入与安全设施

建立健全生产经营单位安全生产投入的长效保障机制，从资金和设施装备等物质方面保障安全生产工作正常进行，是安全管理对策措施的一项内容。包括满足生产条件所必需的安全投入、安全技术管理对策措施的制定和安全设施的配备等内容。

（五）重大危险源管理

根据《危险化学品重大危险源辨识》（GB 18218—2018）和《中华人民共和国安全生产法》的规定，重大危险源是指长期地或者临时地生产、搬运、使用或者储存危险物品，且危险物品的数量等于或者超过临界量的单元（包括场所和设施）。我国有关省市已对重大危险源进行分级管理。

（六）监督与日常检查

安全管理对策措施的动态表现就是监督与检查。通过对国家有关安全生产方面的法律法规、标准、规范和本单位所制定的各类安全生产规章制度和责任制的落实情况的监督与检查，促进和保证安全教育和培训工作的正常进行，促进和保证生产投入的有效实施，促进和保证安全设施、安全技术装备能正常发挥作用，促进和保证对生产全过程进行科学、规范、有序、有效的安全控制和管理。

（七）事故应急救援预案

事故应急救援在安全管理对策措施中占有非常重要的地位，《中华人民共和国安全生产法》专门设置了第五章“生产安全事故的应急救援与调查处理”。安全评价报告中对策措施的章节内必须有应急救援预案的内容。事故应急救援预案在安全评价和安全管理中占有极其重要的地位。

五、安全评价结论

（一）评价结果与评价结论

评价结果是指子系统或单元的各评价要素通过检查、检测、检验、分析、判断、计算、评价，汇总后得到的结果；评价结论是对整个被评价系统进行安全状况综合评判的结果，是评价结果的综合。

安全评价机构应根据客观、公正、真实的原则，严谨、明确地作出安全评价结论。安全评价结论的内容应包括高度概括评价结果，从风险管理角度给出评价对象在评价时与国家有关安全生产的法律法规、标准、规章、规范的符合性结论，给出事故发生的可能性和严重程度的预测性结论，以及采取安全对策措施后的安全状态等。

（二）评价结论的编制原则

评价结论的编制应着眼于整个被评价系统的安全状况。评价结论应遵循客观公正、观点明确、清晰准确的原则，做到概括性、条理性强且文字表达精练。

（三）评价结论

（1）评价结论分析。评价结论应较全面地考虑评价项目各方面的安全状况，要从“人、机、料、法、环”理出评价结论的主线并进行分析。交代建设项目在安全卫生技术措施、安全设施上是否能满足系统安全的要求，安全验收评价还需考虑安全设施和技术措施的运行效果及可靠性。

（2）评价结果归类及重要性判断。由于系统内各单元评价结果之间存在关联，且各评价结果在重要性上不平衡，对安全评价结论的贡献有大有小，因此在编写评价结论之前最好对评价结果进行整理、分类并按严重度和发生频率分别将结果排序列出。

（3）评价结论的主要内容。安全评价结论的内容，因评价种类的不同而各有差异。通常情况下，安全评价结论主要包括评价结论分析、评价结论、建议等。

任务案例

火灾爆炸指数评价法应用实例。

8.5 安全评价报告的编制及过程质量控制

8.6 道（DOW）化学公司火灾、爆炸危险指数评价法应用实例

课后任务

水泥生产线安全评价分析

某水泥厂拟新建一条新型干法水泥生产线及其配套设施。生产设施主要包括厂房建筑、压缩空气站、物料储运系统、供配电系统、新建道路、一座12000kW余热发电机组等。水泥生产过程主要分为三个阶段：生料制备、熟料煅烧和水泥粉磨。生料制备是将生产水泥的各种原料按一定的比例配合，经粉磨制成料粉（干法）的过程；熟料煅烧是将生料粉在水泥窑内熔融得到以硅酸钙为主要成分的硅酸盐水泥熟料的过程；水泥粉磨是将熟料深加工适量混合材料（矿渣），共同磨细得到最终产品水泥的过程。

其生产工艺流程主要包括如下几个方面。

（1）石灰石储存、输送及预均化。卸车后的石灰石由胶带输送机送碎石库储存，按一定比例出库送至预均化堆场的输送设备。预均化堆场采用悬臂式胶带堆料机堆料，采用桥式刮板取料机取料。

（2）原料调配站及原料粉磨。原料调配站将原料按一定比例配合后由胶带传送机送入原料粉磨。原料粉磨采用辊式磨，利用窑尾预热器排出的废气作为烘干热源。

（3）生料均化，储存与入窑。

（4）原料输送与煤粉制配。

（5）熟料烧成与冷却。熟料烧成采用回转窑，窑尾带五级旋风预热器和分解炉，熟料冷却采用篦式冷却机，熟料出冷却机的温度为环境温度的65%。为破碎大块熟料，冷却机出口处设有一台锤式破碎机。

（6）废气处理。从窑尾预热排出的废气，经高温风机一部分送至原料磨作为烘干热源，另一部分送入增湿塔增湿降温后，直接进入电收尘器净化后排入大气。

（7）熟料储存及运输。

（8）水泥调配。熟料、石膏、矿渣按比例配合经胶带输送机送至水泥磨。

（9）水泥粉磨。采用球磨机，磨好的水泥料送入高效洗粉机，送出的成品随气流进入布袋收尘器，收集来的成品送入水泥库。

（10）水泥储存及散装。

（11）辅助工程。有余热发电系统和压缩空气站。

请根据给定的条件，解答以下问题。

（1）对该建设项目存在的主要危险、有害因素进行辨识，并分析其产生原因。

（2）试针对该建设项目存在的主要危险、有害因素提出安全对策措施。

（3）试分析安全检查表法、火灾爆炸指数评价法和作业条件危险性评价法中不适用于该建设项目安全验收评价的方法，并说明理由。

（4）指出适用于该项目安全验收评价的方法说明理由。

第九章　化工安全生产管理

学习目标

学习安全生产管理的理论，了解我国安全生产管理的现状，熟悉安全生产法律法规、规章对生产经营单位安全生产管理保障的基本要求，提高生产经营单位和从业人员的安全意识。培养学生一定的安全管理能力，了解预防和处理生产安全事故的基本方法，能正确地运用安全生产法律手段来判断、分析和解决生产过程中产生的各类问题。

第一节　事故致因理论

一、海因里希法则

（一）海因里希法则的主要内容

海因里希法则又被形象地称作“300：29：1 法则”或“1：29：300 法则”。其核心要义在于，在生产作业进程里，每出现 330 起意外事件，其中有 300 起并不会造成人员伤亡，仅仅是潜在的危险信号；29 起会致使人员受到轻伤；而最为严重的是，有 1 起会引发重伤甚至死亡的悲剧后果，其比例关系如图 9-1 所示。这意味着在一个企业中，若存在 300 个安全隐患或违章操作行为，那么按照这个比例关系，必然会发生 29 起轻伤事故或者故障，另外还有 1 起重伤、死亡或者重大事故。该法则清晰地表明，重大事故的发生并非偶然，而是大量轻微事故和隐患长期积累的结果。在这些轻微伤害及无伤害事故背后，隐藏着与造成严重伤害的事故相同的原因。因此，在发生了轻微伤害甚至无伤害事故时，就应该及时分析原因，采取针对性对策，而不是在发生了严重伤害事故之后才追究其原因。也就是说，应该在事故发生之前，在出现了不安全行为或不安全状态的时候，就应该采取改进措施。

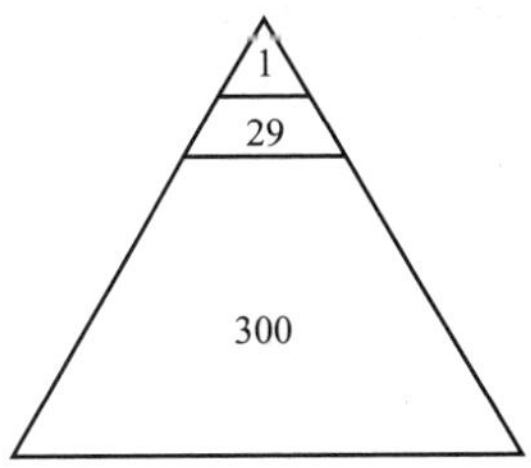

图 9-1　海因里希法则

（二）内在原理：事故因果连锁论

海因里希为了进一步阐释导致伤亡事故的各种复杂原因以及它们与事故之间的内在联系，提出了著名的事故因果连锁论。这一理论认为，伤亡事故的发生绝非一个孤立的、偶然的事件，尽管伤害结果可能在瞬间突然降临，但实际上它是一系列具有紧密因果关系的事件相继发生、层层递进的必然结果。

海因里希将工业伤害事故的发生、发展过程细致地描述为一个具有一定因果关系的事件的连锁：

（1）人员伤亡的发生是事故的结果；

（2）事故的发生原因是人的不安全行为或物的不安全状态；

（3）人的不安全行为或物的不安全状态是由于人的缺点造成的；

（4）人的缺点是由于不良环境诱发或者由先天的遗传因素造成的。

海因里希将事故因果连锁过程概括为以下五个因素：

（1）遗传及社会环境。遗传因素及社会环境是造成人的性格缺点的原因。某些遗传因素可能导致个体在生理或心理上存在缺陷，如鲁莽、固执等不良性格，使其更容易在工作中出现失误；而不良的社会环境，如安全文化缺失、劳动保护制度不完善等，也会增加事故发生的风险。

（2）人的缺点。人的缺点是使人产生不安全行为或造成机械、物质不安全状态的原因，这些缺点可能是生理上的不足，也可能是心理、行为习惯等方面的缺陷。比如，疲劳、注意力不集中、缺乏安全意识等，都可能导致人的不安全行为。

（3）人的不安全行为或物的不安全状态。人的不安全行为和物的不安全状态是直接导致事故发生的关键因素，二者相互作用，一旦触发事故的“开关”，事故便接踵而至。例如，员工违规操作机器设备，同时设备又存在防护装置损坏等不安全状态，就极有可能引发事故。

（4）事故。事故是由于物体、物质、人或放射线的作用或反作用，使人员受到伤害或可能受到伤害的，出乎意料的、失去控制的事件。

（5）伤害。事故直接产生的人身伤害。

海因里希用多米诺骨牌来形象地描述这种事故因果连锁关系。在多米诺骨牌系列中，一块骨牌被碰倒了，则将发生连锁反应，其余的几块骨牌相继被碰倒。如果移去连锁中的一块骨牌，则连锁被破坏，事故过程被中止。海因里希认为，企业安全工作的中心就是防止人的不安全行为，消除机械的或物质的不安全状态，中断事故连锁的进程而避免事故的发生。

博德（Frank Bird）在海因里希事故因果连锁的基础上，提出了反映现代安全观点的事故因果连锁理论，如图 9-2 所示。该理论认为：事故因果连锁中一个最重要的因素是安全管理，安全管理中的控制是指损失控制，包括对人的不安全行为、物的不安全状态的控制，是安全管理工作的核心。

管理系统是随着生产的发展而不断发展完善的，十全十美的管理系统并不存在。管理上的欠缺导致事故基本原因的出现。对于绝大多数企业而言，完全依靠工程技术上的改进来预防事故既不经济，也不现实。只有通过提高安全管理水平，经过较长时间的努力，才能防止事故的发生。管理者必须认识到只要生产没有实现高度安全化，就有发生事故及伤害的可能性，因而他们的安全活动中必须包含针对事故因果联锁中所有重要原因的控制对策。

图 9-2　博德事故因果连锁模型

二、轨迹交叉理论

（一）轨迹交叉理论的核心内容

该理论是一种用于解释事故发生原因的理论。其核心观点为，伤害事故是人和物（包括环境）两个发展系列的事件在特定时空条件下相互接触、相互作用的结果。当人的不安全行为和物的不安全状态在各自的发展轨迹中相遇，导致能量意外释放并作用于人体时，事故便会发生。

（二）轨迹交叉理论的作用原理

（1）人的因素运动轨迹。人的不安全行为的产生基于多方面因素，包括：生理因素，如先天的身心缺陷；社会环境因素，如企业管理上的缺陷，可能导致员工缺乏正确的安全引导和规范；心理因素，如后天形成的心理缺陷；感官因素，如视觉、听觉等感官在能量分配上的差异，可能影响对危险的感知；行为因素，如操作失误、违规作业等。

（2）物的因素运动轨迹。在生产过程的各个阶段都可能产生的不安全状态。包括：设计阶段的缺陷，如产品设计不符合安全标准；制造工艺流程中的缺陷，可能导致产品质量问题；维修保养环节的缺陷，使设备老化、损坏未能及时修复；使用过程中的缺陷，如错误操作设备；作业场所环境的缺陷，如照明不足、通风不良等。

（3）人与物轨迹交叉的事故触发机制。当人的不安全行为和物的不安全状态在时间和空间上重合，就会引发能量的意外释放，这种能量逆流到人体，从而触发事故的发生。例如，工人在操作有故障（物的不安全状态）的起重机时，违规操作（人的不安全行为），导致起重机失控，重物坠落砸伤工人。

（三）基于轨迹交叉理论的事故预防

（1）人的因素控制措施。通过加强人员选拔，确保员工具备相应的身体素质和心理条件；开展全面的安全教育培训，提高员工的安全意识和操作技能；建立健全的安全管理制度，规范员工行为，减少人的不安全行为发生的概率。

（2）物的因素控制措施。在设计环节，严格遵循安全设计标准，采用先进的设计理念和方法；制造过程中，加强质量控制，确保产品质量；完善设备的维修保养计划，定期对设备进行检查、维护和更新；优化作业场所环境，消除环境中的不安全因素。

（3）切断人与物轨迹交叉的策略。一方面，通过设置安全防护装置、采用自动化控制系统等，降低人的不安全行为与物的不安全状态接触的可能性；另一方面，加强安全管理，合理安排工作流程和人员任务，避免在同一时空出现人和物的不安全因素。人与物的轨迹不交叉，事故即可避免。这可通过图 9-3 加以说明。

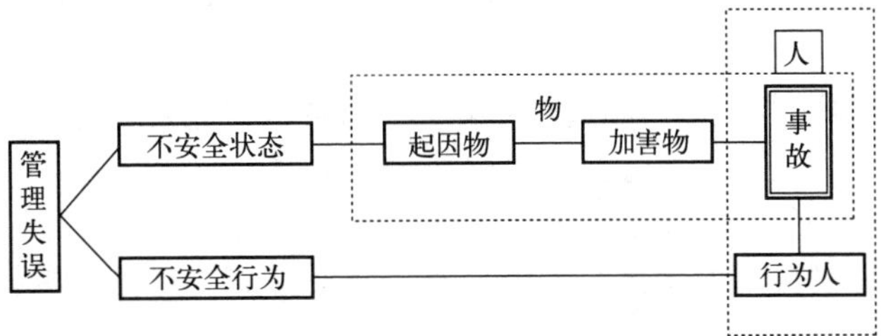

图 9-3　人与物两系列形成事故的系统

三、系统安全理论

系统安全致力于在系统的整个生命周期内，运用系统安全工程与管理手段，精准辨识系统内的危险源，并采取切实有效的控制措施，将危险性降至最低，确保系统在既定的性能、时间和成本约束下，达到最佳安全状态。系统安全理论常用的分析方法如下。

（一）故障树分析

故障树分析（FTA）是一种从结果追溯原因的有向逻辑树图。比如，分析飞机发动机故障这一结果，通过层层分解，可能会发现是由燃油系统堵塞、涡轮叶片损坏、电子控制系统故障等多种原因导致的，而这些原因又可进一步细分为更具体的因素，如燃油杂质过多、叶片材料疲劳、传感器失灵等。通过这种方式，能够清晰地确定故障发生的各种原因及其组合，找出系统的薄弱环节，为制订针对性的预防措施提供依据。

（二）事件树分析

事件树分析（ETA）从一个初始事件开始，按照时间顺序分析事件可能的发展过程。以化工厂发生火灾为例，初始事件可能是易燃化学品泄漏，泄漏后遇到火源，可能引发小规模火灾，若消防系统正常启动且灭火措施有效，火灾可能被扑灭；若消防系统故障或灭火不及时，火灾可能蔓延扩大，造成更严重的后果。通过对各个分支的分析，能够确定事故可能的发展途径和后果，评估事故发生的概率和风险程度。

（三）危险与可操作性分析

危险与可操作性分析（HAZOP）主要应用于化工等流程工业系统。在石油炼制过程中，对原油蒸馏装置进行 HAZOP，需要详细分析温度、压力、流量等工艺参数，以及进料、出料、反应过程等操作程序。通过分析可能出现的参数偏离和操作失误，如温度过高导致油品裂解、进料流量过大引发设备超压等，识别出潜在的危险和可操作性问题，并提出相应的改进措施，如安装温度和压力报警装置、优化操作流程等，以提高系统的安全性和可靠性。

[案例 9-1] 中石化某大型炼油厂应用系统安全理论来预防火灾、爆炸和有毒气体泄漏等事故。

在工艺设计阶段，对整个炼油工艺流程进行了危险与可操作性分析（HAZOP），对每个工艺单元和操作环节的温度、压力、流量、液位等参数进行了详细分析，识别出可能存在的操作偏差和潜在危险。例如，在原油蒸馏装置中，通过分析发现如果塔顶压力过高，可能导致安全阀起跳，甚至引发油气泄漏和火灾事故。针对这一问题，安装了先进的压力控制系统和安全阀联锁装置，当压力接近临界值时，系统会自动调节操作参数，确保压力稳定。

在生产运行过程中，建立了实时监控系统，对关键设备和工艺参数进行 24h 不间断监测，一旦出现异常数据，系统会立即发出警报，并启动相应的应急处置程序。同时，加强了对员工的安全培训，提高员工对危险的识别能力和应急处理能力。此外，炼油厂还制订了完善的安全管理制度，定期进行安全检查和隐患排查，对设备进行定期维护和更新，确保生产系统的安全稳定运行。

四、能量意外释放理论

事故是一种不正常的或不希望的能量释放，能量是事故发生的根源，意外释放的各种形式的能量是构成伤害的直接原因。工业事故及其造成的伤害或损坏，通常是生产过程中失去控制的能量转化和（或）能量做功过程中发生的。

（一）能量的分类

对生产生活中涉及的各种能量形式进行详细分类，如机械能、电能、热能、化学能、辐射能等，分别描述每种能量的特点和存在形式，以及在何种情况下可能成为意外释放的能量源。

（二）事故致因因素及原理

（1）能量过量接触致因：详细分析接触了超过机体组织（或结构）抵抗力的某种形式的过量能量导致事故的各种情况，包括能量的强度、作用时间、作用部位等因素对人体伤害的影响，以及不同个体对能量耐受程度的差异。

（2）能量交换干扰致因：深入研究有机体与周围环境的正常能量交换受到干扰导致事故的原理，分析导致能量交换干扰的各种因素，如环境中的有毒有害物质浓度、氧气含量、温度和湿度等，以及这些因素如何相互作用引发窒息、中毒等事故。

[案例 9-2] 以某公司为例用能量意外释放理论分析闪爆事故。

(1) 能量源。事故中的能量源是丁酮肟盐酸盐，其在一定条件下会发生分解反应并释放大量的热量和气体等能量。正常生产过程中，丁酮肟盐酸盐的反应能量处于可控状态，为生产提供所需的化学反应动力，但在异常情况下成为危险的能量源。

(2) 能量意外释放的触发因素。

操作失误：操作工在清理分层塔内积液时，未将分层塔底部丁酮肟盐酸盐彻底排放至萃取工序，导致大量丁酮肟盐酸盐随上层清液进入产品中和工序，进入 1 号静置槽继续反应，这是能量意外释放的直接触发因素之一，使得丁酮肟盐酸盐在不该反应的位置和条件下开始反应并积聚能量。

设备缺陷：静置槽没有温度监测及降温措施，无法对丁酮肟盐酸盐反应产生的热量进行有效监测和控制，热量在静置槽中不断累积，为能量的意外释放创造了条件。

(3) 能量意外释放造成的伤害和损失。

人员伤亡：爆炸导致 6 人死亡、4 人受伤，这些伤害是由爆炸产生的冲击波、高温、碎片等能量直接作用于人体造成的，属于能量意外释放对人员的第一类伤害。

财产损失：事故造成直接经济损失 1344.18 万元，包括厂房、设备的损坏，以及生产中断等带来的经济损失，是能量意外释放对财产的破坏。

第二节　安全生产法规与标准

安全生产法规与标准是保障生产经营活动安全有序进行的重要准则，它们从不同层面规范着安全生产行为，对预防事故、保护生命财产安全、促进经济可持续发展起着关键作用。

一、安全生产法规标准体系

安全生产法规是国家为加强安全生产监督管理，预防和减少生产安全事故，保障人民群众生命和财产安全，推动经济稳健发展，而制定的一系列涵盖法律、行政法规、地方性法规、部门规章以及地方政府规章的总和。这些法规贯穿于生产经营活动的全过程，为安全生产工作提供了全面且系统的法律依据，是确保安全生产秩序的基石。

（一）《中华人民共和国宪法》中有关安全生产的法律规范

《中华人民共和国宪法》（简称宪法）是国家的根本法，具有最高的法律地位和法律效力，是国家安全生产法律体系框架的最高层级。宪法第四十二条关于“加强劳动保护，改善劳动生产条件”的规定是我国安全生产方面具有最高法律效力的规定。作为国家的根本大法，宪法中有关安全生产的原则性规定，为整个安全生产法规体系奠定了坚实基础，为后续法规的制定提供了根本性的指导方向和价值遵循。

（二）《中华人民共和国安全生产法》

《中华人民共和国安全生产法》（简称安全生产法），是我国第一部全面规范安全生产的专门法律，其效力仅次于宪法和国家基本法，在安全生产法律法规体系中占有核心的重要地位，是制定安全生产体系中某领域和某一方面安全生产单行法、安全生产法规、规章的基本依据。

安全生产法是安全生产领域的一部综合性法律，适用于矿山、危险物品、建筑业和其他方面的安全生产，对各行各业的安全生产行为都具有指导和规范作用，所规定的安全生产基本方针原则和基本法律制度普遍适用于生产经营活动的各个领域，明确了生产经营单位的安全生产保障、从业人员的权利和义务，以及安全生产的监督管理等关键内容，是安全生产领域的核心大法，起着提纲挈领的作用。安全生产法是各级人民政府及其有关部门进行监督管理和行政执法的法律依据，是制裁各种安全生产违法犯罪行为的有力武器。

（三）安全生产单行法

安全生产单行法是针对特定安全生产领域和特定保护对象所制定的专门法律。常见的安全生产单行法有《中华人民共和国矿山安全法》《中华人民共和国海上交通安全法》《中华人民共和国消防法》《中华人民共和国道路交通安全法》等，单行法的内容只涉及某一领域或者某一方面的安全生产问题。《中华人民共和国安全生产法》中规定：“有关法律、行政法规对消防安全和道路交通安全、铁路交通安全、水上交通安全、民用航空安全以及核与辐射安全、特种设备安全另有规定的，适用其规定。”因此，在同一层级的安全生产立法对同一类问题的法律适用上，应当适用特殊法优于普通法的原则。

（四）其他部门法中的安全生产规范

除了专门的安全生产法律法规，其他部门法中也存在着诸多与安全生产紧密相关的规范，它们从不同角度为安全生产提供了全面的法律支撑与保障。如《中华人民共和国劳动法》《中华人民共和国建筑法》《中华人民共和国煤炭法》《中华人民共和国铁路法》《中华人民共和国民用航空法》《中华人民共和国工会法》《中华人民共和国全民所有制工业企业法》《中华人民共和国乡镇企业法》《中华人民共和国矿产资源法》等。还有一些与安全生产监督执法工作有关的法律，如《中华人民共和国刑法》《中华人民共和国刑事诉讼法》《中华人民共和国行政处罚法》《中华人民共和国行政复议法》《中华人民共和国国家赔偿法》等。

（五）安全生产法规

安全生产法规是保障生产经营活动安全有序进行的重要准则，其中，行政法规和地方性法规在安全生产管理体系中扮演着不可或缺的角色，安全生产法规分为行政法规和地方性法规。

行政法规是国务院为领导和管理国家各项行政工作，根据宪法和法律，并且按照《行政法规制定程序条例》的规定而制定的政治、经济、教育、科技、文化、外事等各类法规的总称。在安全生产领域，行政法规具有重要的规范和指导作用。

例如《安全生产许可证条例》，严格规范了安全生产条件，对矿山企业、建筑施工企业和危险化学品、烟花爆竹、民用爆炸物品生产企业实行安全生产许可制度，只有取得许可证方可从事生产活动，极大地降低了这些高风险行业的事故发生率。还有《生产安全事故报告和调查处理条例》，该条例对生产安全事故的报告、调查、处理程序以及法律责任进行了严格规范，明确界定了事故分级、报告时限、调查组组成及职责等关键内容。一旦事故发生，事故现场有关人员应立即向本单位负责人报告；单位负责人在接到报告后，必须在1小时内向事故发生地县级以上人民政府安全生产监督管理部门和负有安全生产监督管理职责的有关部门报告，确保事故信息能够及时、准确传递，为后续事故救援与调查处理工作赢得宝贵时间，保障事故处理工作的有序、高效开展，依法追究相关责任，总结事故教训，预防类似事故再次发生。

地方性法规是省、自治区、直辖市以及设区的市的人民代表大会及其常务委员会根据本行政区域的具体情况和实际需要，在不与宪法、法律、行政法规相抵触的前提下制定的规范性文件，是对国家安全生产法律法规的补充和完善，以解决本地区某一特定的安全生产问题为目标，具有较强的针对性和可操作性。

（六）安全生产部门规章

部门规章清晰地界定了生产经营单位、安全监管部门以及相关人员在安全生产中的职责与义务。例如：《生产经营单位安全培训规定》明确规定生产经营单位要对从业人员进行安全培训，保证其具备必要的安全生产知识，熟悉规章制度和操作规程，确定了安全培训的责任主体，避免责任推诿；《注册安全工程师分类管理办法》将注册安全工程师细分为煤矿安全、金属非金属矿山安全、化工安全等专业类别，对其注册、执业等进行规范，为不同行业的安全生产提供专业人才保障；《生产安全事故信息报告和处置办法》明确了事故信息报告的流程、时限和内容，要求事故发生后及时准确报告，以便相关部门快速响应，采取救援和处置措施。

（七）安全生产标准

我国的安全生产标准分为国家安全生产标准、行业安全生产标准两级，以及安全生产基础标准、安全生产产品标准和安全生产方法标准。法定安全生产标准分为国家标准和行业标准。安全生产标准体系的构成具有协调性、层次性、配套性和发展性的特点。

（八）我国参加和批准的国际法中的安全生产规范

包括我国参加、批准并对我国生效的一般性国际条约中的安全生产规范，和专门性国际安全生产条约中的安全生产规范。例如：《国际劳工安全公约》为一般性国际条约，《职业安全和卫生及工作环境公约》《职业卫生设施公约》《化学品公约》《建筑安全和卫生公约》为专门性国际安全生产条约。当我国安全生产法律与国际公约有不同时，应优先采用国际公约的规定（除保留条件的条款外）。

国家法律体系中的层次依次为：宪法—法律—行政法规—地方性法规—行政规章。图9-4为我国安全生产法规体系与层次。

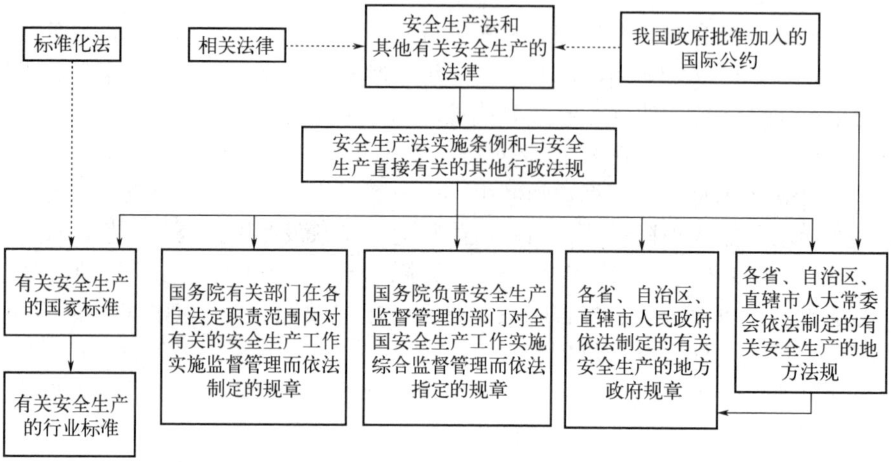

图 9-4　我国安全生产法规体系与层次

二、中华人民共和国安全生产法

《中华人民共和国安全生产法》是我国安全生产领域的基础性、综合性法律，为促进安全生产形势持续稳定好转提供了坚实的法律保障，其核心目标是保障人民群众的生命和财产安全。

《中华人民共和国安全生产法》共七章一百一十九条，各章节紧密围绕安全生产核心，从不同角度构建起完整的安全生产法律体系。第一章总则，明确立法目的、适用范围、基本原则等基础内容；第二章至第六章分别对生产经营单位的安全生产保障、从业人员的安全生产权利义务、安全生产的监督管理、生产安全事故的应急救援与调查处理、法律责任进行详细规定；第七章附则，对相关用语含义和法律施行日期作出说明。

（一）基本原则

（1）人民至上。在安全生产领域，体现为坚持人民至上、生命至上，把保护人民生命安全作为首要任务。这要求在安全生产决策、部署和监管中，充分发挥领导核心作用，将人民生命安全和身体健康作为衡量工作成效的首要标准，确保安全生产工作符合人民的根本利益。

（2）安全发展理念。牢固树立安全发展理念，就是要将安全作为发展的前提和基础，贯穿于经济社会发展的全过程。在企业层面，要求企业在规划、建设、生产、经营等各个环节，充分考虑安全因素，加大安全投入，采用先进的安全技术和管理方法，实现安全与生产的有机统一。在政府层面，制定产业政策、城市规划时，要充分评估安全风险，优先保障安全需求，推动产业结构优化升级，淘汰落后产能，从源头上消除安全隐患，实现经济社会的可持续发展。

（3）安全方针。坚持“安全第一、预防为主、综合治理”的方针，是安全生产工作的基本遵循。“安全第一”明确了安全在生产经营活动中的首要地位，当安全与生产、效益等发生冲突时，必须以安全为优先考量。“预防为主”强调将预防工作作为安全生产的核心，通过风险识别、隐患排查、安全教育培训等手段，提前发现和消除潜在的安全风险，将事故消灭在萌芽状态。“综合治理”则要求综合运用法律、经济、技术、行政等多种手段，充分发挥政府、企业、社会等各方力量，从源头管理、过程控制、应急救援等多个环节，对安全生产进行全方位、全过程的管理。

（4）安全生产责任制。实行“管行业必须管安全、管业务必须管安全、管生产经营必须管安全”，这“三个必须”原则明确了各部门在安全生产中的监管职责。生产经营单位作为安全生产的主体，必须切实履行主体责任，建立健全全员安全生产责任制，将安全生产责任落实到每一个岗位、每一个员工。政府监管部门要依法履行监管职责，加强对生产经营单位的监督检查，督促企业落实安全生产措施。同时，建立生产经营单位负责、职工参与、政府监管、行业自律和社会监督的机制，形成全社会共同参与、共同监督的安全生产格局。

（二）主要内容

（1）生产经营单位的安全生产保障。生产经营单位是安全生产的责任主体，必须具备相应的安全生产条件。这包括依法设置安全生产管理机构或者配备安全生产管理人员，保证安全生产投入，建立健全安全生产规章制度和操作规程等。主要负责人作为第一责任人，要全面负责本单位的安全生产工作，组织制定并实施安全生产教育和培训计划，如实记录安全生产教育和培训情况。例如，某矿山企业按照《中华人民共和国安全生产法》要求，设立了专门的安全管理部门，配备了专业的安全管理人员，定期组织员工进行安全技能培训和应急演练，有效提升了企业的安全管理水平。

（2）从业人员的安全生产权利义务。从业人员在安全生产中享有知情权、建议权、批评权、检举权、控告权、拒绝违章指挥和强令冒险作业权以及紧急避险权等。同时，也应当履行遵守安全生产规章制度和操作规程、正确佩戴和使用劳动防护用品、接受安全生产教育和培训等义务。例如，员工小李发现企业存在安全隐患，有权向企业提出整改建议；当企业要求小赵进行危险作业时，小赵有权拒绝，这是法律赋予从业人员的合法权利。

（3）安全生产的监督管理。国务院应急管理部门对全国安全生产工作实施综合监督管理，县级以上地方各级人民政府应急管理部门对本行政区域内安全生产工作实施综合监督管理。其他有关部门在各自职责范围内对有关行业、领域的安全生产工作实施监督管理。对于新兴行业、领域，如共享经济、人工智能等，当安全生产监督管理职责不明确时，由县级以上地方各级人民政府按照业务相近原则确定监督管理部门。负有安全生产监督管理职责的部门要依法开展监督检查工作，建立健全安全生产违法行为信息库，对违法行为情节严重的生产经营单位，向社会公告，并通报行业主管部门、投资主管部门、国土资源主管部门、证券监督管理机构以及有关金融机构。

（4）生产安全事故的应急救援与调查处理。生产经营单位应当制定本单位生产安全事故应急救援预案，与所在地县级以上地方人民政府组织制定的生产安全事故应急救援预案相衔接，并定期组织演练。发生生产安全事故后，单位负责人应当立即组织抢救，及时、如实报告生产安全事故。有关地方人民政府和负有安全生产监督管理职责的部门负责人接到事故报告后，应当立即赶到事故现场，组织事故抢救。事故调查处理应当按照科学严谨、依法依规、实事求是、注重实效的原则，及时、准确地查清事故原因，查明事故性质和责任，总结事故教训，提出整改措施，并对事故责任者依法追究责任。例如，某工厂发生爆炸事故后，当地政府迅速启动应急预案，组织消防、医疗等部门进行救援，事故调查组依法对事故原因进行调查，对相关责任人进行了严肃处理，并要求其他企业吸取教训，加强安全管理。

（5）法律责任。对生产经营单位及其主要负责人、安全生产管理人员、从业人员等违反《中华人民共和国安全生产法》的行为，明确了相应的法律责任，包括责令限期改正、罚款、停产停业整顿、吊销相关证照、关闭等行政处罚，构成犯罪的，依法追究刑事责任。例如：某企业未按照规定对重大危险源进行登记建档，被责令限期改正，并处以罚款；某企业负责人在事故发生后逃匿，被依法追究刑事责任。严厉的法律责任对安全生产违法行为形成了强大的威慑力，促使各主体严格遵守安全生产法律法规。

三、危险化学品安全管理条例

（一）基本原则

（1）安全第一、预防为主、综合治理。这是安全生产工作的基本方针，在危险化学品安全管理中同样适用。"安全第一"强调危险化学品生产、储存、使用、经营和运输等活动中，安全始终是首要考量因素，任何环节都不能以牺牲安全为代价。"预防为主"要求将预防工作贯穿于危险化学品管理的全过程，通过风险评估、隐患排查、安全培训等手段，提前发现和消除安全隐患。"综合治理"则是综合运用法律、经济、技术、行政等多种手段，充分发挥政府、企业、社会等各方力量，对危险化学品安全进行全方位管理。

（2）强化和落实企业主体责任。危险化学品单位是安全管理的主体，其主要负责人对本单位的危险化学品安全管理工作全面负责。企业必须具备法律、行政法规规定和国家标准、行业标准要求的安全条件，建立健全安全管理规章制度和岗位安全责任制度，对从业人员进行安全教育、法制教育和岗位技术培训，确保各项安全措施落实到位。

（3）部门协同配合。危险化学品安全管理涉及多个部门，安全生产监督管理部门负责综合监督管理，公安机关负责公共安全管理，质量监督检验检疫部门负责产品质量监督等。各部门应在各自职责范围内，相互配合、密切协作，形成监管合力。县级以上人民政府建立危险化学品安全监督管理工作协调机制，支持、督促有关部门依法履行职责，协调解决工作中的重大问题。

（二）主要内容

1. 生产、储存安全

（1）规划布局。国家对危险化学品的生产、储存实行统筹规划、合理布局。国务院工业和信息化主管部门以及国务院其他有关部门依据各自职责，负责危险化学品生产、储存的行业规划和布局。地方人民政府组织编制城乡规划时，应根据本地区的实际情况，按照确保安全的原则，规划适当区域专门用于危险化学品的生产、储存。例如，某沿海城市在城市规划中，将危险化学品生产、储存区域规划在远离居民区和水源地的海边，有效降低了安全风险。

（2）建设项目审查。新建、改建、扩建生产、储存危险化学品的建设项目，应当由安全生产监督管理部门进行安全条件审查。建设单位应当在项目可行性研究阶段对建设项目进行安全条件论证，委托具备国家规定资质条件的机构在 30 个工作日内完成对建设项目的安全评价，并将安全条件论证和安全评价的情况报告，在收到报告后的 15 个工作日内报建设项目所在地设区的市级以上人民政府安全生产监督管理部门。安全生产监督管理部门在收到申请和相关文件、资料后，应当在 45 日内作出批准或者不予批准的决定。只有通过安全条件审查，取得相关许可后，建设项目才能开工建设。

（3）日常管理。生产、储存危险化学品的单位，要对其铺设的危险化学品管道设置明显标志，并至少每半年进行一次检查、检测。危险化学品生产企业需取得安全生产许可证和相关工业产品生产许可证，要提供化学品安全技术说明书和安全标签，若发现危险化学品有新的危险特性，应在5个工作日内及时公告并修订相关说明和标签。企业还要每三年对生产装置、储存设施进行一次全面的安全评价，根据评价结果在1个月内采取相应的安全措施。例如，某化工企业按照规定，每三年对生产装置进行一次全面的安全评价，根据评价报告中的建议，在1个月内对部分老化设备进行了更新改造，提高了生产安全性。

2. 使用安全

（1）许可制度。确立了危险化学品安全使用许可制度，将发放范围确定为使用危险化学品从事生产且使用量达到规定数量的化工企业。使用危险化学品的单位，要向设区的市级人民政府安全生产监督管理部门提出申请，并提交相关材料，如企业的基本情况，使用危险化学品的品种、数量、用途等。安全生产监督管理部门收到申请和相关材料后，应当在45日内组织对申请文件、资料进行审查，必要时组织现场核查。经审查合格后，方可取得安全使用许可证，许可证有效期为3年。

（2）安全管理。使用危险化学品的单位，要建立危险化学品安全管理制度和操作规程，保证危险化学品的安全使用。企业要对使用危险化学品的从业人员进行专门的安全培训，新上岗人员岗前培训不得少于72学时，每年再培训不得少于20学时，确保其掌握安全使用知识和技能。例如，某制药企业定期组织员工进行危险化学品安全使用培训，邀请专家进行授课，通过理论讲解和实际操作演示，让员工熟悉危险化学品的特性和应急处置方法。同时，企业还建立了危险化学品使用台账，详细记录使用的品种、数量、时间等信息，便于管理和追溯。

3. 经营安全

（1）许可管理。明确将危险化学品仓储经营纳入危险化学品经营范畴。取得危险化学品经营许可证的条件进一步严格，包括经营场所和储存设施符合国家标准、主管人员和业务人员经过专业培训并取得上岗资格等。设区的市级人民政府安全生产监督管理部门收到申请材料后，应当在30日内作出批准或者不予批准的决定。许可证有效期为3年，企业应在有效期届满前3个月向原发证机关提出延期申请。

（2）经营规范。危险化学品经营企业要保证所经营的危险化学品有化学品安全技术说明书和安全标签，不得向未经许可从事危险化学品生产、经营活动的单位销售危险化学品。企业要建立健全危险化学品购销管理制度，如实记录购买单位的名称、地址，经办人的姓名、身份证号码，以及所购买危险化学品的品种、数量、用途等信息，记录的保存期限不得少于1年。例如，某危险化学品经营企业在销售危险化学品时，严格审查购买单位的资质，要求对方提供相关许可证和证明文件，确保销售行为合法合规。

4. 运输安全

（1）部门职责。不同运输方式有相应的管理部门和规定。公安机关负责核发剧毒化学品购买许可证、道路运输通行证，并管理危险化学品运输车辆的道路交通安全；交通运输主管部门负责危险化学品道路运输、水路运输的许可以及运输工具的安全管理等。各部门在各自职责范围内，加强对危险化学品运输的监管，确保运输安全。

（2）运输要求。运输危险化学品的车辆、船舶等要符合安全要求，配备必要的应急救援器材和设备。危险化学品运输车辆应当悬挂或者喷涂符合国家标准要求的警示标志，按照规定的路线、速度行驶，不得超速、超载。运输企业要对从业人员进行安全教育和培训，新上岗驾驶员和押运员岗前培训不得少于 48 学时，每年再培训不得少于 16 学时，确保其掌握危险化学品运输的安全知识和应急处置技能。例如：危险化学品运输车辆必须安装符合标准的安全防护装置和警示标志，驾驶员和押运员要经过专业培训并取得相应资格证书；某运输企业定期组织驾驶员和押运员进行安全培训，通过案例分析、模拟演练等方式，提高他们的安全意识和应急处理能力。

5. 监督管理

（1）检查措施。负有危险化学品安全监督管理职责的部门依法进行监督检查，可采取进入作业场所现场检查、查阅复制文件资料、责令消除隐患、查封扣押违法物品等措施。监督检查人员不得少于 2 人，并应出示执法证件。安全生产监督管理部门对危险化学品生产企业的日常监督检查每年不少于 2 次，对经营企业的检查每年不少于 1 次。有关单位和个人对依法进行的监督检查应予以配合，不得拒绝、阻碍。例如，某安全生产监督管理部门对一家危险化学品生产企业进行检查时，发现企业存在安全隐患，当场下达整改通知书，责令企业限期整改。

（2）举报制度。建立举报制度，任何单位和个人对违反条例的行为有权举报，相关部门接到举报后，应当在 15 日内组织核实、处理。对举报危险化学品安全生产违法行为的有功人员，给予奖励。例如，某市民举报一家企业非法储存危险化学品，相关部门接到举报后迅速展开调查，经核实后对该企业进行了处罚，并对举报人给予了奖励。

6. 应急救援与事故处理

（1）应急救援体系。危险化学品单位要制定本单位危险化学品事故应急预案，配备应急救援人员和必要的应急救援器材、设备，并每年至少组织 1 次综合应急预案演练或者专项应急预案演练，每半年至少组织 1 次现场处置方案演练。县级以上地方人民政府安全生产监督管理部门应当会同有关部门制定本地区危险化学品事故应急预案，建立应急救援体系。例如，某化工园区组织园区内的企业联合开展危险化学品事故应急演练，通过模拟火灾、泄漏等事故场景，检验和提高了各企业的应急响应能力和协同配合能力。

（2）事故处理。发生危险化学品事故后，单位负责人应在 1 小时内组织救援，并向相关部门报告。有关地方人民政府和部门接到报告后，应立即组织救援。事故调查组应当自事故发生之日起 60 日内提交事故调查报告；特殊情况下，经负责事故调查的人民政府批准，提交事故调查报告的期限可以适当延长，但延长的期限最长不超过 60 日。事故调查处理按照科学严谨、依法依规、实事求是、注重实效的原则进行，查明事故原因、性质和责任，提出整改措施，对事故责任者依法追究责任。例如：某企业发生危险化学品泄漏事故后，企业负责人立即启动应急预案，组织员工疏散，并向当地安全生产监督管理部门和环保部门报告；政府相关部门迅速赶到现场，组织救援队伍进行抢险救援，同时成立事故调查组，对事故原因进行调查；最终查明事故是由于设备老化、维护不当导致的，相关责任人受到了法律的严惩。

7. 法律责任

（1）违法行为处罚。对危险化学品单位及其主要负责人、安全生产管理人员、从业人员等违反条例的行为，明确了相应的法律责任，包括责令改正、罚款、停产停业整顿、吊销许可证、追究刑事责任等。例如，危险化学品生产企业未取得安全生产许可证擅自进行生产的，责令停止生产，没收违法所得，并处以罚款；构成犯罪的，依法追究刑事责任。

（2）责任追究。对负有危险化学品安全监督管理职责的部门的工作人员，在危险化学品安全监督管理工作中滥用职权、玩忽职守、徇私舞弊的，依法给予处分；构成犯罪的，依法追究刑事责任。严厉的法律责任对危险化学品领域的违法行为形成强大威慑，促使各主体严格遵守条例规定，保障危险化学品安全管理工作的顺利开展。

第三节　安全生产管理规章制度

一、生产经营单位安全规章制度建设

生产经营单位安全规章制度是生产经营单位依据国家法律法规、行业标准规范，结合自身生产经营实际情况，为实现安全生产目标而制定的一系列具有规范性、约束性和指导性的规则、程序、措施以及行为准则的总和，覆盖了企业生产经营的各个环节，从人员管理到设备操作，从日常运营到应急处置，全面规范和约束企业及员工的安全生产行为。

（一）安全规章制度建设的目的和意义

（1）保障人员安全。首要目的是保护员工在生产经营过程中的生命安全和身体健康。通过明确安全操作规程、提供安全培训等措施，减少员工因操作不当、缺乏安全意识等原因导致的伤亡事故。

（2）确保生产正常进行。合理的安全规章制度有助于维持生产秩序，避免因安全事故造成生产中断、设备损坏等情况，保障企业生产经营活动的连续性和稳定性，从而提高企业经济效益。

（3）履行法律责任。遵守国家法律法规是企业的基本义务，制定安全规章制度是企业落实安全生产法律要求的具体体现，有助于企业避免因违法违规而面临法律制裁和行政处罚。

（4）塑造企业形象。良好的安全管理和完善的安全规章制度能够提升企业的社会形象和声誉，增强员工的归属感和忠诚度，吸引更多优秀人才和合作伙伴，为企业发展创造有利条件。

（二）安全规章制度制定的依据

（1）法律法规。以《中华人民共和国劳动法》《中华人民共和国职业病防治法》等国家法律为根本依据，确保安全规章制度符合国家法律的基本要求。同时，参考《危险化学品安全管理条例》《建设工程安全生产管理条例》等相关行政法规，使制度内容与行业特定的安全管理规定相契合。

（2）行业标准。依据行业主管部门和标准化组织制定的各类标准，如安全生产标准、职业卫生标准等，这些标准是对行业安全生产实践经验的总结和提炼，具有很强的针对性和可操作性。例如机械制造行业须遵循机械安全相关的国家标准和行业标准来制定自身的安全规章制度。

（3）企业实际情况。结合企业的生产工艺、设备设施、人员素质、管理水平以及以往事故教训等实际情况，制定出符合企业自身特点的安全规章制度，确保制度的实用性和有效性。

（三）安全规章制度制定的原则

（1）合法性原则。安全规章制度的内容必须符合国家法律法规和政策要求，不能与法律相抵触，否则将不具备法律效力，还可能给企业带来法律风险。

（2）科学性原则。制度的制定要基于科学的理论和方法，充分考虑生产过程中的安全风险和实际操作需求，确保制度内容合理、可行，能够有效预防事故发生。

（3）全面性原则。应涵盖企业生产经营的各个方面和环节，包括人员、设备、环境、管

理等，确保安全生产管理无死角。

（4）可操作性原则。制度条款应具体、明确，具有可执行性，便于员工理解和遵守。避免出现模糊不清、难以操作的规定，否则制度将难以有效落实。

（5）持续改进原则。随着企业生产经营的发展变化、技术进步以及法律法规的更新，安全规章制度要不断进行修订和完善，以适应新的安全管理要求。

（四）安全规章制度编制流程

（1）成立编制小组。由企业安全管理部门牵头，组织生产、技术、设备、人力资源等相关部门的专业人员成立编制小组。小组成员应具备丰富的安全生产知识和实践经验，熟悉企业生产经营流程和管理模式。

（2）开展调查研究。收集企业内部的生产工艺、设备设施、人员结构、安全管理现状等信息，同时关注同行业企业的先进安全管理经验和做法，为制度编制提供充分的素材和参考。

（3）起草制度草案。根据调查研究结果，按照制定原则和相关依据，结合企业实际情况，起草安全规章制度草案。草案内容应全面、具体，明确各项安全管理要求和操作流程。

（4）征求意见和建议。将制度草案在企业内部广泛征求意见，包括各级领导、各部门负责人、一线员工等。通过召开座谈会、发放征求意见表等方式，充分听取各方意见和建议，对草案进行修改完善。

（5）审核与发布。修改后的草案提交企业领导班子或安全生产委员会进行审核，审核通过后，以企业正式文件的形式发布实施，并明确制度的生效日期、适用范围等。

（五）安全规章制度的管理

（1）宣传培训。制度发布后，要组织全体员工进行宣传培训，使员工充分了解制度的内容和要求。可以通过集中授课、现场演示、发放宣传资料、线上学习等多种方式，确保员工熟悉并掌握相关规定，提高员工遵守制度的自觉性。

（2）监督检查。建立健全安全规章制度执行情况的监督检查机制，定期对各部门、各岗位执行制度的情况进行检查。安全管理部门要发挥主导作用，采取日常检查、专项检查、不定期抽查等方式，及时发现并纠正违反制度的行为。

（3）考核奖惩。将安全规章制度的执行情况与员工的绩效考核、奖惩挂钩。对严格遵守制度、表现优秀的员工给予表彰和奖励；对违反制度的行为，根据情节轻重给予相应的处罚，包括批评教育、经济处罚、行政处分等，构成犯罪的依法追究刑事责任，以强化制度的权威性和约束力。

（4）修订完善。定期对安全规章制度进行评估，根据法律法规的更新、企业生产经营情况的变化以及制度执行过程中发现的问题，及时对制度进行修订和完善，确保制度始终符合企业安全生产管理的实际需求。

二、安全规章制度

目前我国还没有明确的安全规章制度体系建设标准。在长期的安全生产实践过程中，生产经营单位按照自身的习惯和传统，形成了各具特色的安全规章制度体系。按照安全系统工程原理建立的安全规章制度体系，一般由综合安全管理、人员安全管理、设备设施安全管理、环境安全管理四类组成；按照标准化体系建立的安全规章制度体系，一般把安全规章制度分为安全技术标准、安全管理标准和安全工作标准；按职业安全健康管理体系建立的安全规章制度体系，一般分为手册、程序文件、作业指导书三大类。

为便于生产经营单位建立安全规章制度体系，下面以安全系统工程原理，按照《中华人民共和国安全生产法》的基本要求，对一般性生产经营单位安全规章制度体系进行说明，安全生产高危行业的生产经营单位还应根据相关法律法规等进行补充和完善。

（一）综合安全管理制度

（1）安全生产管理目标、指标和总体原则。应明确生产经营单位安全生产的具体目标、指标；明确安全生产的管理原则、责任；明确安全生产管理的体制、机制、组织机构，安全生产风险防范、控制的主要措施，日常安全生产监督管理的重点工作等内容。

（2）安全生产责任制度。应包括：生产经营单位各级领导、各职能部门、管理人员及各生产岗位的安全生产责任权利和义务等内容。

（3）安全管理定期例行工作制度。应包括：生产经营单位定期安全分析会议、定期安全学习制度、定期安全活动、定期安全检查等内容。

（4）承包与发包工程安全管理制度。应包括：生产经营单位承包与发包工程的条件、相关资质审查、各方的安全责任、安全生产管理协议、施工安全的组织措施和技术措施、现场的安全检查与协调等内容。

（5）安全措施和费用管理制度。应包括：生产经营单位安全措施的日常维护、管理；明确安全生产费用保障；根据国家、行业新的安全生产管理要求或季节特点以及生产、经营情况等发生变化后，生产经营单位临时采取的安全措施及费用来源等。

（6）重大危险源管理制度。应包括：重大危险源登记建档、进行定期检测、评估、监控，相应的应急预案管理；上报有关地方人民政府负责安全生产监督管理的部门和有关部门备案内容及管理。

（7）危险物品使用管理制度。应包括：生产经营单位存在的危险物品名称、种类、危险性；使用和管理的程序、手续；安全操作注意事项；存放的条件及日常监督检查；针对各类危险物品的性质，在相应的区域设置人员紧急救护、处置设施等。

（8）隐患排查和治理制度。应包括：应排查的设备、设施、场所的名称，排查周期、人员、排查标准；发现问题的处置程序、跟踪管理等内容。

（9）事故调查报告处理制度。应包括：生产经营单位内部事故标准，报告程序、现场应急处置、现场保护、资料收集、相关当事人调查、技术分析、调查报告编制等；还应包括向上级主管部门报告事故的流程、内容等。

（10）消防安全管理制度。应包括：生产经营单位消防安全管理的原则、组织机构、日常管理、现场应急处置原则、程序；消防设施、器材的配置、维护保养、定期试验；定期防火检查、防火演练等内容。

（11）应急管理制度。应包括：生产经营单位的应急管理部门，预案的制定、发布、演练、修订和培训等；明确总体预案、专项预案、现场预案等内容。

（12）安全奖惩制度。应包括：生产经营单位安全奖惩的原则；奖励或处分的种类、额度等内容。

（二）人员安全管理制度

（1）安全教育培训制度。应包括生产经营单位各级领导人员安全管理知识培训、新员工三级教育培训、转岗培训，新材料、新工艺、新设备使用培训，特种作业人员培训，岗位安全操作规程培训，应急培训等内容。还应明确各项培训的对象、内容、时间及考核标准等。

（2）劳动防护用品发放使用和管理制度。应包括：生产经营单位劳动防护用品的种类、适用范围、领取程序、使用前检查标准、用品寿命周期等内容。

（3）安全工器具的使用管理制度。应包括：生产经营单位安全工器具的种类、使用前检查标准、定期检验、用品寿命周期等内容。

（4）特种作业及特殊作业管理制度。应包括：生产经营单位特种作业的岗位、人员，作业的一般安全措施要求等。特殊作业是指危险性较大的作业，应包括作业的组织程序，保障安全的组织措施、技术措施的制定及执行等内容。

（5）岗位安全规范。应包括：生产经营单位除特种作业岗位外，其他作业岗位保障人身安全、健康，预防火灾、爆炸等事故的一般安全要求。

（6）职业健康检查制度。应包括：生产经营单位职业禁忌的岗位名称、职业禁忌证，定期健康检查的内容、标准等，女工保护，以及按照《中华人民共和国职业病防治法》要求的相关内容等。

（7）现场作业安全管理制度。应包括：现场作业的组织管理制度，如工作联系单、工作票、操作票制度，以及作业的风险分析与控制制度、反违章管理制度等内容。

（三）设备设施安全管理制度

（1）三同时制度。应包括：生产经营单位新建、改建、扩建工程“三同时”的组织、执行程序；上报、备案的执行程序等。

（2）定期巡视检查制度。应包括：生产经营单位所有设备、设施的种类、名称、数量，以及日常检查的责任人员，检查的周期、标准、线路，发现问题后的处置方法等内容。

（3）定期维护检修制度。应包括：生产经营单位所有设备、设施的维护周期、维护范围、维护标准等内容。

（4）定期检测、检验制度。应包括：生产经营单位须进行定期检测的设备种类、名称、数量；有权进行检测的部门或人员；检测的标准及检测结果管理；安全使用证或者安全标志的取得和管理等内容。

（5）安全操作规程。应包括：生产经营单位涉及的电气设备、起重设备、锅炉压力容器、内部机动车辆、建筑施工维护、机加工等对人身安全健康、生产工艺流程及周围环境有较大影响的设备、装置的安全操作规程。

（四）环境安全管理制度

（1）安全标志管理制度。应包括：生产经营单位现场安全标志的种类、名称、数量；安全标志的定期检查、维护等内容。

（2）作业环境管理制度。应包括：生产经营单位生产经营场所的信道、照明、通风等管理标准，以及人员紧急疏散方向、标志的管理等内容。

（3）工业卫生管理制度。应包括：生产经营单位尘、毒、噪声、辐射等涉及职业健康因素的种类、场所；定期检查、检验及控制等管理内容。

当然，生产经营单位的所有制形式、组织形式、生产过程存在的危险有害因素各不相同，这里所指的安全规章制度是原则性和指导性的，其中每个制度又可以分解成若干个制度分别制定。但是，只要每个制度能够做到目的明确、流程清晰、责任明确、标准明确，就能够用于规范管理或作业行为，就是一个好的安全规章制度。每个生产经营单位都应认真策划，建立起严密、完整、有效的安全规章制度体系，并按照体系的运行管理生产、经营过程的安全工作，这样生产经营单位的安全生产工作就有了基本保障。

第四节　应急管理体系建设

一、国家突发公共事件分类分级

根据事件性质、危害程度、影响范围等因素，将国家突发公共事件分为自然灾害、事故灾难、公共卫生事件和社会安全事件四类。

（1）自然灾害。主要包括地震、洪水、台风、干旱、山体滑坡、泥石流等。这些灾害是由自然因素引起的，具有突发性和不可预测性，往往会对人民生命财产安全和生态环境造成严重破坏。

（2）事故灾难。主要包括工矿商贸等企业的各类安全事故、交通运输事故、公共设施和设备事故、环境污染和生态破坏事件等。这些事故通常是由人为因素或技术故障等原因引起的。事故灾难不仅会造成人员伤亡和财产损失，还可能对环境和社会稳定造成负面影响。

（3）公共卫生事件。主要包括传染病疫情、群体性不明原因疾病、食品安全和职业危害、动物疫情以及其他严重影响公众健康和生命安全的事件。例如，新冠疫情的暴发对全球公共卫生安全造成了巨大挑战，不仅威胁到人们的身体健康，还对经济社会发展产生了深远影响。公共卫生事件具有传播速度快、影响范围广、危害程度大等特点，需要及时采取有效的防控措施。

（4）社会安全事件。主要包括恐怖袭击事件、民族宗教事件、经济安全事件、涉外突发事件和群体性事件等。这些事件通常是由社会矛盾、利益冲突等原因引起的，可能会对社会秩序、国家安全和人民群众的生命财产安全造成严重威胁。

为了便于实施有效的应急管理，每类突发公共事件又划分为不同级别。一般分为特别重大、重大、较大和一般四个级别。事件级别的划分主要依据人员伤亡情况、财产损失程度、影响范围大小等指标。通过明确事件分类分级，能够根据不同级别的事件启动相应级别的应急预案，采取针对性的应急措施，提高应急管理的效率和效果。

二、应急管理工作原则

（1）以人为本原则。以人为本是应急管理工作的根本原则，贯穿于应急管理的全过程。在应急预防阶段，通过风险识别和评估，重点关注可能对人民生命安全造成威胁的因素，采取针对性的预防措施；在应急响应阶段，一切行动以保障人民生命安全为首要目标，优先开展人员救援和疏散工作；在应急恢复阶段，充分考虑受灾群众的基本生活需求和心理感受，帮助他们尽快恢复正常生活。

（2）预防为主原则。预防为主强调将预防工作放在应急管理的首位。通过加强风险管理，对各类潜在的突发事件进行全面排查和评估，制定相应的预防措施和应急预案。定期开展安全检查和隐患排查治理工作，及时消除安全隐患，从源头上预防事故的发生。

（3）统一领导原则。统一领导是确保应急管理工作高效有序进行的关键。建立统一的应急指挥机构，明确各部门在应急管理中的职责和分工，实现统一指挥、统一协调、统一行动。在突发事件发生后，应急指挥机构能够迅速做出决策，调配各方资源，组织开展应急处置工作。

（4）快速反应原则。快速反应要求在突发事件发生后，能够迅速做出反应，及时采取有效的应急处置措施。建立健全应急响应机制，缩短应急响应时间，提高应急处置效率。

（5）科学应对原则。科学应对要求在应急管理工作中，充分运用科学技术和方法，提高应急管理的科学性和有效性。

（6）依法管理原则。依法管理要求应急管理工作严格按照法律法规的规定进行，确保应急管理工作的合法性和规范性。

三、应急管理内涵

（一）应急预防

应急预防作为应急管理的基础与前提，起着至关重要的作用。在这一阶段，首先要开展全面的风险识别工作，通过实地勘察、数据分析以及专家评估等多种方式，对可能引发突发事件的各类因素进行梳理。例如，针对生产中的各个环节，包括原材料存储、化学反应过程、产品包装等，进行细致排查，找出潜在的危险因素，如易燃易爆物质的泄漏风险、高温高压设备的安全隐患等。

风险评估是运用定性与定量相结合的方法，对识别出的风险进行量化分析，确定其发生的可能性以及一旦发生可能造成的影响程度。比如，利用故障树分析、风险矩阵等工具，评估不同风险因素的危害等级，为后续的风险监测和应对措施制定提供科学依据。

风险监测是一个持续的过程，通过安装各类传感器、建立监控系统以及定期巡检等手段，对重点风险源进行实时或定期监测。如对反应釜、储罐等安装压力、温度、液位等传感器，将数据实时传输至监控中心，一旦数据超出正常范围，立即发出预警信号，以便及时采取措施消除隐患。

（二）应急准备

应急准备是提高应急处置能力、降低突发事件损失的重要保障。制定应急预案时，需要充分考虑各类突发事件的特点和可能出现的情况，明确各部门、各单位在应急处置中的职责分工，细化应急响应流程和具体处置措施。例如，针对火灾事故的应急预案，应详细规定消防部门、公安部门、医疗部门等在火灾发生后的行动步骤，包括火灾扑救、人员疏散、现场警戒、伤员救治等环节的具体操作流程和责任单位。

组建应急队伍要注重人员的专业素质和实战能力。应急队伍成员应具备相关专业知识和技能，如消防队员要掌握灭火救援技巧、急救人员要精通医疗急救知识等。同时，定期组织应急队伍开展实战演练，模拟各种突发事件场景，提高应急队伍的协同作战能力和应对突发事件的能力。

应急物资储备要根据可能发生的突发事件类型和规模，合理确定物资种类和储备数量。对于消防器材，应配备足够数量的灭火器、消防水带、消防车等；医疗用品方面，储备急救药品、医疗器械、担架等物资。并且，要建立应急物资管理制度，定期对应急物资进行检查、维护和更新，确保物资在有效期内且性能良好，随时能够投入使用。

（三）应急响应

应急响应是突发事件发生后，迅速采取行动应对危机的关键阶段。当突发事件发生，首先要按照应急预案的规定，准确判断事件级别。事件级别通常根据事件的危害程度、影响范围、人员伤亡情况等因素进行划分。一旦确定事件级别，各相关部门应立即按照既定职责和响应流程迅速行动。

（四）应急结束

应急结束是应急处置过程中的一个重要节点，标志着突发事件得到了有效控制。在判断是否满足应急结束条件时，需要综合考虑多方面因素。首先，突发事件的直接危害已经基本消除，如火灾已经被扑灭、事故现场的危险状态得到有效控制等。其次，次生灾害和衍生灾害的风险已经降低到可接受水平，例如，在化工事故发生后，经过对现场环境的检测，确认有毒有害物质已经得到有效处理，不会对周边环境和人员造成进一步危害。

应急结束的宣布通常由负责应急处置的指挥机构根据专业评估结果来决定。在宣布应急结束之前，要组织相关专家和技术人员对事件的处置情况进行全面评估，确保应急结束不会引发新的风险。同时，按程序向上级主管部门和社会公众发布应急结束信息，使各方了解事件的处置进展情况。

（五）应急恢复

应急恢复是使受灾地区恢复到正常状态的过程，包括短期恢复和长期恢复两个阶段。短期恢复主要是解决受灾群众的基本生活需求，尽快恢复社会正常秩序。

长期恢复则是一个更为复杂和系统的工程，涉及经济、社会、环境等多个方面的全面恢复和重建。在经济方面，制定相关政策，扶持受灾企业恢复生产经营，促进灾区经济复苏和发展；在社会方面，重建受损的公共服务机构，恢复教育、医疗、社会保障等社会服务功能；在环境方面，开展生态修复工作，治理因突发事件造成的环境污染和生态破坏，恢复自然生态平衡。此外，还要关注受灾群众的心理健康，通过心理辅导、心理咨询等方式，帮助他们缓解心理压力，重建生活信心。

（六）信息发布与媒体应对

信息发布与媒体应对贯穿于应急管理的全过程，对于稳定社会秩序、凝聚社会力量具有重要意义。在应急管理过程中，应建立健全信息发布制度，明确信息发布的责任主体、内容、渠道和时间节点。通过政府官方网站、新闻发布会、社交媒体平台等多种渠道，及时、准确、全面地向社会公众发布突发事件的相关信息，包括事件的发生时间、地点、性质、危害程度、发展态势、应对措施以及救援进展等情况。

在应对媒体采访时，要秉持开放、透明的原则，积极配合媒体工作。指定专门的新闻发言人，负责与媒体沟通协调，及时回应媒体关切的问题。同时，要对媒体报道进行引导和管理，确保媒体报道的真实性和客观性，避免不实信息和谣言的传播。通过与媒体的良好合作，充分发挥媒体的传播优势，引导社会舆论，营造积极向上的舆论氛围，凝聚社会各界力量共同参与应急管理工作。

（七）应急响应关闭

应急响应关闭是对应急处置工作的全面总结和收尾阶段。在应急响应关闭过程中，首先要对整个应急处置过程进行详细的总结评估。评估内容包括应急响应的及时性、处置措施的有效性、各部门之间的协同配合情况、应急物资和装备的保障情况等。通过总结评估，找出应急处置工作中存在的问题和不足之处，分析原因，提出改进措施和建议。

同时，要对在应急处置过程中形成的各类档案资料进行整理归档。这些档案资料包括应急预案、应急响应记录、现场处置记录、监测数据、评估报告等，它们是应急管理工作的重要历史记录，对于今后的应急管理工作具有重要的参考价值。通过整理归档，建立完善的应急管理档案库，为后续类似事件的应急处置提供经验借鉴和决策支持。

四、应急管理体系构成

我国的应急管理框架是“政府主导、部门协同、社会参与、预防为主、快速响应”。

政府作为应急管理的主导力量，承担着统筹规划、组织协调、指挥决策等重要职责，负责制定应急管理政策法规、规划应急预案、调配应急资源等工作。

部门协同要求各相关部门在应急管理工作中密切配合、协同作战。不同部门在应急管理中具有不同的专业优势和职责分工，例如，消防部门负责火灾扑救和抢险救援、医疗部门负责医疗救治和卫生防疫、交通部门负责交通保障和运输协调等。通过建立健全部门间的协调联动机制，实现信息共享、资源共用、工作协同，形成应急管理的强大合力。

社会参与强调充分调动社会组织、企业、志愿者和公众等社会力量参与应急管理工作。社会组织和志愿者具有灵活性和专业性的特点，可以在应急救援、受灾群众救助、心理疏导等方面发挥重要作用；企业作为经济活动的主体，在安全生产、应急物资生产和供应等方面承担着重要责任；公众是应急管理的直接受益者，也是应急管理的重要参与者，通过加强公众应急知识宣传教育，提高公众的应急意识和自救互救能力，形成全社会共同参与应急管理的良好氛围。

预防为主要求将预防工作作为应急管理的重点，通过加强风险评估、监测预警、隐患排查治理等工作，提前发现和消除潜在的安全隐患，降低突发事件发生的可能性和危害程度。

快速响应则要求在突发事件发生后，能够迅速启动应急响应机制，各方面力量能够快速集结、高效行动，及时有效地开展应急处置工作，最大限度地减少人员伤亡和财产损失。

为了实现这一框架，需要建立完善的监测预警、应急处置、恢复重建等机制。监测预警机制通过建立全方位、多层次的监测网络，运用先进的监测技术和设备，对各类突发事件进行实时监测和分析，及时发布预警信息，为应急处置工作争取时间；应急处置机制明确应急响应的流程和标准，规范各部门在应急处置中的职责和行动，确保应急处置工作有序进行；恢复重建机制制定科学合理的恢复重建规划，明确恢复重建的目标、任务和措施，保障受灾地区能够尽快恢复到正常状态。

第五节　应急救援体系建设

安全生产应急管理体系建设是保障企业安全生产、防范和应对各类生产安全事故的重要举措。形成一个全方位、多层次、高效协同的安全生产应急管理体系应从组织体系、预案体系、队伍体系、物资保障体系、技术支撑体系等方面构建。

一、应急救援组织体系

（1）组织体系：安全生产应急管理体系的核心架构，明确了各级政府、监管部门、企业以及相关社会组织在安全生产应急管理中的职责和定位。形成上下贯通、左右协同的应急管理组织网络。

（2）运行机制：涵盖监测预警、应急处置、恢复重建等环节的运行流程和规则，保障应急救援工作的顺利开展。

（3）法律法规体系：依据国家和地方相关法律法规，为应急救援工作提供法律保障，规范应急救援行为。

(4) 保障体系：包含人、物、财、技术等方面的保障措施，确保应急救援所需资源的充足供应。

二、应急预案体系

（一）应急预案的作用

(1) 明确应急行动方向：预先规划应急救援的程序和措施，为应急响应提供明确的指导，避免盲目行动。

(2) 提高应急响应效率：通过预案的制定和演练，使各应急救援力量熟悉应急处置流程，能够迅速、有效地开展救援工作。

(3) 降低事故损失：提前制定应对策略，能够在事故发生时及时采取措施，控制事故扩大，减少人员伤亡和财产损失。

（二）应急预案的基本构成

(1) 总则：阐述编制目的、适用范围、工作原则等基本信息。

(2) 组织指挥体系及职责：明确应急救援指挥机构的组成和职责，以及各应急救援队伍的任务分工。

(3) 预防与预警：规定事故的监测、预警指标和发布程序，做到早发现、早预警。

(4) 应急响应：详细描述应急响应的级别、程序和措施，确保在不同事故情况下能够迅速、有序地开展救援。

(5) 后期处置：涵盖事故后的恢复重建、调查评估等内容。

(6) 保障措施：包括通信、物资、资金等方面的保障措施。

（三）应急预案的分类

(1) 综合应急预案：从总体上阐述应急方针、政策、应急组织结构及相关应急职责，应急行动、措施和保障等基本要求和程序，是应对各类事故的综合性文件。

(2) 专项应急预案：针对特定的事故类别、危险源和应急保障而制定的计划或方案，是综合应急预案的组成部分。

(3) 现场处置方案：针对具体的装置、场所或设施、岗位的事故风险点所制定的详细的应急处置措施，具有更强的针对性和可操作性。

（四）预案培训与演练

(1) 培训：定期组织应急救援人员进行应急预案培训，培训内容包括应急救援的理论知识、应急处置流程、个人防护技能等。通过专业的培训师资、案例分析、模拟演练等多种方式，使应急救援人员深入理解应急预案的内容，熟悉自己在应急救援中的职责和任务，提高应急救援能力。

(2) 演练：按照一定的频率，如每年或每半年开展应急演练。演练形式可以包括桌面演练、实战演练等。桌面演练通过模拟事故场景，组织相关人员进行讨论和推演，检验应急预案的合理性和可行性。实战演练则在真实的场景或模拟的事故现场，组织各应急救援力量进行实际操作，检验和提高各救援力量之间的协同配合能力，发现应急预案中存在的问题，及时进行修订完善。

预案体系应定期进行修订和完善，确保其与企业实际情况和法律法规要求相适应，并通过开展应急演练，检验和提高预案的有效性和实用性。

三、应急装备体系

（一）应急装备种类

（1）防护装备：安全帽能够有效保护救援人员的头部免受坠落物的伤害；防护服根据不同的使用场景，分为防火服、防化服、防寒服等，为救援人员提供相应的防护；防护手套可以防止手部受到化学物质侵蚀、高温烫伤或机械损伤；护目镜则保护眼睛免受强光、粉尘、化学物质飞溅等伤害，确保救援人员在危险环境中安全作业。

（2）抢险救援装备：消防车配备了各种灭火设备和救援工具，是火灾扑救的主要装备；救护车用于伤病人员的紧急转运和现场急救；起重机能够在事故现场吊运重物，清理障碍，为救援工作开辟通道；破拆工具如液压剪、电锯等，用于在火灾、地震等事故中破拆建筑物、车辆等，解救被困人员。

（3）通信装备：对讲机是救援现场常用的短距离通信设备，方便救援人员之间进行实时沟通；卫星电话不受地面通信网络的限制，在偏远地区或通信网络瘫痪的情况下，能够保障应急指挥中心与救援现场的通信联系；应急通信车集成了多种通信设备，可在事故现场快速搭建临时通信网络，确保通信畅通。

（4）检测监测装备：气体监测仪用于检测事故现场的危险气体浓度，如一氧化碳、硫化氢等；环境监测仪可以监测现场的温度、湿度、辐射强度等环境参数；生命探测仪用于在地震、建筑物坍塌等事故中搜寻被困人员的生命迹象，为救援决策提供重要依据。

（二）应急装备体系

（1）装备配备：根据不同类型事故的特点和应急救援需求，科学合理地配备应急装备。要确保装备的数量充足，能够满足大规模事故救援的需要，并且装备的质量要符合相关标准和要求。

（2）装备管理：建立健全应急装备管理制度，从装备的采购环节开始，严格把关，选择质量可靠、性能优良的装备；验收时，按照相关标准和合同要求进行仔细检查；在日常维护保养方面，定期对装备进行检查、清洁、保养和维修，确保装备处于良好的运行状态，根据装备的使用寿命和技术发展情况，及时进行更新换代，淘汰老旧落后的装备。

（3）装备调配：制定完善的应急装备调配机制，明确装备的调配流程和责任部门；当接到救援任务时，能够迅速根据事故现场的需求，从装备储备库或其他部门调配所需装备；同时，要建立装备调配信息共享平台，实时掌握装备的调配情况，确保装备能够合理、高效地投入救援工作中。

四、队伍体系

队伍体系是安全生产应急管理的重要力量保障，包括专业应急救援队伍和企业兼职应急救援队伍。专业应急救援队伍通常由政府或相关部门组建，具备专业的救援技能和装备，能够应对各类复杂、危险的事故救援任务；企业兼职应急救援队伍则由企业内部员工组成，这些员工经过专业机构或企业内部组织的应急救援培训，掌握了基础急救知识，如心肺复苏、止血包扎等；熟练掌握灭火器、消防栓等常见消防设备的使用方法，具备初期火灾扑救的能力；同时，还了解简单的危险化学品泄漏处置方法，能够在事故初期进行初步处理，为专业救援队伍的到来争取时间。

任务案例

（1）国内典型的安全管理模式介绍。

（2）国际壳牌石油公司的安全管理。

（3）美国杜邦公司的安全管理。

9.1 国内典型的安全管理模式介绍　　9.2 国际壳牌石油公司的安全管理　　9.3 美国杜邦公司的安全管理

课后任务

一、案例分析

收集一个近五年内发生的化工安全事故案例，分析事故发生的原因，如设备故障、人员违规操作、安全管理制度不完善等，总结事故教训，提出预防类似事故再次发生的措施。要求分析不少于1500字，需包含具体数据和事故细节。

二、综合复习

（1）何谓事故致因理论？

（2）简述《中华人民共和国安全生产法》的主要内容。

（3）简述《危险化学品安全管理条例》主要内容。

（4）试说明安全生产法规与标准在企业安全管理中可以各自发挥哪些独特的作用。

第二篇
环境保护篇

第十章 环境保护与可持续发展

学习目标

了解清洁生产与可持续发展的概念，理解可持续发展的本质，学习环境保护的相关法律法规政策和环境质量评价的内容与类型，加强学生清洁生产和环境保护意识，培养生态环境与人类社会协调的可持续发展观。学会分析环境污染问题，能提出解决问题的技术措施。

第一节 环境质量评价

一、环境质量评价的概念

所谓环境质量评价，是指按照一定的评价标准和评价方法对一定区域范围内的环境质量进行说明、评定和预测。其内容包括一切可能引起环境发生变化的人类社会行为，包括政策、法令在内的一切活动，从保护环境的角度进行定性和定量的评定。广义上的环境质量评价是对环境的结构、状态、质量、功能的现状进行分析，对可能发生的变化进行预测，对环境与社会、经济发展活动的协调性进行定性和定量的评估。

环境质量评价的核心问题，即研究环境质量的好坏，是以环境是否适于人类生存和发展（通常是对人类健康的适宜程度）作为判别的标准。环境质量评价的基本目的是为制定城市环境规划、进行环境综合治理、制定区域环境污染物排放标准、环境法规、环境标准和搞好环境管理提供依据；同时也是为比较各地区所受污染的程度和变化趋势提供科学依据。

二、环境质量评价的类型

从不同角度，环境质量评价可以划分为不同类型。

按环境要素可分为大气质量评价、水质评价、土壤质量评价等。就某一环境要素的质量进行评价，称为单要素评价；就诸要素综合进行评价，称为综合质量评价。按时间要素可分为环境回顾评价、环境现状评价和环境影响评价。从空间上可以分为单项工程环境质量评价、城市环境质量评价、区域（流域）环境质量评价、全球环境质量评价。从评价内容上可以分为健康影响评价、经济影响评价、生态影响评价、风险评价、美学景观评价等。

三、几种环境质量评价的内容

下面简要介绍环境质量综合评价、环境质量现状评价和环境影响评价的基本内容。

（一）环境质量综合评价

环境质量综合评价的目的是多样的，如有的是为了研究环境质量在时间上的变化趋势，有的是为了综合反映出某些环境单元的污染程度，有的是为了了解所评价区域总的环境质量水平。由于评价目的不同，以及所评价区域环境条件的差异，环境质量综合评价在方法上也是多种多样。

环境质量综合评价的范围可大可小。大的可以是一个国家、一个行政区域或一个自然区域；小的可以是一个城市、一个功能区。其中城市应该是环境质量综合评价的主要对象。就城市的外部而言，它有相对的独立特征，构成具有各种特点的城市环境系统，如工业城市、港口城市、文化城市等；就内部而言，各区域间环境功能差异显著，物质交换、能量流动的速度和形式也不相同。工业区因废水、废气、固体废物排放量大，而形成大气、水体污染区，影响居民的身体健康。交通干线和人烟稠密的商业区噪声干扰严重，影响居民的工作和休息，造成人们心理和生理上的不适。在清静的居住区内，环境的舒适程度也同人为环境条件有关，如人口的密度、绿地的面积、公共设施（如上、下水道等）的普及率、交通和家庭生活的方便程度和文化教育设施状况等，都会影响环境质量。所以要充分掌握城市环境的质量，从战略观点上改善和提高城市环境质量，必须进行环境质量综合评价，并对评价结果进行应用研究。

任何环境单元都是由自然环境要素和人为环境条件构成的。任何环境单元都可有若干种环境问题，如大气污染问题、水体污染问题、噪声问题、人口拥挤问题等。进行环境质量综合评价有两种方法。一种是两步法，即先进行单要素评价，然后归纳这些评价结果，得出环境质量综合评价。中国目前大都采用这种方法。另一种是一步法，即根据评价目的，直接选用最能反映环境质量的某些环境要素和某些有代表性的参数，直接求出环境质量综合评价值。日本大阪府的环境污染评价采取这种方法。

环境质量综合评价是以环境单元中某些环境要素评价为基础的，环境要素评价又是以某些污染物的单项评价为基础的。在一个环境单元中，各种环境要素对环境质量的影响或者说是所引起的环境效应是不同的。例如在城市环境中，一个不作为饮水源的受污染河段，对居民的影响主要是感观，从人体健康来说，它的质量远没有大气质量重要。在进行环境质量综合评价时，这两个要素不能同等看待，常用权系数表示它们的重要性。在进行各种环境要素评价时，也用权系数分别表示各种污染物所产生的环境效应。因此，在环境质量综合评价中，各级权系数的确定是一项重要的内容。对权系数的研究，目前尚在探讨它的计算方法，很少从环境效应方面研究各种环境要素对环境质量的影响。

（二）环境质量现状评价

由于人类近期和当前的生产开发活动和生活活动，会引起该地区环境质量发生或大或小的变化，并引起人们与环境的价值关系发生变化，对这种变化进行评价称为环境质量现状评价。

环境质量现状所能够反映的价值包括自然资源价值、生态价值、社会经济价值和生活质量价值等。所以环境质量现状评价应该是多方面的，目前较多注意的是污染方面的评价，但在概念上不要认为环境质量现状评价的只是污染现状评价。

环境质量现状评价根据环境背景调查、污染源调查和区域环境污染监测等资料，应用环境质量评价方法对环境进行综合分析。程序首先确定评价对象、评价区域范围，以确定评价目的，并根据评价目的确定评价精度。然后进行环境背景调查、污染源调查、环境污染现状监测，这是掌握环境基本特征的素材，要求准确并具有代表性。根据调查资料和监测数据进行统计分析和整理，选定评价参数和评价标准，建立符合地区环境特征的计算模式并进行评价。最后，作出评价结论并提出综合防治环境污染的建议。

（三）环境影响评价

环境影响是指人类的行为对环境产生的作用以及环境对人类的反作用。人类活动对环境产生的作用是多变的、复杂的，要识别这些影响，并制订出减轻对环境不利影响的措施，是一项技术性极强的工作，这种工作就是环境影响评价。

按照范围的不同，环境影响评价可以分为三种类型：单项建设工程的环境影响评价，区域开发的环境影响评价和公共政策的环境影响评价。

环境影响评价制度是指在某地区进行可能影响环境的工程建设，在规划或其他活动之前，对建设项目的选址、设计和建成投产使用后可能对周围环境产生的不良影响进行调查、预测和评定，提出防治措施，并按照法定程序进行报批的法律制度。

环境影响评价制度是实现经济建设、城乡建设和环境建设同步发展的主要法律手段。建设项目不但要进行经济评价，而且要进行环境影响评价，科学地分析开发建设活动可能产生的环境问题，并提出防治措施。通过环境影响评价，可以为建设项目合理选址提供依据，防止由于布局不合理给环境带来难以消除的损害；通过环境影响评价，可以调查清楚周围环境的现状，预测建设项目对环境影响的范围、程度和趋势，提出有针对性的环境保护措施；环境影响评价还可以为建设项目的环境管理提供科学依据。

我国环境影响评价制度具有法律强制性，并且纳入基本建设程序，环境影响评价的对象侧重于单项建设工程。

第二节　化工清洁生产技术

工业化和城市化的飞速发展给人类环境带来了越来越大的压力。环境保护的重点也是针对各工业行业和城市。我国工业企业很多是粗放型经营，能耗、物耗高，经济效益低；城市化速度快，但城市环境基础设施建设严重滞后。随着我国经济的进一步高速发展和城市现代化水平的提高，工业企业实行清洁生产，在获得更大经济利益的同时获得更大的环境效益和社会效益，不断加强城市环境保护，改善人类居住条件将成为必然趋势。

一、清洁生产的概念

（一）清洁生产的含义

根据《中华人民共和国清洁生产促进法》，清洁生产是指不断采取改进设计、使用清洁的能源和原料、采用先进的工艺技术与设备、改善管理、综合利用等措施，从源头削减污染，提高资源利用效率，减少或者避免生产、服务和产品使用过程中污染物的产生和排放，以减轻或者消除对人类健康和环境的危害。

清洁生产定义包含两层含义，一是清洁生产的内容；二是清洁生产的目的。清洁生产的目的与制定法律的目的一致。清洁生产的内容有“改进设计”“清洁的原料和能源”“先进的工艺技术与设备”“综合利用”“改善管理”，可见，采用清洁的工艺技术是推动清洁生产工作的关键，而且清洁生产是一个“不断”的、持续发展的过程，滚动发展，逐步达到更高的水平。

（二）清洁生产的主要内容

清洁生产的主要内容通常由以下几个方面来表述：

① 清洁及高效的能源和原材料利用。清洁利用矿物燃料，加速以节能为重点的技术进步和技术改造，提高能源和原材料的利用效率。

② 清洁的生产过程。采用少废、无废的生产工艺技术和高效生产设备；尽量少用、不用有毒有害的原料；减少生产过程中的各种危险因素和有毒有害的中间产品；组织物料的再循环；优化生产组织和实施科学的生产管理等。

③ 清洁的产品。产品应具有合理的使用功能和使用寿命；产品本身及在使用过程中，对人体健康和生态环境不产生或少产生不良影响和危害；产品失去使用功能后，应易于回收、再生和复用等。

清洁生产要求两个“全过程”控制：

① 产品的生命周期全过程控制。即从原材料加工、提炼到产品产出、产品使用直到报废处置的各个环节采取必要的措施，实现产品整个生命周期资源和能源消耗的最小化。

② 生产的全过程控制。即从产品开发、规划、设计、建设、生产、储运以及管理的全过程，采取措施，提高效率，防止生态破坏和污染的发生。

（三）清洁生产的特点

持续改进是清洁生产最大的特点。清洁生产是一个相对的、动态的概念，是连续不断、持续改进的过程。所谓清洁的工艺技术、生产过程和清洁产品是和现有的工艺和产品相比较而言的。推行清洁生产，本身是一个不断完善的过程，随着社会经济发展和科学技术的进步，需要适时地提出新的目标，争取达到更高的水平。

（四）清洁生产与末端治理的关系

清洁生产的思想是实行产品生命周期全过程控制，力争在生产的过程中降低或者消除污染物的产生量，将污染物消除在生产过程中，从而减少资源的消耗，提高资源利用率，减少污染物的排放，即通过减少产生量来实现减排。清洁生产是一种积极、主动的态度。末端治理模式主要着眼于末端，即对生产过程中已经产生的污染物实施无害化处理，实现减排。所以末端治理总是处于一种被动的、消极的地位。两者关系如图 10-1 所示。

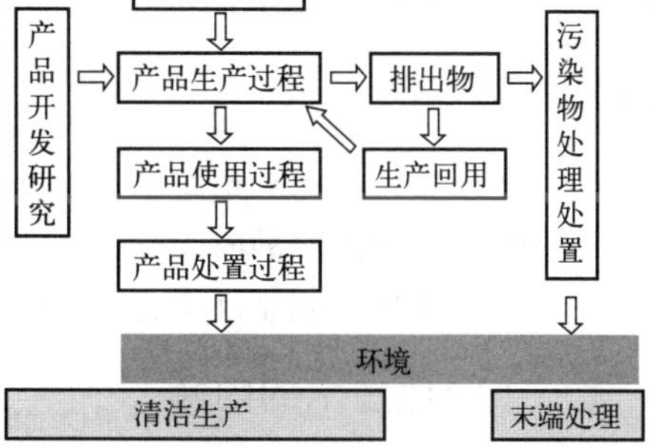

图 10-1　清洁生产与末端治理的关系

二、清洁生产的实施

清洁生产定义中已提出实施清洁生产的 5 个途

径：一是改进设计，二是使用清洁的能源和原料，三是采用资源利用率高、污染物产生量少的先进的工艺技术与设备，四是综合利用，五是改善管理。下面分别进一步说明。

（一）改进设计

（1）采用清洁生产工艺技术、设备。清洁生产工艺是源头控制污染的最佳措施，设备质量和能耗参数对清洁生产十分重要，采用质量好、效率高的节能设备，有助于提高效率，降低能耗和污染。

（2）优化产业结构及产品结构。为解决"结构型"污染和资源能源的浪费，国家对浪费资源和严重污染环境的落后生产技术、工艺、设备和产品实行限期淘汰制度。制止低水平重复建设、加快产业结构调整，促进生产技术、工艺、设备和产品升级换代。

（二）使用清洁的能源和原料

尽量使用清洁的能源和原料。对于电力工业而言，使用水、风、核发电要比煤发电清洁得多。对石油石化而言，使用轻质低硫原油或天然气要比使用重质高硫原油或煤炭要清洁得多。使用清洁能源和原料是实施清洁生产的最佳途径。但由于受客观条件所限，在实际应用中企业较难获取清洁的能源和原料。但国家层面鼓励新能源的开发并给予政策上的支持。

（三）采用先进的工艺技术与设备

（1）改革工艺与设备。先进的清洁生产工艺技术与设备具有原料转化率高、废物产生量小、工艺流程短或生产周期短、生产装置规模大、自动化程度高、能量消耗小等特点。因此，不但生产效率高、成本低、利润大，而且资源能源利用率高、污染物产生量小，甚至有的新工艺还可以消除某一种污染物的产生。

（2）改进操作。改进操作是介于清洁生产工艺改进与加强管理之间的措施，是现有企业实施清洁生产的重要途径。

（四）综合利用

企业在实施清洁生产中，优先考虑的措施是减少生产过程中污染物的产生，其次再考虑废物的回收利用和循环使用。目前在企业有很多废物回收利用和循环使用的案例。

（五）加强管理

许多污染物产生和物料流失的环节是由于管理不善造成的。采取有效的管理措施可使企业在有限资金投入的情况下，实现清洁生产。清洁生产管理包括原料管理、设备管理、生产过程管理、产品质量管理、现场环境管理等。

三、绿色技术

绿色技术是指根据环境价值，利用现代科学技术全部潜力的无污染技术，要求企业在选择生产技术、开发新产品时，必须考虑减少从生产原料开始到生产全过程的各环节对环境的破坏，即必须作出有利于环境保护、有利于生态平衡的选择。

（一）绿色技术的内涵

清洁生产技术属于绿色技术，但绿色技术不能等同于清洁生产技术；绿色技术包括清洁生产技术、治理污染技术和改善生态技术。人类在工业化进程中，一开始使用的技术具有高排放、高消耗和污染性质，造成了环境问题。正因为出现了环境问题，作为一种反思，才提出清洁生产技术概念。在已出现污染和地理系统呈开放的条件下，即使今后都采用清洁生产技术，也只能解决部分环境问题。清洁生产技术只能防止未来的污染，而不能消除已存在的污染。从这个意义上讲，清洁生产技术只是绿色技术的一部分，而不是绿色技术的全部。

在功能上，治理污染技术与清洁生产技术互补。治理污染技术是通过分解、回收等方式清除环境污染物，即解决存在的污染问题。

在没有人为干扰的情况下，局部自然生态也可能出现恶化，如沙漠化、泥石流、湖泊沼泽化等。自然生态恶化同样会影响人类的生存，因此，需要相应的技术来改善自然生态，如沙漠植草、土石工程、湖泊疏浚等。尽管这些技术属于常规技术，但在功能上应划入绿色技术。

（二）绿色技术的价值

具体说，绿色技术的经济价值包括三部分。

(1) 内部价值。指绿色技术开发者或绿色产品生产者获得的价值。如绿色技术转让费，清洁生产设备、环保设备和绿色消费品在市场获得的高占有率等。

(2) 直接外部价值。指绿色技术使用者和绿色产品消费者获得的效益。如用高炉余热回收装置降低能源消耗，用油污水分离装置清除水污染，使用绿色食品降低人们的发病率等。

(3) 间接外部价值。指未使用绿色技术（产品）者获得的效益。这是所有社会成员均能获得的效益（如干净的水、清新的空气），也是绿色技术负载的最高经济价值。

第三节　可持续发展

一、可持续发展思想内容

可持续发展的思想是从 20 世纪 70 年代以后关于经济增长的辩论中逐渐萌发和形成的。

可持续发展是指“既满足当代人需求又不危及后代人满足其需求能力的发展”，1992 年联合国环境与发展大会通过的《里约环境与发展宣言》，把可持续发展战略列为全球发展战略，制定了具有划时代意义的行动计划——《21 世纪议程》，使这一战略思想被世界各国所接受。

[案例 10-1]《里约环境与发展宣言》简称《里约宣言》。该宣言于 1992 年 6 月 14 日联合国环境与发展大会的最后一天通过，旨在为各国在环境与发展领域采取行动和开展国际合作提供指导原则，规定一般义务。《里约宣言》是继《人类环境宣言》和《内罗毕宣言》以后又一个有关环境保护的世界性宣言，不仅重申了前两个宣言所规定的国际性环境保护的一系列原则、制度和措施，而且又有了新的发展。该宣言体现了冷战后新型国际关系下各国对于环境与发展问题的新认识，反映了世界各国携手保护人类环境的共同愿望，是国际环境保护史上的一个新的里程碑。

可持续发展强调的是环境与经济的协调，其核心思想就是经济的健康发展应该建立在生态持续能力、社会公正和人民积极参与自身发展决策的基础之上。可持续发展具体体现在以下几个方面。

(1) 强调首先要发展。认为停止发展是消极的，不能解决人类面临的各种危机。对发展中国家来说，生态环境恶化的一个重要根源是贫困，只有发展，才能为解决生态危机提供必要的物质基础。

（2）强调经济发展和环境保护是相互联系和不可分割的。发展离不开环境与资源，要使环境与资源基础长期保持稳定，使经济发展具备可持续性，只有把环境与发展结合起来。特别是在经济高速增长的情况下，必须强化对环境与资源的保护，做到对不可再生资源合理开发、节约使用，对可再生资源不断增殖、永续利用。

（3）可持续发展注重代际公平。即当代人要享有物质和环境方面的权利，后代人同样也应该享有这方面的权利。因此当代人在利用环境和资源时，要考虑到给下一代人留下生存和发展的必要资本，包括环境资本。

（4）强调建立和推行新型的生产和消费方式。无论是生产，还是消费，都应当尽可能有效利用自然资源，少排放废物，特别是少排放有害环境的废气、废水、废渣，实行废物的循环利用。

（5）强调人类与自然界和谐相处。人类应当学会尊重自然，与自然界和谐相处。彻底改变认为自然界是可以任意掠取和利用的错误态度。

二、实现可持续发展的基本途径

1992年联合国环境与发展大会通过的《21世纪议程》，全面描述了从当前到21世纪向可持续发展转变的行动蓝图。从文件内容及各国有关实施《21世纪议程》行动方案的综合情况来看，可持续发展是一个包括了经济、社会、技术各项变革的长期动态过程，要求世界各国根据自身的自然、经济、社会和文化的条件和特点，探求可持续发展的道路。从国际社会和各国所提出的可持续发展目标和战略来看，可持续发展的主要途径有以下几种。

（一）将环境保护纳入综合决策，转变传统增长模式

传统的增长方式的核心是单纯追求经济产出的增长，把国民生产总值的增长当作经济发展和社会进步的标志。从环境与自然资源角度而言，这种增长方式忽视了经济、社会系统对环境的影响，往往以环境与自然资源的迅速消耗来加快经济产出，造成资源大量浪费和环境严重污染。

转变传统增长模式的途径主要有：修正传统的国民经济核算方法，把自然资源消耗和环境污染纳入经济核算，把经济发展战略建立在更为合理的目标和指标下；逐步取消各种使用资源的补贴，使资源价格充分反映其稀缺性、促进资源使用效率的提高；增加对污染的收费，使污染者完全补偿其污染环境的成本。

（二）变革社会观念，发展适度消费的新大众消费模式

以大批量物质消费和“用过即扔”的现代大众消费模式是在西方国家，特别是美国发展起来的，是传统经济增长模式的社会动力。在这种模式下，大众消费和大规模生产相互促进，大量的物质产出带动了大量的物质消费，一波又一波的大众消费浪潮开辟了一个又一个市场，小汽车是现代大众消费的一个“典范”（见表10-1）。在惊人的消费增长中，发达国家正在消耗着世界上与其人口不成比例的自然资源和物质产品，以其占1/4的人口消耗了世界商业能源的80%。其中北美洲的人均消费是中国的4倍，以全球资源和环境承载力，不可能使世界人口都维持西方现有的消费水平。

表 10-1　每千人拥有的小汽车（2024 年）

国家	数量/辆	国家	数量/辆
中国	215	印度	29
美国	837	土耳其	219
日本	629	马来西亚	461
俄罗斯	363	巴西	223
墨西哥	329		

转变消费模式，首先需要发达国家改变超出必要物质消费限度的并以越来越多的物质消费为目标的消费模式，致力于减少产品和服务对环境的不利影响，减少相应的资源、能源消耗和污染；同时，发展中国家也应选择与环境相协调的，低资源、能源消耗，高消费质量的适度消费体系。从消费品特征来说，强调持久耐用、可回收、易于处理。

（三）开发同环境友善的技术，实现清洁生产，发展同自然相容的产业体系

从科学技术发展的历程来看，其对环境是一把“双刃剑”。从技术根源讲，人类在 20 世纪所造成的全球范围的环境危害就源自工业革命后人类发明和创造的各种生产技术。发展清洁生产技术是人类有意识引导科学技术适应环境保护的一种尝试。

清洁生产技术的基本目标是减少乃至消除生产过程和产品与服务的有害环境影响。从生产过程而言，要求节约原材料和能源，尽可能不用有毒原材料并在排放物和废物离开生产过程以前就减少它们的数量和毒性；从产品和服务而言，则要求从获取和投入原材料到最终处置报废产品的整个过程中，都尽可能将对环境的影响降至最低，减少产品和服务的物质材料、能源密度，扩大可再生资源的利用，提高产品的耐用性和寿命，提高服务的质量。20 世纪 80 年代以来，发达国家均把发展这类技术作为争取国家战略优势的重要途径以及提高在世界市场竞争力的重要手段。

（四）发展和完善环境保护法律和政策

从经济、社会体系角度而言，环境问题是市场不完整及运转失效的一种表现，表现为一种“公害”，需要政府的干预行动。政府不论是采取直接行政控制和提供服务，还是采用间接经济手段，都要逐步建立相应的有关自然资源和环境保护的法律体系。

（五）提高全社会环境意识，建立可持续发展的新文明

公众既是消费者，又是生产者，他们的日常行为在很多方面对环境有很多的影响，一旦他们产生了保护环境的要求，并采取行动积极保护自己的环境权益，就会为环境保护提供持久的动力。西方发达国家的环境保护大多是在公众环境保护运动的冲击下发展起来的。

三、中国可持续发展政策

可持续发展政策是实施可持续发展战略的保证措施，是环境政策向经济和社会发展政策扩展并与之相互融合的产物。欧美日等一些国家的政府环境部门同经济部门合作，并广泛邀请社会各界参加，制定了综合性的长期环境政策规划，力求实现环境和经济政策的一体化。中国在这方面也有一定进展，制订了一些政策方案，但如何制定与实施有效地渗透到经济和社会发展政策中的可持续发展政策，仍然是一个严峻的社会课题。

（一）中国的环境政策

20世纪70年代初，在联合国人类环境会议的推动下，中国的环境保护开始起步。在多年的发展中，针对工业增长速度高、工业总体技术水平低、工业布局不够合理和企业经营管理与环境管理不善等问题，逐步建立起了“预防为主、防治结合”“谁污染、谁治理”“强化环境管理”三大环境保护政策体系。

(1) 预防为主、防治结合的政策。从环境污染与破坏的长期经济和环境影响及其治理的费用而言，预先采取防范措施，不产生或尽量减少对环境的污染和破坏，是解决环境问题的最有效率的办法之一。中国制定这条政策的主要目的是在大规模经济建设的过程中同时防治环境污染的产生和蔓延，其主要措施有：把环境保护纳入国家和地方的中长期及年度国民经济和社会发展计划；对开发建设项目实行环境影响评价制度和“三同时”制度（防治环境污染和破坏的设施与生产主体工程同时设计、同时施工、同时投产使用）。

(2) 谁污染、谁治理的政策。这是国际上通行的污染者负担原则在中国的应用，主要目的是促使污染者承担治理其污染的责任和费用。其主要措施有：对超过排放标准向大气、水体等排放污染物的企事业单位征收超标排污费，专门用于污染防治；对严重污染的企事业单位实行限期治理；结合企业技术改造防治工业污染。

(3) 强化环境管理的政策。主要目的是通过强化政府和企业的环境管理，控制和减少管理不善带来的环境污染和破坏。其主要措施有：逐步建立和完善环境保护法规与标准体系；建立健全各级政府的环境保护机构及完整的国家和地方环境监测网络；实行地方各级政府环境目标责任制；对重要城市实行环境综合整治定量考核。

近年来，中国政府围绕淮河等重点污染治理地区，制定和实施了水污染的流域规划与管理政策和污染物排放总量控制政策，对二氧化硫和酸雨，也通过划定控制区，实施了总量控制的政策。同时，加强了各项环境保护政策的实施力度，政策实施效果有了一定提高。

总体来看，经过多年以来的发展，特别是20世纪80年代中期，中国已经建立了比较完整的污染防治和资源保护的法律体系和政策体系，环境投资逐步增长，用于控制污染的费用已达国民生产总值的0.8%，近年来，在淮河等污染防治重点地区，更采取了相当有力的行动。1998年下半年，中央政府从新增2000亿元基建投资中划拨170亿元用于环境基础设施建设，加快了环境建设的步伐。但是，与发达国家相比，中国的环境保护政策体系还不完整，从政策内容来看，不少政策措施还建立在各级政府的传统计划和行政命令的基础上，建立在主要领导人干预的基础上；从政策制定、实施、评估、修正这一循环周期来看，实施、评估、修正各个环节都相当薄弱；在相当多的地区，政府生态环境部门执法力度不够，无法保证各项政策得到实施，直接制约了环境质量的改善。

（二）环境政策的深化和发展

从当前中国环境状况来看，中国只是在经济快速增长的压力下，避免了环境质量急剧恶化的局面。总体而言，大气、河流湖泊、海洋等方面污染还相当严重，生态破坏还在不断加剧。从中国今后人口、经济增长的趋势看，环境保护将会长期面临三大压力、即工业化进程加快带来的压力、人口增长和城市化发展带来的压力、全球环境问题发展带来的压力。当前，需要解决好以下矛盾或问题：工业化进程加快与污染治理滞后的矛盾；城市数量和规模的扩张与城市基础设施落后的矛盾；以煤为主的能源结构与高效、清洁使用能源的矛盾；水资源紧缺与水污染不断加剧的问题；人口不断增长与耕地逐年减少的矛盾；矿产资源相对不足与资源利用效率不高的矛盾；生态基础脆弱与生态破坏继续扩展的矛盾；对外贸易迅速发展与国际“绿色壁垒”的矛盾。如果不能有效解决这些矛盾和问题，中国的环境保护就难以取得重大的进展，可持续发展将面临重重困难。

为了有效解决这些矛盾和问题，在制定和发展环境保护政策的过程中，应当全面贯彻以下一些被世界各国的环境保护实践所证明的一些原则：可持续发展原则、预防污染原则、污染者负担原则、经济和资源利用效率原则、污染综合控制原则、公众参与原则、环境与经济发展综合决策原则等。采用这些原则是环境保护政策得以进一步深化和发展，并向可持续发展政策转变的重要条件。

同时，应借鉴发达国家的经验，推动环境政策体系的转变。从西方一些国家环境保护政策的历史发展情况来看，它们大致经历了2～3个阶段的变化。近几年来，在可持续发展战略思想的推动下，发达国家正努力建立环境与经济综合决策，鼓励社会自愿行动的政策体系。从其经验和我国的实际情况，可以认为近期中国环境保护政策深化和发展的目标应当有以下几个。

(1) 建立新型决策机制。建立环境保护和经济发展的一体化决策机制，使经济发展政策、规划能有效考虑环境保护的要求，主要手段是建立政策、规划与计划的环境影响评价制度。

(2) 健全环境法律法规。建立环境保护法律法规的有效实施机制，建立完备有效的监督手段。

(3) 实行清洁生产。建立污染综合控制和全过程控制体系，采用清洁生产的各种手段。

(4) 创新环境经济手段。应用各种创新的环境经济手段，如环境税、排污权交易等。

(5) 鼓励企业和社会各界采取各种自愿行动。如实施ISO 14000、政府环境管理机构同企业的自愿协议、绿色产品标志等。

(6) 鼓励公众参与。环境保护与每一个公众都有着直接联系，只有公众积极参与，环境保护才能得到切实落实。

通过这些手段，提高中国环境保护政策在改善环境方面的有效性、实施效率，提高政府解决复杂环境问题的能力。

任务案例

某乙烯项目环境影响评价重点。

10.1 某乙烯项目环境影响评价重点

课后任务

一、情景分析

(一) 宝洁公司的清洁生产

宝洁公司（Procter Gamble，简称PG）是一家美国消费日用品生产商，也是目前全球最大的日用品公司之一，其在中国有很多分厂。

(1) 广州黄埔厂。为实现5年内将（单位）耗水量降低50%的目标，黄埔厂于2008年6月启动了“金鱼计划”，改造了工厂设备和管道系统，利用压缩空气清洗每个生产批次的残留物。这不仅使管道清洗变得更容易，还能减少管道清洗的耗水量。此外，通过该工艺每个生产批次的残留物得到有效地回收，并输送至其他公司生产地板清洁剂和洗手用品。在过去的财年中，黄埔厂的（单位）耗水量降低37%。（单位）废物产生量减少43%（2009～2010财年减少40%）。“金鱼计划”得到了广州市政府的高度认可和奖励。

（2）北京通州工厂。宝洁北京通州的工厂生产衣物护理产品，主要是洗衣粉。由于工厂坐落于住宅区，其宗旨之一便是使该工厂可持续地运营，与当地居民共建和谐社区。为了达到这个目标，在这个地区主要关注的是可吸入颗粒物排放。目前，颗粒物排放浓度已经小于 $10mg/m^3$，远远低于北京市政府所规定的 $30mg/m^3$。这对该地区的居民来说是一个显著的改进。

（3）西青厂。西青厂每年要产生大约 3440t 废水处理污泥。之前，这些污泥被送去填埋，但从 2008 年 9 月开始，西青厂开始与通过美国环境保护署认证的一家公司合作，用这些污泥制砖。这些污泥先与黏土、粉煤灰和水混合，成模、风干，然后在 800～1200℃下被烧制成砖。经过这些流程之后，96％的原料可被制成砖，剩余 4％可被重复利用或回收利用。截至 2011 年 2 月，利用西青厂污泥制成的砖总共已达到 7000 万块。将这些砖首尾相连，长度是京港高铁全长的 3 倍！

（4）江苏太仓厂。太仓厂作为宝洁公司在中国的第十个工厂，是宝洁第一个具有“能源和环境设计先锋”（LEED）认证的工厂。LEED 是世界上可持续发展建筑方面最具权威的认证之一。太仓工厂不仅在厂房方面应用 LEED 的标准，还将其扩大到运营等方面。太仓厂还从用水效率优化及水资源有效重复利用方面进行设计和运营从而减少其水耗。另外，太仓厂还最大化地实现了水循环和“废物零填埋”。同时，太仓厂还是一个支持当地社区可持续发展项目的典范，例如“世界自然基金会水资源保护”项目，宝洁公司与世界自然基金会的上海办公室、研究所、政府机构和社区共同研究在太仓地区涵养水源及保护水源的方法。

请分析宝洁公司在清洁生产方面做了哪些工作。

二、综合复习

（1）环境质量现状评价程序分为哪几个阶段，各个阶段的主要工作是什么？

（2）环境影响评价的作用是什么？

（3）环境质量现状评价的目的是什么？

（4）谈谈你对可持续发展与人类社会的关系的认识。

（5）搜集资料，根据可持续发展思想，分析我国化工生产发展方向。

（6）搜集资料，试根据我国国情，对如何完善我国环境保护法律，提出你的建议。

第十一章　废气的综合治理技术

学习目标

了解化工废气的来源和带来的大气污染问题，认识化工废气污染带来的危害性，熟悉化工废气污染防治的基本技术措施，使学生具有预防和治理化工废气污染的基本技术工作能力，能根据废气污染实际情况，采取有效的化工废气防治措施。

第一节　化工废气的来源、分类及特点

化学工业是对多种资源进行化学处理和转化加工的生产部门，在国民经济中占重要地位。化工废气是指在化工生产中由化工厂排出的有毒有害的气体。化工废气往往含有多种污染物，物理和化学性质复杂，毒性也不尽相同，严重污染环境和影响人体健康。不同化工生产行业产生的化工废气成分差别很大。如氯碱行业产生的废气中主要含有氯气、氯化氢、氯乙烯、汞、乙炔等，氮肥行业产生的废气中主要含有氮氧化物、尿素粉尘、一氧化碳、氨气、二氧化硫、甲烷等。

一、化工废气的来源

化工产品在各种生产环节都可能产生并排出废气，造成对环境的污染。其来源有以下几个方面。

（一）工艺反应过程

在化工生产过程中，随着反应条件和原料纯度的不同，原料转化率也不同。原料不可能全部转化为成品或半成品，这样就形成了废料。一般情况下，在进行主反应的同时，经常还伴随着一些不希望产生的副反应，副反应的产物有的可以回收利用，有的则因数量不大、成分复杂，无回收价值，因而作为废料排出。

（二）生产、搬运、使用过程

产品加工和使用过程中产生的废气以及搬运、破碎、筛分及包装过程中产生的粉尘等。

（三）技术、管理过程

生产技术路线及设备陈旧落后，造成反应不完全，生产过程不稳定，从而产生不合格的

产品或造成物料的“跑、冒、滴、漏”。

（四）操作失误

开、停车或因操作失误、指挥不当、管理不善造成废气的排放。

（五）二次污染

化工生产中排放的某些气体，在光或雨的作用下发生化学反应，也能产生有害气体。

二、化工废气的分类

按照污染物存在的形态，化工废气可分为颗粒污染物和气态污染物。颗粒污染物包括尘粒、粉尘、烟尘、雾尘、煤尘等；气态污染物包括含硫化合物、含氯化合物、碳氧化合物、碳氢化合物、卤氧化合物等。

按照与污染源的关系化工废气可分为一次污染物和二次污染物。从化工厂污染源直接排出的原始物质，进入大气后性质没有发生变化，称为一次污染物；若一次污染物与大气中原有成分发生化学反应，形成与原污染物性质不同的新污染物，称为二次污染物。

按污染物性质化工废气可分为三大类：第一类为含无机污染物的废气，主要来自氮肥、磷肥（含硫酸）、无机盐等行业；第二类为含有机污染物的废气，主要来自有机原料及合成材料、农药、燃料、涂料等行业；第三类为既含无机污染物又含有机污染物的废气，主要来自氯碱、炼焦等行业。

三、化工废气的特点

化工废气通常含有易燃、易爆、有毒、有刺激性和有臭味的物质。污染大气的主要有害物质有碳氢化合物、硫的氧化物、氮的氧化物、碳的氧化物、氯和氯化合物、氟化物、恶臭物质和浮游粒子等。

（一）种类繁多

每个化工行业所用的化工原料千差万别，即使同一产品所用的工艺路线、同一工艺的不同时间都有差异，生产过程化学反应繁杂。因此，造成化工废气种类繁多。

（二）组成复杂

化工废气中常含有多种复杂的有毒成分。例如，农药、染料、氯碱等行业废气中，既含有多种无机化合物，又含有多种有机化合物。此外，从原料到产品，由于经过许多复杂的化学反应，产生多种副产物，致使某些废气的组成变得更加复杂。

（三）易燃易爆气体多

这类气体为低沸点的酮、醛、易聚合的不饱和烃等，大量易燃、易爆气体如不采取适当措施，容易引起火灾、爆炸事故，危害极大。

（四）排放物大都有刺激性和腐蚀性

如二氧化硫、氮氧化物、氯气、氟化氢等气体都有刺激性或腐蚀性，尤其以二氧化硫排放量最大。二氧化硫气体可直接损害人体健康，腐蚀金属、建筑物和雕塑的表面，还易氧化成硫酸盐降落到地面，污染土壤、森林、河流、湖泊。

（五）浮游粒子种类多、危害大

化工企业在生产过程中，排放的浮游粒子包括粉尘、烟气和酸雾等，种类繁多。各种燃烧设备排放的大量烟气和化工生产中排放的各种酸雾对环境危害较大。烟气中的微小碳粒子吸附能力很强，能吸附烟气中的焦油状碳氢化合物，其中苯并芘是一种致癌物质。同时浮游粒子与其他有害物质具有协同作用，对人体的危害更大。

（六）污染物浓度高

不少化工企业缺乏改造的资金和技术，加上管理不善、操作工人素质不高、工艺设备陈旧等因素，导致产品陈旧，原材料流失严重，废气中污染物浓度高。

（七）污染面广，危害性大

遍布全国各地的中小企业大多工艺落后，设备陈旧，技术力量薄弱，防治污染所需要的技术、设备和资金难以解决。特别是近几年，由于化工产品供不应求，各地盲目地建设了一大批乡镇企业，进一步扩大了污染面。乡镇企业生产产品的原料、能源消耗都很高，排放的污染物大大超过大中型化工企业的排放量，而得到治理的很少。

四、主要大气污染物

化工废气常含有致癌、致畸、致突变、恶臭、强腐蚀性及易燃、易爆的组分，对生产装置、人身安全与健康及周围环境造成严重危害。其中影响范围广、具有普遍性的污染物有颗粒物、二氧化硫、氮氧化物、碳氧化物、碳氢化合物等。各化工行业废气来源及主要污染物如表 11-1 所示。

表 11-1　化工行业废气来源及主要污染物

行业	主要来源	废气中主要污染物
氮肥	合成氨、尿素、碳酸氢铵、硝酸铵、硝酸	NO_2、尿素粉尘、CO、Ar、NH_3、SO_2、CH_4、粉尘
磷肥	磷矿石加工、普通过磷酸钙、钙镁磷肥、重过磷酸钙、磷酸铵类氮磷复合肥、磷肥、硫酸	氟化物、粉尘、SO_2、NH_3
无机盐	铬盐、二硫化碳、钡盐、过氧化氢、黄磷	SO_2、P_2O_5、Cl_2、HCl、H_2S、CO、CS_2、As、F、S、氯化铬酰、重芳烃
氯碱	烧碱、氯气、氯产品	Cl_2、HCl、氯乙烯、汞、乙炔
有机原料及合成材料	烯类、苯类、含氧化合物、含氮化合物、卤化物、含硫化合物、芳香烃衍生物、合成树脂	SO_2、Cl_2、HCl、H_2S、NH_3、NO_x、CO、有机气体、烟尘、烃类化合物
农药	有机磷农药、氨基甲酸酯类农药、菊酯类农药、有机氯类农药等	Cl_2、HCl、氯乙烷、氯甲烷、有机气体、H_2S、光气、硫醇、三甲醇、二硫酯、氨、硫代磷酸酯农药
染料	染料中间体、原染料、商品染料	H_2S、SO_2、NO_x、Cl_2、HCl、有机气体、苯类、醇类、醛类、烷烃、硫酸雾、SO_3
涂料	涂料：树脂漆、油脂漆 无机颜料：钛白粉、立德粉、铬黄、氧化锌、氧化铁、红丹、黄丹、金属粉、华蓝	芳烃
炼焦	炼焦、煤气净化及化学品加工	CO、SO_2、NO_x、H_2S、芳烃、粉尘、苯并芘、CO_2

（一）颗粒物

颗粒物是指大气中除气体之外的其他物质，包括各种各样的固体、液体和气溶胶。其中有固体的灰尘、烟尘、烟雾，以及液体的云雾和雾滴。固体颗粒是指大气中来自燃料燃烧的烟尘、工厂排出的粉尘及风自地面吹起的尘埃等物质。按照粒径差异，颗粒物主要可以分为以下几种形态。

（1）总悬浮颗粒物。指能悬浮在空气中、空气动力学当量直径≤100μm 的颗粒物，即指粒径在 100μm 以下的颗粒物，记作 TSP。总悬浮颗粒物的浓度以每立方米空气中总悬浮颗粒物的质量（mg）表示。其对人体的危害程度主要取决于自身的粒度大小及化学组成。TSP 中粒径大于 10μm 的物质，几乎都可被鼻腔和咽喉所捕集，不进入肺泡。

（2）降尘。指粒径＞10μm、在重力作用下可以降落的颗粒状物质，多产生于固体破碎、燃烧残余物的结块及研磨粉碎的细碎物质，如水泥粉尘、金属粉尘、飞尘等。一般颗粒大，密度也大，在重力作用下，易沉降，危害范围较小。自然界刮风及沙暴也可以产生降尘。

（3）飘尘。指悬浮在空气中、空气动力学当量直径≤10μm 的颗粒物，记作 PM_{10}。飘尘粒径小，密度也小，可长期漂浮在大气中，具有胶体性质，又称气溶胶。易随呼吸进入人体，危害健康，因此也称可吸入颗粒物。通常所说的烟、雾、灰尘均是用来描述飘尘存在形式的。它能随呼吸进入人体上、下呼吸道，对健康危害很大。飘尘是物质燃烧时产生的颗粒状漂浮物，因其粒小体轻，故而能在大气中长期漂浮，飘浮范围可达几十千米，可在大气中造成不断蓄积，与空气中的二氧化硫和氧气接触时，二氧化硫会部分转化为三氧化硫，使空气酸度增加，使污染程度逐渐加重。飘尘能长驱直入人体，侵蚀人体肺泡，以碰撞、扩散、沉积等方式滞留在呼吸道不同的部位，粒径小于 5μm 的多滞留在上呼吸道。滞留在鼻咽部和气管的颗粒物，与进入人体的二氧化硫等有害气体产生刺激和腐蚀黏膜的联合作用，损伤黏膜、纤毛，引起炎症和增加气道阻力。持续不断的作用会导致慢性鼻咽炎、慢性气管炎。滞留在细支气管与肺泡的颗粒物也会与二氧化氮等产生联合作用，损伤肺泡和黏膜，引起支气管和肺部产生炎症。飘尘的作用可达数年之久，大量飘尘在肺泡上沉积下来，可引起肺组织的慢性纤维化，使肺泡的切换机能下降，导致肺心病、心血管病等一系列病变。

（4）细颗粒物（$PM_{2.5}$）。即大气中粒径小于 2.5μm 的颗粒物（气溶胶）。虽然细颗粒物只是地球大气成分中含量很少的组分，但它对空气质量和能见度等有重要的影响。细颗粒物粒径小，富含大量的有毒、有害物质且在大气中的停留时间长、输送距离远，因而对人体健康和大气环境质量的影响更大。2012 年 2 月，修订后的《环境空气质量标准》（GB 3095—2012）中增加了细颗粒物监测指标。

（二）含硫化合物

硫常以二氧化硫和硫化氢的形态进入大气，也有一部分以亚硫酸及硫酸（盐）微粒形式进入大气。大气中的硫约 2/3 来自天然源，其中以细菌活动产生的硫化氢最为重要。污染大气的含硫化合物有 H_2S、SO_2、SO_3、硫酸酸雾及硫酸盐气溶胶等，人为源产生的硫排放的主要形式是 SO_2，主要来自含硫煤和石油的燃烧、石油炼制以及有色金属冶炼和硫酸制造等。

SO_2 是一种无色、具有强烈刺激性气味的不可燃气体，是一种广泛分布、危害大的主要大气污染物。主要危害有：产生酸雨，腐蚀生物的机体，产生光化学烟雾。

SO_2 在大气中极不稳定，最多只能存在 1～2 天。在相对湿度比较大、有催化剂存在时，可发生催化氧化反应，生成 SO_3，进而生成 H_2SO_4 或硫酸盐。所以 SO_3 是形成酸雨的主要因素。硫酸盐在大气中可存留1周以上，能漂移至1000km以外的地方，造成远离污染源以外的区域性污染。

SO_2 和飘尘具有协同效应，两者结合起来对人体危害更大。SO_2 具有酸性，可与空气中的其他物质反应，生成微小的亚硫酸盐和硫酸盐颗粒。当这些颗粒被吸入时，它们将聚集于肺部，会导致呼吸系统症状和疾病。如果与水混合，再与皮肤接触，便有可能发生冻伤；与眼睛接触时，会造成红肿和疼痛。

SO_2 在太阳紫外线照射下，可能发生光化学反应，生成 SO_3 和硫酸雾，从而降低大气的能见度。

（三）氮氧化物

氮氧化物（NO_x）种类很多，主要是一氧化氮（NO）和二氧化氮（NO_2），其他还有一氧化二氮（N_2O）、四氧化二氮（N_2O_4）、三氧化二氮（N_2O_3）和五氧化二氮（N_2O_5）等多种化合物。

天然排放的 NO_2，主要来自土壤和海洋中有机物的分解，属于自然界的氮循环过程。NO的人为来源主要指燃料燃烧、工业生产和交通运输等过程排放的NO。

燃料燃烧是指化石燃料燃烧时，排放的废气中含有NO，其浓度可达千分之几。NO排入大气后迅速转化为 NO_2。当矿物燃料高温燃烧时，空气中的 N_2 与 O_2 结合而生成NO，温度越高，生成NO的速度和量越大，由这种方式生成的NO称为热NO；另外，因燃料中含有吡啶、氨基化合物等含氮化合物，在燃烧的过程中生成了NO，这种方式生成的NO称为燃料NO。

工业生产是指有关企业如硝酸、氮肥和有机合成工业及电镀等工业在生产过程中排出大量NO。

交通运输是指机动车辆和飞机等排出废气中含有大量NO。汽车排气已成为城市大气中NO的主要来源。

NO是无色、有刺激性气味、不活泼的气体，能与血红蛋白结合生成亚硝基血红蛋白而引起中毒，产生缺氧症状和中枢神经受损。NO氧化后生成红棕色、有刺激性的 NO_2，它的毒性较强，能迅速破坏肺细胞，可能是引起肺气肿和肺癌的病因。NO_2 又是一吸光物质，易发生光化学反应，是形成光化学反应的元凶，由此产生的二次污染物的危害更大。

NO_x 对环境的损害作用极大，既是形成酸雨的主要物质之一，也是形成大气中光化学烟雾的重要物质和消耗臭氧的一个重要因子。

（四）碳氧化物

碳氧化物主要是CO和 CO_2。主要是由含碳物质不完全燃烧产生的，而天然源较少。

CO_2 是无色、无毒的气体，是大气的正常成分，但其浓度增加会给环境带来多种影响，主要由燃烧煤炭、石油和天然气产生。目前由于人类活动排放到大气中的 CO_2 的量不断增加，而吸收 CO_2 的森林反遭到严重破坏，使得大气中 CO_2 的浓度不断增加。据测定，一个世纪前大气中 CO_2 的含量约为 $284cm^3/m^3$，目前已达到 $379cm^3/m^3$。CO_2 浓度的增加，会对全球的气候产生影响，因而是目前环境科学上颇为注意的问题之一。

CO是一种无色、无味、无嗅的窒息性气体，即通常所说的能引起人体中毒的“煤气”。CO产生于含碳化合物的不完全燃烧过程，主要来源于燃料燃烧、汽车排出的废气以及其他加工业。值得注意的是，一氧化碳的另一人工源是吸烟排出的烟气。吸烟者吸入的CO远高于不吸烟者，尤其是过滤嘴香烟。CO的主要危害是妨碍体内氧气的传输。它与血红蛋白的亲和力比氧大200多倍，而生成的亚硝基血红蛋白的解离速度比氧合血红蛋白小3600多倍，因此一旦生成亚硝基血红蛋白就很难解离，导致输氧能力降低，造成机体缺氧，危害人体健康。空气中一氧化碳含量达$10cm^3/m^3$时就会使人中毒，浓度达1%时人在两分钟内即死亡。一氧化碳排入大气后，由于扩散和氧化等原因，虽然有可能会给人体造成不适的感觉，但一般不会达到使人窒息的浓度。

（五）碳氢化合物

碳氢化合物由烷烃、烯烃和芳烃等复杂多样的物质组成。大气中大部分的碳氢化合物来源于植物的分解，人类排放的量虽然小，却非常重要。碳氢化合物的人为来源主要是石油燃料的不充分燃烧和石油类的蒸发过程。在石油炼制、石油化工生产中也会产生多种碳氢化合物。燃油的机动车亦是主要的碳氢化合物污染源，交通线上的碳氢化合物浓度与交通密度密切相关。

碳氢化合物是形成光化学烟雾的主要成分。在活泼的氧化物如原子氧、臭氧、氢氧基等自由基的作用下，碳氢化合物将发生一系列链式反应，生成一系列的化合物，如醛、酮、烷、烯以及重要的中间产物——自由基。自由基进一步促进NO向NO_2转化，造成光化学烟雾的重要二次污染物——臭氧、醛、过氧乙酰硝酸酯（PAN）。

碳氢化合物中的多环芳烃化合物，如3,4-苯并芘，具有明显的致癌作用，已引起人们的密切关注。

（六）光化学氧化剂

1. 光化学反应和光化学烟雾

在太阳紫外线作用下，大气中的某些污染物发生反应，生成新的污染物，这种反应叫光化学反应。由此产生的烟雾称为光化学烟雾。

2. 光化学烟雾形成的条件

（1）充足的阳光，无风。

（2）出现逆温。

（3）大气中含有一定浓度的NO_2和碳氢化合物。

3. 光化学反应机理

（1）污染空气中NO_2的光解是光化学烟雾形成的起始反应。反应如下：

$$NO_2 + h\upsilon(\lambda < 430nm) \longrightarrow NO_2 *$$

$$NO_2 * \longrightarrow NO + O$$

$$O + O_2 + M \longrightarrow O_3 + M$$

$$O_3 + NO \longrightarrow O_2 + NO_2$$

（2）碳氢化合物与O、O_3、·OH、NO等自由基作用生成醛、酮、酸以及RO_2·、HO_2·、RCO·等自由基。

（3）过氧自由基引起NO向NO_2转化，并导致O_3和PAN等生成。

4. 光化学烟雾的危害

（1）对人体健康的影响。光化学烟雾最明显的危害是对人眼的刺激作用，会导致流泪、眼睛发红（俗称红眼病）。除眼外，对鼻、咽、气管和肺均有明显的刺激作用。对老人、儿童和病弱者尤为严重。污染严重时，会引起哮喘发作，导致上呼吸道疾病恶化，使视觉敏感度和视力降低。受害严重者，呼吸困难、胸痛、头晕、发烧、呕吐，甚致血压下降、昏迷不醒。长期慢性伤害可引起肺机能衰退、支气管炎，甚至发展成肺癌等。据资料统计，美国加利福尼亚州由于光化学烟雾的作用，曾使该州 3/4 的人发生了红眼病；日本东京 1970 年发生光化学污染时期有 20000 人患了红眼病；1952 年洛杉矶事件发生时，两天内就使 65 岁以上的老人死亡 400 余人。

（2）对植物的伤害。光化学烟雾能使植物叶片受害变黄以致枯死。据资料统计，仅加利福尼亚州 1959 年由于光化学污染引起的农作物减产损失已达 800 万美元，大片树木枯死，葡萄减产 60%以上，柑橘也严重减产。对光化学烟雾敏感的植物还有棉花、烟草、甜菜、西红柿、菠菜、某些花卉和多种树木。

（七）其他污染物

除了上述大气污染物外，较为常见的无机气体污染物有硫化氢、氯化氢、氨、氯气等。随着有机合成工业和石油化学工业的发展，进入大气的有机化合物气体越来越多，目前较常见的有苯、酚、酮、醛、芘、苯并芘、过氧硝基酰、芳香胺、氯化烃等。这些污染物一般具有恶臭气味，对人体感官有刺激作用，有的被认为有致病、致畸和致突变作用。

五、大气污染物的治理技术

各种生产过程中产生的空气污染物，按其存在状态可分为两大类：其一是气溶胶态污染物，如粉尘、烟尘、雾滴和尘雾等颗粒状污染物；其二是气态污染物，如 SO_2、NO_2、CO、NH_3、H_2S、有机废气等，主要以分子状态存在于废气中。前者可利用其质量较大的特点，通过外力的作用，将其分离出来，通常称为除尘；后者则要利用污染物的物理性质和化学性质，采用冷凝、吸收、吸附、燃烧、催化等方法进行处理。

第二节 除尘技术

一、粉尘的定义

粉尘是一个通俗、笼统的称呼，严格地说应称为粒状物质，在标准状态下，包括固体和液体粒子，具体可分为以下三类。

（1）粉尘。固体物质在破碎、研磨，爆破等机械过程中产生的粉粒，其形状不规范，粒度范围广，多在 1μm 以上，大的可达 100～200μm。

（1）烟尘。由燃烧、蒸馏或化学反应等化工过程中产生的固体微粒，粒度一般在 1μm 以下。

（3）烟雾、水雾。由液体机械分裂、蒸气凝结或化学反应产生的液体粒子，粒度范围为 1～10μm，呈球形。

二、粉尘的性质

粉尘的性质对于除尘方法的选择有重要影响。重要的性质有粉尘的颗粒尺寸和密度。此外，还有比电阻率、附着性粒子形状、亲水性、腐蚀性、毒性和爆炸性等。

（一）粉尘粒子大小（粒径、粒径分布）

粉尘由大小不同的粒子所组成，为了表示各种粒径粒子的多少，通常以各种粒径的粒子在全部粒子中的分级分率来说明，即用分级分布曲线（频率分布曲线）表示，称为 f 曲线：

$$\int_0^{\infty} f(x)\,\mathrm{d}x = 100 \tag{11-1}$$

另外，粒子的组成也可用积分分布曲线的形式表示（R 曲线），见式（11-2）。它反映大于或等于某一粒径的尘粒的质量之和占全部尘粒质量的比例与尘粒直径之间的关系。

$$R = \int f(x)\,\mathrm{d}x \tag{11-2}$$

（二）尘粒的密度

尘粒密度对重力除尘及离心除尘等装置的性能有很大影响。

由于粉尘往往是许多粒子的集合体，粒子之间有空隙，因而密度分为真密度和堆积密度。真密度（ρ_p）用于研究尘粒在气体中的运动，单位为 kg/m^3。堆积密度（ρ_b）用于计算料仓、灰斗的容积，单位为 kg/m^3。空隙率用 ε 表示。粒子的堆积密度比真密度小得多，二者关系如下：

$$\rho_b = (1-\varepsilon)\rho_p \tag{11-3}$$

$$\varepsilon = 1-\rho_b/\rho_p \tag{11-4}$$

一般来说，ε 越大，粉尘越细，越易飞扬。

（三）粉尘的电阻率

粉尘由于碰撞、摩擦、接触带电体等因素，几乎总带有一定量的电荷，尘粒电阻率的大小对电除尘和过滤除尘装置的效率有很大影响。

一般粉尘电阻率的范围为 10^{-3}（炭黑）～$10^{14}\Omega\cdot cm$（干石灰石粉），其中电阻率为 10^4～$2\times10^{10}\Omega\cdot cm$ 时，最适宜采用电除尘装置。电阻率太高或太低均不适宜采用电除尘方法，但可预先对尘粒进行适当预处理，改变其电阻率，使其保持在上述特定的范围内。

改变尘粒的电阻率可以采用以下几种方法：

（1）改变温度：大多数尘粒的电阻随温度升高而增大，直到一最大值。

（2）加入水分：尘粒吸附水分后可使表面电导率增加，引起电阻率降低。

（3）添加化学药品：向含尘气体中添加化学药品可以调节尘粒电阻。例如，燃烧重油产生的粉尘电阻率比较低，向其中加入适量的氨，便可以提高电阻值。

（四）粉尘的湿润性

润湿性是指粉尘颗粒与液体接触后互相附着的能力或附着的难易程度的性质。润湿性与粉尘的种类、粒径、形状、生成条件、组分、温度、含水率、表面粗糙度及荷电性有关，还与液体的表面张力及尘粒与液体之间的黏附力和接触方式有关。

粉尘的润湿性随压力增大而增大，随温度升高而下降。润湿性是选择湿式除尘器的主要依据。

（五）粉尘的黏附性

黏附力包括分子力（范德瓦耳斯力）、毛细力、静电力（库仑力）。粉尘颗粒附在固体表面或颗粒彼此相互附着的现象称为黏附。黏附力对除尘器既有有利的一面，又有不利的一面。

有利的一面：许多除尘依赖于分离下来的颗粒在捕集器表面的黏附（如布袋）。

不利的一面：如输送含尘气流的管道和设备中发生黏附现象，会堵塞管道。因此，在管道设计时必须计算好管径。

三、除尘装置的技术性能

从废气中将颗粒物分离出来并加以捕集、回收的过程称为除尘。实现上述过程的设备装置称为除尘器。除尘装置的技术性能包括技术指标和经济指标。技术指标常以气体处理量、净化效率、压力损失等参数表示。经济指标则包括设备费，运行费、占地面积等内容。

（一）除尘效率

除尘装置的总效率是指在同一时间内，由除尘装置除下的粉尘量与进入除尘装置的粉尘量之比，常用符号 η 表示。总效率所反映的实际上是装置净化程度的平均值，是评定装置性能的重要技术指标。

除尘效率 η 根据计算气体进出除尘器时的含尘流量和含尘量两种方法来确定。

1. 含尘流量计算除尘效率方法

$$\eta=[(S_1-S_2)/S_1]\times100\%=(1-S_2/S_1)\times100\% \tag{11-5}$$

式中，S_1 为除尘装置进口气体含尘流量，g/s；S_2 为除尘装置出口气体含尘流量，g/s。

2. 含尘量计算除尘效率方法

$$\eta=[1-(C_2Q_2/C_1Q_1)]\times100\% \tag{11-6}$$

式中，Q_1 为进口气量，m^3/s；Q_2 为出口气量，m^3/s；C_1 为进口气含尘浓度，g/m^3；C_2 为出口气含尘浓度，g/m^3。

当 $Q_1=Q_2$ 时，即进气量与出气量不变，有：

$$\eta=(1-C_2/C_1)\times100\%$$

3. 多级除尘效率

如果采用一种方法达不到除尘要求的话，可采取多级除尘方式（一般低效率的装在前面，高效率的装在后面），几种除尘方式组合串联使用，将提高除尘效率。

（1）两级除尘效率：

$$\eta_{总}=\eta_1+\eta_2\ (1-\eta_1)\ =\eta_1+\eta_2-\eta_1\eta_2 \tag{11-7}$$

（2）如果有多级串联，则

$$\eta_{总}=1-\ (1-\eta_i)^n \tag{11-8}$$

式中，η_i 为每个除尘装置的除尘效率；n 为除尘装置个数。

4. 除尘效率的影响因素

（1）粒径的影响。一般粒径大，易除去，除尘效率高；粒径小，难除去，除尘效率低。

（2）气体流量的影响。每一种形式的除尘装置，都有一个标准的处理气体量 Q_H，高于或低于此值，都会给除尘效率带来影响。有的除尘装置除尘效率随着实际处理气体量 Q 的增加而提高，如旋风分离器和文丘里洗涤器等。有的除尘装置除尘效率随着实际处理气量的增加而趋于减少，如电除尘器、袋式过滤器等。

（3）尘粒浓度的影响。气体中尘粒浓度也影响除尘效率。电除尘器的除尘效率，在一定范围内随含尘浓度的增加而下降，但达到一定的含尘浓度后电除尘的效率反而上升；旋风式除尘器则恰恰相反，其除尘效率是在一定的范围内，随含尘浓度的增加而上升，但当达到一定浓度后，效率就会下降。

（二）压力损失

除尘器压力损失是指除尘器气体进出口压力差，一般为几百至几千帕。进出口压力差越小，则动力消耗就越小，可降低操作费用。

压力损失是由于气体本身有黏滞性和器壁的粗糙度而产生的阻力损失，以及气体在除尘器内流动时，流动速度大小和方向发生变化，产生涡流等，由于这些因素作用需消耗能量，从而表示出压力损失。

目前，对各种形式除尘器的压力损失计算多是经验和半经验式来确定，由测定出的压力损失及处理气体的流量，可以对输送机械需要的耗电量进行概算，一般可以应用下式来计算：

$$W=2.73\times10^{-5}Q\Delta p \tag{11-9}$$

式中，W 为耗电量，kW·h；Q 为气体流量，m^3/h；Δp 为压力损失，Pa。

四、除尘装置

（一）除尘装置的分类

（1）按是否使用水或其他液体分为干式除尘器、湿式除尘器。

（2）按效率的高低分为高效除尘器、中效除尘器和低效除尘器。

（3）根据除尘机制分为机械式除尘器、过滤式除尘器、湿式除尘器、静电除尘器。各种除尘装置的工作原理及设备见表 11-2。

表 11-2　各种除尘装置的工作原理及设备

除尘装置类别	工作原理	主要除尘设备
机械式	质量力	重力沉降室、旋风除尘器、惯性除尘器
湿式	水流冲洗	水膜除尘器
过滤式	过滤介质捕集	布袋除尘器
静电除尘	静电力	静电除尘器

（二）各类除尘装置除尘原理

1. 机械式除尘器

机械式除尘器是通过质量力的作用达到除尘目的的除尘装置。质量力包括重力、惯性力和离心力，主要除尘器型式为重力沉降室、惯性除尘器和旋风除尘器等。

（1）重力沉降室除尘原理。重力沉降室是利用粉尘与气体的密度不同，使含尘气体中的尘粒依靠自身的重力从气流中自然沉降下来，达到净化目的的一种装置。当气流进入重力沉降室后，流动截面积扩大，流速降低，较重颗粒在重力作用下缓慢向灰斗沉降，分为层流式和湍流式两种。单层重力沉降室工作原理及沉降室实景见图 11-1 和图 11-2。

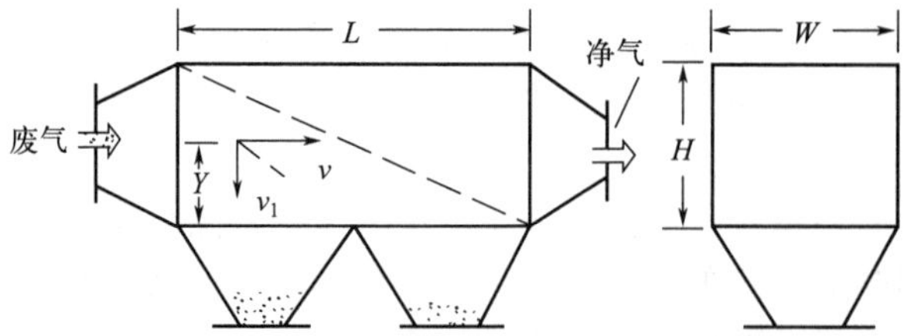

图 11-1　单层重力沉降室工作原理

图 11-2　沉降室实景

（2）惯性除尘器的除尘原理。利用粉尘与气体在运动中的惯性力不同，使粉尘从气流中分离出来。常用方法是使含尘气流冲击在挡板上，气流方向发生急剧改变，气流中的尘粒惯性较大，不能随气流急剧转弯，便从气流中分离出来。

惯性除尘器的结构形式包括冲击式——气流冲击挡板捕集较粗粒子（图 11-3），反转式——改变气流方向捕集较细粒子（图 11-4）。

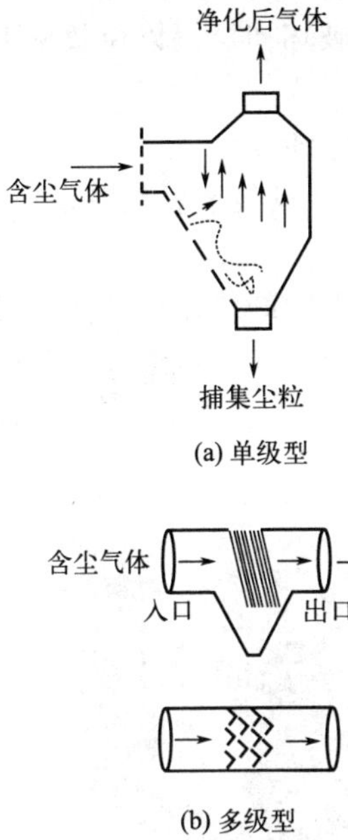

图 11-3　冲击式惯性除尘

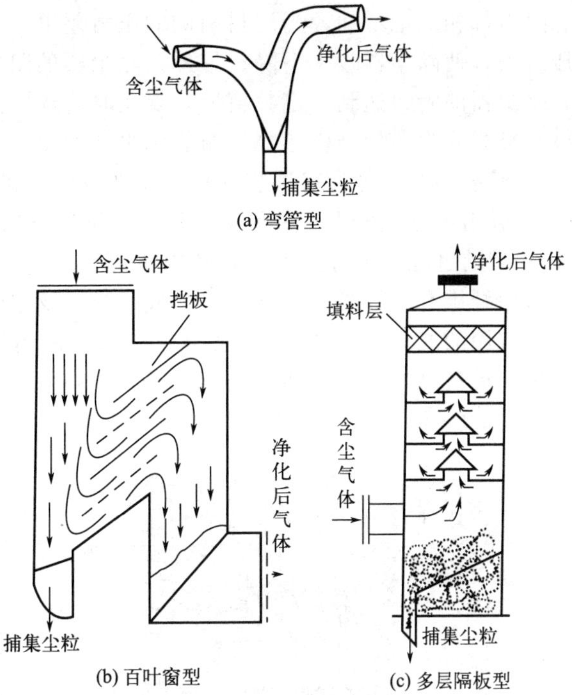

图 11-4　反转式惯性除尘器

（3）旋风除尘器的工作原理。使含尘气流沿某一定方向作连续的旋转运动，粒子在随气流旋转中获得离心力，使粒子从气流中分离出来的装置为旋风除尘器，也称为离心式除尘器。普通旋风除尘器是由进气管、筒体、锥体和排气管等组成，见图 11-5 和图 11-6。

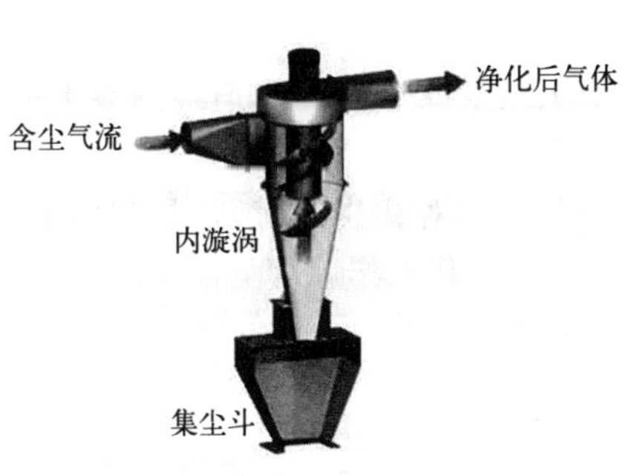

图 11-5　旋风除尘器除尘原理

图 11-6　旋风除尘器实景

2. 过滤式除尘器的工作原理

过滤式除尘是使含尘气体通过多孔滤料，把气体中的尘粒截留下来，使气体得到净化的方法。

（1）过滤式除尘装置主要为袋式除尘器，适用于捕集细小、干燥、非纤维性粉尘。滤袋采用纺织的滤布或非纺织的毡制成，利用纤维织物的过滤作用对含尘气体进行过滤，含尘气体进入袋式除尘器后，颗粒大、密度大的粉尘由于重力的作用沉降下来，落入灰斗，含有较细小粉尘的气体在通过滤料时，粉尘被阻留，使气体得到净化。袋式除尘器是一种干式滤尘装置。使用一段时间后，由于筛滤、碰撞、滞留、扩散、静电等效应，滤袋表面会积聚一层粉尘，这层粉尘称为初层，在此以后的运动过程中，初层成了滤料的主要过滤层，依靠初层的作用，网孔较大的滤料也能获得较高的过滤效率。随着粉尘在滤料表面的积聚，除尘器的效率和阻力都相应地增加，当滤料两侧的压力差很大时，会把有些已附着在滤料上的细小尘粒挤压过去，使除尘器效率下降。另外，除尘器的阻力过高会使除尘系统的风量显著下降。因此，除尘器的阻力达到一定数值后，要及时清灰。清灰时不能破坏初层，以免效率下降。

(2) 袋式除尘器的结构形式。布袋除尘器如图 11-7 所示。

① 按滤袋的形状分为扁形袋（梯形及平板形）和圆形袋（圆筒形）。

② 按进出风方式分为下进风上出风、上进风下出风和直流式（只限于板状扁袋）。

③ 按袋的过滤方式分为外滤式及内滤式。

滤料用纤维有棉纤维、毛纤维、合成纤维以及玻璃纤维等，不同纤维制成的滤料具有不同性能。常用的滤料有：208 或 901 涤纶绒布，使用温度一般不超过 120℃；经过聚硅氧烷树脂处理的玻璃纤维滤袋，使用温度一般不超过 250℃；棉毛织物，一般适用于没有腐蚀性、温度在 80～90℃以下含尘气体。

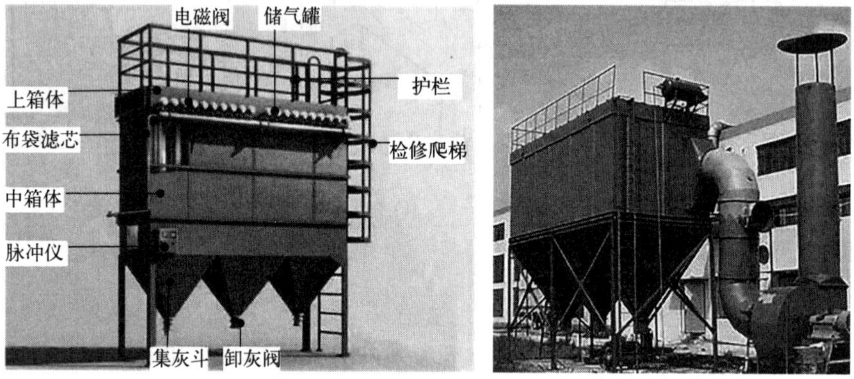

图 11-7 布袋除尘器

(3) 袋式除尘器清灰方式。

① 气体清灰。气体清灰是借助于高压气体或外部大气反吹滤袋，以清除滤袋上的积灰。气体清灰包括脉冲喷吹清灰、反吹风清灰和反吸风清灰。

② 机械振打清灰。分顶部振打清灰和中部振打清灰（均对滤袋而言），是借助于机械振打装置周期性地轮流振打各排滤袋，以清除滤袋上的积灰。其工作原理见图 11-8。

③ 人工敲打。人工拍打每个滤袋，以清除滤袋上的积灰。

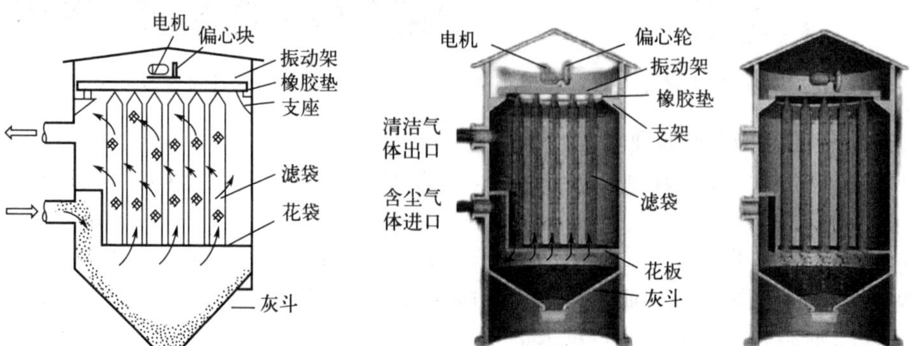

图 11-8 机械清灰袋式除尘器工作原理

3. 湿式除尘原理

湿式除尘也称为洗涤除尘。该方法是用液体（一般为水）洗涤含尘气体，使尘粒与液膜、液滴或气泡碰撞而被吸附，凝集变大，尘粒随液体排出，气体得到净化。生产中使用的湿式除尘器是把水浴和喷淋两种形式合二为一。先利用高压离心风机的吸力，把含尘气体压到装有一定高度水的水槽中，水浴会把一部分灰尘吸附在水中。经均布分流后，气体从下往上流动，而高压喷头则由上向下喷洒水雾，捕集剩余部分的尘粒。其过滤效率可达85%以上。

（1）湿式除尘器的结构。不同类型的湿式除尘器其结构虽有较大差别，但总体上一般由尘气导入装置、引水装置、水气接触本体、液滴分离器和污水（泥）排放装置组成。

（2）湿式除尘器的分类。湿式除尘器的类型从不同角度有不同的分类。

① 按结构形式划分。

a. 储水式。内装一定量的水，高速含尘气体冲击形成水滴、水膜和气泡，对含尘气体进行洗涤，如冲激式除尘器、水浴式除尘器、卧式旋风水膜除尘器。

b. 加压水喷淋式。向除尘器内供给加压水，利用喷淋或喷雾产生水滴而对含尘气体进行洗涤，如文丘里管除尘器、泡沫除尘器、填料塔、湍流塔等。

c. 强制旋转喷淋式。借助机械力强制旋转喷淋，或转动叶片，使供水形成水滴、水膜、气泡，对含尘气体进行洗涤，如旋转喷雾式除尘器。

② 按能耗大小划分。

a. 低能耗型。阻力在4000Pa以下，压力损失为0.2～1.5kPa，对10μm以上粉尘的净化效率可达90%～95%。这类除尘器包括喷淋式、水浴式、冲激式、泡沫式、旋风水膜式等除尘器。

b. 高能耗型。阻力在4000Pa以上，压力损失为2.5～9.0kPa，净化效率可达99.5%以上，该类主要指文丘里管除尘器。

③ 按气液接触方式划分。

a. 整体接触式。含尘气流冲入液体内部而被洗涤，如自激式、旋风水膜式、泡沫式等除尘器。

b. 分散接触式。向含尘气流中喷雾，尘粒与水滴、液膜碰撞而被捕集，如文丘里管除尘器、喷淋塔等。

（3）自激式除尘器。自激式除尘器内先要储存一定量的水，利用气流与液面的高速接触，激起大量水滴，使尘粒从气流中分离，水浴除尘器、冲激式除尘器等都是属于这一类。

① 水浴除尘器。如图11-9所示，含尘空气以8～12m/s的速度从喷头高速喷出，冲入液体中，激起大量泡沫和水滴。粗大的尘粒直接在水池内沉降，细小的尘粒在上部空间和水滴碰撞后，由于凝聚、增重而被捕集。水浴除尘器的效率一般为80%～95%。

喷头的埋置深度为20～30mm。除尘器阻力为400～700Pa。

水浴除尘器可在现场用砖或钢筋混凝土构筑，适合中小型工厂采用。它的缺点是泥浆清理比较困难。

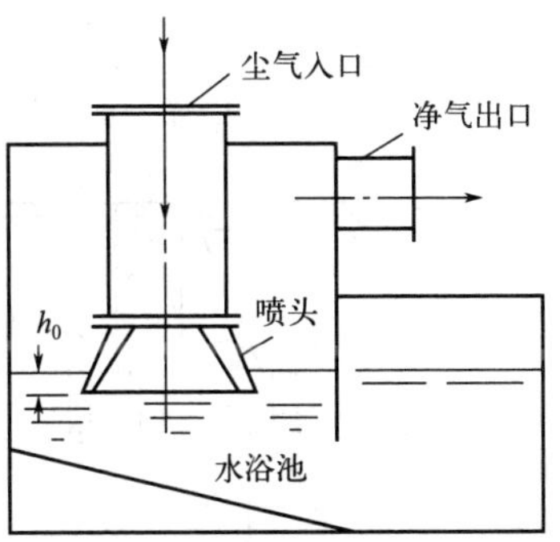

图11-9　水浴除尘器原理

② 冲激式除尘器。如图11-10所示，含尘气体进入除尘器后转弯向下，冲击在液面上，部分粗大的尘粒直接沉降在泥浆斗内。随后含尘气体高速通过S形通道，激起大量水滴，使粉尘与水滴充分接触。

在正常情况下，除尘器阻力为 1500Pa 左右，对 5μm 的粉尘，效率为 93%。冲激式除尘器下部装有刮板运输机自动刮泥，也可以人工定期排放。

除尘器处理风量在 20%范围内变化时，对除尘效率几乎没有影响。冲激式除尘机组把除尘器和风机组合在一起，具有结构紧凑、占地面积小、维护管理简单等优点。

湿式除尘器的洗涤废水中，除固体微粒外，还有各种可溶性物质，洗涤废水直接排入江河或下水道，会造成水体污染，这是值得重视的一个问题。目前国外的湿式除尘器大都采用循环水，自激式除尘器用的水是在除尘器内部自动循环的，称为水内循环的湿式除尘器。和水外循环的湿式除尘器相比，水内循环除尘器节省了循环水泵的投资和运行费用，减少了废水处理量。

冲激式除尘器的缺点是，与其他的湿式除尘器相比，金属消耗量大，阻力较高，价格较贵。

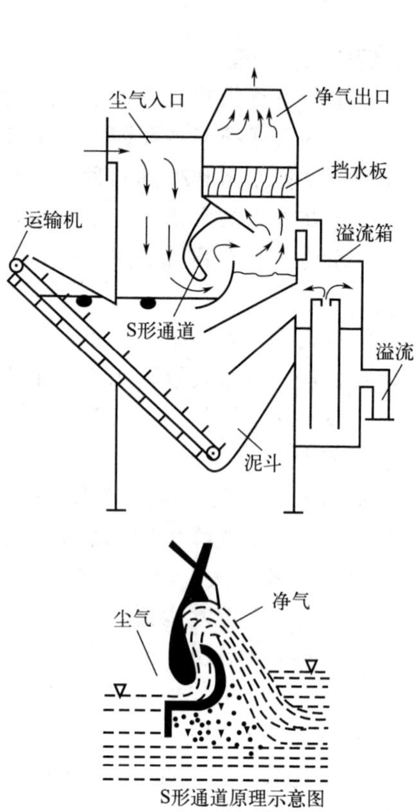

图 11-10　冲激式除尘器工作原理

（4）卧式旋风水膜除尘器。如图 11-11 所示，它由横卧的外筒和内筒构成，内外筒之间设有导流叶片。含尘气体由一端沿切线方向进入，沿导流片作旋转运动。在气流带动下液体在外壁形成一层水膜，同时还产生大量水滴。尘粒在惯性离心力作用下向外壁移动，到达壁面后被水膜捕集。部分尘粒与液滴发生碰撞而被捕集。气体连续流经几个螺旋形通道，便得到多次净化，使绝大部分尘粒分离下来。

（5）立式旋风水膜除尘器。如图 11-12 所示，进口气流沿切线方向在下部进入除尘器，水在上部由喷嘴沿切线方向喷出。由于进口气流的旋转作用，在除尘器内表面形成一层液膜。粉尘在离心力作用下被甩到筒壁，与液膜接触而被捕集。该除尘器可以有效防止粉尘在

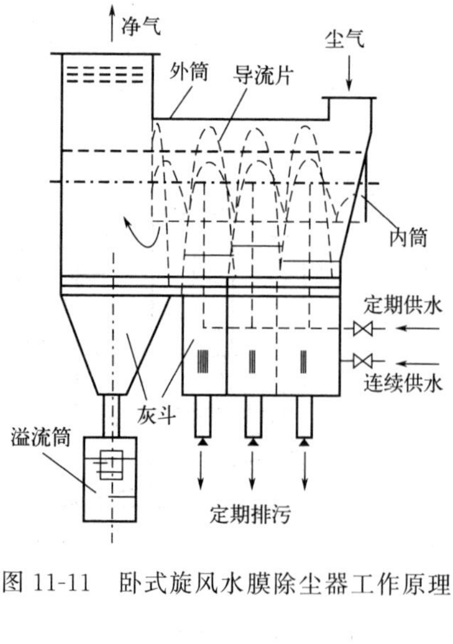

图 11-11　卧式旋风水膜除尘器工作原理

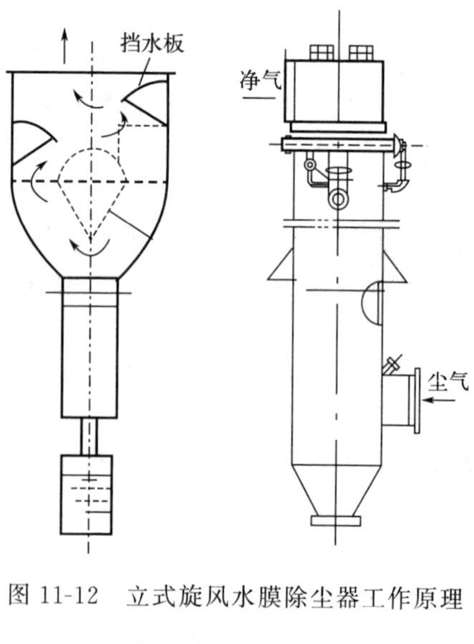

图 11-12　立式旋风水膜除尘器工作原理

器壁上的反弹、冲刷等引起的二次扬尘，从而提高除尘效率，通常可达90％～95％。除尘器筒体内壁形成稳定、均匀的水膜是保证除尘器正常工作的必要条件。

(6) 文丘里管除尘器。如图11-13所示，主要由三部分组成：引水装置（喷雾器）、文丘里管体及脱水器，分别实现雾化、凝并和除尘三个过程。

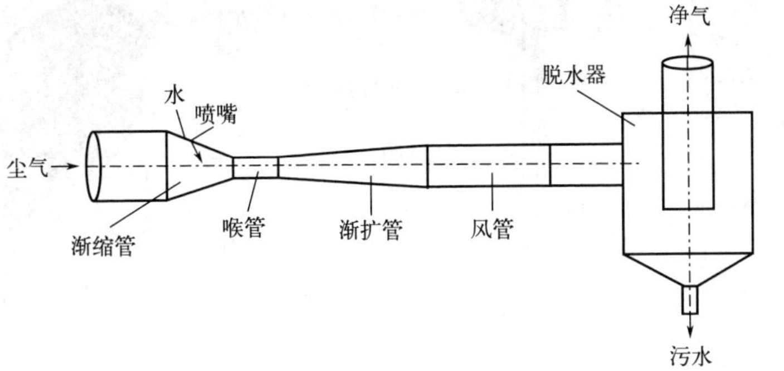

图11-13　文丘里管除尘器工作原理

含尘气流由风管进入渐缩管，气流速度逐渐增加，静压降低。在喉管中，气流速度达到最高。高速气流的冲击使喷嘴喷出的水滴进一步雾化。在喉管中气液两相充分混合，尘粒与水滴不断碰撞凝并，成为更大的颗粒。在渐扩管中，气流速度逐渐降低，静压增高。最后含尘气流经风管进入脱水器。由于细颗粒凝并增大，在一般的脱水器中就可以将粒尘和水滴一起除下。

4. 静电除尘原理

静电除尘器的工作原理是利用高压电场使烟气发生电离，气流中的粉尘荷电在电场作用下与气流分离。负极由不同断面形状的金属导线制成，叫作放电电极。正极由不同几何形状的金属板制成，叫作集尘电极。静电除尘器是把放电电极和集尘电极接于高压直流电，维持一个足以使气体电离的静电场，当含尘气体通过两极间非均匀电场时，在放电电极周围强电场强作用下发生电离，形成气体离子和电子并使粉尘粒子荷电，荷电后的粒子在电场作用下向集尘电极运动并在集尘电极上沉积，从而达到粉尘与气体分离的目的，当收尘极上粉尘达到一定厚度时，借助振打机构使粉尘落入下部灰斗。

用电除尘的方法分离气体中的悬浮尘粒，主要包括了以下四个复杂而又相互关联的物理过程：①气体的电离。②悬浮尘粒的荷电。③荷电尘粒向集尘电极运动。④荷电尘粒沉积在集尘电极上。

(1) 电除器的分类。电除尘器的分类方法很多，主要有以下几种。

① 按清灰方式分为干式、半湿式、湿式电除尘器及雾状粒子捕集器。干式电除尘器易产生粉尘二次飞扬，湿式电除尘器需进行二次处理。

② 按烟气在电除尘器内的运动方向分为立式和卧式电除尘器。烟气在电除尘器内自下而上作垂直运动的称为立式电除尘器，烟气在电除尘器内沿水平方向运动的称为卧式电除尘器。

③ 按电除尘器的形式分为管式和板式电除尘器。管式电除尘器（图11-14）主要用于处理烟气量小的场合。板式电除尘器（图11-15）应用广泛。

④ 按集尘电极和放电电极的配置分为单区和双区电除尘器。集尘电极与放电电极布置在同一区域内的为单区电除尘器，应用广泛。集尘电极与放电电极布置在两个不同区域内的为双区电除尘器。

⑤ 按振打方式分为侧部振打和顶部振打电除尘器。振打清灰装置布置在阴极或阳极的

侧部称为侧部振打电除尘器，现应用较多的为挠臂锤振打。振打清灰装置布置在阴极或阳极的顶部称为顶部振打电除尘器，顶部振打多为美式结构。

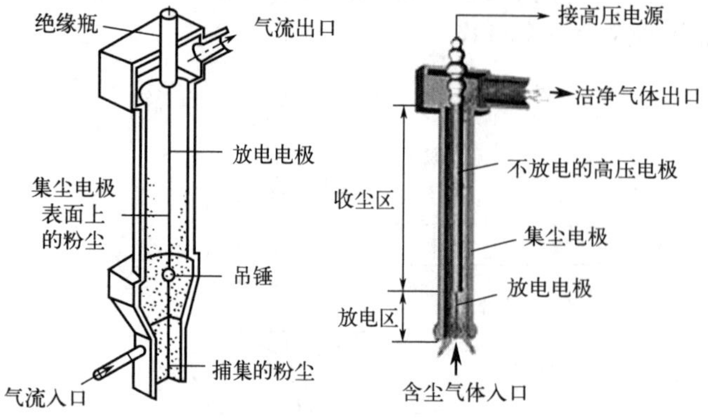

图 11-14　管式电除尘器

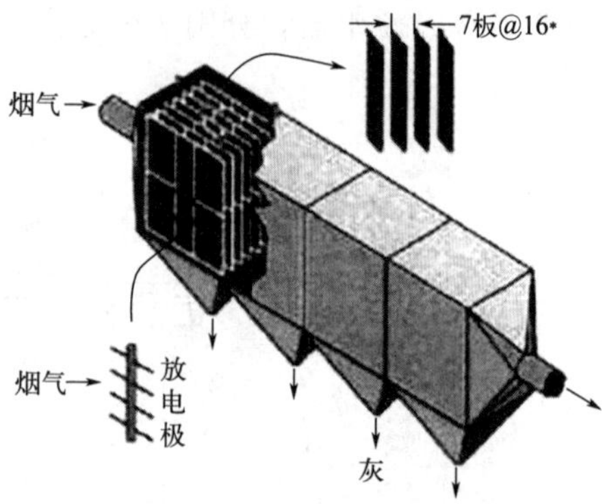

图 11-15　板式电除尘器

（2）电除尘器性能的影响因素。影响电除尘器性能的因素很多，可以大致归纳为如下四大类。

① 粉尘特性。主要包括粉尘的粒径分布、真密度、堆积密度、黏附性及比电阻等。粉尘的比电阻是评价导电性的指标，对除尘效率有直接的影响。比电阻过低，尘粒难以保持在集尘电极上，使其重返气流。比电阻过高，到达集尘电极的尘粒电荷不易放出，在尘层之间形成电压梯度，会产生局部击穿和放电现象。这些情况都会造成除尘效率下降。

② 烟气性能。主要包括烟气温度，压力、成分、湿度、流速和含尘浓度等。

③ 结构因素。主要包括放电电极线的几何形状、直径、数量和线间距，集尘电极的形式、极板断面形状、极间距、极板面积，以及电场数、电场长度、供电方式、振打方式（方向、强度、周期）、气流分布装置、壳体严密程度、灰斗形式和出灰口锁气装置等。

④ 操作因素。主要包括伏安特性、漏风率、气流短路、二次飞扬和放电电极线肥大等。

电除尘器设备与锅炉配套时，受锅炉运行等方面影响，即使电除尘器有良好的收尘性能，但外界条件的变化也会使它达不到预期的效果。

（三）除尘装置的选择和组合

1. 除尘器优缺点及适用范围

见表 11-3。

表 11-3　各种除尘器优缺点及适用范围

类型	优点	缺点	适用范围
重力沉降室	简单、投资少、易维护	占地大，除尘效率低	除尘要求不高的场合或用作高效除尘装置的前置预除尘器
旋风除尘器	简单、投资少、易操作	磨损严重，旋风子易堵	多级除尘的预除尘
湿式除尘器	可同时除尘和除有害气体、结构简单，造价低、能处理湿度大、温度高的气体	能耗大，耗水量大；有废液、泥浆处理问题；在寒冷地区使用需防冻	中、小型机组采用，大型机组一般不采用
布袋除尘器	除尘效率高，处理量大；结构简单，造价及运行费用低、可提高干法脱硫的脱硫率	体积和占地面积都很大；处理高温、高湿度、腐蚀性气体应慎选；滤袋、滤袋易破损、阻力损失大	对布袋不易造成腐蚀的气体的除尘

续表

类型	优点	缺点	适用范围
静电除尘器	除尘效率高、能耗低，压损小、处理烟气量大，耐高温	钢耗大，占地面积大；制造、安装、运行的要求高、对粉尘特性敏感	300MW以上机组均采用

2. 除尘装置的性能比较

见表11-4。

表11-4 各种除尘装置性能比较

类型	结构形式	处理的粒度/μm	压力降/mmH_2O	除尘效率/%	设备费用	运行费用
重力除尘	沉降式	50～1000	10～15	40～60	小	小
惯性力除尘	烟囱式	10～100	30～70	50～70	小	小
离心除尘	旋风式	3～100	50～150	85～95	中	中
湿式除尘	文丘里式	0.1～100	300～1000	80～95	中	大
过滤除尘	袋式	0.1～20	100～200	90～99	中以上	中以上
电除尘		0.05～20	10～20	85～99.9	大	小～大

3. 除尘装置的选择

（1）除尘装置的选择原则。除尘器的整体性能主要用三个技术指标（处理气体量、压力损失、除尘效率）和三个经济指标（一次投资、运转管理费用、占地面积及使用寿命）来衡量。

除尘器选择时主要考虑以下几方面因素：①除尘器的除尘效率；②除尘器的处理气体量；③除尘器的压力损失；④设备基建投资与运转管理费用；⑤使用寿命；⑥占地面积或占用空间体积。

（2）除尘装置的选择和组合。根据含尘气体的特性，可以从以下几方面考虑：

① 若尘粒粒径较小，几微米以下粒径占多数时，应选用湿式、过滤式或电除尘式等除尘方式；若粒径较大，以10μm以上粒径占多数时，可用机械除尘器。

② 若气体含尘浓度较高时，可用机械除尘；若含尘浓度低时，可采用文丘里洗涤器(因为其喉管的摩擦损耗不能太大，所以只适合进口含尘浓度小于10g/m^3的气体除尘，过滤式除尘器也适用于低浓度含尘气体的处理)；若气体的进口含尘浓度较高，又要求气体出口的含尘浓度低时，则可采用多级除尘器串联的组合方式除尘，先用机械式除尘器除去较大的尘粒，再用电除尘或过滤式除尘器等，去除较小粒径的尘粒。

③ 对于黏附性强的尘粒，最好采用湿式除尘器，不宜采用过滤式除尘器（因为易造成滤布堵塞)，同时也不宜采用静电除尘器（因为尘粒黏附在电极表面上将使电除尘器的效率降低)。

④ 如采用电除尘器，尘粒的电阻率应在10^4～$10^{11}\Omega\cdot cm$范围内，一般可以预先通过温度、湿度调节或添用化学药品的方法，满足此要求。如果不能达到这一范围要求时，则不宜采用电除尘器进行气体的除尘处理。另外，电除尘器只适用于500℃以下的情况。

⑤ 气体的温度增高，黏性将增大，流动时的压力损失增加，除尘效率也会下降。但温度太低，低于露点温度时，即使是采用过滤除尘器，也会有水分凝出，使尘粒易黏附于滤布上造成堵塞，故一般应在比露点温度高20℃的条件下进行除尘。

⑥ 气体的成分中，如含有易爆、易燃的气体时，如CO等，应将CO氧化为CO_2再进行除尘。

除尘技术的方法和设备种类很多，具有不同的性能和特点，在治理颗粒污染物时要选择一种合适的除尘方法和设备，除需要考虑当地大气环境质量，尘的环境容许标准、排放标准、设备的除尘效率及有关经济技术指标外，还必须了解尘的特性，如粒径、粒度分布、形状、密度、比电阻、亲水性、黏性、可燃性、凝集特性以及含尘气体的化学成分、温度、压力、湿度、黏度等。总之，只有充分了解所处理含尘气体的特性，又充分掌握各种除尘装置的性能，才能合理地选择出既经济又有效的除尘装置。

第三节　气态污染物处理技术

气态污染物控制是减少气态污染物向大气排放的技术措施和管理政策。工业生产中的有害气体种类很多，主要有硫氧化物、氮氧化物、卤化物、碳氧化物、碳氢化物等。根据来源和性质，可采取适宜的措施控制，主要包括减少或防止污染物的产生，对已产生的气态污染物加以回收利用或进行无公害化处理，充分利用环境的自净能力，利用经济措施和政策实行总量控制等。气态污染物在废气中以分子状态或蒸气状态存在，属均相混合物，可根据物理的、化学的和物理化学的原理进行分离。目前国内外采用的主要技术为吸收、吸附、冷凝、燃烧和催化转化等五种。净化方法的选择取决于气体的流量和污染物浓度。尽可能减小气体流量和提高污染物的浓度，可使处理费用降至最低。对于浓度较高的气体，可考虑增加预处理系统。废气中颗粒物会给气体净化装置的操作带来困难，几种废气共存也会使净化装置的设计和选择复杂化。

一、吸收法

（一）吸收法定义及分类

采用适当的液体作为吸收剂，含有有害物质的废气与吸收剂接触并被吸收，使气体得到净化。

吸收法用于治理气态污染物，技术上比较成熟，操作经验比较丰富，适用性比较强，各种气态污染物，如 SO_2、H_2S、HF、NO_x 等，一般都可选择适宜的吸收剂和吸收设备进行处理，并且可回收有用产品。因此，该法在气态污染物治理方面得到广泛应用。

该方法具有设备简单、捕集效率高、应用范围广、一次性投资低等特点。但由于吸收是将气体中的有害物质转移到液体中，因此对吸收液必须进行处理，否则容易引起二次污染。由于吸收温度越低效果越好，所以在处理高温烟气时，必须对排气进行降温预处理。

气体吸收可以分为物理吸收和化学吸收。

(1) 物理吸收。溶解的气体与溶剂或溶剂中某种成分不发生任何化学反应。此时，溶解的气体所产生的平衡蒸气压与溶质及溶剂的性质、体系的温度、压力和浓度有关。吸收过程的推动力等于气相中气体的分压与溶液溶质气体的平衡蒸气压之差。用重油吸收烃类蒸气或用水吸收醇类和酮类物质属于物理吸附。

(2) 化学吸收。溶解的气体与溶剂或与溶剂中某一成分发生化学反应。一种快速发生的化学反应引起物质的转变，导致气体平衡蒸气压的降低，有利于吸收操作。双碱法脱硫属于化学吸收。

（二）吸收液

在吸收操作中，选择合适的吸收液是很重要的。有化学反应的吸收和单纯的物理吸收相比，前者吸收速率较大，因为这时的吸收推动力增大，传质系数一般都有所提高，如用水吸收二氧化硫时，为气膜、液膜共同控制，改用碱性吸收液后，便成了气膜控制。

1. 吸收液的选择

吸收液的选择应从下列因素考虑：

（1）为了提高吸收速率，增大对有害组分的吸收率，减少吸收液用量和设备尺寸，要求对有害组分的溶解度尽量大，对其余组分则尽量小；

（2）为了减少吸收液的损失，其蒸气压应尽量低；

（3）为了减少设备费用，尽量不采用腐蚀性介质；

（4）黏度要低，比热容不大，不起泡；

（5）尽可能无毒、难燃，且化学稳定性好，冰点要低；

（6）来源充足，价格低廉，最好能就地取材，易再生重复使用；

（7）使用中有利于有害组分的回收利用。

2. 吸收液的种类

吸收液主要分为以下四种：

（1）水。用于吸收易溶的有害气体，水吸收效率与吸收温度有关，一般随着温度的增高，吸收效率下降。当废气中有害物质含量很低时，水吸收效率很低，这时需采用其他高效的吸收液。水作为吸收液的优点是便宜易得，比较经济。

（2）碱性吸收液。用于吸收那些能和碱发生反应的有害气体，如二氧化硫、氮氧化物、硫化氢、氯化氢、氯气等，常用的碱性吸收液有氢氧化钠、氢氧化钙、氨水、碳酸钠等。

（3）酸性吸收液。可以增加有害气体在稀酸中的溶解度或发生化学反应。如一氧化碳和二氧化氮在一定浓度的稀硝酸中的溶解度比在水中大得多，浓硫酸也可以吸收一氧化氮。

（4）有机吸收液。有机废气一般可以用有机吸收液，如用洗油吸收苯和沥青烟。聚乙烯醚、冷甲醇、二乙醇胺等均可作为有机吸收液，能去除一部分有害酸性气体，如硫化氢、二氧化碳等。

3. 吸收设备

吸收法中所用吸收设备的主要作用是使气液两相充分接触，以便很好地进行传递。吸收设备应能提供大的接触面且接触界面易于更新，最大限度地减少阻力和增大推动力。一些常用吸收设备的工作原理见图 11-16。

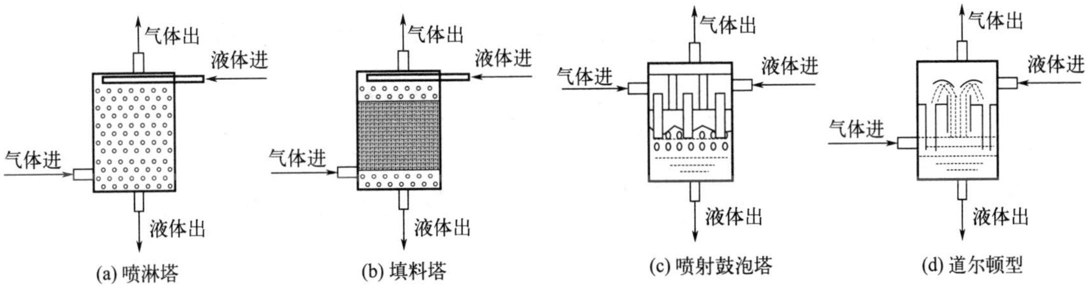

图 11-16　常用吸收设备工作原理

（1）填料塔。填料塔属于微分接触逆流操作，塔内以填料作为气液接触的基本构件。填料塔内填充适当高度的填料（有环形、球形、旋桨形、栅板形等），以增加两种流体间的接触表面。吸收液由塔的上部通过分布器进入塔内，沿填料表面下降。需要净化的气体则由塔的下部通过填料孔隙逆流而上与液体接触，气体中的污染物被吸附而达到气体净化的目的。

（2）板式塔。板式塔属于逐级接触逆流操作，塔内以塔板作为气液接触的基本构件。筛板塔内装若干层水平塔板。操作时，液体由塔顶流入，经溢流管，逐板下降，并在板上积有一层一定厚度的液膜。需要净化的气体由塔底进入，经筛孔上升穿过液层，鼓泡而出，因而两相可充分接触，气体中的污染物被吸收液吸收而达到净化的目的。

（3）喷淋塔。喷淋塔内既无填料也无塔板，所以又称为空心吸收塔。操作时液体由塔顶进入，经过安装在塔内各处的喷嘴，被喷成雾状或雨滴状。气体和前两种吸收塔一样由塔底部进入塔体，在上升过程中与雾状或雨滴状的吸收液充分接触，使液体吸收气体中的污染物，吸收后的吸收液由塔底流出，净化后的气体由塔顶排出。

二、吸附法

气体混合物与适当的多孔性固体接触，利用固体表面存在的未平衡的分子引力或化学键力，把混合物中某一组分或某些组分吸留在固体表面上，这种分离气体混合物的过程称为气体吸附。

（一）吸附法概述

1. 适用范围

（1）常用于浓度低、毒性大的有害气体的净化，但处理的气体量不宜过大；

（2）对有机溶剂蒸气具有较高的净化效率；

（3）当处理的气体量较小时，用吸附法灵活方便。

2. 优点

净化效率高，可回收有用组分，设备简单，易实现自动化控制。

3. 缺点

吸附容量小，设备体积大；吸附剂容量往往有限，需频繁再生，间歇吸附过程的再生操作麻烦，且设备利用率低。

4. 应用

已广泛应用于化工、冶金、石油、食品、轻工等工业部门，例如：在废气治理中脱除水分、有机蒸气、恶臭气体、HF、SO_2、NO_x 等；在高纯气体制备中，用变压吸附法来处理合成氨放气，可回收纯度很高（>98%）的氢气，实现废物资源化。

（二）吸附法分类

根据吸附力不同，吸附可以分为物理吸附和化学吸附，其特点见表 11-5。

表 11-5　物理吸附和化学吸附的特点

项目	物理吸附	化学吸附
吸附作用力	一种物理作用，分子间力（范德瓦耳斯力）	一种表面化学反应（化学键力）
吸附速率	极快，常常瞬间即达平衡	较慢，达平衡需较长时间
吸附热（区别二者的重要标志）	与气体的液化热相近，较小（几百焦耳/摩尔）	与化学反应热相近，很大（>42kJ/mol）
选择性	没有多大的选择性（可逆）	具有较高的选择性（不可逆）
温度的影响	吸附与脱附速率一般不受温度的影响，但吸附量随温度上升而上升	可看成一个表面化学过程，需一定的活化能，吸附与脱附速率随温度升高而明显加快

续表

项目	物理吸附	化学吸附
吸附层厚度	单分子层或双分子层，解吸容易，低压多为单分子层随吸附压力增加变为多分子层	总是单分子层或单原子层，且不易解吸

这两类吸附往往同时存在，仅因条件不同而有主次之分。低温下以物理吸附为主，随着温度提高物理吸附减少，而化学吸附相应增多。同一污染物的吸附量随温度的变化曲线见图 11-17。

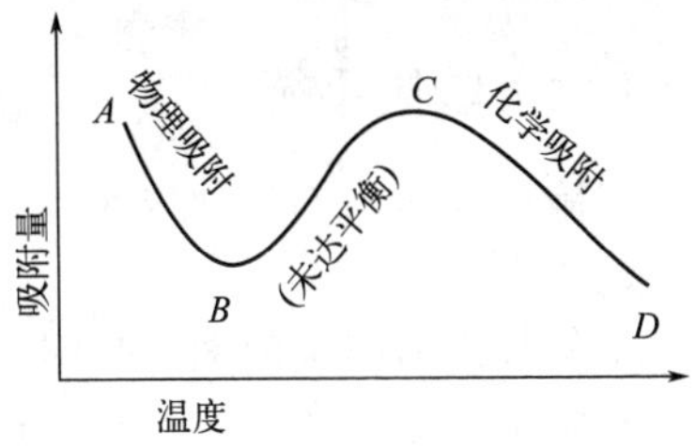

图 11-17　污染物吸附量随温度的变化

（三）吸附过程

吸附过程是放热过程，物理吸附时吸附热约等于吸附质的升华热，化学吸附时吸附热与化学反应热相近。

吸附过程包括三个步骤：使气体和固体吸附剂进行接触，以便气体中的可吸附部分被吸附在吸附剂上；将未被吸附的气体与吸附剂分开；进行吸附剂的再生，或更换新吸附剂。

（四）吸附剂

常用的气体吸附剂有骨炭、硅胶、矾土（氧化铝）、铁矾土、漂白土、分子筛、丝光沸石和活性炭等。由于硅胶、矾土、铁矾土、漂白土和分子筛等都对水蒸气有很强的吸附能力，因此它们主要用于气体干燥或处理干燥气体。在大气污染控制方面应用比较广泛的吸附剂是活性炭。

（1）活性炭。疏水性，常用于吸附空气中有机溶剂，催化脱除尾气中 SO_2、NO_x 等恶臭物质的净化。

优点：性能稳定、抗腐蚀。

缺点：具有可燃性，因此使用温度不能超过 200℃，在惰性气流掩护下，操作温度可达 500℃。

（2）活性氧化铝。用于气体干燥、石油气脱硫、含氟废气净化（对水有强吸附能力）等。

（3）硅胶。亲水性，从水中吸附水分量可达硅胶自身质量的 50%，难以吸附非极性物质。常用于处理含湿量较高的气体干燥、烃类物质回收等。

（4）沸石分子筛。沸石分子筛是一种人工合成沸石，为微孔型、具有立方晶体的硅酸盐。特点：孔径整齐均一，因而具有筛分性能，是一种离子型吸附剂，对极性分子、不饱和有机物具有选择吸附能力。

（5）吸附树脂。最初为酚、醛类缩合高聚物，后来出现一系列的交联共聚物，如聚苯乙烯等。大孔吸附树脂除了价格较贵外，比起活性炭，物理化学性能更稳定，且品种较多，能用于废水处理、维生素的分离及 H_2O_2 的精制等。

（五）影响气体吸附的因素

1. 操作条件

（1）低温有利于物理吸附；高温有利于化学吸附。

（2）吸附质分压上升，吸附量增加。

（3）气流速度：固定床气流速度为 0.2～0.6m/s 时，吸附效果最佳。

2. 吸附剂的性质

孔隙率、孔径、粒度、比表面积、吸附效果等。

3. 吸附质的性质与浓度

临界直径、分子量、沸点、饱和性等。例如：同种活性炭做吸附剂，对于结构相似的有机物，分子量和不饱和性越高，沸点越高，吸附越容易。

（六）吸附平衡

吸附质与吸附剂长期接触后，气相中吸附质的浓度与吸附剂（相）中吸附质的浓度终将达到动态平衡。

平衡吸附量指吸附剂对吸附质的极限吸附量，亦称静吸附量分数或静活性分数，用吸附质和吸附量的质量比表示，是设计和生产中一个十分重要的参数，可用吸附等温线或吸附等温方程来描述。

吸附达平衡时，吸附质在气、固两相中的浓度间有一定的函数关系，一般用等温吸附线表示。

目前已观测到 5 种类型的等温吸附线（见图 11-18）。化学吸附只有Ⅰ型，物理吸附Ⅰ～Ⅴ型都有。

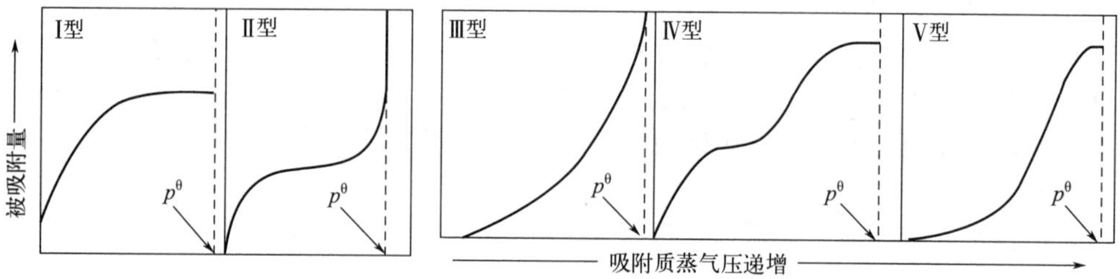

图 11-18　等温吸附线

（七）吸附装置

根据吸附器内吸附剂床层的特点，可将气体吸附器分为固定床、移动床和流化床三种类型。

1. 固定床吸附装置

吸附层静止不动的装置称为固定床吸附装置。固定床吸附器多为立式或卧式的空心容器，其中装有吸附剂。吸附过程中气体流动，而吸附剂固定不动。这种装置的结构简单、工艺成熟、性能可靠，目前应用较多。图 11-19 为半连续式固定床吸附器工艺流程。

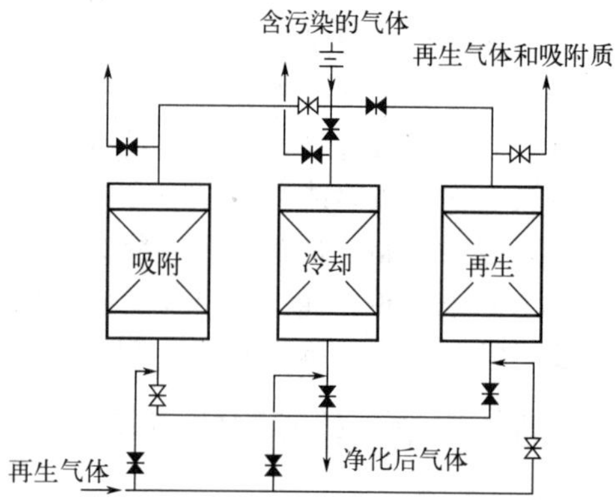

图 11-19　半连续式固定床吸附器工艺流程

2. 移动床吸附装置

在移动床吸附器中，需要净化的气体和吸附剂各以一定的速度作逆流运动进行接触。吸附剂由塔顶进入吸附器，依次经吸附段、精馏段、解吸段进入塔底的卸料装置，并以一定的流速排出，然后由升扬鼓风机输送至塔顶，再进入吸附器，重新开始上述的吸附循环。需净化的气体从吸附段底部进入吸附器，与吸附剂逆流接触后，从吸附段的顶部排出。移动床工作流程见图 11-20。

3. 流化床吸附塔

如图 11-21 所示，在流化床吸附塔内，吸附剂与净化气体逆流运动，吸附剂在筛板上处于流化状态。全塔分为两段，上段为吸附段，下段用热气流进行加热再生。再生后的吸附剂用空气提升至吸附塔顶进行循环使用。

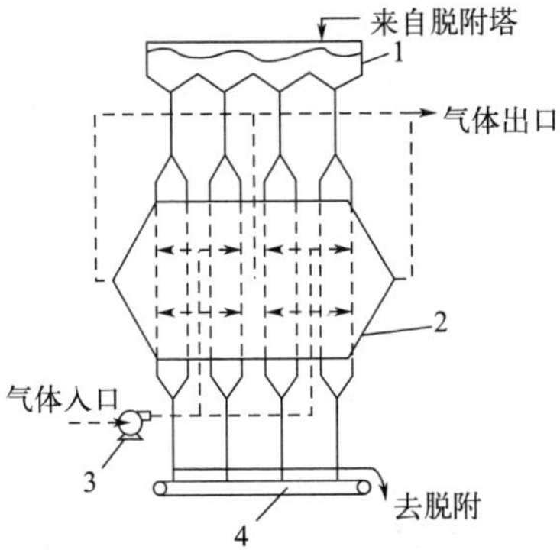

图 11-20　移动床吸附流程
1—料斗；2—吸附器；3—风机；4—传输带

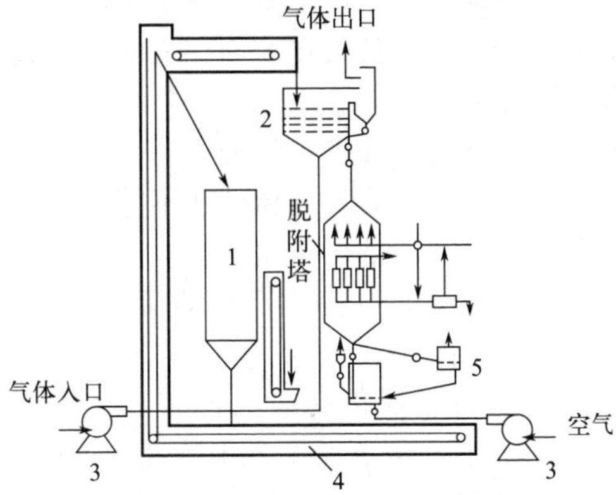

图 11-21　流化床吸附工艺流程
1—料斗；2—多层流化床吸附器；3—风机；4—皮带传输机；5—再生塔

三、催化转化法

（一）催化作用与分类

催化转化法净化气态污染物是利用催化剂的催化作用，将废气中的气体有害物质转化为无害物质或转化为易去除物质的一种废气治理技术。

催化转化法与吸收、吸附法不同，应用催化法治理污染物过程中，无需将污染物与主气流分离，可直接将有害物质转变为无害物，这不仅可避免产生二次污染，而且可简化操作过程。此外，由于所处理气体污染物的初始浓度都很低，反应的热效应不大，一般可以不考虑催化床层的传热问题，从而大大简化了催化反应器的结构。

1. 催化转化法应用

催化转化法的应用主要有以下几个方面。

（1）去除工业尾气和烟气中的 SO_2 和 NO_x、硫化氢等。

（2）挥发性有机气体 VOCs 和臭气的催化燃烧净化。

（3）汽车尾气的催化净化。

2. 催化转化法分类

（1）催化氧化法。使有害气体在催化剂的作用下，与空气中的氧气发生化学反应，转化为无害气体的方法。例如：利用催化法使废气中的碳氢化合物转化为 CO_2 和水、SO_2 转化为 SO_3 后加以回收利用等。

（2）催化还原法。使有害气体在催化剂的作用下，和还原性气体发生化学反应，变为无害气体的方法。例如：氮氧化物能在催化剂作用下，被氨还原为氮气和水。

3. 催化转化法特点

催化转化法具有效率高、操作简单等优点。采用这种方法的关键是选择合适的催化剂，并延长催化剂的使用寿命。

催化转化法的缺点是催化剂价格较高，废气预热需要一定的能量，即需添加附加的燃料使得废气催化燃烧。而且对废气组成有较高要求，不能有过多不参加反应的颗粒物质或使催化剂性能降低、寿命缩短的物质。

（二）催化剂

改变化学反应速度，而本身的化学组成在反应前后保持不变的物质称为催化剂。催化剂一般是金属或金属盐，负载在表面积大的惰性载体上。

1. 催化作用及机理

均相催化：催化剂和反应物处于同一相态。

多相催化：催化剂与反应物处在不同相。

对于气态污染物的催化净化而言，催化剂通常是固体，因而属于气固相催化反应。

催化剂参加反应，改变了反应的历程，改变了反应总的活化能，使反应速率发生变化。催化反应与非催化反应的比较见图11-22。催化作用具有以下两个基本特性。

（1）对任意可逆反应，催化作用既能改变正反应速度，也能改变逆反应速度，但不改变该反应的化学平衡。

（2）特定的催化剂只能催化特定的反应，即催化剂的催化性能具有选择性。

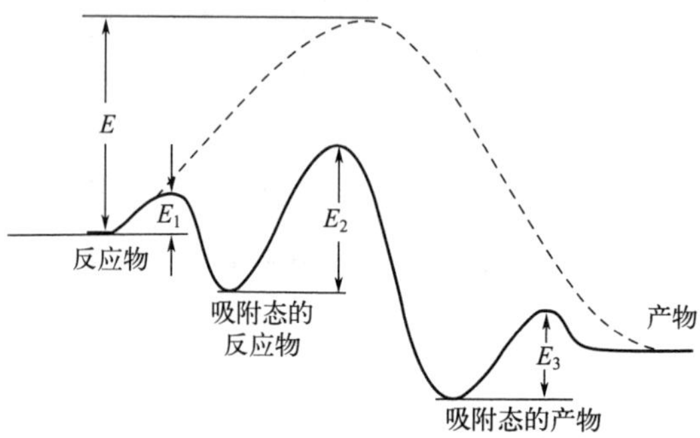

图 11-22　催化反应和非催化反应的比较

2. 催化剂组成

催化剂的组成分为活性成分、载体、助催化剂。

活性成分可以单独对反应产生催化作用，一般发生在主活性物质的表面 20～30nm 内。

载体通常是惰性物质，具有两种作用：一是提供大的比表面积，节约主活性物质，提高催化剂的活性；二是增强催化剂的机械强度、热稳定性及导热性，延长催化剂的寿命。

助催剂本身无催化性能，但少量加入可以改善催化剂的活性及热稳定等性能。

3. 催化剂分类

绝大多数气体净化过程中所用的催化剂为金属盐类或金属，主要有铂、钯、钌、铑等贵金属以及锰、铁、钴、镍、铜、钒等的氧化物。

根据活性组分的不同，催化剂可分为贵金属催化剂和非贵金属催化剂两大类。

典型的载体为氧化铝、铁矾土、石棉、陶土、活性炭和金属丝等。载体可为球状、圆柱状、丝状、网状、蜂窝状等。

（三）催化转化装置

典型的气体催化净化过程采用的转化装置由一个接触器或反应器（通常称为转化器）组成，其中催化剂以单层或多层固定床形式排列而装在管中或特殊结构的容器中。转化器的大小主要取决于给定反应所需的空间速度。

空间速度就是每小时每单位体积催化剂所通过的干燥气体的体积数，单位为 h^{-1}。

由于废气中的有害杂质浓度通常很低，故转化器内由于放热反应而引起的升温相当小，一般无需设计内部冷却管。吸热反应所需的热量通常通过对进入转化器前的气体进行预热。

1. 气固催化反应器类型

工业应用的气固催化反应器按颗粒床层的特性可分为固定床催化反应器和流化床催化反应器两大类。其中化工领域采用最多的是固定床催化反应器。

按温度条件和传热方式可分为绝热式与连续换热式。

按反应器内气体流动方向又可分为轴向式和径向式。

2. 固定床反应器

(1) 固定床反应器为最主要的气固相催化反应器，其特点如下。

① 优点。流体接近于平推流，返混小，反应速度较快；固定床中催化剂不易磨损，可长期使用；停留时间可严格控制，温度分布可适当调节，选择性和转化率高。

② 缺点。传热差（热效应大的反应，传热和温控是难点）；催化剂更换需停产进行。

(2) 固定床反应器形式有单层绝热反应器、多段绝热反应器、列管式反应器、其他反应器（如径向反应器、薄层床反应器、自热式反应器等）。

① 单层绝热反应器结构简单、造价低廉、气流阻力小，但内部温度分布不均，可用于化学反应热效应小的场合。如图 11-23 所示。

② 多段绝热反应器工作原理为相邻两段之间引入热交换，见图 11-24。

③ 列管式反应器用于对反应温度要求高，或反应热效应很大的场合，见图 11-25。

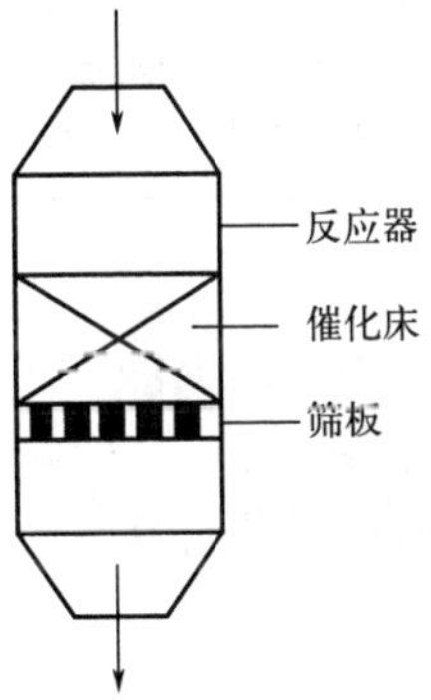

图 11-23　单层绝热反应器

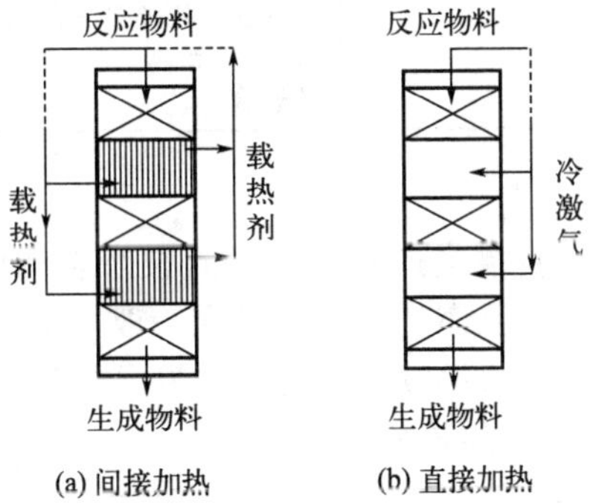

图 11-24　多段绝热反应器

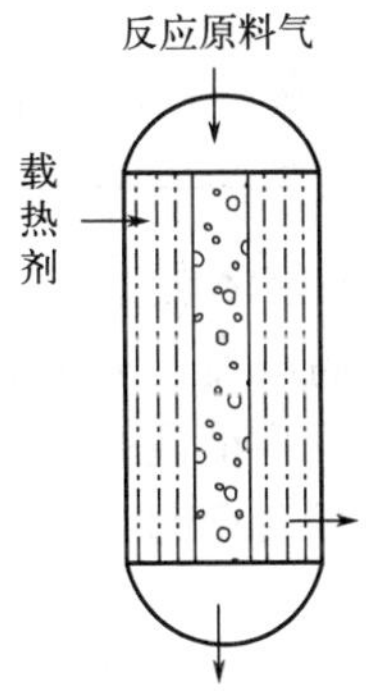

图 11-25　列管式反应器

④ 径向反应器结构见图 11-26。

3. 反应器的选择原则

(1) 根据反应热的大小和对温度的要求，选择反应器的结构类型；

(2) 尽量降低反应器阻力；

(3) 反应器应易于操作，安全可靠；

(4) 结构简单，造价低廉，运行与维护费用经济。

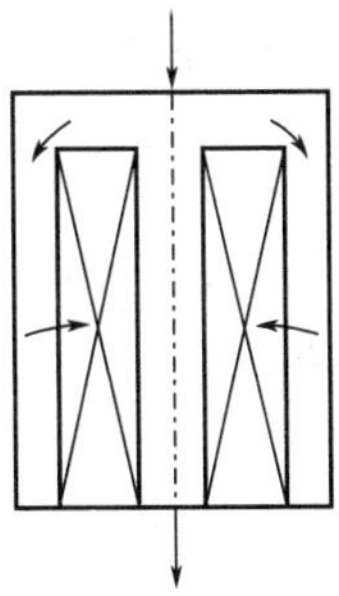
图 11-26　径向反应器

四、燃烧法

(一) 燃烧法概念与特点

燃烧法是通过热氧化燃烧或高温分解的原理，将废气中的可燃有害成分转化为无害物质的方法，又称焚化法。通过燃烧法处理废气中的污染物有碳氢化合物、甲烷、苯、二甲苯、一氧化碳、硫化氢、恶臭物质、黑烟（含炭粒和油烟）。

(1) 优点：对废气中污染物的处理最为彻底，工艺简单，操作方便，可回收一部分热量。

（2）缺点：不能回收废气中的有用物质，消耗一定的能源，易造成二次污染。

（3）适用范围：已被广泛应用于石油化工、有机化工、食品化工、涂料和油漆的生产、金属漆包线的生产、纸浆和造纸、动物饲养场、城市废物的干燥和焚烧处理等主要含有有机污染物的废气治理；此外燃烧法还可以消烟、除臭。

（二）燃烧法类型

燃烧法主要包括直接燃烧法、热力燃烧法、催化燃烧法。无论采用何种燃烧方法净化废气，最后都能对燃烧过程中产生的热量进行回收和利用，否则就是不经济的。

几种燃烧法的特点见表 11-6。

表 11-6　几种燃烧法的特点

燃烧种类	直接燃烧	热力燃烧	催化燃烧
燃烧原理	自热至 1100℃ 进行氧化反应	预热至 600～800℃进行氧化反应	预热至 200～400℃进行催化氧化反应
燃烧状态	在高温下滞留时间短，产生明亮火焰	在高温下停留一定时间，不生成火焰	与氧化剂接触，不生成火焰
燃烧装置	火炬、工业炉与民用炉	工业炉与热力燃烧炉	催化燃烧炉（器）
特点	不需预热，适用于高于爆炸极限的气体	预热耗能较多，燃烧不完全时，产生恶臭，可用于各种气体燃烧	预热耗能较少，催化剂较贵，不能用于催化剂中毒的气体

1. 直接燃烧

将高浓度的有害有机废气直接当燃料烧掉。直接燃烧的温度达 1100℃以上。废气中的可燃污染物浓度高、热值大，仅靠燃烧废气即可在一般的炉、窑中直接燃烧，并回收能量。

为了安全起见，处理易燃的可燃混合物时，最好是将该混合物稀释到可燃范围的下限。

直接燃烧的应用范围很广，如炼铁高炉的煤气的热值低但能直接燃烧；炼油厂、油毡厂等氧化沥青生产过程中的废气经水冷却后，送入生产用加热炉直接燃烧净化，同时回收利用其热量。图 11-27 为火炬燃烧器的工作原理。

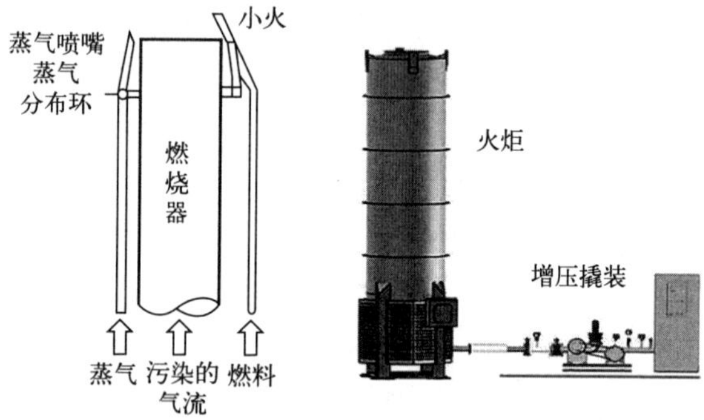

图 11-27　火炬燃烧器的工作原理

2. 热力燃烧

当废气中可燃的有害物质浓度较低，发热值仅 2～43kJ/m^3，不能靠此维持燃烧时，必须采用辅助燃料提供热量，将废气温度提高，从而在燃烧室中使废气中可燃有害组分氧化消除。

（1）热力燃烧的原理。热力燃烧过程中，一般认为，只有燃烧室的温度维持在 760～820℃、驻留时间为 0.5s 时，有机物的燃烧才能比较完全。

达到上述温度范围的途径是依靠火焰传播过程来实现的。

（2）热力燃烧机理。热力燃烧分为三个步骤：

① 辅助燃料的燃烧——提供热量。

② 废气与高温燃气的燃烧——达到反应温度。

③ 废气中可燃组分氧化反应——保证废气在反应温度下所需要的驻留时间。

热力燃烧流程见图 11-28。

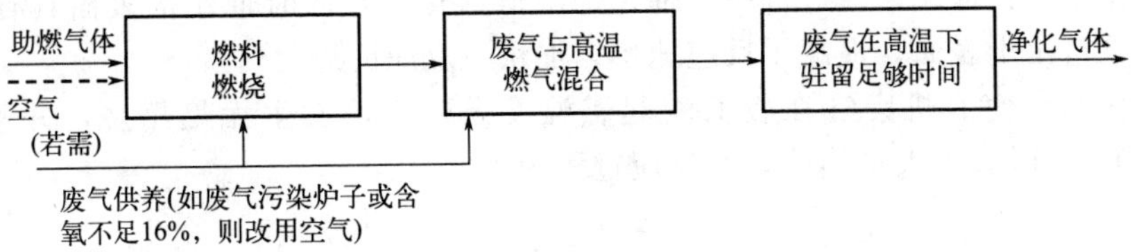

图 11-28　热力燃烧流程

(3) 热力燃烧装置（热力燃烧炉）。

① 结构组成。如图 11-29 所示。

a. 燃烧器。燃烧辅助燃料以产生高温燃气。

b. 燃烧室。保证废气和高温燃气充分混合并反应的空间。

c. 热量回收与排烟装置。

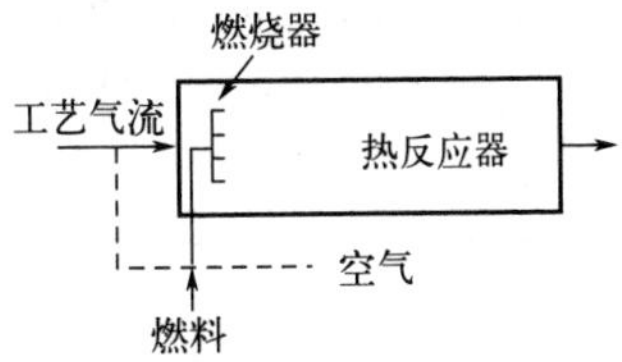

图 11-29　热力燃烧装置

② 典型热力燃烧系统。

a. 配焰式燃烧系统，如图 11-30 所示。

工艺特点：燃烧器将火焰配布成许多布点成线的小火焰，废气从火焰周围流过，迅速达到湍流混合。

优点：火焰分散，混合程度高、净化效率高。

缺点：当废气贫氧、废气中含有易沉积的油焦或颗粒物时，不适用于辅助燃料为油料的情况。

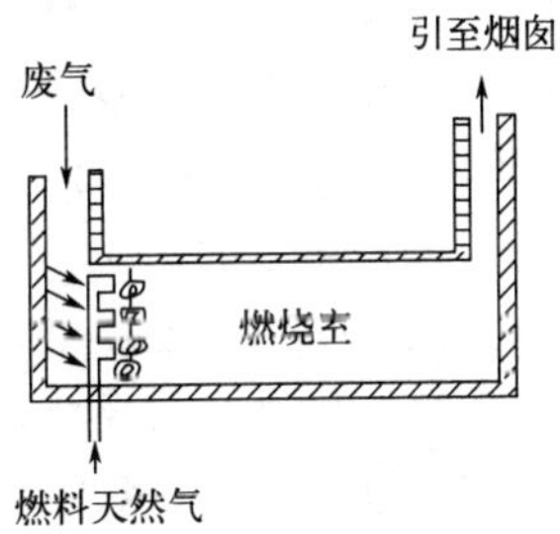

图 11-30　配焰式燃烧系统

b. 离焰式燃烧系统，如图 11-31 所示。

特点：高温燃气和废气的混合是分开的（分别由各自通道进入燃烧室）。

优点：火焰较长，不易熄火，辅助燃料可以使用燃料油也可以使用燃料气，且二者的流速可调幅度大，工作压力范围宽。

缺点：混合效果不好。

解决办法：由火焰喷射产生抽力将废气引入，然后在连管处混合，提高混合速度；让火焰和废气径向进入燃烧室，增强横向混合速度；燃烧室内设置挡板，见图 11-32。

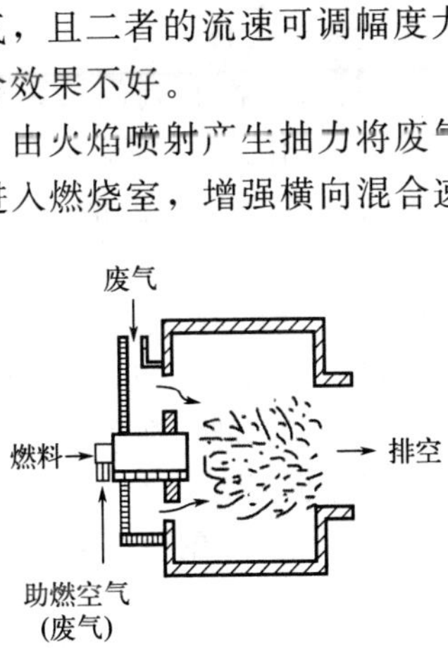

图 11-31　离焰式燃烧系统

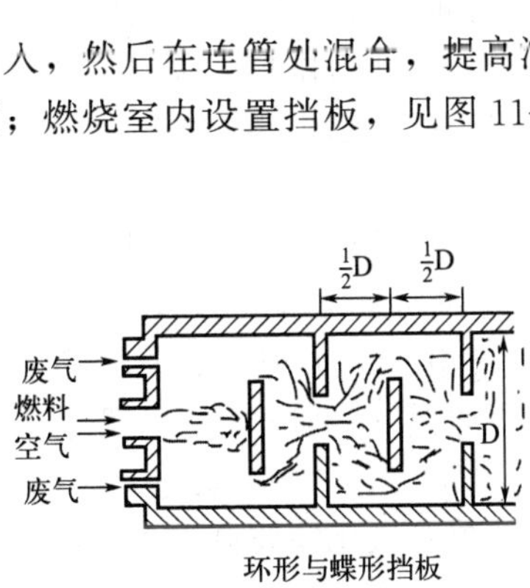

图 11-32　燃烧室内挡板的设置

3. 催化燃烧

利用催化剂使废气中的有害组分能在较低的温度下迅速氧化分解。催化燃烧的温度为 200～400℃即可。新兴的催化燃烧技术已由实验阶段走向工程实践，并逐渐应用于石油化工、农药、印刷、涂料、电线加工等行业。

（1）催化燃烧的基本原理。催化燃烧是典型的气-固相催化反应，其实质是活性氧参与的深度氧化作用。在催化燃烧过程中，催化剂降低活化能，同时催化剂表面具有吸附作用，使反应物分子富集于表面，提高了反应速率，加快了反应的进行。

借助催化剂可使有机废气在较低的起燃温度条件下，发生无焰燃烧，并氧化分解为 CO_2 和 H_2O，同时放出大量热能，其反应过程为：

$$C_nH_m+\left(n+\frac{m}{4}\right)O_2 \xrightarrow{\text{催化剂}} nCO_2\uparrow+\frac{m}{2}H_2O\uparrow+\text{热量} \tag{11-10}$$

（2）催化燃烧的特点。

① 起燃温度低，节省能源。有机废气催化燃烧与直接燃烧相比（表 11-7），具有起燃温度低、能耗也小的显著特点。在某些情况下，达到起燃温度后便无需外界供热。

表 11-7　催化燃烧与热力燃烧的比较

项目	起燃温度/℃	燃烧温度/℃	燃烧方式	NO_x 产量
催化燃烧	200～400	300～500	催化剂表面无焰燃烧	几乎没有
热力燃烧	600～900	600～800	高温火焰中停留	产生一定量

② 适用范围广。催化燃烧几乎可以处理所有的各类有机废气及恶臭气体，适用于浓度范围广、成分复杂的各种有机废气处理。对于有机化工、涂料、绝缘材料等行业排放的低浓度、多成分且没有回收价值的废气，采用吸附-催化燃烧法的处理效果更好。

③ 处理效率高，无二次污染。用催化燃烧法处理有机废气的净化率一般都在95%以上，最终产物为无害的 CO_2 和 H_2O（杂原子有机化合物还有其他燃烧产物），因此无二次污染问题。此外，由于温度低，能大量减少 NO_x 的生成。

（3）催化燃烧的经济性。影响催化燃烧法经济效益的主要因素有催化剂性能和成本、废气中的有机物浓度、热量回收效率、经营管理和操作水平。催化燃烧虽然不能回收有用的产品，但可以回收利用催化燃烧的反应热，节省能源，降低处理成本，在经济上是合理可行的。

（4）催化剂。目前催化剂的种类已相当多，按活性成分大体可分三类。

① 贵金属催化剂。铂、钯、钌等贵金属对烃类及其衍生物的氧化都具有很高的催化活性，且使用寿命长，适用范围广，易于回收，因而是最常用的废气燃烧催化剂。如我国最早采用的 Pt-Al_2O_3 催化剂就属于此类催化剂。但由于其资源稀少，价格昂贵，耐中毒性差，人们一直努力寻找其替代品。

② 过渡金属氢化物催化剂。作为取代贵金属催化剂，采用氧化性较强的过渡金属氧化物，对甲烷等烃类和一氧化碳亦具有较高的活性，同时降低了催化剂的成本，常见的有 MnO_x、CuO_x 等催化剂。大连理工大学研制的含 MnO_2 催化剂，在130℃及空速 $13000h^{-1}$ 的条件下能消除甲醇蒸气，对乙醛、丙酮、苯蒸气的清除也很有效果。

③ 复合氧化物催化剂。一般认为，复合氧化物之间由于存在结构或电子调变等相互作用，活性比相应的单一氧化物要高。主要有以下两大类。

a. 钙钛矿型复合氧化物。稀土与过渡金属氧化物在一定条件下可以形成具有天然钙钛矿型的复合氧化物，通式为 ABO_3，其活性明显优于相应的单一氧化物。常见的有：$BaCuO_2$、$LaMnO_3$ 等。

b. 尖晶石型复合氧化物。作为复合氧化物重要的一种结构类型，尖晶石亦具有优良的深度氧化催化活性，如对 CO 的催化燃烧起燃点落在低温区（约 80℃），对烃类亦在低温区即可实现完全氧化。其中研究最为活跃的 $CuMn_2O_4$ 尖晶石，对芳烃的活性尤为出色，如使甲苯完全燃烧只需 260℃，可实现低温催化燃烧，具有特别实际意义。

（5）催化燃烧装置及其工艺流程。根据废气预热方式及富集方式，催化燃烧工艺流程可分为以下 3 种。

① 预热式。预热式是催化燃烧的最基本流程形式。有机废气温度在100℃以下，浓度也较低，热量不能自给，因此在进入反应器前需要在预热室加热升温，燃烧净化后气体在热交换器内与未处理废气进行热交换，以回收部分热量。该工艺通常采用煤气或电加热升温至催化反应所需的起燃温度。

② 自身热平衡式。当有机废气排出时温度较高（在 300℃左右），高于起燃温度，且有机物含量较高时，热交换器回收部分净化气体所产生的热量，在正常操作下能够维持热平衡，无需补充热量，通常只需要在催化燃烧反应器中设置电加热器供起燃时使用（见图 11-33）。

③ 吸附-催化燃烧。当有机废气的流量大、浓度低、温度低，采用催化燃烧需耗大量燃料时，可先采用吸附手段将有机废气吸附于吸附剂上进行浓缩，然后通过热空气吹扫，使有机废气脱附出来成为浓缩了的高浓度有机废气（可浓缩 10 倍以上），再进行催化燃烧。此时，不需要补充热源，就可维持正常运行（见图 11-34）。

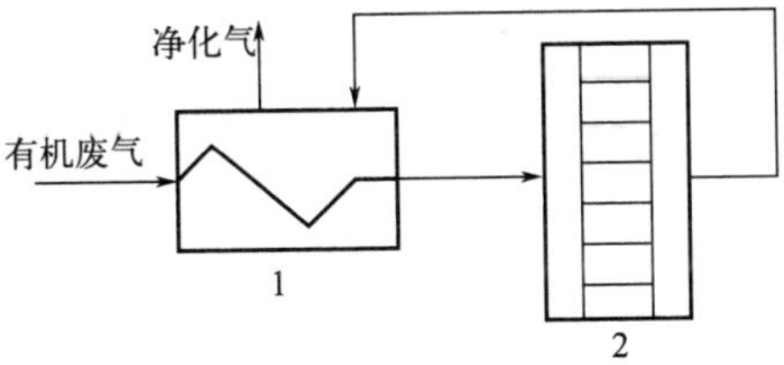

图 11-33 自身热平衡式催化燃烧流程
1—热交换器；2—催化燃烧室

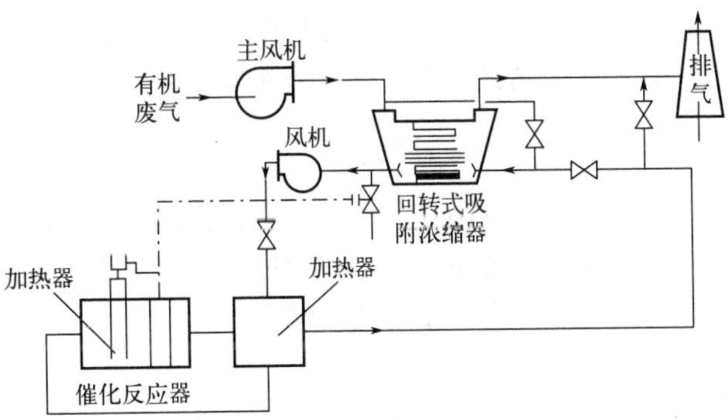

图 11-34 吸附-催化燃烧流程

（6）催化燃烧过程的热平衡。催化燃烧是放热反应，放热量的大小取决于有机物的种类及其含量。依靠废气燃烧的反应热，维持催化燃烧过程持续进行是最经济的操作方法，而能否以自热维持体系的正常反应，则取决于燃烧过程的放热量、催化剂的起燃温度、热量回收率、废气的初始温度。

（7）催化燃烧的应用。

① 溶剂类污染物的净化处理。这类污染物量大面广，主要是三苯（苯、甲苯和二甲苯）、酮类、醇类及其他一些含氧衍生物等。采用吸附-催化燃烧法治理彩印厂三苯废气，治理前废气浓度为 $1320mg/m^3$，治理后浓度小于 $50mg/m^3$，可达到相关标准要求。

② 含氮有机污染物的净化。含氮有机污染物（如 RNH_2、$RCONH_2$ 等），大都具有毒性和臭味，必须进行处理。火箭推进剂偏二甲肼［$(CH_3)_2NNH_2$］是一种易溶于水和有机溶剂、具有强极性和弱碱性的有机化合物，也是一种剧毒物质。采用催化燃烧法处理火箭推进剂偏二甲肼废气（含偏二甲肼 1%，压力为 0.25MPa，气量为 $500m^3/h$），当催化燃烧温度高于 300℃，偏二甲肼废气去除率达 99%以上，获得很好的处理效果。

③ 对含硫有机污染物的净化。制药厂、农药厂和化纤厂等在生产中会排出来 CH_3SH、

CH_3CH_2SH、CS_2 等有机硫污染物，对这类污染物的催化氧化，其中的 S 原子一般氧化成 SO_2 或 SO_3，在催化剂表面上易产生强吸附，造成催化剂中毒失活。新开发的 RS-1 型催化剂能使反应过程生成的 SO_2 和 SO_3 几乎 100%地释放出来，使连续运行时的活性保持稳定。

(8) 催化燃烧的发展方向。催化燃烧技术涉及化工、环境工程、催化反应和自动检测控制等领域，在我国仍处于发展阶段。今后的发展方向如下。

① 提高催化剂性能。研制具有抗毒能力、大空速、比表面积大及低起燃点的非贵金属催化剂，以降低造价和使用费用。

② 催化燃烧装置向大型化、整体型和节能型方向发展。

五、冷凝法

(一) 冷凝法原理

冷凝法是利用物质在不同温度下具有不同饱和蒸气压这一性质，采用降低系统温度或提高系统压力，使处于蒸气状态的污染物冷凝并从废气中分离出来的过程。当温度降到有害成分的露点温度以下，有害物质开始从混合气体中冷凝分离。在一定压力下，某气体物质开始冷凝出现第一个液滴时的温度叫作露点温度。该法特别适用于处理污染物浓度在 $10000mg/m^3$ 以上的有机废气。

冷凝法对有害气体的去除程度，与冷却温度和有害成分的饱和蒸气压有关。冷却温度越低，有害成分越接近饱和，其去除程度越高。

(二) 冷凝法适用范围

(1) 处理高浓度有机废气，特别是组分单纯的气体；

(2) 作为吸附净化或燃烧的预处理，以减轻后续操作的负担；

(3) 处理含有大量水蒸气的高温气体。

冷凝法在理论上可以达到很高的净化程度，但对有害物质要求控制到百万分之几，所需要的费用很高。所以冷凝法不适宜处理低浓度的废气，常作为吸附、燃烧等净化高浓度废气的前处理，以便减轻这些方法的负荷。

如炼油厂、油毡厂的氧化沥青生产中的尾气，先用冷凝法回收，然后送去燃烧净化；氯碱及炼金厂中，常用冷凝法使汞蒸气变化成液体而加以回收；此外，高湿度废气也用于冷凝法使水蒸气冷凝下来，大大减少气体量，便于下步操作。

(三) 冷凝法工艺及冷凝器

冷凝法工艺分为接触冷凝法和表面冷凝法。设备简单、操作方便，并且容易回收较纯产品。冷凝器分为表面冷凝器和接触冷凝器两大类。

1. 接触冷凝 (直接冷凝)

被冷却的气体与冷却液直接接触，利于传热，但冷凝液需要处理。

接触冷凝器分为喷射式接触冷凝器、喷淋式接触冷凝器、塔板式接触冷凝器（如筛板式接触冷凝器）、填料式接触冷凝器、文丘里管式接触冷凝器等。图 11-35 为几种接触冷凝器构造图。

2. 表面冷凝 (间接冷凝)

冷却壁把废气与冷却液分开；被冷凝的液体很纯，可直接回收利用。工艺流程见图 11-36。表面冷凝器又可分为列管冷凝器、翅管空冷冷凝器、淋洒式冷凝器、螺旋板冷凝器。

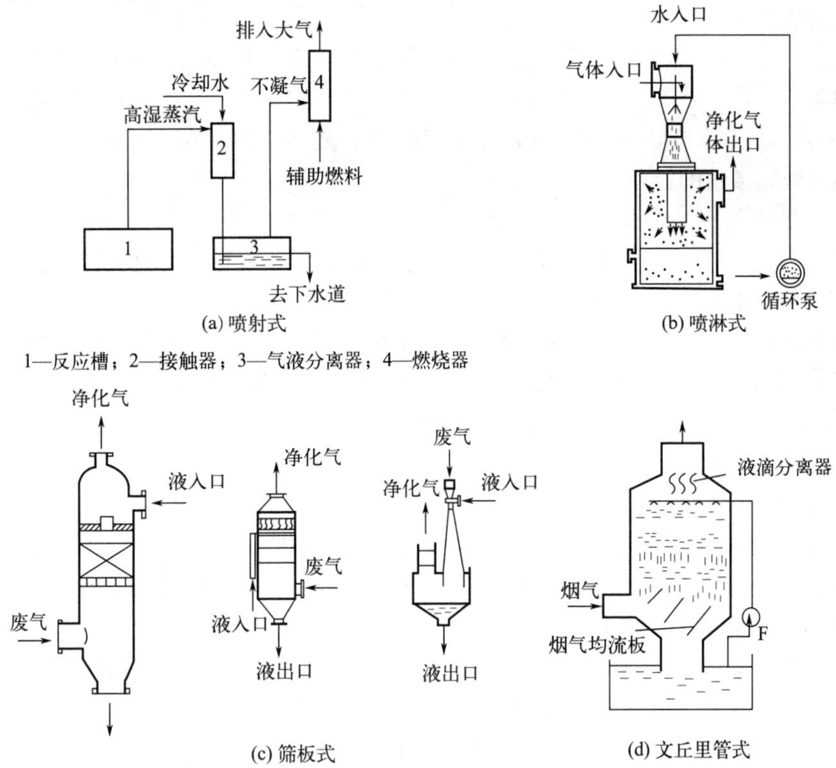

图 11-35 几种接触冷凝器构造

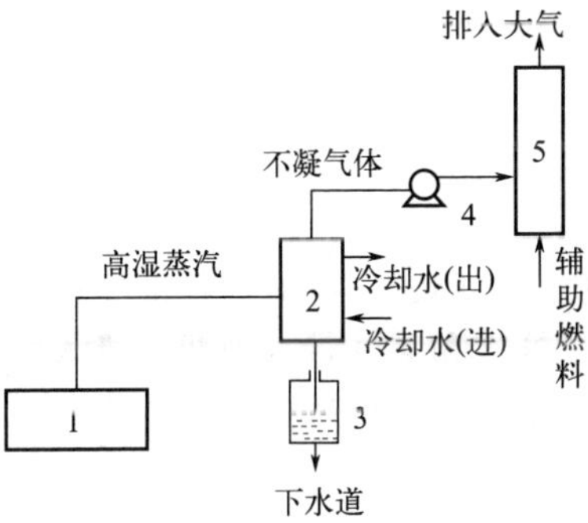

图 11-36 间接冷凝工艺流程
1—反应槽；2—间接换热器；
3—储液槽；4—风机；5—燃烧器

六、生物法

生物处理是利用微生物的生命活动把废气中的气态污染物转化成少害、无害的物质。生物法净化有机废气是近年来发展起来的有机废气净化技术，该技术已在欧洲得到了规模化的应用。生物法主要是利用微生物对有机废气的降解来净化有机废气的，对有机废气的去除率可达 90%以上。与常规处理方法相比，生物法具有设备简单、运行费用低、较少造成二次污染等特点，同时生物法大都是在常温下运行，因此安全可靠。尤其是在处理低浓度、生物降解性好的有机废气时，更能显出它的优越性。但生物法仅适用于低浓度有机废气的治理。

（一）生物法特点

1. 适宜处理的废气的特点

（1）水溶性强：兼具有蒸气压低、亨利定律常数低的特点，向介质表面微生物膜扩散速率高；主要有无机物如 H_2S 和 NH_3 等，有机物如醇类、醛类、酮类以及简单芳烃等。

（2）易降解：分子被吸附在生物膜上必须被降解，否则将导致污染物浓度增高，毒害生物膜或影响传质，降低生物滤器效率，或使处理完全失败。

2. 生物法应用范围

适用于废气治理工程，特别是有机废气的净化，如屠宰厂、肉类加工厂的臭气处理。

3. 生物法优缺点

(1) 优点。生物处理不需要再生过程和其他高级处理，处理设备简单，费用也低，能达到无害化目的。

(2) 缺点。不能回收，适用于污染物浓度低的情况。

4. 生物法处理废气的过程

生物法处理废气一般经历以下三个阶段。

(1) 溶解过程。废气与水或固相表面的水膜接触，污染物溶于水中成为液相中的分子或离子，这一过程是物理过程，符合亨利定律。

(2) 吸着过程。溶于水中的污染物被微生物吸附、吸收，污染物从水中转入微生物体内。

(3) 降解过程。烃类和其他有机物成分被氧化分解为 CO_2 和 H_2O，含硫还原性成分被氧化为 S、SO_4^{2-}，含氮成分被氧化分解成 NH_3、NO_2^- 和 NO_3^- 等。

5. 处理废气的微生物

处理废气的微生物多为混合微生物，有如下原因：

(1) 含有多种成分的混合废气，需要多种微生物分别降解。

(2) 有的成分需要几种微生物的相继作用才能分解转化为无害物质，如氨先经硝化细菌再经反硝化细菌才能成为分子态氮。

(3) 一些难降解的成分要由几种微生物联合作用才能被完全降解，如卤代有机化合物先经厌氧微生物还原脱卤，再被好氧微生物彻底分解。

(4) 工艺需要，尽管废气成分能够被单一微生物分解，但还需利用其他微生物。如在硫化氢氧化中，为了使自养型脱氮硫杆菌凝絮持留于反应器内，需与活性污泥中的异养型微生物一起共培养。

影响微生物生长的主要因素包括营养物、溶解氧量、温度、pH、有毒物浓度等。

(二) 生物法装置

1. 生物洗涤塔

生物洗涤塔由吸收和生物降解两部分组成。含有经有机物驯化的微生物的循环液，由塔顶喷入，与从塔的下部上升的有机废气逆流接触，废气中的有机物和氧气转入液相，进入活性污泥池，有机物在活性污泥池中被微生物氧化分解。该法适用于气相传质速率大于生化反应速率的有机物的降解。工艺流程及实景图见图 11-37、图 11-38。

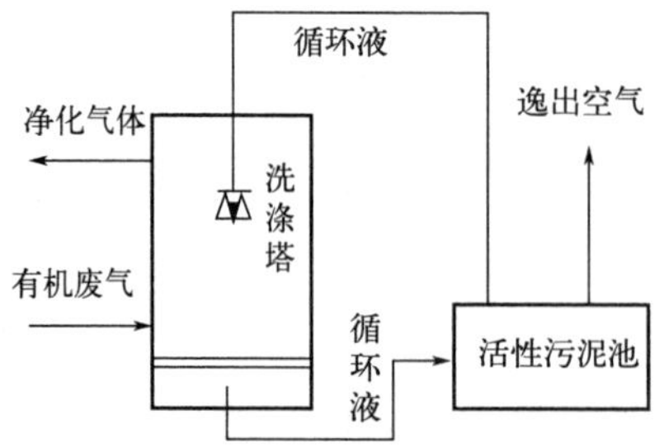

图 11-37　生物洗涤塔系统工艺流程

图 11-38　生物洗涤塔

2. 生物滴滤塔

运行时有机气体从塔底进入，在流动过程中与已接种的挂膜的生物滤料接触而被净化，净化后的气体由塔顶排出。滴滤塔集废气的吸收与液相再生于一体，塔内增设了可附着微生物的填料，为微生物的生长、有机物的降解提供了条件。启动初期，在循环液中接种了经被处理有机物驯化的微生物菌种，从塔顶喷淋而下，与进入滤塔的有机废气逆向流动，微生物利用溶解于液相中的有机物质，进行代谢繁殖，并附着于填料表面，形成生物膜，完成生物挂膜过程。气相主体的有机物和氧气经过传输进入微生物膜，被微生物利用，代谢产物 CO_2 等再经过扩散作用进入气相主体后外排。其工艺流程见图 11-39。

3. 生物过滤塔

如图 11-40 所示，有机废水由塔顶进入过滤塔，在流动过程中与已接种挂膜的生物滤料接触而被净化，净化后的气体由塔底排出。定期在塔顶喷淋营养液，为滤料提供养分、水分并调整 pH 值。生物过滤塔示意见图 11-41。

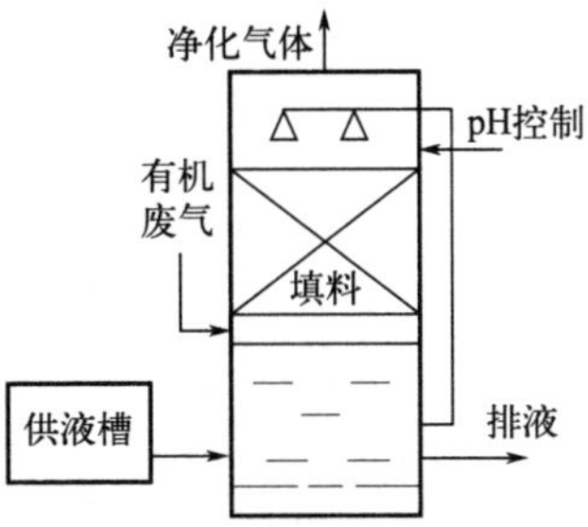

图 11-39　生物滴滤塔系统工艺流程

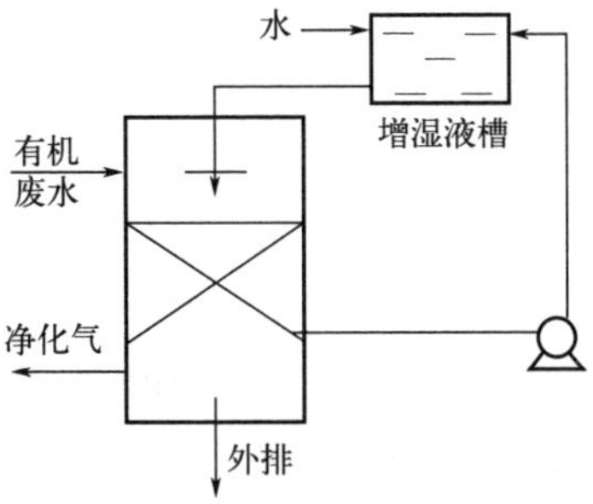

图 11-40　生物过滤塔系统工艺流程

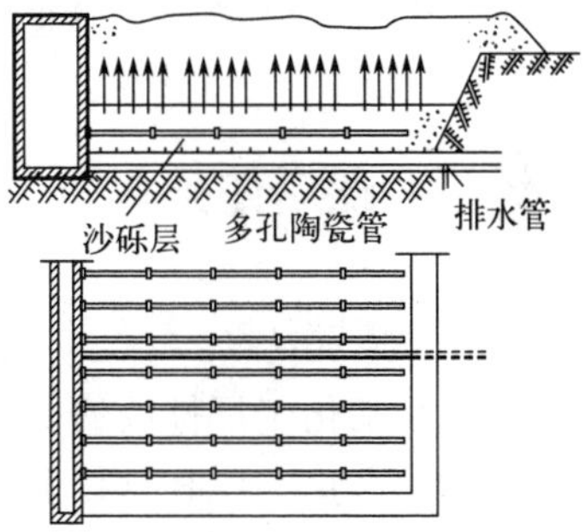

图 11-41　生物过滤塔示意图

*第四节　二氧化硫污染及其治理

11.1 二氧化硫污染及其治理

*第五节　氮氧化物污染及其治理

11.2 氮氧化物污染及其治理

*第六节　其他气态污染物治理方法简介

11.3 其他气态污染物治理方法简介

任务案例

（1）某炼化企业催化裂化烟气除尘脱硫脱硝治理设施。

（2）某化工有限公司甲醇工程废气治理措施。

11.4 某炼化企业催化裂化烟气除尘脱硫脱硝治理设施

11.5 某化工有限公司甲醇工程废气治理措施

课后任务

一、情景分析

（1）某化工厂排放的尾气中含有大量的腐蚀性固体颗粒，如何选择除尘装置？

（2）某化工厂有一台10t小型锅炉，试分析该锅炉产生的污染物，给出合理的污染物治理措施。

（3）离子膜烧碱项目产生的主要废气为盐酸工艺尾气和液氯制取工序废气，污染物分别为HCl和氯气，试分析采用什么方法对该污染物进行处理。

（4）某化工厂五氯化磷项目产生的废气主要是反应产生的含少量三氯化磷的尾气。反应过程中三氯化磷稍过量，氯气全部参加反应。未参加反应的三氯化磷蒸气经反应釜上部安装的冷凝器冷凝回收。未冷凝的三氯化磷蒸气通入尾气吸收装置，三氯化磷遇水即分解，生成亚磷酸和氯化氢，氯化氢气体经降膜吸收塔吸收、水洗吸收，剩余未吸收的少量氯化氢气体再经过碱洗后达标排放。试分析该废气处理过程中用到了哪些废气处理技术。

（5）近年来，随着经济的发展，化工企业的大量兴起，再加上环保投资力度不足，导致了大量工业有机废气的排放，使得大气环境质量下降，给人体健康带来严重危害，给国民经济造成巨大损失。因此，需要加大对有机废气的处理。列出几种有机废气的治理方法。

（6）随着空气质量的恶化，阴霾天气现象出现增多，危害加重。我国不少地区把阴霾天气现象并入雾一起作为灾害性天气预警预报，统称为“雾霾天气”。试分析雾霾天气的成因及危害。

二、课后实践

（1）观察你所处的环境，是否存在大气污染？其污染物是什么？

（2）分析你所处城市化工生产的主要大气污染物是什么，如何治理？

（3）除了粉尘、二氧化硫、挥发性有机物污染，你知道还有哪些大气污染物？化工生产中，如何治理这些污染物？

（4）搜集资料，分析我国化工生产的大气污染治理现状。

第十二章 废水的综合治理技术

学习目标

了解化工废水的来源和危害，学习化工废水的防治原理，熟悉化工水污染防治的基本措施和治理技术。重点学习化工废水的物理、化学、生物等不同的处理方法，培养学生在化工项目的建设和生产过程中保护水资源的意识和防治水污染的技术工作能力。

第一节 化工废水的分类及危害

水污染已对人类的生存安全构成重大威胁，成为人类健康、经济和社会可持续发展的重大障碍。据世界权威机构调查，在发展中国家，各类疾病有 80%是因为饮用了不卫生的水而传播的，每年因饮用不卫生水至少造成全球 2000 万人死亡，因此，水污染被称作“世界头号杀手”。

一、工业废水分类

工业废水是指工业生产过程中产生的废水、污水和废液，其中含有随水流失的工业生产用料、中间产物和产品以及生产过程中产生的污染物。废水分类方法通常有以下三种。

第一种是按工业废水中所含主要污染物的化学性质分类，含无机污染物为主的为无机废水，含有机污染物为主的为有机废水。例如：电镀废水和矿物加工过程的废水是无机废水；食品或石油加工过程的废水是有机废水。

第二种是按工业企业的产品和加工对象分类，如采矿及选矿废水、冶金废水、造纸废水、炼焦煤气废水、机械加工废水、金属酸洗废水、石油工业废水、化工废水、化学肥料废水、纺织印染废水、染料废水、制革废水、农药废水、食品工业废水、电站废水等。

第三种是按废水中所含污染物的主要成分分类，如酸性废水、碱性废水、含氧废水、含铅废水、含镉废水、含汞废水、含酚废水、含醛废水、含油废水、含硫废水、含有机磷废水和放射性废水等。

前两种分类法不涉及废水中所含污染物的主要成分，也不能表明废水的危害性。第三种分类法明确地指出废水中主要污染物的成分，能表明废水一定的危害性。

此外，从废水处理的难易程度和废水的危害性出发，可将废水中主要污染物归纳为三类：第一类为废热，主要来自冷却水，冷却水可以回用；第二类为常规污染物，既无明显毒性又易于生物降解的物质，包括生物可降解的有机物（可作为生物营养素的化合物）以及悬浮固体等；第三类为有毒污染物，既含有毒性又不易生物降解的物质，包括重金属、有毒化合物和不易被生物降解的有机化合物等。

实际上，一种工业可以排出几种不同性质的废水，而一种废水又会有不同的污染物和不同的污染效应。例如：染料工厂既排出酸性废水，又排出碱性废水；纺织印染废水由于织物和染料的不同，其中的污染物和污染效应有很大差别。即便是一套生产装置排出的废水，也可能同时含有几种污染物。如炼油厂的蒸馏、裂化、焦化、叠合等装置的塔顶油品蒸气凝结水中，含有酚、油、硫化物。在不同的工业企业，虽然产品、原料和加工过程截然不同，但也可能排出性质类似的废水。如炼油厂、化工厂和炼焦煤气厂等，可能均有含油、含酚废水排出。

二、化工废水的分类及其危害

化工废水是指化工厂生产产品过程中所生产的废水，不同行业、不同企业、不同原料对废水产生量和污染物的种类及浓度有不同的影响。

（一）含油废水

含油废水的主要来源是油气和油品的冷凝水、油气和油品的洗涤水、反应生成水、机泵填料函冷却水、化验室排水、油罐切水、油槽车洗涤水、炼油设备洗涤排水、地面冲洗水等。含油废水会在水面形成油膜，阻碍氧气进入水体，且易黏附和填塞鱼的鳃部，使鱼类窒息死亡。故在含油废水水域中孵化鱼苗多为畸形。含油废水还会影响岸边的环境卫生和植物生长，同时降低了江滨的使用价值。

（二）含硫废水

含硫废水主要来源于炼油厂二次加工装置分离的排出水、富气洗涤水等，这部分废水含较高的硫化物、氨，同时还含油酚、氰化物和油类等污染物，具有强烈的恶臭和较大的腐蚀性，呈墨绿色，不仅具有含油废水的危害，还能大量地消耗水中的氧气，造成水中耗氧生物的大量死亡。

（三）含环烷酸废水

含环烷酸废水来源于炼油厂环烷酸回收装置的排水、柴油罐区脱水以及环烷酸废水的碱渣中和水。废水中主要含环烷酸、环烷酸钠和油类等污染物。环烷酸和环烷酸钠是环状的非烃类化合物及其盐类，又是乳化剂，因此废水乳化非常严重，且难以生物降解，需进行预处理。

（四）含氰废水

含氰废水主要来源于丙烯腈装置和化纤厂腈纶三纤维生产过程中的聚合车间，纺织车间以及回收车间二效蒸发装置的排水，炼油厂催化裂化也排出含氰废水。氰化物致死的毒理是氰基离子很容易和铁离子结合，导致铁离子与氧的结合能力下降，使中枢神经细胞缺氧，中毒时往往也会引起呼吸中枢麻痹。皮肤接触、口服、呼吸、注射、黏膜接触均可造成中毒。

（五）含酚废水

含酚废水的来源很广，包括炼油厂、页岩干馏厂、石油化工厂和焦化厂等。含酚废水是一种危害大、污染范围广的工业废水，若不经处理而任意排放，会对水系、鱼类以及农作物产生严重危害。水中的酚易被皮肤吸收；酚蒸气体会通过呼吸道进入人体而引起中毒，损害神经系统、肝肾和心脏等。

（六）含苯废水

含苯废水主要来自制苯车间、苯酚丙酮装置、苯乙烯装置、聚苯乙烯装置、乙基苯装置、烷基苯装置以及乙烯装置的裂解及冷水洗废水。苯在环境中难以降解，会逐渐积累在生物体内。苯进入生物体内，可能引起中毒和生理功能障碍，对生物的生存和健康产生影响，进而影响整个生态系统的稳定性。

（七）含氟废水

含氟废水主要来源于烷基化装置氢氟酸再生塔排出的含有重质烃类的废水、含氟气体湿法净化排出的废水及地面冲洗水。过量的氟进入人体，会干扰多种活性，破坏钙、磷的代谢平衡，引起牙齿脆弱、生斑、骨骼和关节变形等症状，即氟骨病。

（八）含氨氮废水

氨氮是一种来源广泛的重要环境污染物质，排入水体后易加剧水体富营养化而引起赤潮的发生，对水生生态系统有重要影响。所以，尽量减少工业废水氨氮的排放是一项重要的环保措施。

（九）含砷废水

采用石脑油或煤油等为原料（石脑油砷含量约为1000×10^{-9}g/L）生产高辛烷值汽油和化纤单体时，为防止催化剂中毒和延长催化剂的寿命，要求原料油中含砷量低于200×10^{-9}g/L，故需脱砷，严格控制原料油中的砷含量。

（十）含酸碱废水

含酸碱废水主要来源于炼油厂、石油化工厂的洗涤水、成品油罐的切水、锅炉水、化学药剂设施及酸碱泵房的排水。对于高浓度（含酸4%以上或含碱2%以上）的酸碱废水首先考虑回收利用；对于低浓度的酸碱废水，一般采用中和法处理。

三、化工废水的特点

化学工业在经济建设中处于十分重要的地位，然而，它又是造成环境污染的主要工业污染源之一。化工废水污染具有以下特点。

（一）废水排放量大

化工生产中需进行化学反应，化学反应要在一定温度、压力以及催化剂作用等条件下进行。在化工生产过程中工艺用水及冷却用水用量很大，故废水排放量大。废水排放量占全国工业废水总量的30%左右，居各工业系统之首。

（二）污染物种类多

水体中的烷烃、烯烃、卤代烃、醇、酚及硝基化合物等有机物和无机物，大多是化工生产过程中或化工产品应用过程中所排放的。如合成氨生产排放出的废水有含氧废水、含硫废水、含炭黑废水以及含氨废水等，农药、燃料产品的化学结构复杂，生产流程长、工序多，排出的种类更多。

（三）污染物毒性大，不易降解

所排放的许多有机物和无机物中不少是直接危害人体和生物的毒物。许多有机化合物和金属无机物可通过食物链进入人体，甚至在某些生物体内能不断富集，对生物和人体健康极为有害。

（四）有害物质较多

废水中含有害物质较多，根据《2024 中国生态环境状况公报》，全国直排海工业污水 2.45 亿吨，其中化学需氧量 2.934 万吨，石油类 60 吨，氨氮 886 吨，总氮 8824 吨，总磷 185 吨。

（五）水量和水质差异大

化工废水的水量和水质视其原料路线、生产工艺方法和生产规模不同而有很大差异。一种化工产品的生产，随着所用的原料不同、采用的生产工艺不同或生产规模的不同，所排放的废水水量和水质也不相同。针对不同污染类型的水体，要分别防治控制。

（六）污染范围广

化学工业企业多，遍及各城市及郊区，甚至农村，具有行业多、厂点多、品种多、生产方法多及原料和能源消耗多等特点，造成的污染面广。

第二节　水污染的控制技术

经过多年的努力，水污染控制技术已经成为污染控制技术中发展最快、工艺种类最多、手段最完备的技术之一。

一、废水水质的控制指标

废水水质的控制指标主要是指废水中的污染物种类及其物理化学性质、浓度等。化工废水中所含的污染物多种多样，其特性也有很大差异。化工废水中污染物的种类及主要控制的水质指标详见表 12-1。

表 12-1　化工废水中污染物的种类及主要控制的水质指标

污染物种类		主要控制的水质指标
固体污染物		固体悬浮物(SS)、浊度、总固体(TS)
需氧污染物		生化需氧量(BOD)、化学需氧量(COD)、总需氧量(TOD)、总有机碳(TOC)
营养性污染物		氮、磷
酸碱污染物		pH 值
有毒污染物	无机化学毒物	金属毒物：汞、铬、镉、铅、锌、镍、铜、钴、锰、钛等
	有机化学毒物	农药(DDT、有机氯、有机磷等)、酚类化合物、聚氯联苯、稠环芳烃(如苯并芘)、芳香族氨基化合物
	放射性物质	X 射线、α 射线、β 射线、γ 射线
油类污染物		石油类、动植油类
感官性污染物		色度、臭味、浊度、漂浮物
热污染		温度

化工废水主要控制的水质指标有毒性物质、有机物质、悬浮物、pH 值、色度、温度等。

二、处理原则

废水有效治理应遵循如下原则。

(1) 最根本的是改革生产工艺，尽可能在生产过程中杜绝有毒有害废水的产生。以无毒原料或产品取代有毒原料或产品。

(2) 在使用有毒原料以及产生有毒的中间产物和产品的生产过程中，采用合理的工艺流程和设备，并严格按规程操作并进行监督，消除漏逸，尽量减少流失量。

(3) 含有剧毒物质的废水，如含有重金属、放射性物质、高浓度酚、氰等废水应与其他废水分流，以便于处理和回收有用物质。

(4) 一些流量大而污染轻的废水如冷却废水，不宜排入下水道，以免增加城市下水道和污水处理厂的负荷。这类废水应在厂内经适当处理后循环使用。

(5) 成分和性质类似于城市污水的有机废水，如造纸废水、制糖废水、食品加工废水等，可以排入城市污水系统。应建造大型污水处理厂，包括因地制宜修建的生物氧化塘、污水库、土地处理系统等简易可行的处理设施。与小型污水处理厂相比，大型污水处理厂既能显著降低基本建设和运行费用，又因水量和水质稳定，易于保持良好的运行状况和处理效果。

(6) 一些可以生物降解的有毒废水如含酚、氰废水，经厂内处理后，可按允许排放标准排入城市下水道，由污水处理厂进一步进行生物氧化降解处理。

(7) 含有难以生物降解的有毒污染物废水，不应排入城市下水道和输往污水处理厂，而应进行单独处理。

三、废水控制治理技术分类

化工废水污染的控制治理技术，按对污染物实施的作用不同，大致可分为两类：一类是通过各种外力作用，把有害物从废水中分离出来，称为分离法；另一类是通过化学或生化的作用，使其转化为无害或可分离的物质（此部分物质再经过分离予以除去），称为转化法。分离和转化的技术是多种多样的，详见表 12-2、表 12-3。

表 12-2 废水处理的分离法技术

污染物存在形式	分离法技术
离子态	离子交换法、电解法、电渗析法、离子吸附法、离子浮选法
分子态	萃取法、结晶法、精馏法、浮选法、反渗透法、蒸发法
胶体	混凝法、气浮法、吸附法、过滤法
悬浮物	重力分离法、离心分离法、磁力分离法、筛滤法、气浮法

表 12-3 废水治理的转化法技术

技术机理	转化法技术
化学转化	中和法、氧化还原法、化学沉淀法、电化学法
生物转化	活性污泥法、生物膜法、厌氧生物处理法、生物塘法和氧化沟法

习惯上，又按处理机理的不同，将化工废水污染控制治理技术分为四类：物理法、化学法、物理化学法和生物化学法。

现代废水处理技术按处理的程度，划分为一级处理、二级处理和三级处理。

一级处理主要是去除废水中的悬浮固体和漂浮物质，同时起到中和、均衡、调节水质的作用。主要采用筛滤、沉淀等物理处理技术。处理水达不到排放标准，必须进行再处理。

二级处理主要是去除废水中呈胶体和溶解状态的有机污染物质。主要应用各种生物处理技术，处理水可以达标排放。

三级处理是在一级、二级处理的基础上，对难降解的有机物、磷、氮等营养性物质进一步处理。采用的处理技术有混凝、过滤、离子交换、反渗透、超滤、消毒等，处理水可直接排放地表水系或回用。

废水中污染物的组成相当复杂，往往需要采用几种技术方法的组合，才能达到处理要求。对于某种废水，具体采用哪几种技术组合，要根据废水的水质、水量、污染物特性、有用物质回收的可能性等，进行技术和经济的可行性论证后才能决定。

四、化工废水处理技术

化工废水的污染控制是水污染治理的主要工作。化工废水水量大、水质复杂，处理时要从多方面进行综合考虑，以求合理解决。

化工废水主要污染控制指标有 COD、BOD_5、SS、pH、石油类、有机污染物、氰化物、重金属、色度、温度等。

（一）化工废水处理技术原理

化工废水处理技术按其作用原理可分为物理法、化学法、物理化学法和生物处理法四大类。

1. 物理法

通过物理作用，分离、回收污水中不溶解的呈悬浮状的污染物质（包括油膜和油珠），在处理过程中不改变其化学性质。物理法操作简单、经济。常采用的有重力分离法、离心分离法、气浮法、过滤法及蒸发、结晶、反渗透等。

(1) 重力分离（即沉淀）法。利用污水中呈悬浮状的污染物和水密度不同的原理，借重力沉降（或上浮）作用，使水中悬浮物分离出来。沉淀（或上浮）处理设备有沉砂池、沉淀池（见图 12-1）和隔油池。

在污水处理与利用方法中，重力分离法常常作为其他处理方法前的预处理。

(2) 过滤法。利用过滤介质截留污水中的悬浮物。过滤介质有钢条、筛网、纱布、塑料、微孔管等，常用的过滤设备有隔栅、栅网（见图 12-2）、微滤机、砂滤机、真空滤机、压缩机等。

(3) 气浮（浮选）。将空气通入污水中，并以微小气泡形式从水中析出成为载体，污水中相对密度接近于水的微小颗粒状污染物（如乳化油）黏附在气泡上，并随气泡上升至水面，形成泡沫-气、水、悬浮颗粒（油）三相混合体，从而将污水中的污染物分离出来。根据空气打入方式不同，气浮处理设备有加压溶气气浮法、叶轮气浮法和射流气浮法等。

(4) 离心分离法。含有悬浮物的污水在高速旋转时，由于悬浮颗粒（如乳化油）和污水的质量不同，所以旋转时受到的离心力大小不同，质量大的被甩到外围，质量小的则留在内圈。通过不同的出口分别引导出来，从而回收污水中的有用物质（如乳化油）并净化污水。常用的离心设备按离心力产生的方式可分为两种：由水流本身旋转产生离心力的旋流分离器；由设备旋转同时也带动液体旋转产生离心力的离心分离机。

图 12-1　沉淀池

图 12-2　栅网

（5）反渗透。利用一种特殊的半渗透膜，在一定的压力下，将水分子压过去，水中的污染物质则被膜截留，污水被浓缩，被压透过膜的水就是处理过的水。制作半透膜的材料有醋酸纤维素、磺化聚苯醚等有机高分子物质。反渗透工艺由三部分组成：预处理、膜分离及后处理。

2. 化学法

废水化学处理法是通过化学反应和传质作用来分离、去除废水中呈溶解、胶体状态的污染物或将其转化为无害物质的废水处理法。以投加药剂产生化学反应为基础的处理单元有混凝、中和、氧化还原等；以传质作用为基础的处理单元有萃取、汽提、吹脱、吸附、离子交换以及电渗析和反渗透等。有废水臭氧化处理法、废水电解处理法、废水化学沉淀处理法、废水混凝处理法、废水氧化处理法、废水中和处理法等。与生物处理法相比，化学法能较迅速、有效地去除更多的污染物，可作为生物处理后的三级处理措施。此法还具有设备容易操作、容易实现自动检测和控制、便于回收利用等优点。化学处理法能有效地去除废水中的多种剧毒和高毒污染物。

（1）化学沉淀法。向污水中投加某种化学物质，与污水中的溶解性物质发生置换反应，生成难溶于水的沉淀物，以降低污水中溶解物质的方法。这种处理法常用于含重金属、氰化物等工业生产污水的处理。日常废水处理中，常用化学沉淀法去除废水中的有害离子，阳离子如 Hg^{2+}、Cd^{2+}、Pb^{2+}、Cu^{2+}、Zn^{2+}、Cr^{6+}，阴离子如硫酸根离子、磷酸根离子。

进行化学沉淀的必要条件是能生成难溶盐。加入污水中促使沉淀产生的化学物质称为沉淀剂。按使用沉淀剂的不同，化学沉淀法可分为石灰法（又称氢氧化物沉淀法）、硫化物法和钡盐法。例如向含氟废水投加化学药剂和凝聚剂可生成难溶的氟化物絮凝沉淀；化学沉淀法处理含砷废水是通过加入沉淀剂使废水中溶解状态的砷转化为不溶解的砷化合物沉淀。

（2）化学混凝法。水中呈胶体状态的污染物质通常都带有负电荷，胶体颗粒之间互相排斥形成稳定的混合液。若向水中投加带有相反电荷的电解质（即混凝剂），可使污水中的胶体颗粒呈电中性，失去稳定性，并在分子引力的作用下，凝聚成大颗粒而下沉。通过混凝法可去除污水中的细分散固体颗粒、乳状油及胶体物质等。所以该法可用于降低污水的浊度和色度，该法在工业污水处理中应用非常广泛，既可作为独立处理工艺，又可与其他处理法配合使用，作为预处理、中间处理或最终处理。化学混凝法作用对象主要是水中微小悬浮物和胶体物质，通过投加化学药剂产生的凝聚和絮凝作用，使胶体脱稳形成沉淀而去除。混凝法不但可以去除废水中的粒径为 $10^{-6}\sim10^{-3}$ mm 的细小悬浮颗粒，而且还能去除色度、微生物以及有机物等。该方法受水温、pH 值、水质、水量等变化影响大，对某些溶解性好的物质去除率低。

用于废水处理中的混凝剂应符合如下要求：混凝效果良好，对人体健康无害，价廉易得，使用方便。混凝剂的种类较多，主要有两大类。第一类是无机盐类混凝剂，目前应用最广的是铝盐和铁盐。铝盐中主要有硫酸铝、明矾等。铁盐中主要有三氯化铁、硫酸亚铁和硫酸铁等。第二类是高分子混凝剂，高分子混凝剂有无机和有机两种。聚合氯化铝和聚合氧化铁是目前国内外研制和使用比较广泛的无机高分子混凝剂。

（3）中和法。用于处理酸性废水和碱性废水。向酸性废水中投加碱性物质如石灰、氢氧化钠、石灰石等，使废水变为中性。对碱性废水可吹入含有 CO_2 的烟道气进行中和，也可用其他的酸性物质进行中和。低浓度含酸废水常用的处理方法有酸碱废水互相中和法、加药中和法和普通过滤中和综合利用。含碱废水一般采用中和法处理，可用废酸中和、加酸中和或烟道气中和。

酸性和碱性废水的处理，除予以利用外，常用的就是中和法。用碱或碱性物质中和酸性废水时，把废水的 pH 值调高到 7；用酸或酸性物质中和碱性废水时，把废水的 pH 值调低到 7。如果同一工厂或相邻工厂同时有酸性和碱性废水，可以先让两种废水相互中和，然后再用中和剂中和剩余的酸或碱。

常用的碱性中和剂有石灰、电石渣和石灰石、白云石。常用的酸性中和剂有废酸、粗制酸。

（4）氧化还原法。废水中呈溶解状态的有机或无机污染物，在投加氧化剂或还原剂后，由于电子的迁移而发生氧化或还原作用，使其转化为无害的物质。根据有毒物质在氧化还原反应中能被氧化或还原的不同情况，污水的氧化还原法又可分为氧化法和还原法两大类。

氧化法通常是以氧化剂对化工废水中的有机污染物进行氧化去除的方法。经过化学氧化还原处理，可使废水中所含的有机和无机的有毒物质转变成无毒或毒性较小的物质，从而达到净化废水的目的。常用的有空气氧化、电化学氧化、氯氧化和臭氧化法。空气氧化因其氧化能力弱，主要用于含还原性较强物质的废水处理；Cl_2 是普遍使用的氧化剂，主要用在含酚、含氰等有机废水的处理上；用臭氧处理废水，氧化能力强，无二次污染。臭氧氧化法和氯氧化法的水处理效果好，但是能耗大，成本高，不适合处理水量大和浓度相对低的化工废水；电化学氧化法是在电解槽中，废水中的有机污染物在电极上发生氧化还原反应而被去除，除废水中的污染物在电解槽的阳极失去电子被氧化外，水中的 Cl^-、OH^- 等也可在阳极放电而生成 Cl_2、氧，间接地氧化破坏污染物。实际上，为了强化阳极的氧化作用、减少电解槽的内阻，往往在废水电解槽中加一些氯化钠，进行所谓的电氯化，投加 NaCl 后在阳极可生成氯和次氯酸根，对水中的无机物和有机物也有较强的氧化作用。

氧化方法在污水处理中的应用实例有：空气氧化法处理含硫污水；碱性氯化法处理含氰污水；臭氧氧化法在污水的除臭、脱色、杀菌及除酚、氰、铁、锰，降低污水中的 BOD 与 COD 等方面均有显著效果。还原法目前主要用于含铬污水处理。

近年来在电氧化和电还原方面发现了一些新型电极材料，取得了一定成效，但仍存在能耗大、成本高及存在副反应等问题。

3. 物理化学法

废水中经常含有某些细小的悬浮物及溶解静态有机物，为了进一步去除残存在水中的污染物，可以采用物理化学方法进行处理。在工业污水的回收利用中，经常遇到物质由一相转移到另一相的过程，例如用气提法回收含酚污水时，酚由液相（水）转移到气相中。其他如萃取、吸附、离子交换、吹脱等物理化学法都是传质过程。利用这些操作过程处理或回收利用工业废水的方法可称为物理化学法。工业废水在应用物理化学法进行处理或回收利用之前，一般均需先经过预处理，尽量去除废水中的悬浮物、油类、有害气体等杂质，或调整废水的 pH 以便提高回收效率及减少损耗。常用的物理化学法有以下几种。

（1）萃取法（液-液）。将不溶于水的溶剂投入污水之中，使污水中的溶质溶于溶剂中，然后利用溶剂与水的密度差，将溶剂分离出来。再利用溶剂与溶质的沸点差，将溶质蒸馏回收，再生后的溶剂可循环使用。用萃取法处理废水时，有三个步骤：

① 把萃取剂加入废水，并使它们充分接触，有害物质作为萃取物从废水中转移到萃取剂中；

② 把萃取剂和废水分离开来，废水得以净化。也可以再进一步接受其他的处理；

③ 把萃取物从萃取剂中分离出来，使有害物质成为有用的副产品，萃取剂则可回用于萃取过程。

例如处理酚浓度较高的废水时，由于酚在有机溶剂中的溶解度远远高于在水中的溶解度，可以利用酚的这种性质以及有机溶剂（如油）与水不相溶的性质，选用适当的有机溶剂从废水中把有害物质酚提取出来。

（2）吸附法。利用多孔性的固体物质，使污水中的一种或多种物质吸附在固体表面而被去除的方法。吸附剂的种类很多，常用是活性炭和腐植酸类吸附剂。吸附剂的物理化学性质和吸附质的物理化学性质对吸附有很大影响。一般，极性分子（或离子）型的吸附剂容易吸附极性分子（或离子）型的吸附质；非极性分子型的吸附剂容易吸附非极性的吸附质。同时，吸附质的溶解度越低，越容易被吸附。吸附质的浓度增加，吸附量也随之增加。

吸附法对进水的预处理要求高，吸附剂的价格昂贵，因此在废水处理中，吸附法主要用来去除废水中的微量污染物，达到深度净化的目的。如废水中少量重金属离子的去除、少量有害的生物难降解有机物的去除、脱色除臭等。

（3）离子交换法。用固体物质去除污水中的某些物质，即利用离子交换剂来置换污水中的离子物质。离子交换的实质是不溶性离子化合物（离子交换剂）上的可交换离子与溶液中的其他同性离子的交换反应，是一种特殊的吸附过程，通常是可逆性化学吸附。在废水处理中，主要用于去除废水中的金属离子。

在污水处理中使用的离子交换剂有无机和有机两大类。如氨氮废水处理方法之一是离子交换法，常采用的交换剂是天然沸石和合成沸石；还有沸石滤床法，沸石生物滤床用于去除石油化工厂废水氨氮的深度处理，具有去除效率高、成本低、再生容易等特点，在技术上是可行的。

（4）膜析法。利用薄膜以分离水溶液中某些物质的方法的统称。目前有扩散渗析法（渗析法）、电渗析法、反渗透法和超过滤法等。

① 渗析法。一些动物膜，如膀胱膜、羊皮纸（一种把羊皮刮薄做成的纸），有分隔水溶液中某些溶解物质（溶质）的作用。例如，食盐能透过羊皮纸，而糖、淀粉、树胶等则不能。如果把盐和糖的混合液放在穿孔杯内，并不断地更换杯里的清水，就能把穿孔杯中混合液内的食盐基本上都分离出来，使混合液中的糖和盐得到分离。这种方法叫渗析法。起渗析作用的薄膜，因对溶质的渗透性有选择作用，故叫半透膜。近年来半透膜有很大的发展，出现很多由高分子化合物制造的人造薄膜，不同的薄膜有不同的选择渗析性。

半透膜的渗析作用有三种类型：

a. 第一种是依靠薄膜中“孔道”的大小分离大小不同的分子或粒子；

b. 第二种是依靠薄膜的离子结构分离性质不同的离子，例如用阳离子交换树脂做成的薄膜可以透过阳离子，叫阳离子交换膜，用阴离子树脂做成的薄膜可以透过阴离子，叫阴离子交换膜；

c. 第三种是依靠薄膜的选择溶解性分离某些物质，例如醋酸纤维膜可溶解某些液体和气体，而使这些物质透过薄膜。

一种薄膜只要具备上述三种作用之一，就能有选择地让某些物质透过而成为半透膜。在废水处理中最常用的半透膜是离子交换膜。

② 电渗析法。这是在离子交换技术基础上发展起来的一项新技术。它与普通离子交换法不同，省去了用再生剂再生树脂的过程，因此具有设备简单、操作方便等优点。其基本原理是在外加直流电场作用下，利用阴、阳离子交换膜对水中离子的选择透过性，使一部分溶液中的离子迁移到另一部分溶液中去，以达到浓缩、净化、合成、分离的目的。

③ 反渗透法。一种借助压力促使水分子反向渗透，以浓缩溶液或废水的方法。如果将纯水和盐水用半透膜隔开，只有水分子能够透过此半透膜而其他溶质不能透过，则水分子将透过半透膜进入溶液（盐水），溶液逐渐从浓变稀，液面不断上升，直到某一定值为止。这个现象叫渗透，高于水面的水柱高度（决定于盐水的浓度）是溶液的渗透压所致。如果我们向溶液的一侧施加压力，并且超过它的渗透压，则溶液中的水就会透过半透膜，流向纯水一侧，而溶质被截留在溶液一侧，这种方法就是反渗透法（或称逆渗透法）。

近年来，随着反渗透膜材料和制造技术的发展以及新型装置的不断开发和运行经验的积累，反渗透技术的发展非常迅速，已广泛用于水的淡化、除盐和制取纯水等，还能用以去除水中的细菌和病毒。但反渗透法所需的压力较高，工作压力要比渗透压力大几十倍。即使是改进的复合膜，正常工作压力也需 1.5MPa 左右。同时，为了保证反渗透装置的正常运行和延长膜的寿命，在反渗透装置前必须有充分的预处理装置。

反渗透装置一般都由专门的厂家制成成套设备后出售。在生产中，根据需要予以选用。

④ 超过滤法。超过滤法与反渗透法相似。但超滤膜的微孔孔径比反渗透膜大，在 0.005～1μm 之间。超滤的过程是动态过滤，即在超滤膜的表面既受到垂直于膜面的压力，使水分子得以透过膜面并与被截留物质分离，同时又产生一个与膜表面平行的切向力，将截留在膜表面的物质冲开。所以，超滤运行的周期较长。在运行方面，还可短时间地停止透水而增加切面流速，达到冲洗膜面的效果，使透水率得到恢复。这样的运行方式，使超滤（膜）-活性污泥法这种新型的处理工艺得以实施和发展。

在废水处理中，超过滤法目前主要用于分离有机的溶解物，如淀粉、蛋白质、树胶、油漆等。超过滤法所需的压力比反渗透法低，一般为 0.1～0.7MPa。

4. 生物处理法

废水的生物处理法就是利用微生物的新陈代谢功能，使废水中呈溶解和胶体状态的有机污染物被降解并转化为无害的物质，使废水得以净化。生物处理方法主要分为好氧生物处理和厌氧生物处理两大类型，好氧生物处理方法又分为活性污泥法和生物膜法。

(1) 好氧生物处理。在有游离氧（分子氧）存在的条件下，好氧微生物降解有机物，使其稳定、无害化的处理方法。微生物利用废水中存在的有机污染物（以溶解状与胶体状的为主），作为营养源进行好氧代谢。这些高能位的有机物质经过一系列的生化反应，逐级释放能量，最终以低能位的无机物质稳定下来，达到无害化的要求，以便返回自然环境或进一步处置。废水好氧生物处理的最终过程（图 12-3）表明，有机物被微生物摄取后，通过代谢活动，约有 1/3 被分解、稳定，并提供其生理活动所需的能量；约有 2/3 被转化，合成为新的原生质（细胞质），即进行微生物自身生长繁殖。后者就是好氧生物处理中活性污泥或生物膜的增长部分，通常称为剩余活性污泥或生物膜，又称生物污泥。在废水生物处理过程中，生物污泥经固-液分离后，需进行进一步处理和处置。

好氧生物处理的反应速率较快，所需的反应时间较短，故处理构筑物容积较小，且处理过程中散发的臭气较少。所以，目前对中、低浓度的有机废水，或者说 BOD 小于 500mg/L

的有机废水，基本上采用好氧生物处理法。

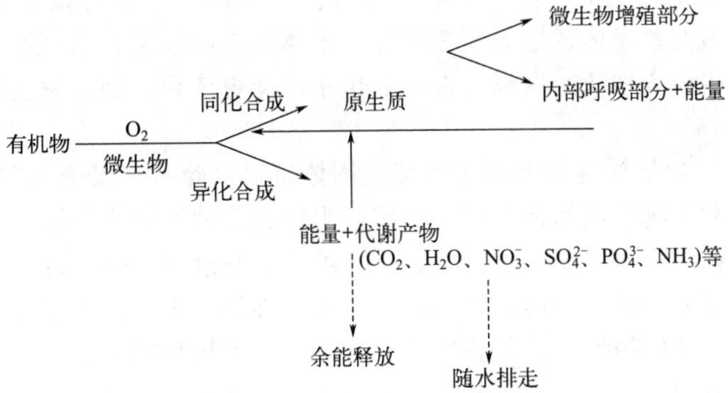

图 12-3　有机物好氧分解过程

在废水处理工程中，好氧生物处理法有活性污泥法和生物膜法两大类。

① 活性污泥法。是利用悬浮生长的微生物絮体处理废水的方法，这种生物絮体称为活性污泥，由好氧微生物及其代谢和吸附的有机物、无机物组成，具有降解废水中有机污染物的能力，是当前使用比较广泛的一种生物处理法。该法是将空气连续鼓入曝气池的污水中，经过一段时间，水中即形成繁殖有巨量好氧性微生物的絮凝体——活性污泥，它能够吸附水中的有机物使其生长繁殖。从曝气池流出的含有大量活性污泥的污水（混合液）进入沉淀池经沉淀分离后，澄清的水被净化排放，沉淀分离出的污泥作为种泥，部分回流进入曝气池，剩余的（增殖）部分从沉淀池排出。例如：生物脱氮法是一种利用微生物（反硝化菌）去除废水中含氮污染物的生物转化法，也是一种消除氮污染比较有效和彻底的方法，废水中的氮化合物通过硝化、反硝化作用被转化为对人体无害的分子氮（N_2），排至大气。

活性污泥法处理系统是由初沉池、曝气池、回流污泥和剩余污泥排除系统所组成，见图 12-4。

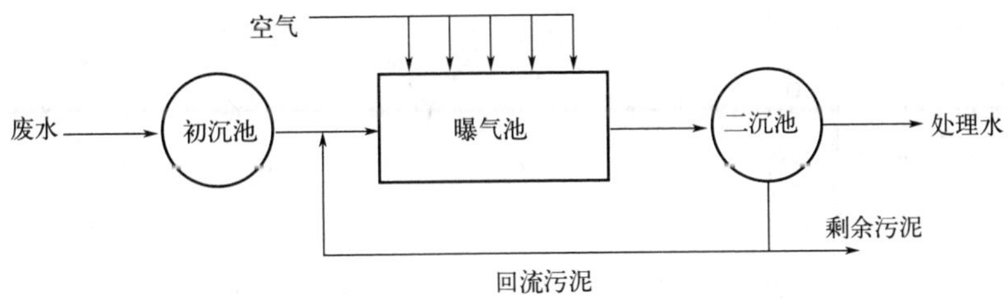

图 12-4　活性污泥法处理系统

曝气池是一个生物反应器，通过曝气设备充入空气，空气中的氧溶入污水，使活性污泥混合液产生好氧代谢反应。曝气设备不仅能传递氧气进入混合液，还使混合液得到足够的搅拌而呈悬浮状态。这样，污水中的有机物、氧气同微生物能充分接触和反应。随后混合液流入沉淀池，混合液中的悬浮固体在沉淀池中沉淀下来和水分离。流出沉淀池的就是净化水。沉淀池中的污泥大部分回流，称为回流污泥。回流污泥的目的是使曝气池内保持一定的悬浮固体浓度，也就是保持一定的微生物浓度。曝气池中的生化反应引起了微生物的增殖，增殖的微生物通常从沉淀池中排出，以维持活性污泥系统的稳定运行。这部分污泥叫作剩余污泥。剩余污泥中含有大量的微生物，排放到环境前应进行处理，防止污染环境。

要使活性污泥法成为一个实用的废水处理方法，污泥除了有氧化和分解有机物的能力外，还要有良好的凝聚和沉淀性能，以使活性污泥能从混合液中分离出来，得到澄清的出水。活性污泥中的细菌是一个混合群体，常以菌胶团的形式存在，游离状态的较少。菌胶团是由细菌分泌的多糖类物质将细菌包覆成的黏性团块，使细菌具有抵御外界不利因素的能力。菌胶团是活性污泥絮凝体的主要组成部分。游离状态的细菌不易沉淀，而混合液中的原生动物可以捕食这些游离细菌，这样沉淀池的出水就会更清澈，因而原生动物有利于出水水质的提高。

② 生物膜法。生物膜法是使污水连续流经固体填料（碎石、煤渣或塑料填料），在填料上大量繁殖生长的微生物形成污泥状的生物膜。生物膜上的微生物能够起到与活性污泥同样的净化作用，吸附和降解水中的有机污染物，从填料上脱落下来的衰老生物膜随处理后的污水流入沉淀池，经沉淀，泥水分离，污水得以净化而排放。生物膜的净化特征见图 12-5。

生物膜法属于好氧生物处理，是将废水通过好氧微生物和原生动物、后生动物等在载体填料上生长繁殖形成的生物膜，吸附和降解有机物，使废水得到净化的方法。根据装置的不同，生物膜法可分为生物滤池、生物转盘、接触氧化法和生物流化床等四类。在化工废水处理中，应用较多的是接触氧化法。

生物接触氧化池内设置填料，填料淹没在废水中，填料上长满生物膜，废水与生物膜接触过程中，水中的有机物被微生物吸附、氧化分解和转化为新的生物膜。从填料上脱落的生物膜，随水流到二沉池后被去除，废水得到净化。在接触氧化池中，微生物所需要的氧气来自水，而废水则自鼓入的空气不断补充失去的溶解氧。空气通过设在池底的穿孔布气管进入水流，当气泡上升时向废水供应氧气，有时还可借此实现池水回流。生物接触氧化的基本流程见图 12-6。

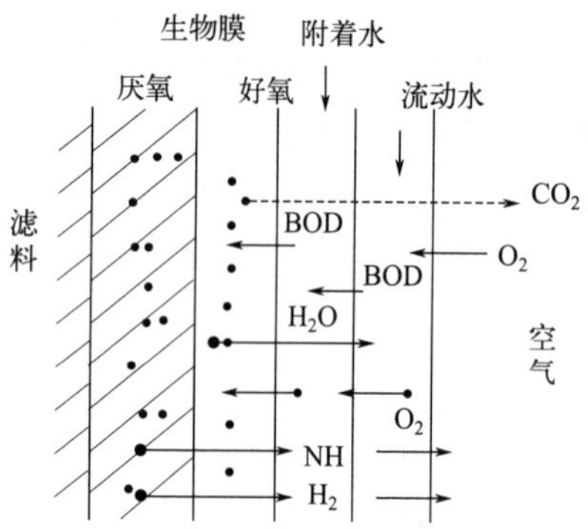

图 12-5 生物膜的净化特征

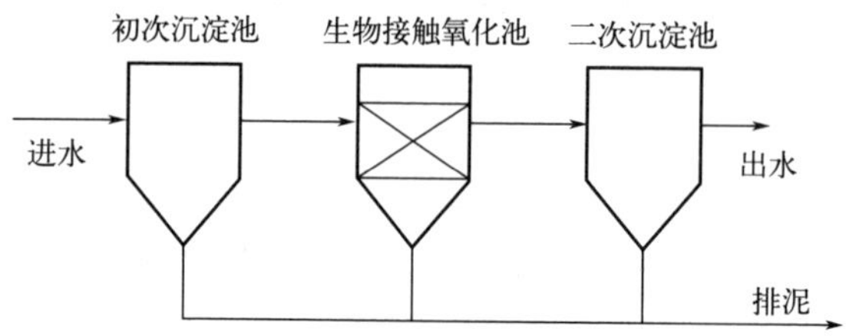

图 12-6 生物接触氧化基本流程

（2）厌氧生物处理法。指在无分子氧的条件下通过厌氧微生物（或兼氧微生物）的作用，将废水中的有机物分解转化为甲烷和二氧化碳的过程，又称厌氧消化。厌氧生物处理实际上是一个复杂的生物化学过程。研究表明，厌氧过程主要依靠三大类群的细菌，即水解产酸细菌、产氢产乙酸细菌和产甲烷细菌的联合作用。近 30 年来，一大批高效新型厌氧生物反应器相继出现，包括厌氧生物池、升流式厌氧污泥床、厌氧流化床等。它们的共同特点是反应器中生物固体浓度很高，污泥龄很长，因此处理能力大大提高，从而使厌氧生物处理法具有能耗小、可回收能源、剩余污泥量少，生成的污泥稳定、易处理，对高浓度有机污水处理效率高等优点。目前还可用于低浓度有机污水的处理。有机物厌氧分解过程见图 12-7。

与好氧法相比，厌氧法的降解较不彻底，放出热量少，反应速度慢（与好氧法相比，在相同条件下，要相差一个数量级）。要克服这些缺点，最主要的方法应是增加参与反应的微生物数量（浓度）和提高反应温度。但要提高反应温度，就要消耗能量（因为水的比热容很大）。因此，厌氧生物处理法目前还主要用于污泥的消化、高浓度有机废水和温度较高的有机工业废水的处理。

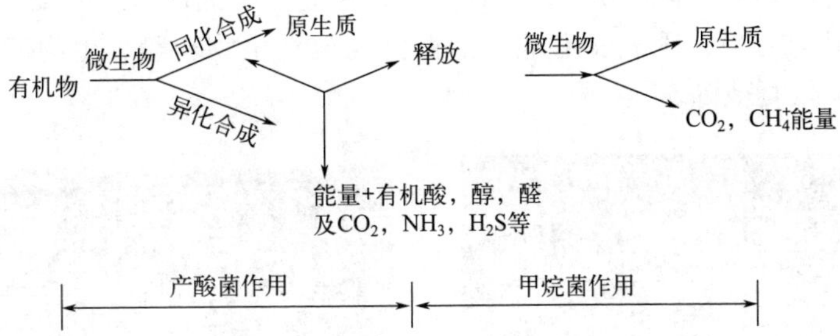

图 12-7　有机物厌氧分解过程

(3) 厌氧和好氧技术的联合运用。近年，联合好氧和厌氧技术以处理废水，取得了很突出的效果。有些废水中含有很多复杂的有机物，对于好氧生物处理而言是难生物降解或不能降解的，但这些有机物往往可以通过厌氧菌分解为较小分子的有机物，而那些较小分子的有机物可以通过好氧菌进一步降解。印染废水的处理是相当成功的例子。近年来，由于新型纺织纤维的开发和各种新型染料和助剂的应用，纺织印染厂的工业废水变得很难用传统的好氧生物法处理了。中国纺织设计研究院等研究、开发的厌氧-好氧联用工艺，为难以生物降解的纺织印染废水处理提供了成功的经验。

采用缺氧与好氧工艺相结合的流程，可以达到生物脱氮的目的（A/O 法，流程见图 12-8）。在生产实践中，有些污水处理厂发现 A/O 法还具有脱磷效果。于是，各种联合运用厌氧-缺氧-好氧反应器的研究广泛开展，出现了厌氧-缺氧-好氧法（A/A/O 或 A^2/O 法，流程见图 12-9）和缺氧-厌氧-好氧法（倒置 A/A/O 法），可以在去除 BOD、COD 的同时，达到脱氮、除磷的效果。

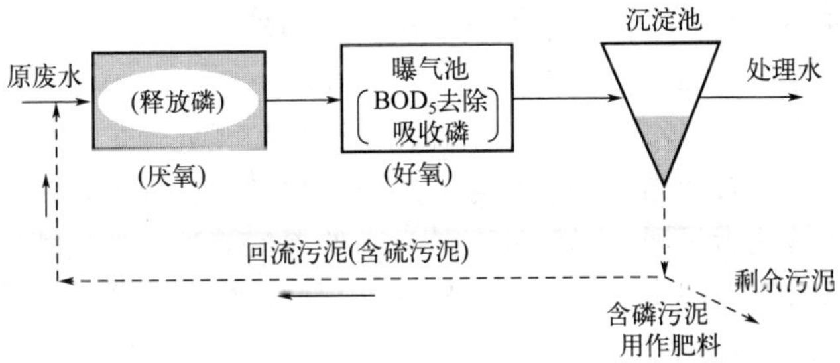

图 12-8　厌氧-好氧法（A/O 法）除磷工艺流程

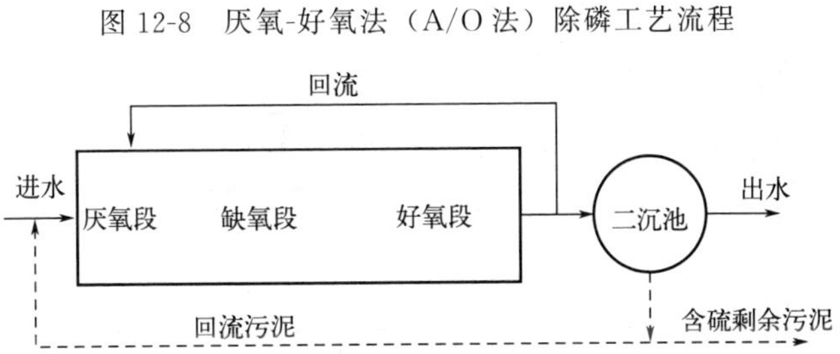

图 12-9　厌氧-缺氧-好氧法（A/A/O 法）除磷工艺流程

（二）常用的分离和转化技术及装置与设施

常用的分离法技术有沉淀、混凝、气浮、吸附、过滤、离子交换、电渗析等。主要装置与设施有预沉隔油池、混凝器和混凝絮凝池、沉淀池、气浮机、活性炭吸附装置、过滤器、离子交换器、电渗析水净化机等。

常用的转化法技术有厌氧、好氧、活性污泥、生物膜、絮凝等。主要装置与设施有：曝气机与曝气池（图 12-10）、厌氧发酵池、活性污泥池、生物转盘、生物滤膜、氧化塘、氧化沟（图 12-11）、絮凝池等。

图 12-10　曝气池

图 12-11　氧化沟

第三节　化工废水处理典型工艺

由于不同行业、不同规模企业的生产工艺不同，废水治理技术的选择和组合也就有很大差别。化工废水的处理工艺，一般都是多个处理技术的组合。每一种化工废水都有相应的处理工艺。如氮肥化工废水处理工艺流程如图 12-12 所示。

污水处理一般来说包含三级处理：一级处理是通过机械处理，如格栅、沉淀或气浮，去除污水中所含的石块、砂石和脂肪、油脂等；二级处理是生物处理，污水中的污染物在微生物的作用下被降解和转化为污泥；三级处理是污水的深度处理，包括营养物的去除和通过加氯、紫外辐射或臭氧技术对污水进行消毒。根据处理的目标和水质的不同，有的污水处理过程并不包含上述所有过程。

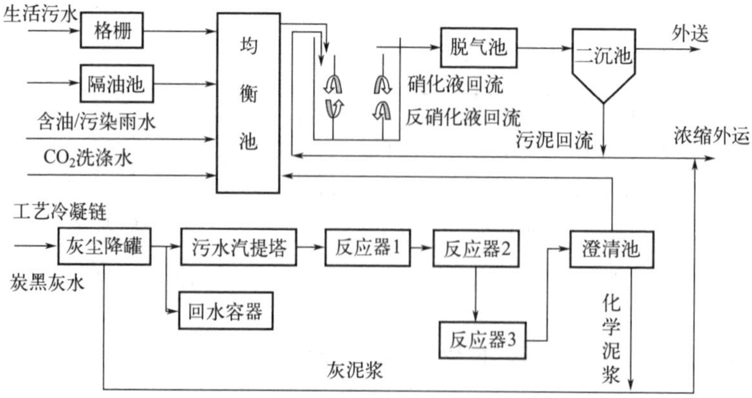

图 12-12　氮肥化工废水处理工艺流程

一、机械处理工段

机械（一级）处理工段包括格栅、沉砂池、初沉池等构筑物，以去除粗大颗粒和悬浮物为目的，处理的原理是通过物理法实现固液分离，将污染物从污水中分离，这是普遍采用的污水处理方式。机械（一级）处理是所有污水处理工艺流程的必备工程（尽管有时有些工艺流程省去初沉池），城市污水一级处理 BOD_5 和 SS 的典型去除率分别为 25% 和 50%。在生物除磷脱氮型污水处理厂，一般不推荐曝气沉砂池，以避免快速降解有机物；在原污水水质特性不利于除磷脱氮的情况下，初沉池的设置与否以及设置方式需要根据水质特性的后续工艺加以仔细分析和考虑，以保证和改善除磷脱氮等后续工艺的进水水质。

二、污水生化处理

污水生化处理属于二级处理，以去除不可沉悬浮物和溶解性可生物降解有机物为主要目的，其工艺构成多种多样，可分成活性污泥法、AB 法、A/O 法、A^2/O 法、SBR 法、氧化沟法、稳定塘法、土地处理法等多种处理方法。目前大多数城市污水处理厂都采用活性污泥法。生物处理的原理是通过生物作用，尤其是微生物的作用，完成有机物的分解和生物体的合成，将有机污染物转变成无害的气体产物（CO_2）、液体产物（水）以及富含有机物的固体产物（即生物污泥）；多余的生物污泥在沉淀池中经沉淀池固液分离，从净化后的污水中被除去。

在污水生化处理过程中，影响微生物活性的因素可分为基质类和环境类两大类。

基质类包括营养物质，如以碳元素为主的有机化合物即碳源物质、氮源、磷源等营养物质以及铁、锌、锰等微量元素；另外，还包括一些有毒有害化学物质如酚类、苯类等化合物，以及重金属离子如铜、镉、铅离子等。

环境类影响因素主要有以下几个。

(1) 温度。温度对微生物的影响是很广泛的，尽管在高温环境（50～70℃）和低温环境（−5～0℃）中也活跃着某些类的细菌，但污水处理中绝大部分微生物的最适宜生长的温度范围是 20～30℃。在适宜的温度范围内，微生物的生理活动旺盛，其活性随温度的升高而增强，处理效果也越好。超出此范围，微生物的活性变差，生物反应过程就会受影响。一般地，控制反应进程的最高和最低温度分别为 35℃ 和 10℃。

(2) pH 值。活性污泥系统微生物最适宜的 pH 值范围是 6.5～8.5，酸性或碱性过强的环境均不利于微生物的生存和生长，严重时会使污泥絮体遭到破坏，菌胶团解体，处理效果急剧恶化。

(3) 溶解氧。对好氧生物反应来说，保持混合液中一定浓度的溶解氧至关重要。当环境中的溶解氧高于 0.3mg/L 时，兼性菌和好氧菌都进行好氧呼吸；当溶解氧低于 0.3mg/L 甚至接近于零时，兼性菌则转为厌氧呼吸，绝大部分好氧菌基本停止呼吸，而有部分好氧菌（多数为丝状菌）还可能生长良好，在系统中占据优势后常导致污泥膨胀。一般曝气池出口处的溶解氧以 2mg/L 左右为宜，过高则增加能耗，经济上不合算。

在所有影响因素中，基质类因素和 pH 值取决于进水水质，对这些因素的控制，主要靠日常的监测和有关条例、法规的严格执行。对一般城市污水而言，这些因素大都不会构成太大的影响，各参数基本能维持在适当范围内。温度的变化与气候有关，对于万吨级的城市污水处理厂，特别是采用活性污泥工艺时，对温度的控制难以实施，在经济上和工程上都不是十分可行。因此，一般通过选取适当的设计参数来满足不同温度变化的处理要求，以达到处理目标。这样工艺控制的主要目标就落在活性污泥本身以及可通过调控手段来改变的环境因素上，主要任务是采取合适的措施，克服外界因素对活性污泥系统的影响，使其能持续稳定地发挥作用。实现对生物反应系统的过程控制关键在于控制对象或控制参数的选取，而这又与处理工艺或处理目标密切相关。

溶解氧是生物反应类型和过程中一个非常重要的指示参数，能直观且比较迅速地反映出整个系统的运行状况，运行管理方便，仪器、仪表的安装及维护也较简单，这也是近十年我国新建的污水处理厂基本实现了溶解氧现场和在线监测的原因。

三、深度处理

三级处理是对水的深度处理，现在我国投入实际应用的污水处理厂并不多。三级处理将经过二级处理的水进行脱氮、脱磷处理，用活性炭吸附法或反渗透法等去除水中的剩余污染物，并用臭氧或氯消毒杀灭细菌和病毒，然后将处理水送入中水道，作为冲洗厕所、喷洒街道、浇灌绿化带、工业用水、防火等水源。

由此可见，废水处理工艺的作用是通过生物降解转化作用和固液分离，在使废水得到净化的同时将污染物富集到污泥中，包括一级处理工段产生的初沉污泥、二级处理工段产生的剩余活性污泥以及三级处理产生的化学污泥。这些污泥含有大量的有机物和病原体，而且极易腐败发臭，很容易造成二次污染，消除污染的任务尚未完成。污泥必须经过一定的减容、减量和稳定化、无害化处理后妥善处置。污泥处理处置的成功与否对污水处理厂有重要的影响，必须重视。如果污泥不进行处理，将不得不随处理后的出水排放，污水处理厂的净化效果也就会被抵消掉。所以在实际的应用过程中，污水处理过程中的污泥处理也是相当关键的。某生化有限公司氯氰菊酯车间废水预处理工艺及综合污水处理站废水处理工艺流程分别如图 12-13 和图 12-14 所示。该生化公司综合污水处理站设计处理能力为 1 万吨/日，厂区综合污水处理站设计主要进水指标为：COD≤500mg/L；BOD_5≥100mg/L；SS≤200mg/L，出水主要指标为：COD≤80mg/L；BOD_5≤20mg/L；SS≤70mg/L。

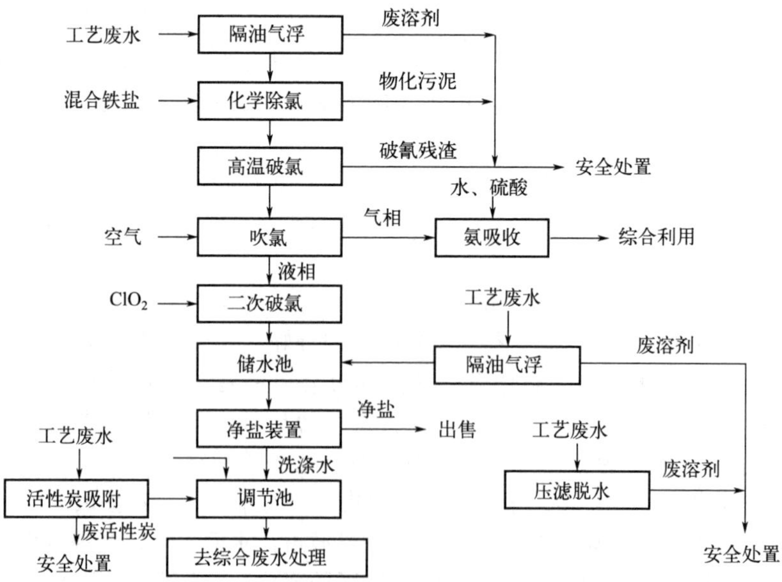

图 12-13　氯氰菊酯车间废水预处理工艺流程

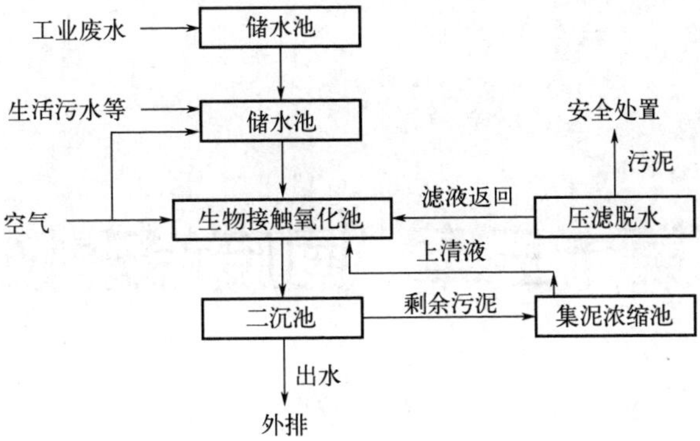

图 12-14　综合污水处理站废水处理工艺流程

任务案例

（1）某炼化企业废水治理措施。

（2）某污水处理厂情景分析。

12.1 某炼化企业废水治理措施　　12.2 某污水处理厂情景分析

课后任务

一、综合复习

（1）工业废水的来源有哪些？

（2）化工废水有哪些特点？

（3）废水的物理治理方法有哪些，各有什么特点？

（4）废水的化学治理方法有哪些，各有什么特点？

（5）典型的废水治理流程包括哪些环节，各环节的内容是什么？

（6）试比较生活污水和化工废水的差异，说明它们在治理上有什么不同。

（7）参观城市污水处理厂，说说城市污水处理使用的是什么治理方法。

（8）国内外曾经发生过的环境污染事件中，哪些与化工废水污染有关？

（9）了解国内外化工生产水污染事件。从技术上和法制上，说说如何预防水污染。

（10）搜集资料，分析化工企业的废水治理的特点。

（11）了解目前国内外化工水污染治理的新技术和新突破，分析化工水污染防治的发展方向。

第十三章　固废治理技术

学习目标

了解化工固废的来源，认识化工固废带来的环境污染和危害性，学习固废环境污染的分类及防治原则，重点掌握化工固废的综合利用和治理技术。培养学生正确认识化工固废、使用科学合理的技术方法综合利用化工固废的工作能力。

第一节　化工废渣概述

一、固体废物的定义

固体废物是指在生产、生活和其他活动中产生的丧失原有利用价值或者虽未丧失利用价值但被抛弃或者放弃的固态、半固态和置于容器中的气态的物品、物质以及法律、行政法规规定纳入固体废物管理的物品、物质。化工废渣是化学工业生产过程中产生的固体废物，包含化工企业“三废”排放及综合利用情况表中所列的各种废渣，也包括化工生产过程中排出的不合格的产品、副产物、废催化剂、废溶剂、蒸馏残液以及废水处理产生的污泥等。

二、固体废物的相对特性

（一）时间相对性

固体废物与当下的科学技术和经济条件密切相关，随着时代的进步和科学技术的发展，现在的废物可能就成为明天珍贵的资源。例如，现在的稀土矿渣若未处理处置妥当，就会成为占用土地、污染地下水的污染源，但在几十年后很可能就成为一种重要的资源，因此，非常有必要对一些矿渣的处置进行科学长远的规划，以便于后期的再次开放利用，但同时必须规避当下的污染风险。

固体废物在此处没有利用价值，在他处可能就能够被利用；某一过程的废物，可能是另一过程的原料。因此固体废物可以称为“放错地方的资源”或“没有被发现和利用的资源”，对于固体废物的认识，不能够停留在“废”的层面与角度，而是要将其看成一种固体资源，任何时候都应该具备资源化的眼光并努力将其资源化。

（二）持久危害性

固体废物进入环境后，并没有被周围的环境体接纳，只能通过释放渗出液和气体进行

“自我消化”，此过程是长期、复杂而难控的，因此对环境的污染危害比废气、废水更持久。如堆放场中的城市生活垃圾一般需 10～30 年的时间才趋于稳定，其中的废旧塑料、薄膜经历时间更长也不能完全消化掉。

（三）无主性

被丢弃后的城市生活垃圾，不再属于谁。如为危险性废物，倘若管理不善，即找不到具体负责者，易造成更大的环境危害。

（四）物化属性

物理特性主要包括物理组成、粒度、含水率、堆积密度、可压缩性、压实渗透性等；化学特性包括挥发分、灰分、固定碳、灰熔点、灼烧损失量、元素分析组成、发热量、闪点、燃点、植物养分组成等；生物特性包含其物质组成和细菌含量两个主要方面，前者决定了废物可被生物所利用的比例，是相关利用与处理技术的关键，后者是对废物卫生安全性的描述，可用于判断垃圾进入各种环境后可能造成的危害程度；毒性包括反应性、腐蚀性、生物毒性和传染性等。

（五）物质转变的逻辑相对性

废物的产生是物质循环过程的必然产物，是人类社会与自然环境之间物质流动的重要一环，物质不灭定理认为，物质只会从一种形式转化为另外一种形式，物质永远不会消失，因此废物又具有以下的逻辑相对性：成分的多样性与复杂性；环境与资源的双重价值；有用与无用的大集合；生产型废物的减少，消费型废物的增加；彼此依赖，相互循环。

此外，化工废渣还具有一些特性，如产生量大、种类繁多、性质复杂、来源分布广泛等。化工废渣所导致的环境污染，其危害具有潜在性、长期性和不易恢复性。

三、化工废渣的特点

化工生产过程中所用的原料种类、反应条件和二次回用方式等的不同，使得产生废渣的化学成分和矿物组成等均有较大差异，比如，硫酸生产过程中产生的硫铁矿烧渣，各种铬盐生产产生的铬渣，纯碱生产排出的白灰，氯碱生产产生的电石渣，丁法制磷肥排出的黄磷水淬渣，合成氨中煤造气排出的灰渣和油造气排出的炭黑渣，各种工业窑炉排出的灰渣，烧碱生产产生的盐泥，各种有机和无机产品废渣，还有废水处理过程产生的污泥。总的来说，化工废渣中的主要成分为硅、铝、镁、铁、钙等化合物，同时还含有一些钾、钠、磷、硫等化合物，对于一些特定的化工废渣，如铬渣、汞渣、砷渣等则含有铬、汞、砷等有毒物质。因此，化工废渣种类繁多、组分复杂、数量巨大、部分有毒。

四、化工废渣的分类

从化工废渣污染防治的需求出发，通常把化工废渣分为危险废渣和一般工业废渣两大类。一般工业废渣指量大、面广、危害较小的粉煤灰、冶炼废渣、尾矿等。危险废渣也称特殊废渣，是指具有毒性、腐蚀性、反应性、易燃性、爆炸性、传染性等特性之一的固态、半固态和液态废物。一般说来，化学工业产生的废渣，凡含有氟、汞、砷、铬、铅、氰等及其化合物和酚、放射性物质的，均为危险废渣。

按照化学性质进行分类，一般将化工废渣分为无机废渣和有机废渣。有些无机废渣是有毒的废渣，如铬渣、汞渣、砷渣等含有铬、汞、砷等有毒物质，其特点是废渣排放量大、毒性强，对环境污染严重；有机废渣大多指的是高浓度有机废渣，其特点是组成复杂，有些具有毒性、易燃性和爆炸性，但其排放量一般不大。

化工废渣按其组分可分为常规的化工废渣以及含大量贵金属的废催化剂。对于常规的化工废渣，其组分以硅、铝、镁、铁、钙等的化合物为主，同时兼有部分特定的有毒物质；而对于化工废催化剂，则一般是以 $A1_2O_3$ 为载体，同时含有较高浓度的贵金属。

为了便于管理统计，化工废渣一般按废物产生的行业和生产工艺过程来进行分类。例如，硫酸生产过程中产生的硫铁矿烧渣；铬盐生产过程中产生的铬渣；烧碱生产过程中产生的盐泥等。

[案例 13-1] 我国近年来固体废物产生和利用情况如表 13-1 所示，我国工业固体废物占固体废物总量的 80%～90%，随着国民经济的发展，工业固体废物呈逐年增加的趋势，2021 年为 36.8 亿吨，2022 年为 41.1 亿吨，2023 年为 42.8 亿吨，如果加上矿业生产中产生的尾矿，固体废物的量还会增加很多。在产生固体废物的工业行业中，矿业、电力蒸汽热水生产供应业、黑色金属冶炼及压延加工业、化学工业、有色金属冶炼及压延加工业、食品饮料及烟草制造业、建筑材料及其他非金属矿物制造业、机械电气电子设备制造业等的产生量最大，占总量的 95%左右。

表 13-1 2021～2023 年全国固体废物处理情况 单位：亿吨

年份	一般工业固体废物			城市生活垃圾			危险废物		
	总量	综合利用	处置	无害化处理能力	无害化处理量	处理率	危险废物集中处理单位数	集中处理能力	危险废物量
2023	42.8	25.7	8.7	4.2	2.59	99.9%	3600 家	2.1	1.1
2022	41.1	23.7	8.9	4.0	2.57	99.9%	6000 家	1.8	1.0
2021	36.8	20.4	9.2	3.6	—	99.9%	—	1.7	—

五、化工废渣的危害

化工废渣的环境污染存在于储存、收集、运输、回收利用及最终处置的全过程，从化工废渣的组成可看出，化工废渣不仅含有大量的金属化合物，还含有少量的硫、磷等易引起地球化学循环的元素。因此，化工废渣的无控制排放将直接导致污染事件。其污染危害途径也有多种，主要通过散发有毒、有害和臭气等气态污染物污染大气，通过分解产生的浸出液、渗滤液等液态污染物污染地下水、地表水和土壤，通过灰、渣、尾矿等固态污染物侵占土地和污染土壤等。这些污染物对环境形成的危害不是独立的，而是相互交叉的。图 13-1 为化工废渣的污染途径示意图。

（一）污染水体

通过水的淋滤、侵蚀或直接污染，化工废渣中的污染成分可迁移转化而进入水体，使水质变为酸性、碱性、富营养化、矿化、毒化，提高浊度，增加硬度和 COD。如土壤溶解汞、镉、铅等微量有害元素，成为重金属污染源，从而污染地下水，同时也可能随雨水渗入水网，流入水井、河流以至附近海域，被植物摄入，再通过食物链进入人体，影响人体健康。化工废渣对水体的污染有直接污染和间接污染两种途径，一是把水体作为固体废物的接纳体，向水中直接倾倒废物，从而导致水体的直接污染；二是固体废物在堆积过程中，经雨水

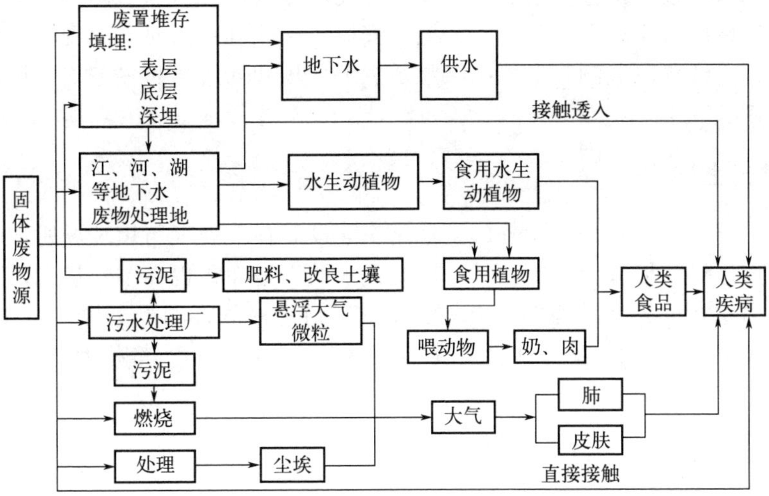

图 13-1　化工废渣的污染途径

浸淋和自身分解产生的渗出液流入江河、湖泊和渗入地下而导致地表水和地下水的污染。例如，某垃圾填埋场的地下水色度和锰、铁、酚、汞含量及细菌总数、大肠杆菌数等指标都严重超标，锰含量超标 3 倍多，汞超标 20 多倍，细菌总数超标 4.3 倍，大肠杆菌超标 11 倍以上。再例如，对于铬渣，如果管理不当，Cr^{6+} 就会溶入水体，污染地表水和地下水，我国已发生多起铬渣污染事件，被污染的地下水中 Cr^{6+} 含量超过饮用水标准几十倍甚至数百倍，造成极坏的社会影响。

目前，一些国家把大量固体废物投入海洋，海洋也正面临着固体废物潜在的污染威胁。许多国家把大量的化工废渣等固体废物直接向江河湖海倾倒，不仅减少了水域面积，淤塞航道，而且污染水体，使水质下降。目前世界上原子反应堆的废渣、核爆炸产生的散落物以及向深海投弃的放射性废物，已经使能量为 0.74EBq（$E=10^{18}$，下同）的同位素进入了海洋，海洋生物资源遭到极大破坏。1990 年 12 月在伦敦召开的消除核工业废料国际会议上公布的数字表明，40 年来美、英两国在大西洋和太平洋北部的 50 多个“海洋墓地”中大约投弃过 0.046×10^{15}EBq 的放射性废料，其中美国 1968 年向太平洋、大西洋和墨西哥湾投弃了 4800 万吨以上各种固体废物，1975 年向 153 处洋面投弃了 500 万吨以上的市政及工业固体废物。

（二）污染大气

化工废渣在堆积、处理处置过程中会产生有害气体，对大气产生不同程度的污染。露天堆放的化工废渣会因有机成分的分解产生有味气体，形成恶臭；如果焚烧，会产生酸性气体、粉尘和二噁英等污染物；有些废渣在填埋处置后会产生甲烷、硫化氢等有害气体，特别是在夏季，由于温度升高、腐烂霉变加剧，释放出大量恶臭、含硫等有害气体，填埋场上方 200～300m 的高空中氨和硫化氢的浓度均高于国家标准；除此之外，废渣中的细粒、粉尘会随风飞扬，造成大面积的空气污染，粉煤灰、尾矿堆场遇 4 级以上的风力时，灰尘可飞扬到 20～50m 的高度。例如美国腊芙运河地区，由于有害成分释入大气，空气中有毒物质的浓度超过安全标准 5000 倍，其中含有 82 种有毒化学物质，11 种致癌物。2008 年浙江寿尔福化学有限公司将 100 只废铁桶出售给安徽某村民陈某，由于废铁桶体积庞大，陈某将 100 只废铁桶运到某村附近的一处空地进行拆解。该空地离最近的村民住宅仅约 10m，废铁桶内残留的苯酚、四羟基苯硫酚、三溴苯胺等危险废物，在拆解处理过程中发生挥发，导致当地约 120 名村民入院接受检查和治疗。初步估计此次事故向环境排放危险废物约 1500g；事故发生后，当地政府召集环保、卫生、公安、安监、疾控等部门对事故现场进行了清理，并对事故现场进行连续跟踪监测，监测结果显示拆解现场和周边居民住宅均已正常，相关责任人则被警方控制。

（三）侵占土地

化工废渣一旦产生，就需要额外的土地用来建设储存、处理与填埋场所，随着经济的发展，废弃物的产生量和填埋量不断上升，因此侵占的土地面积也在不断扩大，这是国内外普遍存在的一个问题，世界上一些发达国家已经意识到这种危害的严重性，早在 2009 年，奥地利、德国、瑞典、荷兰、比利时弗兰德斯地区以及美国马萨诸塞州均实施了垃圾填埋禁令。

（四）污染土壤

化工废渣不仅会改变堆场所在地的土质和土色，而且会直接危害到周边环境生态系统，包括动植物种群、种间的变化、生物多样性的衰减等，化工废渣及其渗出液所含的有害物质非常容易向土壤进行迁移、转化和富集，有害物质会改变土壤的物理结构和化学性质，影响土壤中微生物的活动，破坏土壤内部的生态平衡，致使土壤发生酸化、碱化或硬化，甚至发生重金属污染，最终影响植物营养吸收和生长，进而通过食物链影响整个生态链。20 世纪 70 年代，美国在密苏里州，为了控制道路粉尘，曾把混有四氯二苯二噁英（TCDD）的淤泥废渣当作沥青铺撒路面，造成多处污染。土壤中 TCDD 浓度高达 300μg/L，污染深度达 60cm，致使牲畜大批死亡，人们备受多种疾病折磨。在居民的强烈要求下，美国环保局同意全市居民搬迁，并花 3300 万美元买下该城镇的全部地产，还赔偿了市民的一切损失。1930～1953 年，美国某化学工业公司在纽约州尼亚加拉瀑布附近的 Lovecanal 废河谷填埋了 2800 多吨的桶装有害废物，1953 年填平覆土并在上面兴建了学校和住宅，1978 年大雨和融化的雪水造成有害废物外溢，而后就陆续发现该地区井水变臭，婴儿畸形，居民身患怪异疾病，经过检测，大气中有害物质浓度超标 500 多倍，其中有毒物质 82 种，致癌物质 11 种，包括剧毒的 TCDD。

我国的一些企业虽然对其产生的废渣采取了渣库堆放的处理措施，但是设施大都不规范，渣坝的主体工程及坝体防渗都有一定的问题，存在安全隐患，若遇强降雨或山洪，可能导致坝体崩塌，对渣坝周围的居民及生态构成很大的威胁。渣坝防渗不合格会导致大量的渣库渗滤液进入周围水体，而且随着企业生产的继续，废渣的产生量会越来越多，就需要修建大批量的新渣库。故急需新型的、符合可持续发展要求的治理技术。

［案例 13-2］ 2011 年 6 月，云南省某化工实业公司 5000 余吨的剧毒铬渣被非法倾倒在曲靖市麒麟区农村，造成附近农村 77 头牲畜死亡，农田遭到污染。进一步调查发现，有超过 14 万吨的铬渣在珠江正源的南盘江边长期堆放，这些铬渣堆受雨水冲刷，严重污染水体和土壤，致使鱼虾死亡，水稻绝收。

铬渣是金属铬和铬盐（如红矾钠）生产过程中的固体废物，铬渣的化学组成包括 Cr_2O_3、六价铬、SiO_2、CaO、MgO、Al_2O_3、Fe_2O_3 等，其矿物组成主要是氧化镁、四水铬酸钠、正铬酸钠、铬酸钙、铝尖晶石、硅酸二钙固溶体、铁铝酸钙固溶体、硅酸二钙等。铬的毒性与其存在形态有关。金属铬及钢铁材料中含有的铬，由于其接触食物及饮水时是惰性的，所以对人体无害。六价铬毒性最剧烈，具有强氧化性和透过体膜的能力，对人体的消化道、呼吸道、皮肤和黏膜都有危害，含六价铬的组分中，四水铬酸钠及游离铬酸钙为水溶相，易被地表水、雨水溶解，这也是铬渣污染的由来。六价铬在酸性介质中易被有机物还原成三价铬，三价铬在浓度较低的情况下毒性较小，部分三价铬如氧化铬（Cr_2O_3）及其水合物甚至可以被认为是无毒的。铬铝酸钙、碱式铬酸铁、硅酸钙-铬酸钙固溶体、铁铝酸钙-铬酸钙固溶体等四种含六价铬的组分虽难溶于水，但由于长期露天堆放，空气中的 CO_2 和水能使它们水化，造成铬渣对周围环境的中、长期污染。含铬废渣在被排放或综合利用之前，需要进行解毒处理，其原理是在铬渣中加入还原剂，在一定的温度和气候条件下，将有毒的强氧化性的六价铬还原为低毒的三价铬，从而达到消除六价铬污染的目的。解毒处理方法有湿法和干法两种，前者是用纯碱溶液处理，再用硫化钠还原；后者是将煤与铬渣混合进行还原焙烧，六价铬可以被一氧化碳还原成不溶于水的三价铬。铬渣综合利用和解毒处理也可以同时进行，目前能够实现铬渣综合利用的途径有：用作玻璃制品的着色剂；利用铬渣中残留的铬生产铸石；代替蛇纹石生产钙镁磷肥；代替白云石、石灰石炼铁；与黏土混合烧制青砖；配制水泥和生产矿渣棉等。

（五）影响市容与环境卫生

化工废渣的堆存除了会导致大量土地及山体植被的破坏和减少，堆存地周围的环境生态也会遭受破坏，土壤流失严重。如果化工废渣的处理设施达不到相关的环境保护标准，不符合可持续发展要求，会对周围居民的生产生活产生不同程度的影响，未经处理的化工废渣露天堆放在厂区、城市的周围角落，将导致直接的环境污染，还严重影响厂区、城市容貌和景观，形成“视觉污染”。

第二节　化工固废处理原则

固体废物往往是许多污染成分的终极状态。一些有害气体或飘尘，通过治理，最终富集成为废渣，一些有害溶质和悬浮物，通过治理，最终被分离出来成为污泥或残渣，一些含重金属的可燃固体废物，通过焚烧处理，有害金属浓集于灰烬中。这些“终态”物质中的有害成分，在长期的自然因素作用下，又会转入大气、水体和土壤，故又成为大气、水体和土壤环境的污染“源头”。固体废物这一污染“源头”和“终态”特性告诉我们，控制“源头”、处理好“终态物”是固体废物污染控制的关键。

《中华人民共和国固体废物污染环境防治法》中注明“固体废物污染环境防治坚持减量化、资源化和无害化的原则。”“3R”（reduce、reuse、recycle）原则是固体废物处理的最重要的技术政策，发展趋势是从“无害化”走向“资源化”，“资源化”是以“无害化”为前提的，“无害化”和“减量化”应以“资源化”为条件。

（1）减量化。通过适宜的手段减少固体废物的数量、体积，并尽可能减少固体废物的种类、降低危险废物的有害成分浓度、减轻或清除其危险特性等，从源头上直接减少或避免固体废物的产生，是最有效的减量化措施，也是防治固体废物污染环境的优先措施。

（2）无害化。对已产生又无法或暂时不能资源化利用的固体废物，经过物理、化学或生物方法，进行对环境无害或低危害的安全处理、处置，达到废物的消毒、解毒或稳定化，以防止并减少固体废物的污染危害。可根据不同的条件，采用各种不同的无害化处理方法，包括使用无害化最终处置技术，如卫生土地填埋、安全土地填筑以及土地深埋技术等现代化土地处置技术。

（3）资源化。采用适当的技术从固体废物中回收物质和能源，加速物质和能源的循环，再创经济价值。自然界中并不存在绝对的废物，现在不能利用的，很可能将来可以利用；某生产过程的废物，可能是另一生产过程的原料，因此固体废物有“放错地方的原料”之称。资源化具体包括以下三个方面的内容：从废物中回收可再生资源，如从垃圾中回收纸张、玻璃、金属等；利用废物制取新形态的物质，如通过堆肥处理把城市生活垃圾转化为有机肥料等；从废物处理过程中回收能量，生产热能和电能。

第三节　化工废渣控制技术

废渣的污染是各种自然因素和社会因素共同作用的结果，控制环境污染必须根据当地的自然条件，弄清污染物产生、迁移和转化的规律，对环境问题进行系统分析，采取经济手段、管理手段和工程技术手段相结合的综合防治措施，如改革生产工艺和设备，开发和利用无污染能源，利用自然净化能力等，以便取得环境污染防治的最佳效果。环境污染综合防治是在对废水、废气、固体废物单项治理的基础上发展起来的，表 13-2 列出了主要的化工废渣控制技术。总的来说，化工废渣多为有毒、有害废物，对环境的压力大，所以化工废渣的无害化处理技术将是今后研究的重点方向。同时，化工废渣中有相当一部分是未反应的原料和副产品，回收利用的潜力很大，在一些化工废渣中还含有金、银、铂等贵重金属，通过分离和提取这些金属，也可创造更高的经济效益。因此，这也是技术开发的一个重要方向。

表 13-2　化工废渣控制技术

类别	主要处理处置技术
过程控制技术(减量化)	原料能源的优化技术、生产工艺的技术改造
处理处置技术(无害化)	分类法、填埋法、固化法、生物消化法、投弃海洋法、焚烧法
回收利用技术(资源化)	分类回收利用法、其他资源化技术

一、固体废物处理技术

固体废物处理是指通过物理处理、化学处理、生物处理、焚烧处理、热解处理、固化处理等不同方法，使固体废物转化为适于运输、储存、资源化利用以及最终处置的过程。我国现有的利用途径主要是从废渣中提取纯碱、烧碱、硫酸、磷酸、硫黄、复合硫酸铁、铬铁等，并利用废渣生产水泥、砖等建材产品及肥料等。20 世纪 70 年代，世界性能源危机、环境污染以及矿物资源的枯竭等推动了粉煤灰利用的研究和开发，粉煤灰治理的指导思想已从过去单纯的环境角度转变为综合治理、资源化利用；粉煤灰综合利用的途径已从过去的路基、填方、混凝土掺和料、土壤改造等方面的应用外，发展到目前水泥原料、水泥混合材、大型水利枢纽工程、泵送混凝土、大体积混凝土制品、高级填料等高级化利用途径。

（一）压实技术

13.1 压实技术

（二）破碎技术

13.2 破碎技术

（三）分选技术

分选是实现化工废渣资源化、减量化的重要手段。一方面，通过分选可将有用部分选出来加以利用，同时分离有害部分；另一方面，能将不同粒度级别的化工废渣进行分离。分选的基本原理是利用物料在某些性质上的差异进行分离。例如：利用废渣中磁性和非磁性的差别进行分离；利用粒径尺寸的差别进行分离；利用相对密度的差别进行分离等。根据不同性质，可设计制造各种分选设备。分选包括手工拣选、筛选、重力分选、磁力分选、涡电流分选、光学分选等。

固体废物的分选就是将固体废物中各种可回收利用的组分或不利于后续处理工艺要求的组分，采用适当技术分离出来的过程。城市生活垃圾成分性质不一及，回收操作方法多样，在垃圾的资源化、综合利用等方面，分选是重要的环节之一。分选的效果则由资源化物质价值和是否可以进入市场及其市场销路等重要因素决定。城市生活垃圾的组分复杂而不稳定，根据其粒度、密度、磁性、电性、光电性、摩擦性、弹性等物理、化学性质的不同，可分别选用筛选、重力分选、磁力分选、电力分选、光电分选、手工分选的分选技术进行分选。

1. 筛分分选

筛分是根据物料尺寸大小进行分选的一种方法，筛分时，小于筛孔的细粒物料透过筛面，而大于筛孔的粗粒物料留在筛面上，完成粗、细粒物料分离的过程，该分离过程可看作是物料分层和细粒透筛两个阶段组成的，物料分层是完成分离的条件，细粒透筛是分离的目的。为了使粗细物料通过筛面而分离，必须使物料和筛面之间具有适当的相对运动，使筛面上的物料层处于松散状态，即按颗粒大小分层，形成粗粒位于上层、细粒处于下层的规则排列，细粒到达筛面并透过筛孔。同时，物料和筛面的相对运动还可使堵在筛孔上的颗粒脱离筛孔，以利于细粒透过筛孔。细粒透筛时，尽管粒度都小于筛孔，但它们透筛的难易程度却不同。粒度小于筛孔尺寸 3/4 的颗粒，很容易通过粗粒形成的间隙到达筛面而透筛，称为易筛粒；粒度大于筛孔尺寸 3/4 的颗粒，很难通过粗粒形成的间隙，而且粒度越接近筛孔尺寸就越难透筛，这种颗粒称为难筛粒。

实际筛分过程中受各种因素的影响，总会有一些小于筛孔的细颗粒留在筛上随粗颗粒成为筛上产品而影响分离效果，通常用筛分效率描述筛分过程的分离程度，筛分效率是指筛下物的质量与入筛原料中所含的小于筛孔尺寸颗粒物的质量之比，用 E 表示，即：

$$E=Q_1/Q_2$$

式中，Q_1 为筛下物的质量；Q_2 为入筛原料中所含的小于筛孔尺寸颗粒物的质量。

（1）影响筛分效率的因素。

① 物料的特性。当物料中含有少量水分时，细颗粒容易附着在粗粒上而不易透筛；当筛孔较大、物料含水率较高时，由于水分有促进细粒透筛作用，反而提高了颗粒的活动性；当物料中含泥量高时，稍有水分就会引起细粒结团。物料颗粒形状对筛分效率也有影响。一般球形、立方形、多边形颗粒筛分效率较高；而扁平状或长方块颗粒，用方形或圆形筛孔的筛子筛分，其筛分效率较低；线状物料如废电线、管状物质等，必须以一端朝下的“穿针引线”方式缓慢透筛，而且，物料越长，透筛越难。在圆盘筛中，线状物的筛分效率会高些，而平面状的物料如塑料膜、纸、纸板类等，会大片地覆在筛面上，形成“盲区”而堵塞大片的筛分面积。

② 筛分设备性能。常见的筛面有棒条筛面、钢板冲孔筛面及钢丝编织筛网三种。棒条筛面有效面积小，筛分效率低；钢丝编织筛网则相反，有效面积大，筛分效率高；钢板冲孔筛面介于两者之间。筛面宽度主要影响筛子的处理能力，其长度则影响筛分效率，负荷相等

时，过窄的筛面使物料层增厚而不利于细粒接近筛面，过宽的筛面则使筛分时间太短，一般宽长比以1：（2.5～3）为宜。筛面倾角是为了便于筛上产品的排出，倾角过小起不到此作用，倾角过大时，物料排出速度过快，筛分时间短，筛分效率低，一般筛分倾角以15°～25°较适宜。

③ 筛分操作条件。在筛分操作中应注意连续均匀给料，使物料沿整个筛面宽度铺成一薄层，既充分利用筛面，又便于细粒透筛，可以提高筛子的处理能力和筛分效率；及时清理和维修筛面也是保证筛分效率的重要条件；振动筛的振动频率与振幅同样不容忽视，筛分设备振动不足时，物料不易松散分层，使透筛困难，振动过于剧烈时，物料来不及透筛，便又一次被卷入振动中，使物料很快移动至筛面末端被排出，筛分效率不高。

（2）筛分设备。常用的筛分设备有以下几种。

① 固定筛。筛面由许多平行的筛条组成，可以水平安装或倾斜安装。由于构造简单、不耗用动力、设备费用低和维修方便，在固体废物处理中被广泛应用。固定筛又可分为格筛和棒条筛两种。

② 滚筒筛。也称转筒筛，是物料处理中重要的运行单元，滚筒筛为缓慢旋转（转速控制在10～15 r/min）的圆柱形筛分面，以筛筒轴线倾角为3°～5°安装。筛面可用各种构造材料，制成编织筛网。筛分时，固体废物由稍高一端供入，随即跟着转筒在筛内不断翻滚，细颗粒最终穿过筛孔而透筛。滚筒筛倾斜角度决定了物料轴向运行速度，而垂直于筒轴的物料行为则由转速决定。

物料在筛子中的运动有以下三种状态。

a. 沉落状态。此时筛子的转速很低，物料颗粒由于筛子的圆周运动而被带起，然后滚落到向上运动的颗粒层上面，物料混合很不充分，不易使中间的细料翻滚物移向边缘而触及筛孔。

b. 抛落状态。当转速足够高但又低于临界速度时，颗粒克服重力作用沿筒壁上升，直至到达转筒最高点之前。这时重力超过了离心力，颗粒沿抛物线轨迹落回筛底，这种情况下，颗粒以可能的最大距离下落（如转筒直径），翻滚程度最为剧烈，很少有堆积现象发生，筛子的筛分效率最高，物料以螺旋状前进方式移出滚筒筛。

c. 离心状态。若滚筒筛的转速进一步提高，达到其临界速度，物料由于离心作用附着在筒壁上而无下落、翻滚现象，这时的筛分效率很低。

在操作运行中，应尽可能使物料处于最佳的抛落状态，根据经验，筛子的最佳速度约为临界速度的45%。不同的负荷条件下的试验数据表明，筛分效率随倾角的增大而迅速降低，随着筛分器负荷增加，物料在筒内所占容积比例增加，这时要达到抛落状态的转速以及功率要求也随之增加。

③ 振动筛。应用非常广泛的一种设备。振动筛筛面的强烈振动消除了堵塞筛孔的现象、有利于湿物料的筛分，可用于粗、中、细粒的筛分，还可以用于脱水振动和脱泥筛分，振动筛主要有惯性振动筛和共振筛两种。

选择筛分设备时应考虑如下方面：颗粒大小、形状，颗粒尺寸分布，整体密度，含水率、黏结或缠绕的可能；筛分器的构造材料，筛孔尺寸、形状，筛孔所占筛面比例，转筒筛的转速、平均直径，振动筛的振动频率、长与宽；筛分效率与总体效果要求；运行特征如能耗、日常维护、运行难易，可靠性，噪声，非正常振动与堵塞的可能等。

2. 重力分选

重力分选是根据固体废物中不同物质颗粒间的密度差异，在运动介质中利用重力、介质动力和机械力的作用，使颗粒群产生松散分层和迁移分离，从而得到不同密度产品的分选过程。重力分选的介质有空气、水、重液（密度比水大的液体）、重悬浮液等，按介质不同重力分选可分为风力分选、跳汰分选、重介质分选、摇床分选和惯性分选等。各种重力分选过程具有共同工艺条件：固体废物中颗粒间必须存在密度差异；分选过程都是在运动介质中进行的；在重力、介质动力及机械力综合作用下，使颗粒群松散并按密度分层；分好层的物料在运动介质流推动下互相迁移、彼此分离。影响重力分选的因素主要是物料颗粒的尺寸、颗粒与介质的密度差以及介质的密度，不同密度物料分选的难易程度可大致按其等降比判断。悬浮于流体介质中的颗粒，其运动受自身重力、介质摩擦阻力和介质浮力三种力的作用；颗粒的运动符合 Stokes 方程（牛顿公式），当存在密度差时，粒径不同的颗粒，其运动速度也不同，最终彼此分离，获得不同密度的产品。

（1）重介质分选。主要适用于几种固体的密度差别较小及难以用跳汰法等其他分离技术分选的场合，通常将密度大于水的介质称为重介质，包括重液和重悬浮液两种流体。当颗粒密度大于重介质密度时，发生下沉，反之颗粒将悬浮，从而实现了物料的分选。重介质分选精度很高，入选物料颗粒粒度范围也可以很宽，适用于多种固体废物的分选。工业上应用的分选机一般分为鼓形重介质分选机和深槽式、浅槽式、振动式、离心式分选机。目前，常用鼓形重介质分选机。实际分离前应筛去细粒部分，大密度物料颗粒粒度下限为 2～3mm，小密度物料颗粒粒度下限为 3～6mm。采用重悬浮液时，粒度下限可降至 0.5mm。重介质分选不适于包含可溶性物质和成分复杂的城市垃圾的分选，主要应用于矿业废物分选过程。

（2）跳汰分选。是在垂直变速介质中按密度分选固体物料的一种重力分选技术。跳汰分选常用水力跳汰，跳汰室下部装有筛网，固体废物由给料口加入，当活塞向下运动时跳汰室形成一向上水流，物料被向上托起，轻细颗粒受水力作用浮力大，率先浮至上层，粗重颗粒上浮力小，相对在下层。随着上升水流的减弱，粗重颗粒开始下沉，而轻细颗粒还可能上升。当活塞开始向上运动时，水流开始下降，粗重颗粒沉降快，轻细颗粒沉降慢，下降水流结束后，就完成了一次跳汰。每次跳汰，颗粒都受到一定的分选作用。经过多次循环后，粗重物料沉于筛底，由侧口随水流出，轻细颗粒浮于表面，经溢流口排出，小而重的颗粒透过筛孔由设备的底部排出。

（3）摇床分选。使固体废物颗粒群在倾斜床面的不对称往复运动和薄层斜面水流的综合作用下，按密度差异在床面上呈扇形分布而进行分选的一种方法。摇床分选过程中，颗粒群在重力、水流冲力、床层摇动产生的惯性力和摩擦力等的综合作用下，按密度差异产生松散分层，并且不同密度与粒度的颗粒以不同的速度沿床面做纵向和横向运动。它们的合速度偏离方向各异，在床面上呈扇形分布，达到分离的目的。

（4）风力分选。风选设备按气流在设备内吹入气流的方向，可分为两种类型：水平气流风选机（卧式风力分选机）和上升气流分选机（立式风力分选机）。以卧式风力分选机为例，空气流从侧面进入，当固体废物在机内下落时，被鼓风机鼓入的水平气流吹散，固体废物中各组分沿着不同运动轨迹分别落入重质组分、中重质组分和轻质组分收集槽中而得以分离。

3. 磁力分选

磁力分选有两种类型：一类是传统的磁选，主要应用于供料中磁性杂质的提纯、净化以及磁性物料的精选；另一类是磁流体分选法，可应用于城市垃圾焚烧厂焚烧灰以及堆肥厂产品中铝、铁、铜、锌等金属的提取与回收。

磁选是利用固体废物中各种物质的磁性差异在非均匀磁场中进行分选的一种处理方法。所有经过分选装置的颗粒，都受到磁场力、重力、流动阻力、摩擦力、静电力和惯性力等机械力的作用。磁性颗粒受到的磁场力占优势，而非磁性颗粒所受到的机械力占优势，这样各组分就可按照磁性差异实现分选。磁力滚筒又称磁滑轮。这类磁选机主要由磁力滚筒和输送皮带组成。磁力滚筒有永磁滚筒和电磁滚筒两种。应用较多的是永磁滚筒。

磁流体分选是利用磁流体作为分选介质，在磁场或磁场和电场的联合作用下产生“加重”作用，按固体废物各组分的磁性和密度的差异或磁性、导电性和密度的差异，使不同组分分离的过程。磁流体是指某种能够在磁场或磁场和电场联合作用下磁化，呈现似“加重”现象，对颗粒产生磁浮力作用的稳定分散液。常用的磁流体有强电解质溶液、顺磁性溶液和铁磁性胶体悬溶液。根据分离原理与介质的不同，可分为磁流体动力分选和磁流体静力分选。

磁流体动力分选是在磁场与电场的联合作用下，以强电解质溶液为分选介质，按固体废物中各组分间密度、比磁化率和电导率的差异使不同组分分离的过程。其优点是分选介质为导电的电解质溶液，来源广、价格便宜、黏度较低，分选设备简单、处理能力较大，处理粒度为0.5～6mm的固体废物时，可达50t/h，最大可达100～600t/h；缺点是分离精度较低。

磁流体静力分选是在非均匀磁场中，以顺磁性液体和铁磁性胶体悬浮液为分选介质，按固体废物中各组分间密度和比磁化率的差异进行分离的过程。其优点是介质黏度较小，分离精度较高。缺点是分选设备较复杂，介质价格较高、回收困难，处理能力较小。

磁流体分选是一种重力分选和磁力分选联合作用的分选过程，可以分离各种工业废物和从城市垃圾中回收铝、铜、锌、铅等金属。要求精度较高时，采用静力分选；固体废物中各组分间电导率差异较大时，采用动力分选。

4. 电力分选

利用固体废物中各种组分在高压电场中导电性的差异而实现分选的一种方法。根据导电性，物质分为导体、半导体和非导体三种。电力分选实际是分离固体废物中半导体和非导体的过程。按电场特征可将电力分选分为静电分选和复合电场分选。

（1）静电分选。静电分选中固体废物的带电方式为直接传导带电。固体废物直接与传导电极接触，导电性好的组分将获得和电极极性相同的电荷而被排斥，导电性差的组分或非导体与带电滚筒接触被极化，在靠近滚筒一端产生相反的束缚电荷而被滚筒吸引，从而实现不同电性的废物分离。静电分选可用于各种塑料、橡胶、纤维纸、合成皮革和胶卷等物质的分选，塑料类回收率可达到99%以上，纸类基本可达100%。回收率随含水率升高而增大。

（2）复合电场分选。分选机电场为电晕-静电复合电场，这种复合电场在目前被大多数电选机所应用。电晕电场是不均匀电场，在电场中有两个电极：电晕电极（带负电）和滚筒电极（带正电）。当两电极间的电位差达到某一数值时，负极发出大量电子，并在电场中以很高的速度运动。当它们与空气中的分子碰撞时，便使空气中的分子电离。空气中的负离子飞向正极，形成体电荷。物质进入电场后，都获得负电荷，但导电性不同使它们在电场中的表现行为不同。导电性好的物质将负电荷迅速传给正极而不受正极作用；导电性差的物质传递电荷速度很慢，受到正极的吸引作用，从而完成电选分离过程。

5. 光电分选

光电分选主要利用光敏组件与待分选的物料之间产生相应的感应信号，再辅以其他设备完成目标产物与混合物料之间的分离。一般光电分选由给料系统、光检系统和分离系统组成。给料系统是对固体废物，进行预先筛分分级，使之成为窄粒级物料，并使物料颗粒呈单行排列，逐一通过光检区。光检系统包括光源、透镜、光敏组件及电子系统等，这是光电分选的关键所在。分离系统是将固体废物通过光检系统后所得到的光电信号经过电子电路放大，驱动执行机构，将其中一种物质从物料流中分离出来，从而使物料中不同物质得以分离。光电分选可以从城市生活垃圾中回收橡胶、塑料和金属等物质。

6. 手工分选

依靠人力的作用完成固体废物的分类和分离称为手工分选，是最早采用的分选方法，适用于废物产源地、收集站、处理中心、转运站或处置场。手工分选虽然比机械分选法效率低，但有些分选效果是机械法难以替代的。如在进行含塑料废物分选回收时，人工分选容易将热塑性废旧制品和热固性塑料制品（如热固性的玻璃钢制品）分开，且较易将非塑料制品（如纸张、金属件、木制品、绳索、石块等杂物）挑出，较易识别和归类不同树脂品种的制品，如聚苯乙烯（PS）泡沫塑料制品与聚氨酯（PU）泡沫塑料制品，聚氯乙烯（PVC）膜与聚乙烯（PE）膜，硬质PVC与聚丙烯（PP）制品等。大规模工业废物分选中，人工分选由于其分选效率低、耗时耗力等缺点已逐渐被淘汰，机械分离已越来越重要。

（四）分离技术

1. 化学浸出分离

浸出是溶剂选择性地溶解固体废物中某种目标组分，使该组分进入溶液中而与废物中其他组分相分离的工艺过程。浸出过程是一个提取和分离目标组分的过程，浸出过程所用的药剂称为浸出剂，浸出后含目标组分的溶液称为浸出液，残渣称为浸出渣。浸出过程大多包括溶剂向反应区的迁移和相界上的化学反应两个阶段，浸出反应的进行在很大程度上取决于化学反应动力学过程。

化学浸出分离是选择合适的化学溶剂（如酸、碱、盐水溶液等浸出剂）与固体废物发生作用，使其中有用组分发生选择性溶解，然后进一步回收。该法可用于成分复杂、嵌布粒度微细且有价成分含量低的矿业固体废物、化工和冶金过程排出的废渣等。当提取固体废物中的有价成分或是除去其中的有害成分，采用传统分选技术成效甚微时，常常采用化学浸出技术。

浸出率是被浸出的组分进入溶液的质量分数，浸出操作要保证有较高的浸出率，影响浸出过程的主要因素有物料粒度及其特性、浸出温度、浸出压力、搅拌速度和溶剂浓度，在渗滤浸出中还有物料层的孔隙率等。为充分暴露废物中的目标组分，增大浸出效果，在浸出之前，一般需对被浸废物进行破碎处理，破碎后的废物可直接浸出，也可焙烧后浸出。

常用的浸出设备有渗滤浸出槽（池）、机械搅拌浸出槽、空气搅拌浸出槽、流态化逆流浸出槽和高压釜等五类。浸出时一般均由数个浸出槽（塔）组成系列，无论采用何种浸出流程和设备，均需考虑被浸料浆在浸出槽内的停留时间和料浆短路问题，在计算浸出槽（塔）的容积和数目时应有一定的保险系数，以保证预期的浸出效果。

2. 物理分离方法

（1）压滤。压滤是在外加一定压力的条件下使含水固体废物过滤脱水的操作。在废物脱水过程外加压力，可以加快液态物质与固体成分的分离速度和程度。压滤常在压滤机中完成固液分离，根据其运行方式可分为间歇型与连续型两种。间歇型的典型压滤机为板框压滤机，连续型的为带式压滤机。

北京市某综合处理厂使用我国运载火箭技术研究院研制的垃圾挤压分离装置首次对餐厨垃圾进行了挤压分离操作，并取得圆满成功。作为垃圾挤压分离装置核心的高压挤压分离工艺，使垃圾在一个特制的、表面布满孔的管道中被超过100MPa的液压力挤压，完成固态和液态的分离，具有自动化程度高、生产效率高的优点。

（2）离心分离。离心分离是利用固体颗粒和水的密度差异，在高速旋转的离心机中，固体颗粒和水分分别受到大小不同的离心力而实现固液分离的过程。利用离心力取代重力或压力作为推动力对污泥进行沉降分离、过滤及脱水的设备称为离心脱水机，按分离时的离心力大小分为高速离心机（＞3000r/min)、中速离心机（1000～3000r/min）和低速离心机（＜1000r/min)；按转鼓几何形状的不同，又可分为转鼓式、管式、盘式和板式离心机。常用的离心脱水机为转鼓式，按其安装角度可分为立式和卧式两类。离心脱水机占地面积小、造价低，但运行与机械维修费用较高。

3. 浮选分离

浮选是在固体废物与水调制的料浆中加入浮选药剂，并通入空气形成无数细小气泡，使待选物质颗粒黏附在气泡上，随气泡上浮到料浆表面成为泡沫层，然后刮出回收；剩余颗粒仍留在料浆内，通过适当处理后废弃。浮选过程中，固体废物各组分对气泡黏附的选择性，是由固体颗粒、水、气泡组成的三相界面间的物理化学特性所决定的，其中比较重要的是物质表面的润湿性，固体废物中有些物质表面的疏水性较强，容易黏附在气泡上，而另一些物质表面亲水，不易黏附在气泡上，物质表面的亲水、疏水性能，可以通过浮选药剂的作用而加强。

浮选工艺中正确选择、使用浮选药剂是调整物质可浮性的主要外因条件，浮选法的关键是使浮选的物料颗粒吸附于气泡，颗粒附着于气泡上，才能发生分离。根据药剂在浮选过程中的作用不同，可将其分为捕收剂、起泡剂和调整剂三大类。

捕收剂能够选择性地吸附在待选的物质颗粒表面上，使其疏水性增强，提高可浮性，并牢固地黏附在气泡上而上浮。良好的捕收剂具备较强的捕收能力、足够的活性、较高的选择性，最好只对某一种物质颗粒具有捕收作用，还应易溶于水、无毒、无臭、成分稳定不易变质、价廉易得。常用的捕收剂有异极性捕收剂和非极性油类捕收剂两类。

起泡剂是一种表面活性物质，主要作用是使水-气界面的张力降低，促使空气在料浆中弥散，防止气泡兼并且形成小气泡，增大分选界面，提高气泡与颗粒在黏附和上浮过程中的稳定性，以保证气泡上浮形成泡沫层。起泡剂应具备以下特征：用量少，能形成量多、分布均匀、大小适宜、韧性适当和黏度不大的气泡；有良好的流动性、适当的水溶性，无毒、无腐蚀性、无捕收作用；对料浆的pH值变化和料浆中的各种物质颗粒有较好的适应性。常用的起泡剂有松油、松醇油、脂肪醇等。

调整剂的作用主要是调整其他药剂（主要是捕收剂）与物质颗粒表面之间的作用，还可调整料浆的性质，提高浮选过程的选择性。调整剂的种类较多，按其作用可分为活化剂、抑制剂、介质的调整剂、分散与混凝剂。

浮选工艺包括调浆、调药、调泡三个程序。浮选法一般是将有用物质浮入泡沫产品，而无用或回收经济价值不大的物质仍留在料浆内，这种浮选法称为正浮选。但也有将无用物质浮入泡沫产物中，将有用物质留在料浆中的，这种浮选法称为反浮选。当固体废物中含有两种或两种以上的有用物质需要浮选时，通常可采用优先浮选或混合浮选方法，优先浮选是将固体废物中的有用物质依次浮出，得到单一物质产品；混合浮选是将固体废物中的有用物质共同浮出为混合物，然后再依次分离混合物中的有用物质。

浮选设备类型很多，可分为浮选机和浮选柱。我国使用最多的是机械搅拌浮选机，主要有叶轮式机械搅拌浮选机和棒型机械搅拌浮选机。

4. 生物浸出分离

生物浸出属于固体废物生物处理技术，是利用微生物的新陈代谢作用使固体废物分解、矿化或氧化的过程，生物处理可将固体废物通过各种工艺转换成有用的物质和能源，如提取各种有价金属、产生沼气、肥料、葡萄糖、微生物蛋白质等，这在当前各国都面临废物排放量大且普遍存在资源和能源短缺的情况下，尤其具有深远意义。工业上用于固体废物生物处理的主要有氧化亚铁硫杆菌、氧化硫杆菌、氧化亚铁钩端螺旋菌和嗜酸热硫杆菌等。这些都是重要的浸出细菌，除利用的能源有差异外，其他特性十分相似，均属化能自养菌，广泛分布于金属硫化矿及煤矿的矿坑酸性水中，嗜酸好气，习惯生活于酸性（pH 值为 1.6～3.0）及含多种金属离子的溶液中，这类自养微生物不需外加有机物作为能源，能氧化各种硫化矿，以铁、硫氧化时释放出来的化学能作为能源，以大气中的 CO_2 作为碳源，吸收 N、P 等无机营养物质合成自身的细胞，这些细菌在酸性介质中可迅速地将 Fe^{2+} 氧化为 Fe^{3+}，起着生物催化剂的作用，其氧化速度比自然氧化速度高 112～120 倍，可将低价元素硫及低价硫化物氧化为 SO_3，产生硫酸和酸性硫酸铁 $Fe_2(SO_4)_3$ 这两种具有很好浸矿作用的化合物。

目前已经发现了将硫酸盐还原为硫化物、将 H_2S 还原为元素硫的还原菌，以及将氮氧化为硝酸根的氧化菌，因此许多沉积矿床可以认为是经过微生物作用而形成的。

浸出方法大体分为槽浸、堆浸和原位浸出。槽浸一般适用于高品位、贵金属的浸出，是将细菌酸性硫酸铁浸出剂与固体废物在反应槽中混合，机械搅拌通气或气体搅拌，然后从浸出液中回收金属；堆浸法是在倾斜的地面上用水泥、沥青砌成不渗漏的基础盘床，把含量低的矿业固体废物堆积在上面，从上部不断喷洒细菌酸性硫酸铁浸出剂，然后从浸出液中回收金属；原位浸出法是利用自然或人工形成的矿区地面裂缝，将细菌酸性硫酸铁浸出剂注入矿床中，然后从矿床中抽出浸出液回收金属。三种方法都要注重温度、酸度、通气和营养物质对菌种的影响。

细菌浸出的工艺流程主要包括浸出、金属回收和菌液再生三个过程。

（1）浸出。废渣堆积可选择不渗透的山谷，利用自然坡度收集浸出液，也可选在微倾斜的平地，开出沟槽并铺上防渗漏材料，利用沟槽来收集浸出液。根据当地气候条件、堆高和表面积、操作周期、浸出物料组成和浸出要求等，仔细考虑研究后选定布液方法，可以用喷洒法、灌溉法或垂直管法进行布液，在浸出过程中还应当注意浸出液应当分布均匀，而且要严格控制反应的 pH 值。

（2）金属回收。以铜为例，在含铜废渣细菌经过一定时间的循环浸出之后，废料中的铜含量降低，浸出液中铜含量增高，一般可达 1g/L，即可采用常规的铁屑置换法或萃取电积法回收铜；同时当镍、铅等在浸出液中有一定浓度时，也要加以综合回收利用。

（3）菌液再生。一般有两种方法使菌液再生：一种是将贫液和回收金属之后的废液调节好 pH 值后直接送至矿堆，在渗滤过程中自行氧化再生；另一种方法是将这些溶液放在专门的菌液再生池中培养，调节 pH 值并且加入营养液，鼓入空气并控制 Fe^{3+} 的含量，培养好后再送去做浸出液。

（五）固化处理技术

利用物理或化学方法将有害固体废物固定或包容在惰性固体基质内，使之呈现化学稳定性或密封性。固化所用的惰性材料称为固化剂。有害固体废物经过固化处理所形成的固化产物称为固化体。

1. 固化技术

（1）水泥固化技术。以水泥为固化剂将有害固体废物进行固化的一种处理方法，可减小固体废物表面积、降低渗透性，使之能在较为安全的条件下运输与处置。水泥是一种无机胶结剂，经水化反应后可形成坚硬的水泥块，能将砂、石等骨料牢固地凝结在一起。水泥固化有害固体废物就是利用水泥的这一特性。常用作固化剂的有硅酸盐水泥和火山灰质硅酸盐水泥。

（2）石灰固化处理。以石灰和具有火山灰活性的物质（如粉煤灰、垃圾焚烧灰渣、水泥窑灰等）为固化基材，活性硅酸盐类为添加剂，对危险废物进行稳定化与固化处理的方法。

适用于稳定石油冶炼污泥、重金属污泥、氧化物、废酸等无机污染物，并已用于烟道气脱硫废物的固化。该法操作简单，物料来源方便，不需要特殊设备及技术，成本比水泥固化法低，但得到固化体的强度较低，所需养护时间较长，并且体积膨胀较大，增加了清运和处置的困难，因而较少单独使用。

(3) 热塑性材料固化处理。利用热塑性材料（如沥青、石蜡、聚乙烯、聚丙烯等），在高温下与干燥脱水的危险废物混合，以达到废物稳定化的目的的过程。通常以沥青类材料作为固化剂，与危险废物在一定的温度、配料比、碱度和搅拌作用下发生皂化反应，使有害物质包容在沥青中并形成稳定固化体。沥青属憎水性物质，具有良好的黏结性、化学稳定性、较高的耐腐蚀性。沥青是石油蒸馏后的残渣，其化学成分包括沥青质、油分、游离碳、胶质、沥青酸和石蜡等。

(4) 热固性材料固化。热固性材料（如聚酯、聚丁二烯、酚醛树脂、环氧树脂等）和经过粉碎处理的废物充分混合，在助凝剂和催化剂的作用下聚合形成海绵状的聚合物质，从而在每个废物颗粒的周围形成一层不透水的保护膜。部分遗留液体废物，需干化处理。该法特别适用于对有害废物和放射性固体废物的固化处理。

(5) 玻璃固化处理。以玻璃原料为固化剂，与危险废物以一定的配料比混合后，在1000～1500℃的高温下熔融，经退火后形成稳定的玻璃固化体。该法适用于处理高放射性废物，不适合大型工业有害固体废物的固化处理。

(6) 自胶结固化。利用废物自身的胶结特性来达到固化目的的方法。该技术主要用来处理含有大量硫酸钙和亚硫酸钙的废物，如磷石膏、烟道气脱硫废渣等。$CaSO_4 \cdot 2H_2O$ 或 $CaSO_3 \cdot 2H_2O$ 经煅烧成具有胶结作用的半水合硫酸钙，遇水后迅速凝固和硬化。该方法不需要加入大量添加剂，废物也不需要完全脱水，工艺简单；固化体化学性质稳定，具有抗渗透性高、抗微生物降解和污染物浸出速率低的特点，并且结构强度高。但该法只适用于处理含有大量硫酸钙的废物，应用面较为狭窄；此外，还要求熟练地操作和比较复杂的设备，煅烧泥渣也需要消耗一定的热量。

2. 固化体性质

有害废物经过固化处理后所形成的固化体应具有良好的抗渗透性、抗浸出性、抗干湿性、抗冻融性及足够的机械强度等，最好能作为资源加以利用。固化过程中材料和能量消耗要低，增容比要低。固化工艺过程应简单、便于操作。

(1) 浸出率。有毒有害物质通过溶解进入地表或地下水环境中，是废物污染扩散的主要途径。因此，固化体的浸出率是鉴别固化体产品性能的一项重要指标。通过实验室或不同的研究单位之间固化体浸出率的比较，可以对固化方法及工艺条件进行比较、改进或选择，有助于预测各种类型固化体暴露在不同环境时的性能，并且可以估计有毒危险废物的固化体在储存或运输条件下与水接触所引起的危险程度。

(2) 体积变化因数。体积变化因数为固化处理前后固体废物的体积比，即

$$C_R = V_1/V_2$$

式中，C_R 为体积变化因数；V_1 为固化前固体废物体积；V_2 为固化后产品的体积。体积变化因数是鉴别固化方法好坏和衡量最终处置成本的一项重要指标。它的大小实际上取决于能掺入固化体中的盐量和可接受的有毒有害物质的水平。因此，也常用掺入盐量的体积分数来鉴别固化效果；对于放射性废物，C_R 还受辐照稳定性和热稳定性的限制。

(3) 抗压强度。为了能够安全储存，固化体必须具有一定的抗压强度，否则会出现破碎和散裂，从而增加暴露的表面积和污染环境的可能性。对于一般的危险废物，经固化处理后得到的固化体，如进行处置或装桶储存，对其抗压强度的要求较低，控制在 0.1～0.5MPa

便可；如用作建筑材料，则对其抗压强度要求较高，应大于 10MPa。

（六）填埋技术

填埋是一种非资源化利用的技术，具有处理成本低、工艺较简单、不需要大量的维护和运行人员等优点，目前被广泛采用。这项技术的关键点有：固体废物填埋场的选址是十分重要的，要远离生活区和水源地，避开上风口和水源地上游，自然地理条件不适宜漂浮扩散和渗漏；对填埋场需要进行严格的防渗漏处理，以免固体废物中的有害物在雨水或地表径流的冲刷下随水渗漏，污染地下水和相邻土壤；固体废物场表面覆土和排气管网设置。对于化工废渣的填埋，要注意防止对土壤和地下水体可能造成的污染。

（七）焚烧技术

焚烧是利用焚烧炉及其附属设备，使固体废物在焚烧炉内经过高温分解和深度氧化的综合处理过程，达到大量消减固体量的目的，并将固体废物焚烧产生的热量进行回收利用的固体废物处理技术。焚烧法是固体废物高温分解和深度氧化的综合处理过程，好处是大量有害的废料分解变成无害的物质。焚烧处理是目前固体废物处理技术中，消减固体量最大的一种技术方法，其消减量可达 95%以上。焚烧技术的优点是：可迅速地、大幅度地减少可热解性（包括可燃性）物质的容积；破坏毒性有机物；能够回收热能。但是焚烧法也有缺点，如投资较大、焚烧过程中排烟造成二次污染、设备锈蚀现象严重等。

二、固体废物处置

通过改变固体废物的物理、化学或生物特性，以达到减少数量、缩小体积、降低或清除危害、将固体废物最终置于符合环境保护规定场所且不再回取的目的。按照处置场所的不同，固体废物处置主要分为海洋处置和陆地处置两大类。海洋处置是以海洋为受体的固体废物处置方法，主要分海洋倾倒与远洋焚烧两种。近年来，随着人们对保护环境生态重要性认识的加深和总体环境意识的提高，海洋处置已受到越来越多的限制，目前海洋处置已被国际公约禁止。陆地处置主要包括土地耕作、工程库或储留地储存、土地填埋以及深井灌注等几种。其中土地填埋法是最常用的方法之一。

三、资源化技术

为减少工业生产中化工废渣的产生量，需积极地推行清洁生产审核制度，鼓励和倡导不断采取改进设计、使用清洁的能源和原料、采用先进的技术与设备、改善管理、综合利用等措施，从源头削减化工废渣，提高资源利用效率，减少或避免生产、服务和产品使用过程中产生化工废渣，以消除或减轻化工废渣对人类健康或环境的危害。

固体废物的资源化具有可观的环境效益、经济效益和社会效益。一般涵盖以下几个方面内容：改革生产工艺，采用无废或少废技术；采用精料；提高产品质量和延长使用寿命，不过快变成废物；利用多学科交叉，发展先进的处理处置技术；进行综合利用，发展物质循环利用工艺，某一生产或消费过程的废物，对于另一过程来说往往是有使用价值的原料。

资源化方式可分为初级资源化和次级资源化两种，前者是将废物资源化后形成与原来相同的新产品，后者是将废物变成不同类型的新产品。我国城市垃圾中的灰渣占比逐年下降，纸、塑料、玻璃、金属等废品和可以堆肥的有机物的数量不断增加，垃圾资源化利用有很好的前景，但由于垃圾本身就是由大量不具有扩散性和流动性的物质构成，由于垃圾资源的提取需要支付成本，所以并不是所有的垃圾都可以作为资源加以利用，只有在垃圾资源的提取成本低于垃圾资源的利用价值时，垃圾才能认为是资源并得以回收和再利用。北京市2023年垃圾焚烧、生化处理和填埋比例为71∶22∶7，总体满足不同成分垃圾处理的需要。广州市在2021年已实现原生生活垃圾“零填埋”，基本形成“焚烧为主、生化为辅、循环利用”的生活垃圾分类处理新格局。广州市2023年垃圾焚烧和生化处理比例约为8∶2。

目前我国钢、有色金属、纸浆等产品三分之一以上的原料来自再生资源。回收利用1t废纸可再造0.8t纸，挽救17棵大树，降低污染排放75%，节省能耗40%～50%；4t废塑料可提炼出0.7t无铅汽油和柴油；废易拉铝罐熔解后可无数次循环再造成新罐；1t废玻璃生产酒瓶可节约石英砂720kg、纯碱250kg、长石粉60kg，比用新原料生产节约成本20%。虽然如此，再生材料产业还远远没有发挥出其应有的产业价值，和欧美国家相比也有差距，在不同废物资方面的再生材料产业化水平也参差不齐。企业是发展再生材料产业的主体，政府应努力推动企业研制经济可行的再生材料技术，推动废旧物资回用的规模化、效益化的生产，建设集中的废旧物资类集散交易市场，使其具有储存、集散和初级加工功能，改变现有废旧物品回收利用的传统模式，逐步实现从单一回收经营向回收、加工利用和综合处理多层次综合开发方向的转变，从单纯的流通体制向流通、生产、科研以及服务方向转变，创建再生资源物流体系。

[案例 13-3] 磷石膏制取硫酸钾。

13.3 磷石膏制取硫酸钾

第四节　固体废物污染的管理制度

一、我国现有的法律法规

我国对固体废物的立法管理主要分为国家制定的法律、各行政管理部门制定的行政法规和我国与国际组织签订的国际公约条约三个层面。我国全面开展环境立法的工作始于20世纪70年代末，1978年的宪法中，首次提出了“国家保护环境和自然资源，防止污染和其他公害”的规定，1979年颁布的《中华人民共和国环境保护法》是我国环境保护的基本法，对我国环境保护工作起着重要的指导作用。随着我国加入世界贸易组织，我国越来越多地参与国际范围内的环境保护工作，如1990年签署的《控制危险废物越境转移及其处置巴尔塞公约》。1995年颁布的《中华人民共和国固体废物污染环境防治法》《以下简称固废法》共分为六章，内容涉及固体废物污染环境防治的监督管理、固体废物污染环境的防治、危险废弃物污染环境防治的特别规定、法律责任等，2005年4月1日起正式成为我国固体废物污染环境防治及管理的法律依据。国家生态环境部和有关部门还单独颁布或联合颁布了一系列行政法规，如《城市市容和环境卫生管理条例》《城市生活垃圾管理办法》，这些行政法规都是以固废法中确定的原则为指导，结合具体情况，针对某些特定污染物制定的，是固废法在实际工作中的具体应用。我国现有的法律法规见表13-3。

表 13-3　我国现有的法律法规

制定部门	法律法规名称	备注
全国人大常委会	《中华人民共和国固体废物污染环境防治法》	2020年第二次修订
国务院	《医疗废物管理条例》	2011年修订

续表

制定部门	法律法规名称	备注
生态环境部、卫生健康委	《医疗废物分类目录》	2021 年修订
生态环境部	《医疗废物集中处置技术规范》《医疗废物专用包装物、容器标准和警示标识规定》《医疗废物转运车技术要求》《医疗废物焚烧炉技术要求》	
国家发展改革委、国家环保总局	《全国危险废物和医疗废物处置设施建设规划》	2003 年
生态环境部	《生活垃圾填埋污染控制标准》	GB 16889—2024
环境保护部	《生活垃圾焚烧污染控制标准》	GB 18485—2014
国家环保总局、国家经济贸易委员会、科学技术部	《危险废物污染防治技术政策》	2001 年
生态环境部	《危险废物填埋污染控制标准》	GB 18598—2019
生态环境部、海关总署	《关于将硫化汞列入〈中国禁止或严格限制的有毒化学品名录〉的公告》	2003 年
住建部	《城市建筑垃圾管理规定》	2005 年
国家发展改革委、国家环保总局、卫生部、财政部、建设部	《关于实行危险废物处置收费制度，促进危险废物处置产业化通知》	2003 年

二、我国的固体废物管理制度

《中华人民共和国固体废物污染环境防治法》确立我国固体废物污染防治的技术政策为：全过程管理、危险废物有限管理和“三化”管理。

（一）分类管理

固体废物具有量多面广、成分复杂的特点，需对城市生活垃圾、工业固体废物和危险废物分别管理。《中华人民共和国固体废物污染环境防治法》第八十一条规定：“禁止混合收集、贮存、运输、处置性质不相容而未经安全性处置的危险废物。”

（二）工业固体废物申报登记制度

为了使生态环境部门掌握工业固体废物和危险废物的种类、产生量、流向以及对环境的影响等情况，进行有效的固体废物全过程管理，《中华人民共和国固体废物污染环境防治法》要求实施工业固体废物和危险废物申报登记制度。

（三）固体废物污染环境影响评价制度及其防治设施的“三同时”制度

环境影响评价制度和“三同时”制度是我国环境保护的基本制度，《中华人民共和国固体废物污染环境防治法》重申了这一制度。

（四）排污收费制度

固体废物污染与废水、废气污染有着本质的不同，废水、废气进入环境后可以在环境当中经物理、化学、生物等途径稀释、降解，并且有着明确的环境容量。而固体废物进入环境后，不易被环境所接受，其稀释降解往往是个难以控制的复杂而长期的过程。严格地说，固体废物是严禁不经任何处置排入环境当中的。根据《中华人民共和国固体废物污染环境防治法》的规定，任何单位都禁止向环境排放固体废物。而固体废物排污费的交纳，则是对那些按规定或标准建成储存设施、场所前产生的工业固体废物而言的。

（五）限期治理制度

为了解决重点污染源污染环境问题，对没有建设工业固体废物储存或处理处置设施、场所或已建设施、场所不符合环境保护规定的企业和责任者，实施限期治理、限期建成或改造。限期内不达标的，可采取经济手段以至停产的手段。

（六）进口废物管理制度

《中华人民共和国固体废物污染环境防治法》明确规定："禁止中华人民共和国境外的固体废物进境倾倒、堆放、处置。""禁止经中华人民共和国过境转移危险废物。"为贯彻这些规定，生态环境部、商务部、海关总署和国家发展改革委联合颁布了《关于全面禁止进口固体废物有关事项的公告》。

（七）危险废物行政代执行制度

危险废物的有害性决定了其必须进行妥善处置。《中华人民共和国固体废物污染环境防治法》规定："危险废物产生者未按照规定处置其产生的危险废物被责令改正后拒不改正的，由生态环境主管部门组织代为处置，处置费由产生危险废物者承担。"

（八）危险废物经营许可证制度

危险废物的危险特性决定了并非任何单位和个人都可以从事危险废物的收集、储存、处理、处置等经营活动。必须由具备一定设施、设备、人才和专业技术能力并通过资质审查获得经营许可证的单位进行危险废物的收集、储存、处理、处置等经营活动。

（九）危险废物转移报告单制度

也称作危险废物转移联单制度，这一制度是为了保证运输安全、防止非法转移和处置，保证废物的安全监控，防止污染事故的发生。

（十）全过程管理

全过程固体废物管理基于对人类物质利用过程与废物产生关系的考虑，以及物质利用过程生态化要求与可持续发展战略关系的考虑，管理目标可概括为实现人类物质利用过程的生态化，减少物质利用过程的原材料需求；减少物质利用过程向自然环境输出的废物流量，同时应使其组成特性尽可能高地与自然生态过程兼容；对进入自然环境的废物设置物流交换隔离屏障，避免废物对环境生态的直接冲击与破坏。将固体废物管理视作对整个人类物质利用体系控制的一部分，就要求将管理渗入人类物质利用的全过程。固体废物管理边界一般包含了固体废物从产生源储存与投弃至最终处置的全部环节，同时亦延伸至产品的原材料选择、设计和商品包装及含毒物质商品销售的环节，以便更有力地实施源头控制和废物全过程管理。消费偏好会直接影响固体废物的产生，故被列入管理体系的范畴。

（1）源头控制。生产中使用环保材料、天然材料、可降解材料、无毒材料、简易包装，使垃圾减量化、无害化。

（2）经济手段调节生产、消费方的行为。对使用非环保材料的生产者征收相应的税费，使其对环境影响买单；对居民征收垃圾处理费，减少生活垃圾的产生量。谁消费，谁买单。

（3）发展技术手段，科学分类回收。发展垃圾分类和回收的先进科学技术，建立垃圾分类、回收、处理等相关的法规；在垃圾处理、回收行业适当引入竞争机制；增加垃圾处理的资金投入、科研投入、设备更新。

(4) 推行清洁生产。对于化工废渣问题的解决，单靠末端治理并不能从根本上解决问题，最重要的是倡导化工企业进行清洁生产，只有这样，才能真正意义上实现化工废渣的减量化。同时，加强化工废渣的危害性教育，从而在生产过程中有意识地减少其排量。

三、我国的固体废物管理标准

我国固体废物国家标准基本由中华人民共和国生态环境部与住房和城乡建设部在各自的管理范围内制定。生态环境部负责制定有关废物分类、污染控制、环境监测和废物利用方面的标准；住房和城乡建设部主要负责制定有关垃圾的清运、处理处置的标准。经过多年的努力，我国已建立了固体废物标准体系。

（一）分类标准

《国家危险废物名录》《危险废物鉴别标准》《医疗废物分类目录》等。

（二）固体废物监测标准

固体废物环境污染监测标准包括固体废物的样品采制、样品处理，以及样品分析标准等，如《固体废物　浸出毒性浸出方法翻转法》(GB 5086.1—1997)、《危险废物鉴别标准　急性毒性初筛》(GB 5085.2—2007)、《工业固体废物采样制样技术规范》(HJ/T 20—1998)、《生活垃圾填埋场环境检测技术标准》(CJ/T 3037—1995) 等。

（三）固体废物污染控制标准

固体废物污染控制标准是进行环境影响评价、环境治理、排污收费等管理的基础，因而是固体废物标准中最重要的标准。固体废物污染控制标准分为两大类：一类是废物处理处置控制标准，即对某种特定废物的处理处置提出的控制标准和要求，如《医疗废物处理处置污染物控制标准》(GB 39707—2020) 等；另一类是废弃物处理设施的控制标准，如《生活垃圾填埋场污染控制标准》(GB 16889—2024)、《生活垃圾焚烧污染控制标准》(GB 18485—2014) 等。

（四）固体废物综合利用标准

固体废物资源化在固体废物管理中具有重要的作用。为大力推行固体废物的综合利用技术，并避免在综合利用过程中产生二次污染，我国生态环境部已经和正在制定一系列有关固体废物综合利用的规范、标准。例如，有关电镀污染、含钴废渣、磷石膏等废弃物综合利用的规范和技术标准等。

（五）固体废物与非固体废物的鉴别方法

《中华人民共和国固体废物污染环境防治法》中对固体废物进行了定义。若对物质、物品或材料是否属于固体废物或非固体废物的判断结果存在争议的，由有关主管部门召开专家会议进行鉴别和裁定。

[案例 13-4] 鑫广绿环“12·12”危废处置中毒事故调查报告。

13.4 鑫广绿环“12·12”
危废处置中毒事故调查报告

任务案例

（1）磷石膏的其他资源化。

（2）国外固体废物的管理制度。

13.5 磷石膏的其他资源化　　13.6 国外固体废物的管理制度

课后任务

一、课后实践

（1）查阅资料，分析石油化工行业中的废渣来源有哪些。

（2）分析你所在城市是否存在化工废渣污染，其来源是什么？如何治理？

（3）阅读相关资料，分析比较国内外化工废渣防治的最新发展水平。

（4）结合我国国情，请你试着提出我国化工废渣污染的治理方针。

二、综合复习

（1）从本质特点说明固体废物污染与废水、废气污染有什么不同。

（2）根据不同分类，各类化工废渣有哪些特点？

（3）举例说明化工废渣有哪些危害。

（4）为什么说“固体废物是放在错误地点的原料”？

（5）《巴塞尔公约》的目的是控制危险废物（　　）。

A. 处置　　B. 产生　　C. 越境转移　　D. 消费

（6）固体废物处理“3R”原则具体指什么？

（7）化工废渣处理最重要的原则是什么？

（8）化工废渣治理的关键是什么？

（9）我国绝大部分固体废物是采用（　　）方法进行处理的。

A. 堆肥法　　B. 资源化综合处理法　　C. 焚烧法

（10）下列选项中不属于我国固体废物处理原则的是（　　）。

A. 资源化　　B. 末端治理　　C. 无害化

（11）水平防渗层的铺设，是为了防止垃圾（　　）向周围及（　　）渗透而污染地下水。

（12）我国固体废物管理制度有哪些？

第十四章　其他污染源治理技术

学习目标

认识噪声污染、光污染、放射性污染和热污染的特点及危害，能够识别环境中存在的放射性污染和热污染的来源，学习并熟悉噪声污染、光污染、放射性污染和热污染的防治方法。培养学生分析和解决噪声污染、光污染、放射性污染等物理污染的能力。

第一节　噪声污染

一、噪声污染现状

根据《2024 中国生态环境状况公报》，2024 年，全国地级及以上城市区域昼间等效声级平均值为 53.7dB，比 2023 年下降 0.2dB。城市区域昼间环境噪声总体水平为一级的城市占 7.1%，比 2023 年上升 1.3 个百分点；二级的城市占 66.9%，比 2023 年下降 2.4 个百分点；三级的城市占 25.5%，比 2023 年上升 1.6 个百分点；四级的城市占 0.6%，比 2023 年下降 0.3 个百分点：无五级的城市，与 2023 年持平。

《声环境质量标准》（GB 3096—2008）中规定的各类功能区噪声环境噪声限值见表 14-1。

表 14-1　环境噪声限值　　单位：dB

类别	0	1	2	3	4a	4b
昼间	50	55	60	65	70	70
夜间	40	45	50	55	60	55
场所	疗养区、别墅区	居住区、文教区	居住、商业、工业、混合区	工业区	交通干线两侧	

二、噪声污染来源

在影响城市环境噪声的主要来源中，工业噪声影响范围为 8.3%左右；施工噪声影响范围在 5%左右，因施工机械运行噪声较高，近年来扰民现象严重；交通噪声影响范围大约占 1/3，因其声级较高，影响范围较大，对声环境干扰较大；社会生活噪声影响范围逐年增加，是影响城市环境最广泛的噪声来源之一，其影响范围已达 47%左右。据环境监测表明，全国有近 2/3 的城市居民在噪声超标的环境中生活和工作。

工业噪声污染是指由工业噪声对生产职工及周围环境中的人群造成的健康损害、工作影响与生活干扰的现象。工业噪声是环境噪声的主要污染源之一，直接危害职工的身心健康，干扰周围人群的正常生活。工业噪声具有声源固定、影响范围固定和作用时间持久连续的特点，容易引起噪声源所在企业与受影响人群的矛盾，因而必须采取措施对工业噪声予以控制。污染源工矿企业中包括各类辐射噪声的机械设备与装置，如运转中的通风机、鼓风机、空气压缩机、内燃机、电动机、织布机、加压制砖机、冲天炉、轧钢机、电锯、冲床、风铲、球磨机、振动筛与锅炉等压力容器的排气放风管等。

[案例 14-1] 在中铁五局（集团）有限公司（以下简称中铁五局）、中铁五局集团路桥工程有限责任公司（以下简称路桥公司）施工期间，距离施工现场约 20～30m 的吴某某养殖场出现蛋鸡大量死亡、生产软蛋和畸形蛋等情况。吴某某聘请三位动物医学和兽医方面的专家到养殖场进行探查，认为蛋鸡不是因为疫病死亡，而是在突然炮声或长期噪声影响下受到惊吓，卵子进入腹腔内形成腹膜炎所致。吴某某提起诉讼，请求中铁五局、路桥公司赔偿损失 150 万余元。

贵州省清镇市人民法院一审认为：吴某某养殖场蛋鸡的损失与中铁五局、路桥公司施工产生的噪声之间具有因果关系，中铁五局、路桥公司应承担相应的侵权责任。二审肯定了一审法院以养殖手册及专家意见确定本案实际损失的做法，终审判令中铁五局、路桥公司赔偿吴某某 45 万余元。

三、噪声污染危害

工业噪声的危害是多方面的。强噪声会影响人体健康，诱发多种疾病，影响动植物正常发育生长，甚至破坏建筑物；一般强度的噪声会干扰人们的正常工作与生活。

概括来说噪声污染的影响主要有以下几方面。

（一）影响听力

人在较强的噪声环境中待上一段时间再离开后，听力会有下降，休息一段时间，听觉就会恢复原状，这种现象称暂时性听阈偏移（听觉疲劳），属于暂时功能性变化。如果长年累月在强噪声环境中工作，听觉器官反复经受强噪声刺激，内耳便会发生器质性病变，形成噪声性耳聋。噪声性耳聋属神经性耳聋。因这种耳聋往往与职业有关，又称职业性耳聋（职业性听力损失）。

噪声性耳聋的特点是早期不易发现，因为强噪声对人耳早期的损伤主要表现在高频范围（3～6kHz），而人的语言频率主要集中在以 0.5kHz、1kHz、2kHz 为中心的三个倍频程中，所以在噪声性耳聋的早期并不影响语言交流，主观上没有听力障碍的感觉，易被人们忽略，以致逐渐加重而不能复原。对这种病尚无有效的治疗方法，故在噪声环境下工作的人员需采取有效的预防措施。如果人突然暴露在高强度噪声（140～160dB）下就会使听觉器官发生急性外伤，引起鼓膜破裂流血，双耳完全失听。在战场的爆炸声浪中就会遇到这种爆震性耳聋。

（二）影响正常作息生活

噪声使人烦恼、精神不易集中，影响工作效率，妨碍休息和睡眠等。噪声影响睡眠的程度大致与声级成正比，在 40dB 时大约 10%的人受到影响，在 70dB 时受影响的人就有 50%。突然一声响把人惊醒的情况也基本与声级成正比，40dB 的突然噪声能惊醒约 10%的睡眠者，60dB 的突然噪声能惊醒约 70%的睡眠者。在强噪声下，还容易掩盖交谈和危险警报信号，分散人们的注意力，发生工伤事故。

（三）噪声引起疾病

在强噪声的影响下可能会诱发一些疾病。已经发现，长期在强噪声环境中工作的工人，除了耳聋外，还有头晕、头痛、神经衰弱、消化不良等症状，甚至引发高血压和心血管病。更强的噪声会刺激内耳腔前庭，使人头晕目眩、恶心、呕吐，还能引起眼球振动、视觉模糊，呼吸、脉搏、血压等发生波动。

[案例 14-2] 华盛顿时间 1991 年 4 月 12 日 11:30，在迈阿密商业机场，本森先生、江森先生、罗宾先生，将勇敢地在吉尼斯纪录以外所做的一场惊心动魄的表演：只要飞机从他们头顶飞过，他们就可以得到 100 万美元。随着飞机发出巨大声响，3 个年轻人像几个小纸团一样被刮出去 10 多米远，救护车立刻上前营救：本森双眼暴突，极度恐怖地张着嘴，已经当场死亡；江森没有任何知觉，在送往医院的路上死去；罗宾永远成为傻子，而且听觉完全丧失。他们的耳膜都被震破，耳朵内骨破裂。人类历史上一场亘古未见的噪声实验就以这样的结局告终。这告诉我们，人类对环境的适应不是无止境的，任何污染超过一定限度，人类健康就会受到损害。

（四）特强噪声对仪器设备和建筑结构的危害

实验研究表明，特强噪声会损伤仪器设备，甚至使仪器设备失效。噪声对仪器设备的影响与噪声强度、频率以及仪器设备本身的结构与安装方式等因素有关。当噪声级超过 150dB 时，会严重损坏电阻、电容、晶体管等组件。当特强噪声作用于火箭、宇航器等机械结构时，受声频交变负载的反复作用，会使材料产生疲劳现象而断裂，这种现象叫作声疲劳。

一般的噪声对建筑物几乎没有什么影响，但是噪声级超过 140dB 时，对轻型建筑开始有破坏作用。例如，当超声速飞机在低空掠过时，在飞机头部和尾部会产生压力和密度突变，经地面反射后形成 N 形冲击波，传到地面时听起来像爆炸声，这种特殊的噪声叫作轰声。在轰声的作用下，建筑物会受到不同程度的破坏，如出现门窗损伤、玻璃破碎、墙壁开裂、抹灰震落、烟囱倒塌等现象。由于轰声衰减较慢，所以传播较远，影响范围较广。此外，在建筑物附近使用空气锤、打桩或爆破，也会导致建筑物的损伤。

四、噪声污染控制技术

根据噪声污染的特点，可以采取各种措施预防和控制噪声对人群的危害，这些工作统称为噪声污染控制。

噪声污染有两个特点，一是声源停止发声后，污染立刻消失；二是随距离的增加噪声强度迅速衰减。相应地，噪声污染控制措施分为两类。一类是将声源与人们的生产生活隔离开来，如合理规划城市布局，完善区域功能区划，使人们的办公、学习、居住远离工业区，远离铁路、机场等。二类是降低声源的强度，如改进设备的结构和加工精度，或者对声源采取吸声、隔声措施，减少声源向外的发射功率；常见的方法有低噪声风机、消声器、隔声墙等。此外，在声源和传播途径上无法采取措施，或采取的声学措施仍不能达到预期效果时，就需要对听声者或听觉器官采取防护措施，如长期职业性噪声暴露的工人可以戴耳塞、耳罩或头盔等护耳器。

在建筑物中，为了减小噪声而采取的措施主要是隔声和吸声。隔声就是将声源隔离，防止声源产生的噪声向室内传播。在马路两旁种树，对两侧住宅就可以起到隔声作用。在建筑物中将多层密实材料用多孔材料分隔而做成的夹层结构，也可达到很好的隔声效果。为消除噪声，常用的吸声材料主要是多孔吸声材料，如玻璃棉、矿棉、膨胀珍珠岩、穿孔吸声板等。材料的吸声性能取决于其粗糙性、柔性、多孔性等。另外，建筑物周围的草坪、树木等也都是很好的吸声材料，所以我们种植花草树木，不仅美化了我们生活和学习的环境，同时也防治了噪声对环境的污染。

将城市划分为不同的声功能区，规定不同的功能区噪声标准，也可促进上述两种噪声污染控制措施的实施。相关法规规定，居住区的噪声标准严于工业区的标准；夜间标准严于白天的标准。使用固定的设备造成环境噪声污染的工业企业，必须按照国务院环境保护行政主管部门的规定，向所在地的县级以上地方人民政府环境保护行政主管部门申报拥有的造成环境噪声污染的设备种类、数量以及在正常作业条件下所发出的噪声值和防治环境噪声污染的设施情况，并提供防治噪声污染的技术资料。造成环境噪声污染的设备的种类、数量、噪声值和防治设施有重大改变的，必须及时申报，并采取应有的防治措施。如果拒报或者谎报，由县级以上地方人民政府环境保护行政主管部门根据情节给予警告或者处以罚款。

第二节　光污染

一、光污染的定义

随着社会的发展，经济的进步，一种污染也随之严重起来。许多人都曾受到它的危害，而且危害正日趋严重，却往往被忽视。它就是危害人类的第五大污染：光污染（图 14-1）。

光污染主要是指各种光源（日光、灯光以及各种反射光）对周围环境和人的损害作用，是继废气、废水、废渣和噪声等污染之后的一种新型的环境污染源。

图 14-1　“光污染”成为一种新的环境污染源

首先提出光污染的是国际天文界，他们认为光污染是城市室外照明使天空发亮造成对天文观测的负面影响；后来英、美等国称之为干扰光；日本称为光害。意大利和美国的科研小组通过研究全球居民区和工业区光污染卫星资料后发现，全球有 2/3 地区的居民看不到星光灿烂的夜空，尤其在西欧和美国，高达 99%的居民看不到星空。

二、光污染的种类及危害

光污染是一类特殊形式的污染，包括可见光、激光、红外线和紫外线等造成的污染，光污染主要包括白亮污染、人工白昼污染和彩光污染，此外还有激光污染、红外线污染和紫外线污染等。

（一）白亮污染

现代不少建筑物采用大块镜面或铝合金装饰门面，有的甚至整个建筑物会用这种镜面装潢。也有一些建筑物采用钢化玻璃、釉面砖墙、铝合金板、磨光花岗岩、大理石和高级涂料装饰，明亮亮、白花花，刺眼逼人。据测定，白色的粉刷面光反射系数为69%～80%，而镜面玻璃的反射系数达82%～90%，比绿色草地、森林、深色或毛面砖石装修的建筑物的反射系数大10倍左右，大大超过了人体所能承受的范围。

长时间在白色光亮污染环境下工作和生活，眼角膜和虹膜都会受到不同程度的损害，会引起视力的急剧下降，白内障的发病率高达40%～48%。同时还使人头昏心烦，甚至产生失眠、食欲下降、情绪低落、乏力等类似神经衰弱的症状。

（二）人工白昼污染

夜幕降临后，大酒店、广告牌、霓虹灯使人眼花缭乱，有的强光束直冲云霄，使夜晚如同白昼。而在这样的情况下，附近居民的卧室如同白昼，夜晚难以入睡，生物节律被打乱，白天精神不振。国外的一项调查显示，有2/3的人认为白昼污染影响健康，有84%的人反映影响睡眠。为避免强光刺眼，人们不得不使用窗帘或关闭窗户。人工白昼能影响夜间活动的昆虫的正常繁殖，鸟类和昆虫可被强光周围的高温烧死。

（三）彩光污染

黑光灯、旋转活动灯、荧光灯以及闪烁的彩色光源构成了彩光污染，危害人体健康。据测定，黑光灯可产生波长为250～320nm的紫外线，其强度大大高于阳光中的紫外线，人体如长期受到这种黑光照射，有可能诱发鼻出血、脱牙、白内障，甚至导致白血病和癌症。这种紫外线对人体的有害影响可持续15～25年。旋转活动灯令人眼花缭乱，不仅对眼睛不利，而且可干扰大脑中枢神经，使人感到头昏目眩，站立不稳，出现头痛、失眠、注意力不集中、食欲下降等症状。霓虹灯的闪烁除有损人的视觉功能外，还可扰乱人体的内部平衡，使心跳、脉搏、体温、血压等变得不协调，引起头晕目眩、烦躁不安、食欲缺乏和乏力失眠等光害综合征。荧光灯照射时间过长会降低人体的钙吸收能力，导致机体缺钙。最新研究表明，彩光污染不仅有损人的生理功能，而且对人的心理也有影响。“光谱光色度效应”测定显示，如以白色光的心理影响为100，则蓝色光为152，紫色光为155，红色光为158，黑色光最高，为187。如果人们长期处在彩光灯的照射下，其心理积累效应，也会不同程度地引起倦怠无力、头晕神经衰弱等身心方面的病症。

（四）激光污染

激光是由激光器发出的一种特殊光，颜色单一，光线笔直、强度极大。目前，激光已有几千种单色，具有许多优点，并得到广泛应用。但是由于激光的能量集中，亮度很高，所以比别的光产生的伤害更大。激光造成的环境污染有两方面：一方面是激光束穿过空气时使许多物质（如尘土）气化，造成大气污染；另一方面是激光不仅会伤害眼睛的结膜、虹膜和晶状体，还可能直接危害人体深层组织和神经系统。

（五）红外线污染

红外线在工业方面有着广泛的应用，它是一种不可见光线，其主要作用是热作用。较强的红外线照射人体，可造成皮肤伤害，出现与烫伤相似的皮肤烧伤；红外线同样对人眼有伤害，会伤害眼底视网膜，也可能造成角膜灼伤和虹膜伤害。

（六）紫外线污染

紫外线也是一种不可见光线，在生产上有广泛的应用。例如消毒、杀菌、治疗某些皮肤病和软骨病等，还用于人造卫星对地面的探测。紫外线对人体的伤害，主要是伤害人的眼睛和皮肤，长期过量照射紫外线，会使眼睛角膜表现出角膜伤害，会使皮肤出现“光照性皮炎”，严重时，会使皮肤脱皮坏死，甚至引起皮肤癌变。

[案例 14-3] 上海市静安区人民检察院督促整治光污染行政公益诉讼案。

14.1 上海市静安区人民检察院督促整治光污染行政公益诉讼案

三、光污染的防治

防治光污染主要有下列几个方面的措施。

（1）规划管理。加强城市和工厂照明规划和管理，以减少光污染的来源。防治光污染是一项社会系统工程，需要有关部门制定必要的法律和规定，采取相应的防护措施。首先，在企业、卫生、环保等部门，要增加环保意识，注意控制光污染的源头，加强预防性卫生监督，做到防患于未然；科研人员在科学技术上也要探索有利于减少光污染的方法。在设计方案上，合理选择光源。要教育人们科学地合理使用灯光，注意调整亮度，不可滥用光源，不要再扩大光的污染。

（2）安全防护。对有红外线和紫外线污染的场所采取必要的安全防护措施，如戴防护镜、防护面罩、防护服等，把光污染的危害消除在萌芽状态。

（3）采用个人防护措施。主要是戴防护眼镜和防护面罩。防护镜有反射型防护镜、吸收型防护镜、反射-吸收型防护镜、爆炸型防护镜、光化学反应型防护镜、光电型防护镜、变色微晶玻璃型防护镜等类型。要注意个人保健，已出现症状的应定期去医院眼科做检查，及时发现病情，预防为主，防治结合。

第三节　放射性污染

一、放射性污染的来源

放射性污染是指一些放射性物质，如铀、钍、镭、锶、铯等，散发出来的射线所造成对环境的污染现象。一般分为天然放射性污染和人工放射性污染。人工放射性污染的污染源主要是医用射线源、核武器试验产生的放射性沉降和原子能工业排放的各种放射性废物。此外还包括：工业、医疗、军队、核舰艇或研究用的放射源，因运输事故、遗失、偷窃、误用，以及废物处理等失去控制而对居民造成大剂量照射或污染环境；一般居民消费用品中含有天然或人工放射性核素的产品，如放射性发光表盘、夜光表以及彩色电视机等产生的照射，虽对环境造成的污染很低，但也有研究的必要。

二、放射性污染的危害及预防

放射性污染会对人体会产生直接的近期危害和慢性的长期危害。如长期接受低剂量的射线照射，会引起白血病、各种癌症以及生殖系统病变，甚至留下后遗症或把这些生理病变遗传给后代。

在大剂量的照射下，放射性对人体和动物存在着某种损害作用。如在400rad（1rad＝10mGy，下同）的照射下，受照射的人有5%死亡；若照射剂量为650rad，则100%死亡；照射剂量在150rad以下时，死亡率为零，但并非无损害作用，通常需要经过20年以后，一些症状才会表现出来。放射性也能损伤遗传物质，主要在于引起基因突变和染色体畸变，使一代甚至几代人受害。

[案例14-4] 1986年4月26日，苏联切尔诺贝利核电站发生了核电发展史上最严重的核泄漏事故——4号反应堆机房爆炸。由于放射性烟尘的扩散，整个欧洲也都被笼罩在核污染的阴霾中。邻近国家检测到超常的放射性尘埃，粮食、蔬菜、奶制品等的生产都遭受了巨大的损失。这起事故造成31人死亡，203人受伤，13万人疏散，直接损失30亿美元，给人们带来的精神上、心理上的不安和恐惧更是无法统计。

放射性污染对人群健康的危害是很大的，因此必须加强对各种放射性“三废”排放与治理的管理，制定放射性防护标准，加强对放射性物质的监测，以减少环境的放射性污染。此外应加强个人防护，尽量远离放射源，必要时穿防护服。

第四节　热污染

一、热污染概述

大量的废热（含热废水、废气及热辐射）不断进入环境，使环境温度升高，影响人类及生物的生活及生存，称为热污染。热污染的主要来源是工业企业的冷却水和燃烧所产生的含热废气及热辐射。热污染的另一重要来源是城市居民的炉灶、空调、机动车辆及密集的人群。城市中由混凝土、砖瓦石料堆砌而成的建筑群以及由水泥、柏油铺设的路面能大量储存太阳能。

热污染是一种能量污染，是指人类活动危害热环境的现象。除人为排放的各种温室气体、臭氧层损耗物质、气溶胶颗粒物等所导致直接的或间接的影响全球气候变化的这一特殊的危害热环境的现象外，常见的热污染有以下两种。

（一）热岛效应

因城市地区人口集中，建筑群、街道等代替了地面的天然覆盖层，工业生产排放热量，大量机动车行驶，大量空调排放热量，形成城市气温高于郊区农村的热岛效应。

（二）水体热污染

水体热污染指因热电厂、核电站、炼钢厂等冷却水外排造成水体温度升高，使溶解氧减少，某些毒物毒性提高，鱼类不能繁殖或死亡，某些细菌大量繁殖，引起水质恶化。

二、热污染的危害

热污染可以污染大气和水体。火力发电厂、核电站和钢铁厂的冷却系统排出的热水，以及石油、化工、造纸等工厂排出的生产性废水中均含有大量废热。这些废热排入地面水体之后，能使水温升高。在工业发达的美国，每天所排放的冷却用水达4.5亿立方米，接近全国用水量的1/3；废热水含热量约2500亿千卡（1kcal＝4.18kJ，下同），足够2.5亿立方米的水温升高 10℃。

热污染首当其冲的受害者是水生生物，水温升高使水中溶解氧减少，水体处于缺氧状态，同时又使水生生物代谢率增高而需要更多的氧，造成一些水生生物在热效力作用下发育受阻或死亡，从而影响环境和生态平衡。此外，河水水温上升给一些致病性微生物提供了一个人工温床，使它们得以滋生、泛滥，引起疾病流行，危害人类健康。

[案例 14-5] 1965 年澳大利亚曾流行过一种脑膜炎，后经科学家证实，其祸根是一种变形原虫，由于发电厂排出的热水使河水温度增高，这种变形原虫在温水中大量滋生，造成水源污染而引起了这次脑膜炎的流行。

热污染的产生随着人口和耗能量的增长，城市排入大气的热量日益增多，使得地面反射太阳热能的反射率增高，吸收太阳辐射热减少，上升气流减弱，阻碍云雨形成，造成局部地区干旱，影响农作物生长。近一个世纪以来，地球大气中的二氧化碳不断增加，气候变暖，冰川积雪融化，使海水水位上升，一些原本十分炎热的城市，变得更热。专家们预测，如按现在的能源消耗的速度计算，一个世纪后两极温度将上升 3～7℃，对全球气候会有重大影响。

城市热岛效应是城市气候中典型的特征之一，是指城市气温比郊区气温高的现象。城市热岛的形成，一方面是在现代化城市中人们的日常生活所发出的热量；另一方面，城市中建筑群密集，沥青和水泥路面与郊区的土壤、植被相比，可吸收更多的热量，而反射率小，使得城市白天吸收储存太阳能比郊区多，夜晚城市降温缓慢仍比郊区气温高。城市热岛是以市中心为热岛中心，有一股较强的暖气流在此上升，而郊外上空为相对冷的空气下沉，这样便形成了城郊环流，空气中的各种污染物在这种局地环流的作用下，聚集在城市上空，如果没有很强的冷空气，城市空气污染将加重，人类生存的环境被破坏，导致人类发生各种疾病，甚至造成死亡。

热污染还对人体健康产生了许多危害。它全面降低了人体机理的正常免疫功能，包括致病病毒或细菌对抗生素越来越强的耐热性，以及生态系统的变化降低了肌体对疾病的抵抗力，从而加剧各种新、老传染病并发流行。

造成热污染最根本的原因是未能有效、合理地利用能源。随着现代工业的发展和人口的不断增长，环境热污染将日趋严重。然而，人们尚未用一个量值来规定其污染程度，这表明人们并未对热污染有足够重视。为此，科学家呼吁应尽快制定环境热污染的控制标准，采取行之有效的措施防治热污染。

三、热污染的防治

（一）废热的综合利用

充分利用工业的余热，是减少热污染的最主要措施。生产过程中产生的余热种类繁多，有高温烟气余热、高温产品余热、冷却介质余热和废气废水余热等。这些余热都是可以利用的二次能源。我国每年可利用的工业余热相当于 5000 万吨标煤的发热量。在冶金、发电、化工、建材等行业，通过热交换器利用余热来预热空气、原燃料、干燥产品、生产蒸汽、供应热水等。此外还可以调节水田水温，调节港口水温以防止冻结。

对于压力高、温度高的废气，要通过汽轮机等动力机械直接将热能转为机械能。冷却介质余热的利用方面，主要是电厂和水泥厂等冷却水的循环使用，改进冷却方式，减少冷却水排放。

（二）加强隔热保温，防止热损失

在工业生产中，有些窑体要加强保温、隔热措施，以降低热损失，如水泥窑筒体用硅酸铝毡、珍珠岩等高效保温材料，既减少热散失，又降低水泥熟料热耗。

（三）寻找新能源

利用水能、风能、地能、潮汐能和太阳能等新能源，既可解决污染物，又是防止和减少热污染的重要途径。特别是太阳能的利用上，各国都投入大量人力和财力进行了研究，取得了一定的效果。

任务案例

噪声“伤人”赔偿损失案例。

14.2 噪声伤人赔偿损失案例

课后任务

一、情景分析

市民徐某购买一商品住房，入住后发现卧室窗户对面大约 5m 是一老年活动中心，每晚都有一些麻将爱好者打至深夜，时间一长，麻将声和争执声导致徐某睡眠不足。不久后又发现当地电力公司在其住宅附近架设了 220kV 高压输电线路及塔台并投入使用。最近由于市政府搞亮化工程，有盏高压钠灯直射房间，让徐某无法入睡。

请问以上案例中，这位市民遭受了哪些物理污染？请分别剖析。

二、课后实践

（1）你所在学校周围环境是什么样的？请分析有哪些物理性污染，并给出具体治理措施和建议。

（2）你家附近周围环境是什么样的？请分析有哪些物理性污染，并给出具体治理措施和建议。

（3）繁华的城市夜空往往看不到星星，而宁静的乡下却清晰可见，请你分析其原因。

（4）你所在的城市是否存在热污染的现象，具有什么危害？

（5）搜集资料，了解我国噪声污染等环境污染案例，从技术和立法角度上，分析其可行的解决办法。

第十五章　突发环境事件应急救援

学习目标

了解突发环境事件的概念，理解环境风险因子及环境风险源，学习突发环境事件应急预案。学会应急处置，能提出危险化学品突发事件应急处置措施。培养学生危险化学品突发环境事件预防意识。

第一节　突发环境事件的概念

突发环境事件作为突发事件的一个典型类别，其影响力和被关注度不亚于其他任何类型的突发事件。如何有效预防与应对突发事件，尤其是突发环境事件，直接关系到政府在公民心目中的权威地位和良好形象，直接影响着我国政治稳定和经济发展。

一、突发环境事件的定义

突发事件可被广义理解为突然发生的事情：第一层的含义是事件发生、发展的速度很快，出乎意料；第二层的含义是事件难以应对，必须采取非常规的方法来处理。在《中华人民共和国突发事件应对法》将突发事件界定为：突然发生，造成或者可能造成严重社会危害，需要采取应急处置措施予以应对自然灾害、事故灾难、公共卫生事件和社会安全事件。

突发环境事件是突发事件的一种，但它又不同于其他突发事件，具有环境性。在《国家突发环境事件应急预案》中将突发环境事件定义为：指由于污染物排放或自然灾害、生产安全事故等因素，导致污染物或放射性物质等有毒有害物质进入大气、水体、土壤等环境介质，突然造成或可能造成环境质量下降，危及公众身体健康和财产安全，或造成生态环境破坏，或造成重大社会影响，需要采取紧急措施予以应对的事件。

在《石油化工企业环境应急预案编制指南》中将突发环境事件定义为突然发生，造成或可能造成人员伤亡、财产损失，对全国或者某一地区的经济社会稳定、政治安定和环境安全构成威胁和损害，有重大社会影响的涉及公共安全的环境事件。

二、突发环境事件的类型

（一）根据受污染环境所属类型划分

可分为水污染事件、大气污染事件、噪声与振动危害事件、固体废物污染事件及国家重点保护的野生动植物与自然保护区破坏事件等。

（二）根据污染物性质划分

可分为有毒有害化学物质污染（如 2006 年 11 月湖北枝江市化学原料污染事件）、油类污染（如 2006 年 11 月长江四川泸州段污染事件）、重金属污染（如 2006 年 1 月湘江镉污染事件）、藻类污染（如 2007 年 6 月无锡太湖蓝藻污染事件）等。

（三）根据污染源所处的社会领域划分

可分为工业污染事件、农业污染事件、交通污染事件等。

（四）根据诱发因素划分

可分为人为型（如生产事故、交通事故、偷排有毒物质等引发的污染事件）、自然型（因地震、洪涝、雷击等引发的污染事件）和综合型污染事件。

（五）根据造成的事故原因划分

可分为直接性污染事件（如广东省北江镉污染事件是因环境保护行政主管部门监管对象企业违法排污直接导致的污染事件）和间接性污染事件（如地震次生环境污染事件、安全生产事故次生环境污染事件），松花江水污染事故是由生产安全事故引发的，属于间接污染事件。

（六）根据事件的时间因素划分

可分为突发型污染事件和累积型污染事件。这两种事件都是突然发生的，不可预测，但突发型污染事件多是由偶然性事件衍生而来的，如地震、洪涝等自然灾害次生爆炸、火灾等安全生产事故次生突发型污染事件、翻车导致化学品泄漏污染事故等。累积型污染事件虽然也是高发的，但本质是污染的长期积累所致，这类事件的发生有其必然性（如太湖蓝藻暴发事件）。

（七）根据发生的方式划分

可分为交通事故污染（如 2006 年 8 月陕西韩城烧碱污染事件）、生产事故造成的污染（如 2005 年松花江水污染事件）、自然环境变化引起的污染（如 2005 年山西汾河水库污染事件）、非正常大量废水造成的污染（如 2007 年 12 月贵州都柳江污染）、人为破坏造成的污染（如 2006 年 7 月武汉黄陂投污事件）、暴雨等自然灾害造成的污染（2006 年 4 月广西钦州供水水渠污染）等。

三、突发环境事件的特征

（一）突发性

突发性是突发事件最显著的特征，突发环境事件也不例外。具体而言，突发环境事件没有固定的排放方式和排放途径，因其发生突然、难以预测，在瞬时或短时间内大量地排放污染物质，如果处置不当将会对环境造成严重污染和破坏，给人民和国家财产造成重大损失，还可能造成社会恐慌。正因为突发环境事件的突发性，才使得突发环境事件应急机制的存在成为必要。应急机制可在最短时间内，最有效地集中人力、物力、财力，采取各种相应措施，将环境危机造成的损失降到最小。

（二）环境性

突发性是突发事件的共性，环境性则是突发环境事件独有的特性。《中华人民共和国环境保护法》从法学的角度对环境概念加以阐述："是指影响人类生存和发展的各种天然的和经过人工改造的自然因素的总体，包括大气、水、海洋、土地、矿藏、森林、草原、湿地、野生生物、自然遗迹、人文遗迹、自然保护区、风景名胜区、城市和乡村等。"因此突发环境事件作为环境事件的一种，它影响的后果是"使环境受到污染"。

（三）复杂性

复杂性主要表现在事件发生原因上。引发突发环境事件的原因多种多样，除了人为因素如水上交通、公路交通、企业违规或事故排污、野蛮施工导致化学品管道破裂等事故次生的环境污染事件，和自然因素引发如地震、泥石流等灾害性天气导致的环境污染事件外，还有些事件的成因更加复杂。有的是人为和自然多种因素综合引发的，比如连续暴雨将携带面源污染的农田退水冲入养殖区导致处于产卵敏感期的鱼虾蟹大面积死亡事件。有的事件是在特定地区、一些历史遗留问题长期积累形成的社会矛盾，在特定的气候条件下以环境事件作为突破口爆发出来，比如东台晚秋蚕受损事件。这些事件发生具有极大的偶然性，有时污染物质的性质、浓度和危害等情况无法第一时间查明，就给环境污染应急处置和社会矛盾的化解带来很大难度。这些事件不仅使环境遭受污染，还对公众自身利益造成影响，甚至还会对当地的经济、政治、文化等诸多因素造成影响，因此不是单纯地进行污染事故本身的处理和处置就可以解决的。

（四）不确定性

不确定性主要表现在事件危害方面。由于不明物质、不明浓度及其扩散、迁移的规律不同，故在突发的短时间内，往往不能确定是何种污染物，浓度多高，以及影响的范围、持续的时间、对人体和动植物及其环境危害的程度。同时，由于事件发生时间、地点和环境的不同，受害对象的不确定，同等规模和程度的污染事件造成的污染危害是千差万别的（例如污染事故发生地点距离城市水源地很近，城市供水就会中断，其后果将是灾难性的，而如发生在远海区可能就不会影响任何人）。

四、突发环境事件的级别

《突发环境事件信息报告办法》（生态环境部第 17 号令）附录规定，按照突发事件严重性和紧急程度，突发环境事件分级标准分别为特别重大（Ⅰ级）、重大（Ⅱ级）、较大（Ⅲ级）和一般（Ⅳ级）四级。

（一）特别重大（Ⅰ级）突发环境事件

凡符合下列情形之一的，为特别重大环境事件：

（1）因环境污染直接导致 10 人以上死亡或 100 人以上中毒的；

（2）因环境污染需疏散、转移群众 5 万人以上的；

（3）因环境污染造成直接经济损失 1 亿元以上的；

（4）因环境污染造成区域生态功能丧失或国家重点保护物种灭绝的；

（5）因环境污染造成地市级以上城市集中式饮用水水源地取水中断的；

(6) 1、2类放射源失控造成大范围严重辐射污染后果的；核设施发生需要进入场外应急的严重核事故，或事故辐射后果可能影响邻省和境外的，或按照“国际核事件分级（INES）标准”属于3级以上的核事件；台湾核设施中发生的按照“国际核事件分级（INES）标准”属于4级以上的核事故；周边国家核设施中发生的按照“国际核事件分级（INES）标准”属于4级以上的核事故；

(7) 跨国界突发环境事件。

（二）重大（Ⅱ级）突发环境事件

凡符合下列情形之一的，为重大环境事件：

(1) 因环境污染直接导致3人以上10人以下死亡或50人以上100人以下中毒的；

(2) 因环境污染需疏散、转移群众1万人以上5万人以下的；

(3) 因环境污染造成直接经济损失2000万元以上1亿元以下的；

(4) 因环境污染造成区域生态功能部分丧失或国家重点保护野生动植物种群大批死亡的；

(5) 因环境污染造成县级城市集中式饮用水水源地取水中断的；

(6) 重金属污染或危险化学品生产、贮运、使用过程中发生爆炸、泄漏等事件，或因倾倒、堆放、丢弃、遗撒危险废物等造成的突发环境事件发生在国家重点流域、国家级自然保护区、风景名胜区或居民聚集区、医院、学校等敏感区域的；

(7) 1、2类放射源丢失、被盗、失控造成环境影响，或核设施和铀矿冶炼设施发生的达到进入场区应急状态标准的，或进口货物严重辐射超标的事件；

(8) 跨省（区、市）界突发环境事件。

（三）较大（Ⅲ级）突发环境事件

凡符合下列情形之一的，为较大环境事件：

(1) 因环境污染直接导致3人以下死亡或10人以上50人以下中毒的；

(2) 因环境污染需疏散、转移群众5000人以上1万人以下的；

(3) 因环境污染造成直接经济损失500万元以上2000万元以下的；

(4) 因环境污染造成国家重点保护的动植物物种受到破坏的；

(5) 因环境污染造成乡镇集中式饮用水水源地取水中断的；

(6) 3类放射源丢失、被盗或失控，造成环境影响的；

(7) 跨地市界突发环境事件。

（四）一般（Ⅳ级）突发环境事件

除特别重大突发环境事件、重大突发环境事件、较大突发环境事件以外的突发环境事件。

第二节　环境风险因子及环境风险源

一、环境风险事故类型

危险化学品大多数为易燃、易爆和有毒物质，生产、储存和运输过程多处于高温、高压或低温、负压等苛刻条件下，潜在危险性很大。一旦发生危险化学品突发泄漏事故，往往与爆炸、火灾相互引发，且发展迅猛，致使有毒危险化学品大量外泄或多点诱发，从点源发展到面源，逸散到大气中。危险化学品突发环境事件具有突发性强、危害性大、有毒化学品类型多、行为复杂等特点。危险化学品生产企业事故状态下环境污染类型见图 15-1。危险化学品生产企业事故状态下伴生和次生环境危害见图 15-2。

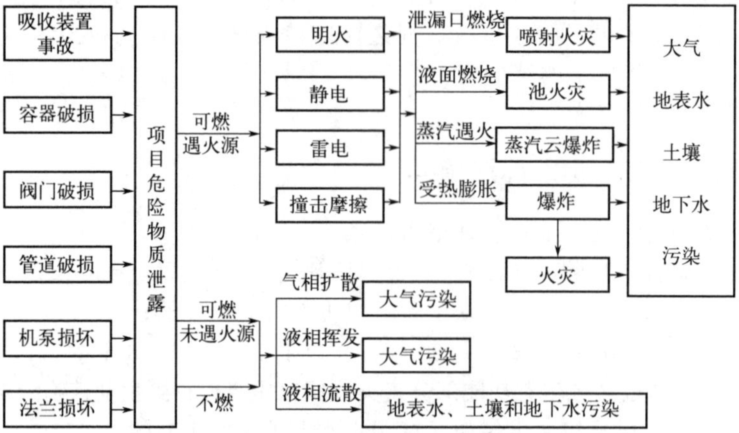

图 15-1　生产企业事故状态下环境污染类型

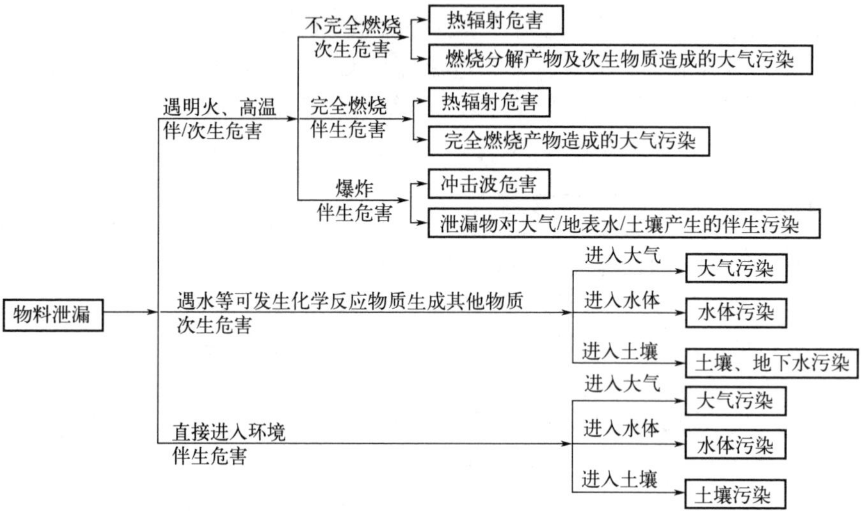

图 15-2　事故状态下伴生和次生环境危害

二、环境风险因子

危险化学品生产企业所涉及的原料、中间产物、产品、辅料等危险化学品具有易燃、易爆和有毒、有害两大主要特征。这些物品通过生产、储存、运输、使用乃至废弃等各种途径进入环境，在转移过程或积累过程对生态环境和人体健康具有潜在危险性。

因此可从项目所涉及的原料、辅料、产品和“三废”物质入手，了解物质的用量和潜在危险性，包括其物理化学性质、毒理指标和危险性，按照物质危险性，结合受影响的环境因素，筛选环境风险评价因子。也可概括为风险性质的识别。

三、环境风险源

在《石油化工企业环境应急预案编制指南》中将环境风险源定义为：在石油化工企业生

产过程中，可能导致发生环境污染事件的污染源，包括生产、贮存、经营、使用、运输的危险物质以及产生、收集、利用、处置危险废物的场所、设备和装置等。

危险化学品生产企业的生产装置和管线纵横交错，一个石化企业往往由几十套生产装置组成，从炼油、化工、化纤、塑料、化肥等到精细化工，流程复杂，工艺各异，涉及高温、高压反应，危险因素多，具有潜在危险的操作部位多。如在爆炸或接近爆炸范围操作，产生大量反应热、自聚反应、不稳定化合物操作等，这使风险识别筛选困难并且工作量大。环境风险源从生产工艺和设计方案入手，了解项目的装置组成和相应的配套、辅助设施，结合物质危险性识别，对项目划分系统、功能单元，确定重大危险源。

危险化学品生产企业的储运系统包括罐区、泵房及管线、装卸码头及危险品仓库等，面积大、品种多（各种油品化学品在数千种以上）、储量高（相当企业日加工量的20～30倍）、分布面广。各种油品、化学品中相当数量由海上和内河运输，由泄漏造成水体污染的潜在危险很大，防范应急难度大。

根据有毒有害物质扩散起因，识别火灾、爆炸、有毒有害物质泄漏等风险诱因，分析潜在风险单元、危险物质向环境转移的可能途径和影响方式，列出潜在的一系列事故设定。其中，需要特别注意的是，对于次生性或者伴生性的环境风险的识别同样不能忽视。这在一定程度上可看作是风险诱因与风险转移的识别。

第三节　应急准备

环境应急准备是指针对各类可能发生的突发环境事件，做好各项充分准备，包括思想准备、预案准备、资源准备、能力准备等，在发生突发环境事件时能够及时、有序应对，从而达到控制事态发展、最大程度降低事件损失和影响的目的。环境应急准备体系包含了环境应急预案、应急资源、跨区域与跨部门联动、应急演练、应急宣传与培训及应急值守等方面内容。

一、突发环境事件应急预案

（一）环境应急预案定义

在《石油化工企业环境应急预案编制指南》中将环境应急预案定义为：针对可能发生的环境污染事件，为迅速、有序地开展环境应急行动而预先制定的行动方案。制定应急预案时要充分考虑现有物质、人员及环境风险源的具体条件，能及时、有效地统筹指导突发环境事件应急救援行动。

（二）突发环境事件应急预案作用

科学的计划是环境应急管理成功的一半。环境应急预案体系是环境应急管理体系的基础，是环境应急准备体系的核心，是及时、有序、有效开展环境应急工作的重要保障。环境应急预案的核心作用主要体现在如下两个方面。

（1）通过环境应急预案的编制、完善与落实，管理者及相关人员对可能发生的各种突发环境事件及状态予以充分考虑、认真分析，有的放矢研究对策，明确相应的人力、财力、物力需求，合理配置相关资源，与此同时促进环境应急管理体制、机制的建立完善，推动演练宣传培训工作的开展，增强人们的忧患意识、环境安全防范意识，达到提升环境应急保障能力和环境应急处置水平的目的。

（2）通过非常态下环境应急预案的启动，在发生突发环境事件时，科学规范突发环境事件应对行为，增强环境应急指挥的规范性，减少环境应急处置的盲目性；提高应急决策的科学性和时效性，尽快做出相对优化决策，最大程度控制事态发展、降低事件损失和对环境的影响；通过信息的正确及时发布，能够有效缓解突发事件时公众的心理恐慌，使得公众更好保护自身安全，并更加自觉地配合政府做好应对工作。实践证明，制定实施环境应急预案在有效处置突发环境事件过程中发挥了重要作用。

（三）突发环境事件应急预案的分类

根据不同的分类标准，应急预案划分为不同类别。

（1）依据事件种类划分。可分为自然灾害类、事故灾难类、公共卫生类及社会安全类应急预案。

（2）依据预案执行主体与级别划分。可分为政府（部门）应急预案及基层单位应急预案两类，政府（部门）预案可划分为国家与地方应急预案，地方应急预案包含省、市、县、基层政权组织四级应急预案，基层单位应急预案则包含社区、乡村、企业、学校、医院等应急预案。

（3）依据预案的功能和目标划分。从政府（部门）层面上可分为总体应急预案、专项应急预案、部门应急预案、单项应急预案；从基层单位层面上可分为综合预案、专项预案及现场预案等。

（4）依据预案内容属性划分。可分为管理主导性应急预案与操作主导性应急预案。管理主导性预案内容侧重于突发环境事件应急的指挥协调，以政府（部门）应急预案为代表；操作主导性预案内容则侧重于具体突发环境事件的应对措施，以基层单位应急预案为代表。

（四）预案编制目的

通过制定突发环境事件应急预案。建立健全突发性环境污染事件的应急机制，提高企业应对突发性环境事件的能力，在切实加强环境风险源的监控和防范措施，有效降低事件发生概率的前提下，并规定相应措施，对突发环境事件及时组织有效救援，控制事件危害的蔓延，减小伴随的环境影响，最大限度地减少突发环境事件带来的危害。

（五）预案编制要求

突发环境事件应急预案编制程序见图 15-3。

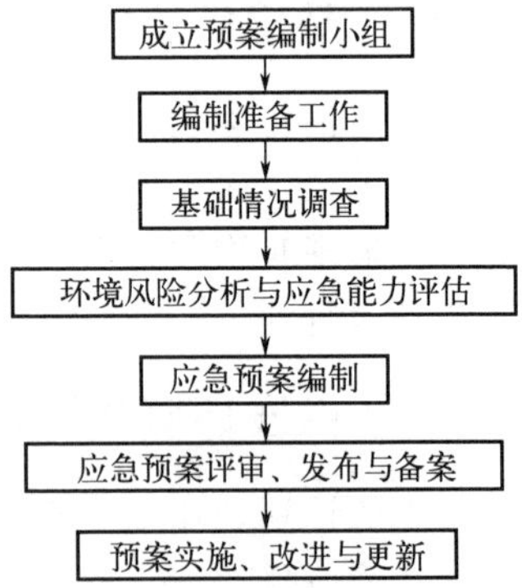

图 15-3　突发环境事件应急预案编制程序

（1）成立预案编制小组。各编制单位根据本单位（各级政府、环保部门及相关部门、园区、企事业单位）突发环境事件应急职责，成立专项应急预案编制工作小组，明确预案编制任务、职责分工和工作计划。环境应急预案编制工作涉及面广、专业性强，是复杂的系统工程，必须对预案编制人员进行专业性要求，尤其园区与企事业单位的预案编制人员，针对突发环境事件的次生性特点，应包含环境、安全、消防等各方面的专家和人员。

正因为预案编制人员的专业性特点，编制主体原则上为“谁使用谁编制”，预案使用单位是第一责任编制主体，但在实际操作过程中，可结合自身实际采用自编或委托相关专业技术服务机构的形式编制。即使委托第三方编制，各单位自身仍应成立专门的预案编制小组或指定专门的负责人员，加强与第三方机构的协调沟通，促进预案内容更符合单位实际，更具针对性与操作性。

（2）编制准备工作

① 资料收集与分析。主要是编制前的资料收集与分析，包含相关的法律法规、应急预案、技术标准等规范性文件收集，本单位的基本情况调查、辖区或单位环境风险分析及应急能力评估等，国内外相关突发环境事件的案例分析也可作为应急预案编制的参考材料。其中，本单位的基本情况调查、辖区或单位环境风险分析及自身应急能力评估是编制准备工作的重心。

② 本单位的基本情况。主要是指单位的基本情况概述，作为公众了解的内容，园区及企事业单位预案有必要对园区与企事业单位的基本情况进行概述，这是进行环境风险分析与采取应对措施的基本前提。单位的环境风险分析是编制准备工作的关键要素之一，政府专项及部门预案有必要对辖区内各类环境风险源、重大环境安全隐患及区域性、流域性敏感保护目标进行总体把握，园区及企事业单位预案则通过环境风险分析得出园区或企业内部的重点风险源，结合周边环境敏感保护目标，预测可能发生的突发环境事件的种类与后果，并对突发环境事件进行分类、分级，以针对性进行应急人力、财力、物力及技术方面的准备。

③ 应急能力评估则是编制准备工作的另一关键要素，在总体调查、详细分析的基础上，编制主体对各单位现有的突发环境事件预防措施、应急管理及救援队伍、应急物资储备、应急装备配备、应急监测能力、环境应急指挥系统等应急能力进行评估，对进一步需求尽量进行补足。同时还应明确外部资源及能力，包括地方政府、上级部门预案的要求，专家咨询系统，区域联动机制，企业互助机制等。

（3）应急预案编制要求在应急能力评估的基础上，结合本单位负责调查处理的突发环境事件的类型和级别，编制应急预案，对应急机构的组成、职责、应急响应程序、措施以及应急保障等方面做出具体安排。应急预案应与地方政府、上级部门、相关部门及其他单位预案有效衔接。

① 预案内容的基本要求。环境应急预案的内容应达到“四性”：一是针对性，围绕本单位应急职能，加强与细化本单位及相关部门、机构应急职责；二是实用性，预案内容应切合工作实际，与本单位应急处置能力相适应；三是操作性，应急响应程序、措施和保障措施等内容应切实可行；四是衔接性，与地方政府、相关部门或单位的应急预案内容彼此呼应、衔接。

② 预案格式要求。环境应急预案一般由封面、目录、内容及附件四部分构成。封面主要包括应急预案编号、版本号、预案名称、发布实施单位名称、编制单位名称及颁布日期等内容。目录结构完整，含编号、标题及附件等，层次要求清晰、合理，目录页码与内容页码相对应。预案的版面一般使用 A4 纸型，仿宋字体，要求电子文档及打印文本具备。

（六）预案基本要素

预案包括“八要素”：总则，组织指挥体系与职责，预防与预警，应急响应，善后处置，应急保障，宣传、培训与演练，附则与附件。具体见表 15-1。

表 15-1　环境应急预案内容的基本要素

要素	基本内涵
总则	目的、工作原则、法律法规依据及适用范围等原则性内容
组织指挥体系与职责	包含突发事件应急组织体系的框架、指挥机构的组成及相应职责
预防与预警	预测与预警系统、预警级别、预警行动及预警支持系统等
应急响应	信息处理、分级响应、指挥协调、现场处置、人员撤离、医疗救治、事故调查等
善后处置	事后评估与恢复重建等
应急保障	人力资源、资金、装备、物资、通信、交通运输、技术等保障
宣传、培训与演练	针对预案内容的宣传、培训和演练做出明确规定
附则与附件	预案中涉及的名词术语定义、预案发布实施及更新等管理内容

环境应急预案中一般应涵盖上述基本要素，要素安排、框架结构可以根据单位特点进行调整，具体内容应结合单位实际，突出重点，简明清晰，详略得当。

（七）预案评估

应急预案编制完成后，应进行评估。评估分为内部评估和外部评估，内部评估由各单位主要负责人组织单位内部相关机构和人员进行，外部评估则由各单位邀请地方政府、上级部门以及有关专家组成评估小组对预案进行评估，评估小组组成人员应包括预案涉及的政府部门人员、相关行业协会以及应急管理和专业技术方面的专家，应急管理和专业技术方面的专家主要包括科研机构、高等院校及同行业企业的专家。预案的评估以相关规范性编制文件（导则、国家相关标准）为参考标准，同时应当结合单位实际，注重预案的实用性、基本要素的完整性、内容格式的规范性、应急保障措施的可行性以及与其他相关预案的衔接性等。

（八）预案发布实施

预案为提高环境应急处置能力提供了制度保障，但除制度保障外，更需要预案具体执行、实施过程中的高效、到位。花一分力气抓预案的制定，就要花十分力气抓落实。预案发布后，各级地方政府、职能部门及各相关单位应尽快组织落实预案中的各项工作，进一步明确责任主体、细化各项职责和任务分工，落实环境风险防范设施建设，组建环境应急救援队伍、落实物资、装备配备等。

（九）预案备案管理

预案经评估完善后，一般经各单位主要负责人签署发布，并报相关机构备案。环保部门制定的部门预案，应报同级人民政府与上级环保部门备案。各企事业单位制定的应急预案，应由单位主要负责人签署，报当地环保部门备案。预案报送备案时应提交《突发环境事件应急预案备案申请表》、应急预案专家评估意见以及应急预案的纸质与电子版材料。受理备案登记的环保部门应在收到报备材料起 60 日内，对应急预案进行形式审查。符合形式审查标准的，予以备案并出具《突发环境事件应急预案备案登记表》；不符合标准的，不予备案并函复说明理由。

（十）预案培训、宣传与演练

美国国家应急预案编制指南的前言中提出“没有经过培训和演练的任何预案文件只是束之高阁的一纸空文”。应急预案本身并不能自动发挥作用，其作用的大小受制定水平和执行能力的影响。因此，要在平时做好应急预案文本的培训和演练，不断提高各级领导干部、管理人员、应急救援人员的指挥水平和专业技能，提高预案的执行力。进行有效的应急预案演练有两个核心优势：一是增加对潜在环境风险的警惕性，二是增加处理突发环境事件的经验。通过有效的演练，可以克服临场混乱、措施不当、抢险物资准备不充分、抢救人员不到位、延误抢救最佳时间等问题。应急预案中列出的所有功能和活动都必须经过培训和演练，培训、演练中发现的问题应成为预案修改更新的参考。

（十一）预案动态更新

应急预案建设是一个不断完善的过程。环境应急预案根据以往经验和可能出现的突发环境事件的特点等事前编制，带有一定的主观性，与事实可能存有一定差距，且突发环境事件在不同历史时期具有不同特征。因此，需要定期对环境应急预案进行评估和修订，使之更加完善且符合实际。随着相关法律法规的制定、修改、完善和废止，各单位职责、人员或应急资源发生变化，通过演练或应急实践过程中发现的问题和出现新的情况，各单位应及时更新应急预案。

二、环境应急资源准备

（一）应急资源

环境应急资源是指为突发环境事件应急处置工作提前准备的应急物资、资金、人员装备等资源。应急资源是有效应对突发事件的重要保障，通过对应急资源事先的合理配置、有效整合，可避免资源缺乏、不足或存放不合理、管理混乱等问题。一方面能够确保资源在需要时尽快投入使用，保证突发事件的快速与高效处置；另一方面，从经济角度出发，也能够实现资源使用的最优化。

环境应急资源的储备管理包含资金保障、专家队伍建设、应急救援队伍建设、应急物资、装备储备等方面内容。《中华人民共和国突发事件应对法》对应急救援队伍、资金、物资、装备、通信及技术保障均做出了明确要求。各项应急资源应该合理储备、便利调用，实现应急利益与经济利益的双赢。对此，应充分利用现有资源，按照条块结合、资源整合和降低行政成本原则，构建社会共建共享体系。提倡政府主导、社会参与的方式，在政府的统一领导下，动员全社会的力量，调动各种社会资源共同应对，形成社会整体性应对网络，努力让有限的社会和政府资源发挥最大作用，最终达到分解政府压力、集中社会资源、节约处置成本、提高应急效率的效果。

（二）资金保障

应对突发环境事件首先必须有充足的资金保障。应对突发事件的资金一般由财政拨款、社会捐助及政策、商业保险三部分组成。目前，政府的财政拨款是主要来源。因此，应将环境应急资金纳入制度保障，按照事权与财权划分、分级响应、分级负担的原则，与环境应急管理实践需求相呼应，合理、充足安排应急经费。

（三）专家队伍建设

环境应急专家队伍建设是环境应急队伍建设的重要组成部分，是环境应急准备与保障的重要内容，是加强环境应急管理的重要基础性工作。通过专家队伍的建设和完善，加强环境应急管理与突发环境事件处置的理论支撑与技术支持，对于有效防范突发环境事件发生、科学应对和处置突发环境事件具有积极意义。专家队伍构建原则主要有以下两点。

（1）遵循分步建立、分级管理原则。吸收一批政治觉悟高、应急理论丰富、专业知识扎实、实践经验丰富、组织性强的专家，组建一支高素质环境应急专家队伍，形成环境应急专家库；不断完善和调整环境应急专家库，扩大专家的组成，从高等院校、科研机构、企事业单位和相关政府的环境应急管理和技术人员中选聘专家，专业类别应涵盖石油、化工、生物、环保、核辐射及应急管理等多方面，形成覆盖面广、专业类别多的环境应急专家队伍系统。

（2）遵循依托本地、讲求适用原则。根据区域、产业和环境风险源分布，调整环境应急专家库。强调专家的本地化，不仅方便日常业务咨询工作，也确保事件发生后赶赴现场的时效性；强调专家的针对性，根据地区产业结构特征及突发环境事件频率，有选择地添加风险性高的石油、化工等行业企业代表；强调专家的经验性，不仅要求理论知识深厚，还要求有丰富的环境应急处置工作经验。因此，专家库一般应由教授、高工和长期在一线的企业技术骨干组成。

（四）救援队伍建设

环境应急队伍包含环境应急管理队伍、环境应急专家队伍及环境应急救援队伍三部分。环境应急救援队伍一般是指突发环境事件现场处置队伍，环境应急救援队伍是环境应急队伍的重要组成部分。环境应急救援队伍主要包含政府层面的综合应急救援队伍、企事业单位层面的专、兼职应急救援队伍两大类，目前缺乏专业的环境应急救援队伍。环境应急管理队伍则是环境保护行政主管部门组建的负责环境应急日常管理与突发环境事件应对的管理机构及人员，以管理性质为主，与环境应急救援队伍的一线处置属性相区分。环境应急救援队伍作为突发环境事件现场处置的重要一线力量，对于环境应急处置工作的顺利开展具有十分重要而明显的意义。

（五）物资储备与管理

（1）环境应急物资。发生突发事件时，应急物资的及时到位、准确足量，对于最大限度控制事态发展、保护人民群众生命财产安全意义重大，因此应急物资不同于一般物资，存在需求数量大而不确定等特点。根据优先等级划分，一般分为生命救助类、工程保障类、工程建设类与灾后重建类；根据其用途划分，包含防护用品类、生命救助类、生命支持类、污染清理类、动力燃料类、工程材料类等。环境应急物资大部分属于污染清理类应急物资，目前以现场应急防护与处置装备以及用于污染处置的各种常用中和剂及吸附物资最为常用。

（2）环境应急物资储备与管理。《中华人民共和国突发事件应对法》第四十五条明确规定，国家要建立健全应急物资储备保障制度，完善重要应急物资的监管、生产、采购、储备、调拨和紧急配送体系。目前，环境应急管理实践中存在着各级政府及环保部门环境应急物资储备和各相关企业环境应急物资储备两种情形。各级政府及环保部门环境应急物资储备侧重于常用现场应急防护与处置装备储备，相关企业则侧重于各种常用中和剂、吸附物资以及处置设备等的储备。但两类储备各自独立开展，未能进行有效整合。环境应急物资储存的种类和数量明显不足，储存方式过于单一，均采用实物储存方式。

由于应急物资储备制度和管理体制不完善，应急物资的调用难是一个普遍现象。为达到“物资储备齐全，调拨工作高效”的目的，环境应急物资储备应采取政府及环保部门储备与企业储备相结合的社会化储备模式，建立完善各级政府及环保部门环境应急物资储备库，利用相关企业产品、原料及设施等构建社会化物资储备网络。同时，结合突发环境事件特点与两类储备的特点，以利用企业储备模式为主。根据风险源密度和运输半径等因素，坚持统筹规划、节约投资和资源整合的原则，社会化和专业化相结合，按照“合理布局，适量储备，便利调运”的要求，依托大型企事业单位和园区力量，建立“全覆盖，代储备”的应急物资储备体系。

（六）装备应用

环境应急装备是指环境应急防范与处置中使用的交通、防护、通信、监测等设备。环境应急装备是突发环境事件应急处置的硬件保障，其配置的全面性、合理性对于保护应急人员人身安全，迅速判断环境污染情况，及时高效进行应急处置有着极其重要的作用。对此《国家突发环境事件应急预案》明确要求：各级环境应急相关专业部门及单位要充分发挥职能作用等，增加应急处置、快速机动和自身防护装备、物资的储备，不断提高应急监测，动态监控的能力，保证在发生环境事件时能有效防范对环境的污染和扩散。

根据装备性能划分，环境应急装备主要分为应急交通工具及车载设备、应急防护装备、应急监测设备和应急辅助设备四类。具体内容如表 15-2 所示。

表 15-2　环境应急装备汇总

类别	内容		
应急交通工具及车载设备	应急指挥车及车载配置	应急指挥车，卫星通信设备，远程视频会议系统，单兵系统等	
	后勤保障车及车载配置	后勤保障车，笔记本电脑，传真、打印、复印一体化机，扫描仪，发电机及配套，UPS 及蓄电设备等，安全油桶及清水桶，行军床，野战帐篷、生活用品及食品，医疗救护包及其他辅助设备	
	应急监测车及辅助设备	应急监测车（监测预案中的监测设备）	
应急防护设备	呼吸道防护装备	过滤式防护器材	过滤式防毒面具，防酸碱面罩，综合、有机、无机等各类滤毒罐
		隔绝式防护器材	正压式空气呼吸器，充气泵，备用高压空气瓶
	皮肤防护装备	内装式重型防化服，轻型隔绝或过滤式防护服，防酸碱高靴，防护手套	
	辅助通信设备	喉震，腰压指，指环压指，对讲机	
	其他辅助设备	个人剂量报警仪，人员洗消器、洗消液，人员防护应急救生包等	
应急监测设备	气相色谱仪，吹扫捕集仪，离子色谱仪，气体应急检测仪，气体应急检测管，PID 检测仪，便携式余氯测定仪，激光测距仪，油分测定仪，水质自动采样器，水质快速测定仪。不明物质探测仪，氮气检测仪，手持式易燃高毒气体分析仪，挥发性有机化合物检测仪，便携式多功能水质检测仪，便携式有毒化学物质快速检测仪（固、水），便携式重金属检测仪，复合气体检测仪，光离子化检测仪，便携式水质分析实验室，土壤（固体）采样器，便携式多参数水质检测仪，便携式大气采样器		
应急辅助设备	现场通信专用 PDA，野外、红外照相机，单反相机及长焦镜头，高精度 GPS 定位仪，应急照明灯、应急警戒线、警戒标，应急处置办公包（笔记本、便携传真、便携打印、无线上网卡、照相摄像录音等取证器材，常用办公文具等）		

根据突发环境事件类型划分，环境应急装备可分为突发水环境污染事件应急装备与突发大气环境污染事件应急装备，见表 15-3。

表 15-3　常用应急装备

突发环境事件类型	应急装备类型	内容
突发水环境污染事件	个人防护装备	隔绝式防毒衣、简易防毒面具、防毒靴套、防酸碱长筒靴、耐酸碱防毒手套、耐酸碱防水高腰连体衣
	生命救助装备	救生衣、急救箱、救护车
	污染控制处置设备	排水泵、消毒设备、各种堵漏器、堵漏袋、堵漏枪、洗消器，封漏套管、阻流袋等
	其他辅助设备	投掷式标志牌、插入式标志牌
突发大气环境污染事件	个人防护装备	防毒面具（接滤毒罐）、简易防毒面具、正压式空气呼吸器、隔热（冷）手套、防毒手套、高压呼吸空气压缩机、气密防护眼镜、隔绝式防毒衣、隔热防护服、防酸碱工作服、滤毒罐、防酸碱长筒靴、防毒口罩、气体报警器
	污染监测消减设备	风速风向仪、测距仪、小型洗消器，消毒设备，洗消剂，堵漏器、堵漏袋、堵漏枪、封漏套管、阻流袋、堵漏胶、封漏剂等
	其他辅助设备	灭火器、防爆强光照明设备

如表 15-3 所示，应急防护装备一般包含呼吸道防护装备、皮肤防护装备、辅助通信设备及其他辅助设备等。环境应急防护装备的选择、佩戴、进入现场以及解除防护均有严格要求。在突发环境事件应急处置过程中，现场应急指挥、救援、处置人员通常直接面对、接触各类有毒有害物质、毒剂、生物细菌等，人身安全往往受到严重威胁。而环境应急人员的人身安全保障是环境应急工作顺利开展的重要前提，只有保护好自身才能更好地开展应急处置工作。对此，完善环境应急防护装备配备、掌握正确的使用方法、充分发挥装备安全保障效能，对于环境应急人员安全、迅速采取应急处置措施至关重要。

第四节　应急响应

一、信息接报与信息报告

（一）信息收集

通过各种方式、各种渠道来获取所需要的信息是应急响应的第一步，也是关键一步。我们将其定义为信息收集，并认为该项工作的好坏直接关系到整个应急响应工作的质量。

应急响应流程中的信息收集渠道可以分为制度性渠道和非制度性渠道。

1. 制度性渠道

制度性渠道又可分为报告渠道和举报渠道。

（1）报告渠道。为及时收集突发环境事件信息，国家、生态环境部和各级人民政府均应建立及时畅通的报告制度，并按照《突发环境事件信息报告办法》相关规定，在发生重大、特别重大突发环境事件时，事件发生地设区的市级或者县级人民政府环境保护主管部门应当在两小时内向本级人民政府和省级人民政府环境保护主管部门报告，同时上报生态环境部。省级人民政府环境保护主管部门接到报告后，应当进行核实并在一小时内报告生态环境部。

（2）举报渠道。国家鼓励单位和个人向人民政府及其有关部门报告突发环境事件信息，环境保护行政主管部门应向社会公布值班电话，受理有关突发环境事件的信息和举报。

《中华人民共和国突发事件应对法》第六十条明确规定："县级以上人民政府及其有关部门、专业机构应当通过多种途径收集突发事件信息。"

2. 非制度性渠道

非制度性渠道主要是指通过报纸、电视等公众媒体途径收集获取。当前，随着网络应用的不断深化，网络信息已经成为收集信息的另一条重要渠道。

在环境应急管理实践工作中，我们经常遇到因信息闭塞或者滞后而引起次生突发环境事件，或者导致事件影响扩大甚至事态难以控制。因此，及时准确地收集信息是第一时间掌握和控制事态发展的前提条件，有利于政府及有关部门采取积极有效的措施，最大限度地减少突发环境事件的发生以及造成的损失，为积极有效地应对突发事件争取时间、创造条件。

（二）信息辨识

信息辨识是对获取的原始信息进行筛选、分析，剔除不可信和错误的信息，尽可能准确、完整地展现事件的原貌，判断事件的敏感程度和事态发展的可控程度，提出相应的应急响应级别和处理处置方案。

（三）信息报告

及时准确的信息报告，有利于政府部门掌握突发事件的发展趋势，采取有效措施，预防和减少突发环境事件的发生及其造成的损失。在应对突发事件过程中，建立顺畅的信息报告机制尤为重要，直接关系到政府应对突发事件的各项工作。

突发环境事件信息报告的主体应包括环境保护行政主管部门、专业机构、单位、个人等。事故责任方应立即报告当地环境保护行政主管部门，可以通过拨打"12369"向当地环保部门报告，或向其他有关部门报告。对此，《中华人民共和国突发事件应对法》和《中华人民共和国环境保护法》中都有明确规定。

事发地环境保护行政主管部门在获知突发环境事件信息后，应当及时报告同级人民政府和上级环境保护行政主管部门。

在环境保护行政主管部门信息报告制度中将突发环境事件报告分为初报、续报和终报，并规定信息报告可采用书面报告或电话、传真、网络等多种形式。

（1）初报。初报应在发现和得知突发环境事件后上报，主要内容一般应当包括：突发环境事件的发生时间、地点、信息来源；事件的起因和性质、基本过程；主要污染物排放量；人员受害情况；饮用水水源地等环境敏感点受影响情况；事件发展趋势；处置情况；拟采取的措施以及下一步工作建议等初步情况。初报除提交文字报告外，还应当提供可能受到突发环境事件影响的环境敏感点的分布示意图。

（2）续报。续报应在查清有关基本情况、事件发展情况后随时上报，视突发环境事件处置进展可一次或多次报告。续报主要内容一般应当包括突发环境事件有关的监测数据、事件发生原因和过程、进展情况、趋势分析、危害程度、采取的措施及效果等情况。

（3）终报。终报应在突发环境事件处理完毕后上报。在初报和续报的基础上，终报主要内容一般应当包括处理突发环境事件的措施、过程和结果，突发环境事件潜在或间接的危害及损失，社会影响，处理后的遗留问题，责任追究等详细情况。

（四）信息通报

信息通报是指上级机关把有关情况以书面的形式通告下级机关或其他相关部门，这类通报通常具有沟通和知照的双重作用。有效的信息通报可以使各部门、各地区了解全局，协调一致，从而有助于事态的控制和处理。

发生突发环境事件责任方，应及时向受影响和可能波及范围内的环境敏感区域通报，并向毗邻和可能波及的省（区）相关部门通报突发环境事件的情况。

发生跨界突发环境事件时，当地人民政府及相关部门在应急响应的同时，应当及时向毗邻和可能波及的地区人民政府及相关部门通报突发环境污染事件的情况。发生跨国界突发环境污染事件，国务院有关部门向毗邻和可能波及的国家通报。

接到通报的人民政府及相关部门，应当视情况及时通知本行政区域内有关部门采取必要措施，当地政府向上级人民政府及相关部门报告，有关部门向本级人民政府和上级部门报告。

（五）信息发布

相对于一般的环境污染而言，突发环境事件没有固定的排放方式和途径，都是突然发生，在短时间内对环境造成严重污染和破坏，给人民的生命和国家财产造成重大损失，有时受影响的不仅是污染源所在地区，还可能波及相邻地区。

突发环境事件发生后，不了解事件真相、不具备专业知识的群众就成为突发环境事件中的弱势群体，如不及时发布信息极易引起社会主观猜测，甚至引起恐慌。因此，面对紧急严重的突发事件，及时、准确、全面、畅通的政府环境信息公开是应对突发事件的有效手段。

突发环境事件信息发布的主体是县级以上人民政府，信息发布的对象是公众和媒体。

信息发布形式主要包括授权发布、散发新闻稿、组织报道、接受记者采访、举行新闻发布会等，也可以通过省和事发地主要新闻媒体、重点新闻网站或者有关政府网站发布信息。

有关重大环境污染和生态破坏事故信息，应由政府负责及时、准确、全面地向社会发布，其他相关部门、单位及个人未经批准，不得擅自泄露事件信息，环保部门的职责是向政府报告重大环境污染事故情况。因此，在突发环境事件应急响应中，应由应急指挥部（政府）负责突发环境污染事件信息的统一发布工作。信息发布要及时、准确，正确引导社会舆论。对于较为复杂的事故，可分阶段发布。

二、应急启动

在突发事件处置中，对于应急启动的描述往往用“立即启动应急预案”来描述，事实上，在事件处置的实际过程中，应急启动包含了很多的关键性动作，包括启动预案、发布预警、制订工作方案一系列工作。

（一）启动预案

1. 确定预警级别

按照突发环境事件严重性、紧急程度和可能波及的范围，突发环境事件的预警分为四级：特别重大（Ⅰ级）、重大（Ⅱ级）、较大（Ⅲ级）和一般（Ⅳ级）。预警级别由高到低，颜色依次为红色、橙色、黄色、蓝色。根据事态的发展情况和采取措施的效果，预警级别可以升级、降级或解除。

收集到的有关信息证明突发环境事件即将发生或者发生的可能性增大时，应按照相关应急预案执行，并根据事件发展情况确定预警级别。进入预警状态后，当地县级以上人民政府和政府有关部门应当立即启动相关应急预案。

蓝色预警由县级人民政府发布。黄色预警由市（地）级人民政府发布。橙色预警由省级人民政府发布。红色预警由事发地省级人民政府根据国务院授权发布。

2. 成立应急指挥部

突发环境事件应急指挥部是突发环境事件处置的领导机构，主要负责突发环境事件的组织、协调、指挥和调度。应急指挥部工作内容一般包括：组织、指挥各成员单位开展突发环境事件的应急处置工作；提出现场应急行动原则要求；设置应急处置现场指挥部；派出有关专家和人员参与现场应急指挥部的应急指挥工作；协调各级、各专业应急力量实施应急支持行动；协调受威胁的周边地区加强对危险源的监控工作；协调建立现场警戒区和交通管制区域，确定重点防护区域；根据现场监测结果，确定被转移、疏散群众返回时间。

应急指挥部由县级以上人民政府主要领导担任总指挥，成员由各相关人民政府、政府有关部门、企业负责人及专家组成。应急指挥部应根据污染事件的类型，下设应急协调组、应急监察组、应急监测组、应急宣传组、应急专家组等。

3. 落实应急人员与应急装备

启动预案后，应首先落实应急人员与应急装备。应急人员通常包括现场调查人员、应急监测人员、处置专家、后勤保障人员等。应急装备主要包括两大类：基本装备和专用装备。

（1）基本装备。

① 通信装备。我国应急工作所用的通信装备一般分为有线和无线两类，在应急工作中，常采用无线和有线两套装置配合使用。移动电话（手机）和固定电话是通信中常用的工具，由于使用方便，拨打迅速，在社会救援中已成为常用的工具。在近距离的通信联系中，也可使用对讲机。另外，传真机的应用缩短了空间的距离，使救援工作所需要的有关资料及时传送到事故现场。

② 交通工具。良好的交通工具是实施快速响应的可靠保证，在应急处理中常用汽车和飞机作为主要的运输工具。国外，直升机和专用飞机已成为应急中心的常规运输工具，在应急工作中配合使用，提高了行动的快速机动能力。目前，我国的应急队伍主要以汽车为交通工具，在远距离的应急行动中，借助民航和铁路运输，在海面、江河水网，汽艇也是常用的交通工具。

③ 照明装置。重大事故现场情况较为复杂，在实施救援时需要良好的照明。因此，需为应急队伍配备必要的照明工具，以有利于救援工作的顺利进行。照明装置的种类较多，在配备照明灯具时除了应考虑照明的亮度外，还应根据事故现场情况，注意其安全性和可靠性。

④ 防护装备。有效地保护自己才能取得应急工作的成效。在事故应急响应行动中，各类应急人员均需配备个体防护装备。个人防护装备可分为防毒面罩、防护服、耳塞和保险带等。在有毒事故场所，应急指挥人员、医务人员和其他不进入污染区域的救援人员多配备过滤式防毒面具。对于处置、监测等进入污染区域的应急人员，应配备密闭型防毒面罩。

（2）专用装备。专用装备主要指各应急队伍所用的专用工具（物品）。在现场紧急情况下，需要使用大量的应急设备与资源。如果没有足够的设备与物质保障，即使是受过良好训练的应急队员，面对灾害也无能为力。根据突发环境事件的特点和环境应急队伍职能，专用装备包括应急监测装备和污染控制装备两大类。常用应急装备见表 15-4。

表 15-4　常用应急装备

序号	类别		装备名称
1	基本装备	通信装备	对讲机、移动电话、电话、传真机、电报等
2		交通装备	汽车、汽艇等
3		照明装备	备用发电机、应急灯具等
4		个人防护装备	防护服、手套、靴子、呼吸保护装置等
5	特殊装备	污染控制装备	泄漏控制工具、探测设备、封堵设备、解除封堵设备、污染应急处理设备等
6		应急监测装备	采样设备、样品保存运输设备、便携式监测设备、现场应急监测设备
7	其他装备	资料	计算机及有关数据库和软件包、参考书、工艺文件、行动计划、材料清单等

（二）制订工作方案

应急预案的基本功能在于未雨绸缪、防患于未然，通过在突发事件发生前进行事先预警防范、准备等工作，对可能发生的突发事件做到超前思考、超前谋划、超前化解，可以说编制应急预案是事前预防的一部分。应急预案都具有一定的普适性，但是，每个突发环境事件都是个案，有其自身的特性。在发生突发环境事件时，应急预案虽然可以指导处置工作，但存在着过于笼统、过于原则的问题。现场工作方案的制订就是将应急预案个性化、具体化的过程，针对个体事件，制订切实可行的现场行动方案，指导实际的应急处置工作，使各项应对工作有章可循、忙而不乱。

现场工作方案一般应包括以下内容：现场应急组织体系的建立；事故调查和应急监测的安排和要求；应急处置方案的论证和制订；减小事件影响的控制方案；确定信息发布时机及内容；明确应急响应终止要求以及应急终止后的其他工作安排等。

［案例 15-1］江苏省环保厅对南京市城北丙烯输送管道爆燃事件的处置方案。

2010 年 7 月 28 日上午 10 时许，位于南京市迈皋桥地区的某石化某塑料厂丙烯输送管道发生泄漏，泄漏爆炸并燃起大火。江苏省环保厅接报后，根据掌握的情况立即启动响应程序，并制订工作方案。

（1）根据环保厅突发环境事件应急预案要求，成立突发环境事件应急指挥中心，由厅长×××任总指挥，副厅长×××任副总指挥，各相关部门作为指挥中心成员单位参与应急处置工作。

（2）厅总值班室值班人员负责起草事件初报信息，第一时间向省政府应急办、环境保护部应急办报告，并通报环境保护部华东督查中心。

(3) 组成包括应急处置和监测专家在内的应急小组赶赴事故现场，开展调查处置工作。

(4) 指导南京市环保局开展环境应急及环境监测等工作，对事故现场及周边空气、水质进行监视监测，及时掌握环境变化情况。

(5) 应急小组赶赴现场后立即制订现场污染物防控和处置方案，防止污染物对水体及土壤造成二次污染。

(6) 突发事件得到控制、紧急情况解除后，根据应急调查、应急监测结果，确认事件已具备应急终止条件后，及时报指挥中心确认并报请省政府批准环境应急终止。

(7) 应急终止后，相关应急工作组应根据指挥中心的有关指示和现场实际情况，继续进行监测、监控和评价工作，直至本次事件的影响完全消除为止。

(8) 跟踪、督促该地区做好环境综合整治工作，并要求全省各级环保部门加强对高风险化工行业的监管，坚决查处并整改发现的环境安全隐患。

第五节　应急处置

一、应急处置的作用及意义

（一）第一时间控制环境影响

突发环境事件的直接受害者是环境，做好非常态响应的直接目的即为防止事件中造成的环境污染迅速扩大化，第一时间控制环境影响，维护环境安全。当前，先污染后治理的路子已经导致了环境对人类的不断“报复”，其中突发环境事件是一个爆发点、被关注点。不管是从环境保护的整体工作，还是从突发环境事件自身的破坏性来讲，非常态响应都显得格外重要。

（二）最大可能化解社会影响

作为突发环境事件最直接的受害者，环境同样是一个广泛的载体，人、财、物、社会等可能因为这一载体的影响而间接受到影响。这就导致了有时候环境问题不仅停留在环境保护的层面上，而有可能上升为社会问题，涉及民生和社会群体利益。妥善处置各类突发环境事件成为保障民生的一个重要前提。因此，在环境应急的非常态响应过程中，不仅要关注其环境影响，还应该最大可能化解社会影响，这已经成为当前非常态响应中的一个重要任务。

二、应急监测

环境应急监测是事故处理处置中的重要环节，是指在环境应急响应情况下，对污染物种类、数量、浓度和污染范围，以及生态破坏程度、范围等进行的监测。其目的是发现和查明环境污染情况，掌握污染的范围和程度。

应急监测主要内容一般应包括制订应急监测方案、确定监测项目、确定监测范围与布设监测点位、现场采样与监测、监测结果分析并编制应急监测报告。

（一）制订应急监测方案

根据现场应急工作方案要求，应急监测工作组应快速制订应急监测方案，方案包括监测对象、布点方法及范围、监测项目、采样频次等内容。

（二）确定监测项目

确定监测项目是应急监测中的技术关键。监测项目的筛选主要从污染源性质和污染受体性质两个方面考虑，必要时需咨询专家意见。

1. 污染源性质

（1）对于固定污染源引发的突发性环境污染事故，调查固定源单位有关技术人员，记录事故位置、生产设备、原辅材料、生产产品、生产记录等，确定主要污染物和监测项目。

（2）对流动源引发的突发性环境污染事故，通过对有关人员的询问以及运送危险化学品或危险化学品名称、数量、来源、生产或使用单位，确定主要污染物和监测项目。

（3）对未知污染物的突发性环境污染事故，通过对事故现场污染物的特征，如气味、挥发性、遇水反应、颜色及对周围环境、作物的影响，结合周边的社会、人文、地理及可能产生污染的企事业单位情况，进行综合分析来确定监测项目。

（4）如发生人员、动物、植物中毒事件，根据中毒反应的特殊症状，确定主要污染物和检测项目。例如，HF污染叶片后，其伤斑呈环带状，分布于叶片尖端和边缘，并逐渐向内发展。

（5）利用空气自动监测站、水质自动监测站和污染源在线监测系统的记录，确定主要污染物和监测项目。

2. 污染受体性质

（1）地表水：pH值、悬浮物、化学需氧量、氨氮、总氮、总磷、挥发酚、油类、粪大肠菌群、细菌总数。参照地区污染物的特征适当增减监测项目。

（2）饮用水水源地水（含井水）：pH值、悬浮物、高锰酸盐指数、氨氮、硝酸盐、亚硝酸盐、总磷、挥发酚、硫化物、总硬度、总汞、总砷、铅、镉、油类、氯化物、氟化物、总有机碳、粪大肠菌群、细菌总数。

（3）有污水排放的工矿企业及事业单位参照工业废水监测项目执行。

洪水淹没区的工矿企业和危险品存放地，根据工矿企业的产品、原材料、中间产品及存放危险品的种类，以国家控制的污染物为主，并参照国外有关限制排放污染物确定监测项目。

（4）居民集中区大气参照大气监测项目执行。

在实际的突发环境事件监测中应做到主次分明、手段灵活。在事件发生初期，应急监测的目的是快速确定敏感点附近的基本状况及危害程度，迅速采取措施，保障人民生命健康安全。在这一阶段，注重综合判断，尤其是当一些特征污染因子没有设定相应监测标准、没有现场监测设备或检测周期较长时，可根据实际情况选择综合性指标表征事件的污染影响情况，例如通过生物毒性测试水环境受有机物污染的情况；也可采用GC-MS等大型仪器对受体样品定性分析，确定污染物种类；同时还可以采取受体与可疑污染源比对分析，确定“污染责任主体”，为指挥部决策和制订处置方案提供及时、科学的依据。

（三）确定监测范围与布设监测点位

应急监测结果的一个重要影响因素就是采样点布设的完整性与代表性。采样点布设不完整，监测结果就不能充分反映事故的影响范围及发展态势。

（1）应急监测范围确定的原则。根据事发时污染物的特征、泄漏量、泄漏方式、迁移和转化规律、传播载体、气象地形等条件，确定突发环境事件的污染范围。在监测能力有限的情况下，按照人群密度大、影响人口多优先，环境敏感点或生态脆弱点优先，社会关注点优先，损失额度大优先的原则，确定监测范围。如果突发环境污染事件有衍生影响，则距突发环境事件发生的时间越长，监测范围越大。

（2）应急监测阶段采样点的设置。一般以突发环境事件发生地点为中心或源头，根据突发环境事件污染物的扩散速度和事发地风向、风速或水深、流速等气象和地域特点，确定污染物扩散范围，在此范围内布设相应数量的监测点位。事件发生初期，根据事件发生地的监测能力和突发事件的严重程度，按照采样点最具有代表性的原则进行应急监测，之后根据污染物的扩散情况和监测结果适当调整监测频次和监测点位。化学品气体泄漏事件的影响范围存在不可知性，通过气象等因素判定风向、风速，在距离事故点较近的位置安排便携式气体应急检测仪器，精确布点，通过检测分析和计算，判断污染物浓度及扩散方向和范围。常见事故监测范围和采样布点方法见表 15-5。

表 15-5 常见事故监测范围和采样布点方法

事件类型	采样节点方法
环境空气污染事故	在事故发生地采样，采用模型预测污染范围和变化趋势 以事故地点为中心，按定间隔圆形布点采样 根据污染物特征，在不同的高度采样 在上风向适当位置布点，对距离事发点最近的民居或其他敏感区域布点采样；注意风向的变化，随时调整采样位置
水环境污染事故	地表水环境污染事故以事故发生地为主，根据水流方向、扩散速度布点，应测定流量 江、河污染事故，在发生地下游布点，上游设对照断面，根据污染物的特征在不同层面采样。影响区域内饮用水和农业灌溉取水口布点必要时，布设沉积物采样断面 湖（库）事故发生地，在事故中心的水流方向的出水口处，按一定间隔扇形或圆布点，在出水口处设置采样断面
土壤污染事故	以事故地为中心，在事故地及周围一定距离的区域内按照一定间隔圆形布点采样，取垂直 10cm 表土层，样品除去石块、树叶、草根等杂物。在不同深度采样，并采集没有污染的土壤样品作为对照

（四）现场采样与监测

监测工作组根据监测工作方案进行现场监测或采样。如果能用快速方法现场监测污染物就现场监测；不能用快速方法监测的污染物，要现场采样送回实验室分析，监测人员在进入污染现场前，要做好个人的安全防护工作。现场采样与监测一般应遵循以下原则。

（1）现场监测的采样一般以事故发生地点及附近为主，根据现场的具体情况和污染水体的特性布点采样和确定采样频次。

（2）对于江河的监测应在事故地点及其下游布点采样，同时要在事故发生地点上游采对照样。对湖（库）的采样点布设以事故发生地点为中心，按水流方向在一定间隔扇形或者圆形布点采样，同时采集对照样品。

（3）事故发生地点要设立明显标志，如有必要可进行现场录像和拍照。

（4）现场要采集平行样，一份供现场快速测定，一份供实验测定，如有需要，要同时采集污染地点的低值样品。

（5）样品送交分析人员后，现场监测人员应说明有关情况，分析人员对照采样原始记录进行核对，以最快的速度分析样品，并将监测结果交质量保证组。

（6）样品分析结束后，剩余的样品应在污染事件处置妥当之前按技术规范要求予以保存。

（五）跟踪监测

突发事故过后，环境污染的影响往往要持续一定时间才能消除或降低到允许范围之内，这期间需要对污染源及环境质量进行跟踪监测，以确保事发环境及周边所影响环境的安全。跟踪监测应包括对环境质量的监测和评价、对污染现场残留污染物处理或处置的监督监测等内容。化工企业事故后破损的容器、装置内部可能残留化学品，甚至还带有较高的压力，在现场条件凌乱的情况下，有再次发生火灾、泄漏等事故的可能。监督监测措施应能及时发现问题，防止污染事故的再次发生。监控点的设置对于稳定周围居民的情绪也非常重要。松花江污染事件后，后期跟踪监测时间长达数月，范围长达上千公里，是迄今为止最大规模的一次突发污染事故跟踪监测。

（六）应急监测报告

污染事故发生后，地方政府、各部门、公众都迫切需要事故现场的环境信息，监测结果则是公众关心的焦点。采用正规渠道，及时、准确地发布监测结果，对稳定事故局势、安定附近居民的人心都有重要的作用。应急监测报告分为事故现场监测报告和影响预测报告。

（1）事故现场监测报告。应在最短时间内向现场指挥部发出第一期污染事故快报，报告事故现场及周边环境受污染情况，为指挥部决策提供依据，随后根据事故的变化情况以及现场领导小组规定的时间要求，陆续发出第二、三期快报，直至事态平息或稳定。

（2）影响预测报告。应由专家组通过专家咨询和讨论的方式，结合现场监测结果报告分析得出，并作为突发环境事件应急决策的依据。影响预测报告的主要内容一般应包括：根据突发环境事件污染物的扩散速度和事件发生地的气象和地域特点，确定污染物扩散范围；根据监测结果，综合分析突发环境事件污染变化趋势，预测并报告突发环境事件的发展情况和污染物的变化情况。

三、事故原因调查

在开展应急监测的同时，应急监察组开展现场调查取证工作。调查主要内容一般应包括：事故发生的时间、地点；污染源和污染物；污染范围、污染程度；周围的环境概况；必要时要对事件发生地的社会经济、人口分布、农业和养殖业特点、气象特征、水文情况、牲畜和农田植被的破坏情况、历史纠纷情况进行调查，根据调查结果和监测数据确定污染物的排放量和事故成因。

（一）事件基本情况调查

通常情况下，事件基本情况调查在信息收集阶段基本完成，在事件较为复杂、紧急或原因不明时，需要先行启动预案，再对事件基本情况进一步开展调查。事件基本情况调查主要内容一般应包括：事件发生地点、时间；污染物种类和数量；事件发生的直接原因；周边的环境状况等（是否有饮用水水源地、学校或居民集中区等）。

（二）事件成因调查

事件成因调查是指在调查了解事件发生的直接原因的基础上，挖掘和分析事件发生的深层次原因，准确把握事件本质，为决策者调整处置方案，为更快速有效地从根本上减少和降低事件的影响提供依据。随着社会公众的环境意识逐步提高，环境问题也往往成为各类社会矛盾、群体性事件的突破口，一些综合性因素引发的突发事件以环境污染事件的形式爆发出来，因此，在事件调查初期，除了掌握事件基本情况以外，还要对事件成因进行细致的成因调查，准确把握事件性质。长期累积的污染因素往往因偶然的气象、水利等因素的综合作用，会引发影响较大的突发事件，而环境污染更易成为关注的焦点问题，媒体的导向直指环境污染而忽略其他因素，这不仅给处置工作增加难度，也容易激化公众情绪，衍生发展成群体性事件。因此在处置这类事件时，在掌握事件基本情况的基础上，结合事发地气象条件、水利调节以及环境本底值等情况进行调查分析，综合判断、准确把握事件的性质，并及时将事件原因向公众和媒体公开，这对控制事态、化解社会矛盾、维护社会稳定尤为重要。

（三）事件影响调查

由于污染的长期性，事件的影响往往是潜在的，又是容易被忽视的，比如对土壤、地下水、农作物、水产品、畜牧业的影响等。可以通过专家咨询和科学鉴定等方式，对事件影响进行调查和评估，这也可为污染事件的纠纷赔偿提供科学依据。事件影响调查主要对象是累积型突发环境事件，如太湖蓝藻事件，这类事件是长期的污染累积在特定的条件下爆发出来的。

四、控制并消除污染

根据现场应急工作方案，应急监察组负责对污染源进行排查，特别是对产生污染物的企业进行重点排查。第一时间发现污染源，第一时间控制污染源，并与专家组研究制订消除污染的方案。

（一）排查污染源

（1）对固定源（如生产、使用、储存危险化学品、危险废物的单位和工业污染源）所引发的突发环境事件，可通过对相关单位有关人员调查询问方式，对企业生产工艺、原辅材料、产品的信息进行分析，对事故现场的遗留痕迹跟踪调查分析，以及采样对比分析等方式，确定污染源。

（2）对流动源（危险化学品、危险废物水陆运输）所引发的突发环境事件，可通过对运输交通工具驾驶员、押运员的询问以及危险化学品的外包装、危险废物转移“三联单”、准运证、上岗证、驾驶证、车号等信息，确定运输危险化学品的名称、数量、来源、生产或使用单位；也可通过污染事故现场的一些特征，如气味、挥发性、遇水的反应特性等，初步判断污染物质；通过采样分析，确定污染物质等。

（3）对原因不明的突发环境事件，可以从两个方面入手开展排查：一是从监测结果分析，二是从污染受体逆向排查。一方面，应急监测工作组可借助仪器对污染受体进行定性分析确定污染物的可能种类；另一方面，污控工作组结合监测结果，从污染受体逆向排查可能产生污染物质的各类污染源，包括点源（主要是指工业企业）和面源，在排查时特别要注意综合考虑气象因素（包括风向、汛期等）、事件发生前水利调节情况、社会历史因素、鱼虾产卵、蚕结茧敏感期等因素，有的放矢地排查，才能迅速准确地确定污染源和污染物，并为切断和控制污染源提供依据。

（4）工业企业污染源排查的一般程序和内容。

① 根据接报的有关情况，组织环境监察、监测人员携带执法文书、取证设备，以及有关快速监测设备，立即赶赴现场。

② 根据现场污染的表观现象（包括颜色、气味以及生物指示），初步判定污染物的种类，利用快速监测设备确定特征污染因子以及浓度。

③ 根据特征污染因子，初步确定流域、区域内可能导致污染的行业。在此环节中要考虑事件发生前的水利调节情况，若有水利调节活动，可能会影响排查方向和范围。

④ 根据污染因子的浓度梯度关系，初步确定污染范围。

⑤ 根据造成污染的后果，确定污染物量的大小，在确定的范围内，立即排查行业内的

有关企业。

⑥ 通过采用调阅运行记录等手段，检查企业排放口、污染处理设施及有关设备的运行状况，最终确定污染源。

（二）切断与控制污染源

（1）事故发生后，切断和控制污染源是控制并消除污染最基本和最有效的手段。通常可以采取限产、限排、停产、禁排、封堵等措施切断和控制污染源。切断与控制污染源包括厂内控制和厂外控制两种手段。一般情况下，事故发生后首先要在厂内进行控制，最大限度降低污染物对厂外的扩散。厂内控制通常采取以下手段：封堵污染源泄漏处或关闭污染源排放口；停止生产、禁止污染物排放；关闭厂区的总排污口和雨水口；将消防水排入应急池；加大厂内污染物处理设施的处理力度。

在实施厂内控制后，还需要进行厂外控制。厂外控制的主要目的是切断污染源与外界环境的联系，防止污染物的扩散，最大限度控制污染物的影响范围和影响程度。通常采取以下手段：筑坝拦截封堵；切断厂外管道与自然水体的联系；切断小河与大河的联系；封锁现场交通，限制人员流动。

在事件影响范围不断扩大或在必要的情况下，对污染源周边（如化工园区内）相同或相关的生产或排放企业（行业）采取限产、限排、停产、禁排等措施。

（2）水环境污染事件现场处置。根据污染物的性质及事件类型、可控性、严重程度、影响范围及水环境状况等，需确定以下内容；可能受影响水体情况说明，包括水体规模、水文情况、水体功能、水质现状等；制订定监测方案，开展应急监测；事件发生后，切断污染源的有效方法及泄漏至外环境的污染物控制、消减技术方法说明；制订水中毒事件预防措施，中毒人员救治措施；需要其他措施的说明（如其他企业污染物限排、停排、调水，污染水体疏导，自来水厂的应急措施等）；跨界污染事件应急处置措施说明。

（3）有毒气体扩散事件现场处置。根据污染物的性质及事件类型，事件可控性、严重程度和影响范围以及风向、风速和地形条件等，需确定以下内容：切断污染源的有效措施；气体泄漏事件所采取的现场洗消措施或其他处置措施；明确可能受影响区域及区域环境状况；制订监测方案，开展应急监测；可能受影响区域企业、单位、社区人员疏散的方式和路线、基本保护措施和个人防护方法；临时安置场所；周边道路隔离或交通疏导方案。

（4）溢油事件现场处置。根据溢油数量、油品的种类等，需确定以下内容：切断溢油源和控制影响范围的有效措施；制定监测方案，开展应急监测；制定事件现场隔离警戒，防止发生火灾爆炸事件措施；油品回收和减轻环境污染的措施；减轻溢油事件造成的社会影响的措施。

（5）危险化学品及危险废物污染事件现场处置。根据危险化学品和危险废物的性质、污染严重程度和影响范围，需确定以下内容：切断污染源的有效措施；防止发生次生环境污染事件的处置措施；可能受影响区域及区域环境状况；制订监测方案，开展应急监测；可能受影响区域人员疏散的方式和路线、基本保护措施和个人防护方法；临时安置场所；周边道路隔离或交通疏导方案。

（6）辐射事件现场处置。对于放射源丢失、被盗或被抢的事件，需确定以下内容：放射源搜寻措施和步骤；在指定区域内宣传放射性危害特性的方法。对于放射性物质泄漏事件，需确定以下内容：切断辐射范围扩大的途径；实时监测方案；现场专业技术人员个人防护措施；周边群众保护措施和预防、治疗方案。

（7）受伤人员现场救护、救治与医院救治。依据事件分类、分级，附近疾病控制与医疗救治机构的设置和处理能力，制订具有可操作性的处置方案，应包括以下内容：可用的急救资源列表，如急救中心、医院、疾控中心、救护车和急救人员；应急抢救中心、毒物控制中心；国家中毒急救网络；伤员的现场急救常识。

（三）减轻与消除污染影响

减轻与消除污染影响是指对已经产生的污染物采取一定的处理措施，消除或者减轻污染物的影响。一般采用拦截、覆盖、冷却降温、吸附、吸收等措施防止污染物扩散；通过采取中和、固化、沉淀、降解、清理等措施减轻或消除污染。

水污染事件应通过水力调节如关闸截污，调水冲污等方式，建设部门临时关闭取水或加药剂量，保证自来水出水的水质。

空气污染事件应做好人员疏散和预警发布工作，也可建议政府采取人工降雨等手段加快消除污染影响。

固体废弃物污染事件应防止污染介质转移，妥善处置固体废物和受影响的土壤。

五、应急专家指导

应急指挥部根据现场应急工作需要组成专家组，参与突发环境事件应急工作，指导突发环境事件应急处置，为应急处置提供决策依据。

发生突发环境事件后，专家组迅速对事件信息进行分析、评估，提出应急处置方案和建议，根据事件进展情况和形势动态，提出相应的对策和意见；对突发环境事件的危害范围、发展形势做出科学预测；参与污染程度、危害范围、事件等级的判定，为污染区域的隔离与解禁、员工撤离与返回等重大防护措施的决策提供技术依据；指导各应急分队进行应急处理与处置；指导环境应急工作的评价，进行事件中长期环境影响评估。

各级环保部门根据突发环境事件应急工作的需要建立不同行业、不同部门的专家。专家库一般应包括监测、危险化学品、生态保护、环境评估、卫生、化工、水利、水文、船舶污染控制、气象、农业、水利等方面的专家。

上级环境保护主管部门根据现场应急需要，通过电话、文件或派出人员等方式对现场应急工作进行指导。

六、安全与防护

在应对突发环境事件过程中，参与应急处置、应急监测和事故调查等方面的环境应急工作人员要做好个人的安全防护工作，配备相应的个人防护器材，针对突发环境事件应对工作特殊性，也可为环境应急工作人员办理意外伤害保险。

第六节　突发环境事件应急处置要点

一、危险化学品安全生产事故次生类事件应急处置要点

安全生产事故并不必然引发突发环境污染事件，只有当事故导致污染物质扩散到外环境，造成周边环境受到污染、居民人身受到伤害时，才是安全生产事故次生类事件，一旦安全生产事故引发突发环境事件，那么环境问题立即取代本身的安全生产事故，成为政府和公众关注的焦点，事件的社会影响也随之不断升级扩大。主要处置措施如下。

（1）建立健全各部门联合应急的长效机制。主动与安监部门、消防部门联合，形成共防机制。

（2）控制污染物不出厂。第一时间封堵厂区通往外环境的各类排放口，尽可能地将污染物质控制在厂区内。迅速启动厂区内的围堰、应急池等应急设施，防止污染范围扩大。

（3）优先选择对环境影响小的处置措施。在进行事故的应急处置时，专家应充分考虑到处置方案实施后可能对环境造成的影响。选择最优的处置方法，最大限度地减少对周边环境的破坏。如发生泄漏或燃烧爆炸的化学污染物质，如果让其充分燃烧比用消防水冲洗造成的环境污染小得多，那么就可优先选择充分燃烧的应急处置方式来减少事件的环境影响。

（4）防止污染范围扩大。在发现有污染物进入外环境后，根据专家建议，及时采取抛撒活性炭、特种化学物质，设置围堰、围油栏等设施，必要时筑坝拦截污染物，防止污染范围和程度的扩大。

（5）重点关注敏感保护目标。采取各类防控措施，确保饮用水水源地、居民集中区等重点敏感保护目标不受影响。如采取预设围油栏、暂时停止取水等方式保护饮用水水源地，临时紧急疏散附近居民、划定紧急隔离带或进行交通管制等措施保障人民群众的生命安全。

二、危险化学品交通事故次生类事件应急处置要点

（一）分类为交通事故次生类突发环境事件的两种情况

（1）在公路上，车辆发生交通事故，尤其是危化品运输车辆因碰撞、阀门失灵等事故引发危险化学物质泄漏、扩散，对周边水体、大气及土壤环境造成污染和破坏。

（2）在水路上，船舶碰撞、搁浅等事故造成溢油、危化品泄漏等，主要对河流、湖泊等水体及底泥造成污染。交通事故污染事件具有突发性、破坏性、紧迫性、不确定性和公众性等特点。一旦发生，将会在短时间内对区域环境造成巨大的污染损失，可能威胁到公众的饮水，甚至生命安全。

（二）主要处置措施

（1）划定紧急隔离带、进行交通管制。在发生危险化学品泄漏时，认真分析不同化学物质的理化性质和毒性，结合气象条件，迅速确定疏散方向、距离和范围，及时做好周围人员及居民的紧急疏散工作。

（2）判明危险化学品种类和毒性。在交通事故发生的突发环境事件中，如遇肇事司机死亡或逃逸，无法获取危化品信息，可根据槽罐车或运输船只的标识初步判断污染源种类，专业检测进一步确定和核实。充分调动社会资源，邀请有危化品处置经验的化工专家和企业专业人员参与处置。

（3）迅速查明敏感目标。接报后，迅速查明周边是否有饮用水水源地、居民集中区以及学校医院等，及时做好预防和应对准备。

（4）控制并消除污染。第一时间控制污染源，及时设置围堰、围油栏等，防止污染范围扩大。对已产生的污染物进行无害化处理，在涉及成分复杂或剧毒性污染物时，应特别注意安全防护，并借助专家、依靠科学，选取最优的处置方案，尽最大可能减少二次污染。

根据公路交通事故和水路交通事故的不同特点，可分别采取以下措施。

① 公路交通事故引发。

气态污染物：修筑围堰后，由消防部门在消防水中加入适当比例的洗消药剂，在下风向喷水雾洗消，消防水收集后进行无害处理。

液体污染物：修筑围堰后，应防止污染物进入水体和下水管道，利用消防泡沫覆盖或就近取用黄土覆盖，收集污染物进行无害化处理。在有条件的情况下，利用防爆泵进行倒罐处理。

固态污染物：如果是易爆品，则用水浸湿后，用不产生火花的木质工具小心扫起，进行无害化处理。如果是剧毒物，则应穿着全密闭防化服并佩戴正压式空气呼吸机，避免扬尘，小心扫起收集后无害化处理。

② 水路交通事故引发。

油类污染物：在饮用水水源地上游设置围油栏，利用吸油毡、打捞船等收集污染物，依据实际情况，对可能受到污染物饮用水水源地停止取水，确保供水安全。

其他污染物：快速判明污染物种类和毒性，采用合适的药剂进行清污工作（如酸类物质可和生石灰进行中和，投加活性炭吸附污染物等），毒性较大的化学品发生泄漏时，应第一时间关闭可能影响的下游取水口。

（5）重点关注敏感保护目标。采取各类防控措施，确保饮用水水源地、居民集中区等重点敏感保护目标不受影响。例如：采取预设围油栏、暂时停止取水等方式保护饮用水水源地，采取临时紧急疏散附近居民、划定紧急隔离带或进行交通管制等措施保障人民群众的生命安全。

（6）监测资源迅速准确到位，根据现场处置的实际情况，迅速制订和实施环境监测方案，加强对饮用水源地上游水体的监测频次，确保污染团不影响饮用水水源地。将所测数据规范整理及时上报，为事故的应急处置提供科学依据。

三、人为故意引发的危险化学品突发环境事件应急处置要点

人为故意引发的突发环境事件可能发生在污染物质的产生、运输、使用及处置等各个环节。是一种主观故意行为，操作往往隐蔽。具体处置措施如下。

（一）事故原因调查

主观故意违法排污导致的突发环境事件往往隐蔽性强，且涉及多个地区，因此事件的原因调查至关重要。在事件调查中应注重部门、区域间的联动，由公安部门介入事件调查，以便在最短的时间内查明肇事者、责任主体，全面掌握事件情况，有的放矢地开展处置。

（二）通过特征污染物质锁定肇事企业或个人

此类事件一定要充分运用监测的力量，在第一时间查明肇事因子，即特征污染物质。由果致因的推理过程非常重要。

（三）结合气象、水利条件处理

一般情况下，企业违法排污既有长期行为，也有短期行为。其中，长期行为极有可能是在摸清水流方向、气象条件等情况进行的。所以当水流方向发生逆流时，此类违法排污行为就会在第一时间内造成事件影响。因此，我们在排查原因时，可在肇事因子与特定的气象、水利条件之间寻找结合点，改变常规的污染源排查方式。

四、土壤污染为代表的累积性突发环境事件应急处置要点

（一）事故原因调查

土地污染事件发生后，首先需要查明污染物种类、来源、影响范围等，还需要调查土地用途、地下水水位、周围敏感目标分布等现状资料，以便选用合理的应对与处置措施。土壤污染具有一定的隐蔽性，事故发生后往往难以寻找其直接原因，在调查中需要结合历史资料和走访当地居民等方法进行。

（二）土壤治理与修复

多数污染土壤以重金属为主，局部地方以金属-有机废物的形式出现。污染土壤中重金属的来源很多，如工厂固体废物、污泥、大气沉降物、农用化肥等。目前土壤污染治理和修复成本高、耗时长、范围较小的污染土壤可采用淋洗、反渗透、植物修复等化学、生物及物理化学法进行治理，而对大面积的土壤修复仍主要依赖焚烧和深度填埋的方法处理。

（三）事故责任追究

土壤污染的控制与消除往往需要大量时间与金钱，明确事故责任主体，有利于土壤污染治理工程的长期有效推进。

五、综合因素引发的群体性事件应急处置要点

（一）快速反应，控制事态

环境群体事件一旦发生，情况将骤升紧急，各级环保责任部门主要负责人要立即赶赴现场，组织部署、采取果断措施防止事态扩大，并尽快按突发环境污染事件信息报告办法向上级环保部门报送相关情况。处置此类事件必须立足于“早”，化解于“小”，着力于“解”。同时对引发环境群体性事件的调处，要做到：定领导、定人员、定责任、定措施、定时限，按照“三不放过”原则，即责任不落实不放过、工作不到位不放过、问题不解决不放过的要求，把问题化解，处理到位，并做好后续工作，防止反弹。

（二）舆论引导，稳定情绪

在环境群体性事件发生后，秩序和信息传播混乱会造成人们心理状态的失衡以及情绪波动，因此，一方面必须控制信息传播并揭露谣言，另一方面应及时披露真相，正确引导公众的注意力，理顺群众情绪，防止事态进一步扩大。

（三）分而治之，避免混乱

环境群体事故的发生会影响群众的利益，在一些群众短时间内难以觉悟的情况下，开展协调和化解矛盾工作时，应分而治之，避免因矛盾交织出现混乱。

（四）灵活政策，分类处置

在处理环境群体性事件时，务必要弄清事因、群众心态和现场情况，慎重决策，区分对待。如确定是因企业污染造成的，要责成污染企业严格按照环保的要求采取切实可靠的措施，尽快进行整改，既要维护企业正常运转，又要维护群众利益，并做好宣传工作，帮助群众明晰事理。

（五）分清是非，秉公处理

处理环境群体性事件必须公正，分清是非是秉公执法的依据，不管是何种矛盾引发的环境群体性事件，处理时务必公正，任何偏袒和压制，都会导致矛盾的激化和事态的恶化。

六、饮用水危机事件处置要点

（一）做好信息的报告和通报

发生影响或可能影响饮用水水源地的突发环境事件时，应立即向本级人民政府和上级环境保护行政主管部门报告，立即通知下游可能受到突发水污染事件影响的对象，特别是可能受到影响的取水口和水厂，以便及时采取防护措施，第一时间通报水利、建设、卫生等相关部门，并通报下游或可能受到影响区域环境保护行政主管部门。

（二）第一时间确认事件基本情况

通过初步判断与监测分析，确认污染物及其危害性和毒性，按照污染源排查程序，确定与切断污染源，并对同类污染源进行限排、禁排；确认下游供水设施服务区及服务人口设计规模及日供水量，管理部门联系方式；取水口名称、地点及距离、地理位置（经纬度等），确认地下水服务范围内灌溉面积、基本农田保护区情况等。

（三）污染物扩散趋势分析

由于水体污染的特殊流动性和扩散性，研究判断污染物的扩散趋势是预防水危机事件的一个重要手段。根据各断面污染物监测浓度值、水流速度、各段水体库容量、流域河道地形，上游输入、支流汇入水量，污染物降解速率等，计算水体中污染物的总量以及各断面通量，建立水质动态预报模型，预测预报出污染带前峰到达的时间、污染物峰值及出现时间、可能超标天数等污染态势，以便采取各种应急措施。采用调水引流、设置围堰、封堵井口等措施，改善受污染水域的水质；启动供水应急预案等。

（四）及时发布信息

饮用水危机事件涉及民生问题，政府在处置饮用水危机事件时，应汲取“松花江事件”的教训，及时、真实、全面发布事件信息，必要时在事件处置进展中，适时公开发布信息，增强事件透明度，同时还应加强舆论引导，消除群众疑虑，避免群体性事件的发生。

七、自然灾害引发突发环境事件特点及应急处置要点

自然灾害的发生通常是突然且剧烈的，破坏力极大，会引起人员伤亡、财产损失以及相当程度的混乱。一旦发生自然灾害，很容易出现连锁反应，形成次生突发环境污染事件。应以“以人为本”“最优”为原则，最大限度地保障灾民的人身安全，权衡考虑采用最优的处置方案。自然因素引发的突发环境污染事件包括地震、泥石流、暴雪、洪水等自然灾害次生突发环境事件，也包括雷电、大风等自然天气导致危化品泄漏等突发环境污染事件。

任务案例

（1）山西新绛粗苯罐车侧翻泄漏次生突发环境事件。

（2）突发水污染事件应急处置方案。

15.1 山西新绛粗苯罐车侧翻泄漏次生突发环境事件

15.2 突发水污染事件应急处置方案

课后任务

一、非法焚烧电子垃圾案例分析

2022年5月至11月，福建省在开展“清水蓝天”跨区域交叉执法检查过程中，查办了龙岩新罗、永定、漳平，三明永安等地一系列非法焚烧电子垃圾案件，属地生态环境部门分别将案件刑事移送属地公安机关。经对上述案件串并分析，发现彼此均有关联，案件涉及电子垃圾的收购外销、焚烧处置、提炼成品回收销售等多个环节，网络覆盖福建、广东等省，属集团性、系列性案件。为打击违法源头、摧毁违法网络、阻断违法链条，福建省生态环境厅提级移送，将相关问题线索并案移交福建省公安厅进一步侦办。

2023年3月，省生态环境厅与省公安厅会商，将串并成果列为省级督办线索，成立联合专案组，由分管厅领导担任组长，持续深挖违法链条网络，查清犯罪团伙的人员情况、组织构架及犯罪窝点。7月26日至27日，省生态环境厅联合省公安厅在闽粤两省5市8县（福建龙岩新罗、永定、漳平，福州罗源，广东佛山南海，汕头潮阳、潮南，河源源城）同步收网，最终，成功摧毁一个在闽粤两省流窜作案的特大焚烧电子垃圾污染环境犯罪团伙。该团伙犯罪人员众多、分工明确、点多面广、作案隐蔽、情节恶劣，为近年来福建省查办最大的集“供应、生产、销售”全环节危险废物污染环境犯罪案件。

问题：环保部门应如何处置该事件，请给出建议。

二、湖北省襄阳市思特涂装有限公司非法倾倒农药废物案例分析

2022年3月，襄阳市生态环境局枣阳分局根据群众举报线索后，及时与检察、公安机关成立联合专案组。专案组围绕倾倒化工废水的气味、色度、强酸性等特征要素，运用水环境DNA大数据智慧监管平台，将现场水质参数与环境DNA库的数据同源性进行分析比对，溯源比对结果显示现场倾倒的化工废水与枣阳市思特涂装有限公司（以下简称“思特公司”）生产废水三维荧光特征同源性相似度为93.34%，精准“追踪”到污染源头。

经查，自2021年10月，思特公司将车间租赁给贺某军用于生产农药氰霜唑，生产过程中产生的废母液和反应罐清洗废液（危险废物类别为HW04农药废物，废物代码263－009－04）等农药废物暂存在厂区内废水收集池。因未配套建设污染防治设施，陈某兵（思特公司法人代表）每吨收取贺某军350元处置费用，安排公司主管何某峰、司机王某亮于2022年3月5日和3月10日将40吨未经处理的农药废物分四次抽入槽罐车，并运输至该市熊集镇境内倾倒（共3处倾倒点），造成环境严重污染。

2022年3月26日，枣阳分局委托湖北博测检测技术有限公司对思特公司废水收集池及废物倾倒现场的废液取样检测，废水收集池内化工废液pH值为0.1，3处倾倒点化工废液pH值分别为0.9、0.9和1.8。

案发后，专案组立即启动生态环境修复和损害赔偿工作，在倾倒现场周边修建挡水渠。同时，枣阳市政府首次以先行垫付的方式，批准应急处置费用50万元，将倾倒现场的化工废水和被污染土壤全部安全转移，规范处置，保障下游30余户村民饮用水和370余亩的粮食安全。经鉴定评估，思特公司及陈某兵、贺某军、何某峰、王某亮应赔付生态环境应急处置费用、环境修复费用、生态损害费用共计人民币200余万元。目前，枣阳市人民检察院已提起生态环境公益诉讼。

问题：请分析该污染事件的主要原因。环保部门应如何处置该事件，请给出建议。

参考文献

[1] 中华人民共和国安全生产法.

[2] 中华人民共和国环境保护法.

[3] 中华人民共和国突发事件应对法.

[4] 中华人民共和国清洁生产促进法.

[5] 中华人民共和国消防法.

[6] 中华人民共和国特种设备安全法.

[7] 危险化学品安全管理条例.

[8] 康青春. 防火防爆技术. 北京:化学工业出版社,2008.

[9] 王学谦. 建筑防火安全技术. 北京:化学工业出版社,2006.

[10] 刘荣海. 安全原理与危险化学品测评技术. 北京:化学工业出版社,2004.

[11] 耿旭明,赵泽民. 电气运行与检修1000问. 北京:中国电力出版社,2004.

[12] 李庄. 化工机械设备安装调试故障诊断维护及检修技术规范实用手册. 吉林:吉林电子出版社,2003.

[13] 李欣欣,谭连初. 化工设备检修中的危险因素及防范对策. 化工劳动保护,2001,22(10):367-368.

[14] 中国安全生产协会注册安全工程师工作委员会. 安全生产管理知识. 北京:中国大百科全书出版社,2008.

[15] 陈凤棉. 压力容器安全技术. 北京:化学工业出版社,2004.

[16] 刘相臣,张秉淑. 化工装备事故分析与预防. 北京:化学工业出版社,2003.

[17] 刘景良. 化工安全技术. 3版. 北京:化学工业出版社,2014.

[18] 张德姜. 全国压力管道设计审批人员培训教材. 北京:中国石化出版社,2005.

[19] 王静康. 化工过程设计. 2版. 北京:化学工业出版社,2006.

[20] GB 50160—92(1999年版). 石油化工企业设计防火规范.

[21] GB 51283—2020. 精细化工企业工程设计防火标准.

[22] GB 50016—2014. 建筑设计防火规范(2018版).

[23] GB 18218—2018. 危险化学品重大危险源辨识.

[24] GB/T 29639—2020. 生产经营单位生产安全事故应急预案编制导则.

[25] GB/T 20801.1～1.6—2020. 压力管道规范-工业管道.

[26] GB/T 21109.1—2022. 过程工业领域安全仪表系统的功能安全 第1部分:框架、定义、系统、硬件和应用编程要求.

[27] GB/T 29304—2012. 爆炸危险场所防爆安全导则.

[28] GB 30077—2023. 危险化学品单位应急救援物资配备要求.

[29] GB 18265—2019. 危险化学品经营企业安全技术基本要求.

[30] GB 50140—2005. 建筑灭火器配置设计规范.

[31] GB 50057—2010. 建筑物防雷设计规范.

[32] GB/T 50046—2018. 工业建筑防腐蚀设计标准.

[33] GB 12158—2006. 防止静电事故通用导则.

[34] GB/T 3836.1—2021. 爆炸性环境 第1部分:设备 通用要求.

[35] GB 50058—2014. 爆炸危险环境电力装置设计规范.

[36] 王德堂. 化工安全生产技术. 天津:天津大学出版社,2009.

[37] 黄柏,付春杰. 安全管理与环境保护. 3版. 北京:化学工业出版社,2007.

[38] 冷宝林. 环境保护基础. 2版. 北京:化学工业出版社,2008.

[39] 李亚峰,佟玉衡,陈立杰. 实用废水处理技术. 2版. 北京:化学工业出版社,2007.

[40] GB/T 50493—2019. 石油化工可燃气体和有毒气体检测报警设计标准.

[41] GB 150.1～150.4—2011. 压力容器[合订本].

[42] GB/T 50011—2010. 建筑抗震设计标准(2024版).

[43] GB 2893—2008. 安全色.

[44] GB 2894—2008. 安全标志及其使用导则.
[45] GB 7231—2003. 工业管道的基本识别色、识别符号和安全标识.
[46] HG/T 20679—2014. 化工设备、管道外防腐设计规范.
[47] TSG 21—2016. 固定式压力容器安全技术监察规程.
[48] AQ 3026—2008. 化学品生产单位设备检修作业安全规范.
[49] AQ 3009—2007. 危险场所电气防爆安全规范.
[50] HG 20660—2017. 压力容器中化学介质毒性危害和爆炸危险程度分类标准.
[51] GB 39800.1—2020. 个体防护装备配备规范 第1部分:总则.
[52] GB 39800.2—2020. 个体防护装备配备规范 第2部分:石油、化工、天然气.
[53] GB 6441—1986. 企业职工伤亡事故分类.
[54] GB/T 13861—2022. 生产过程危险和有害因素分类与代码.
[55] GB 30871—2022. 危险化学品企业特殊作业安全规范.
[56] GB 50914—2013. 化学工业建(构)筑物抗震设防分类标准.
[57] AQ/T 3033—2022. 化工建设项目安全设计管理导则.
[58] AQ/T 3034—2022. 化工过程安全管理导则.
[59] AQ 3035—2010. 危险化学品重大危险源安全监控通用技术规范.
[60] AQ/T 3049—2013. 危险与可操作性分析(HAZOP分析)应用导则.
[61] AQ/T 3054—2015. 保护层分析(LOPA)方法应用导则.
[62] GB/T 50779—2022. 石油化工建筑物抗爆设计标准.
[63] GB 55037—2022. 建筑防火通用规范.
[64] SH/T 3097—2017. 石油化工静电接地设计规范.
[65] TSG 08—2017. 特种设备使用管理规则.
[66] TSG D0001—2009. 压力管道安全技术监察规程-工业管道.
[67] TSG Z6002—2010. 特种设备焊接操作人员考核细则.
[68] TSG Z8001—2019. 特种设备无损检测人员考核规则.
[69] TSG ZF001—2006. 安全阀安全技术监察规程.
[70] TSG ZF003—2011. 爆破片装置安全技术监察规程.
[71] GB/T 38599—2020. 安全阀与爆破片安全装置的组合.
[72] 弗朗西斯·施特塞尔(瑞士). 化工工艺的热安全——风险评估与工艺设计. 北京:科学出版社,2009.
[73] TSG D5001—2009. 压力管道使用登记管理规则.
[74] TSG R5002—2013. 压力容器使用管理规则.
[75] TSG G5004—2014. 锅炉使用管理规则.
[76] TSG R5001—2005. 气瓶使用登记管理规则.
[77] 安全生产许可证条例.
[78] 特种设备安全监察条例.
[79] 中华人民共和国监控化学品管理条例.
[80] 易制毒化学品管理条例.
[81] 建设工程质量管理条例.
[82] 危险化学品生产企业安全生产许可证实施办法.
[83] 危险化学品建设项目安全监督管理办法.
[84] 危险化学品安全使用许可证实施办法.
[85] 危险化学品登记管理办法.
[86] 使用有毒物品作业场所劳动保护条例.
[87] 关于加强建设项目安全设施“三同时”工作的通知.
[88] 国务院安委会办公室关于进一步加强危险化学品安全生产工作的指导意见.
[89] 各类监控化学品名录.

[90] 危险化学品目录(2015 版).
[91] 生产安全事故应急预案管理办法.
[92] 危险化学品重大危险源监督管理暂行规定.
[93] 国家安全监管总局关于公布首批重点监管的危险化工工艺目录的通知.
[94] 国家安全监管总局关于公布第二批重点监管危险化工工艺目录和调整首批重点监管危险化工工艺中部分典型工艺的通知.
[95] 危险化学品建设项目安全设施设计专篇编制导则.
[96] 国家安全监管总局关于公布首批重点监管的危险化学品名录的通知.
[97] 国家安全监管总局办公厅关于印发首批重点监管的危险化学品安全措施和应急处置原则的通知.
[98] 国家安全监管总局关于公布第二批重点监管危险化学品名录的通知.
[99] 国家安全监管总局关于开展"机械化换人、自动 化减人"科技强安专项行动的通知.
[100] 易制爆危险化学品名录(2017 年版).
[101] 机关、团体、企业、事业单位消防安全管理规定.
[102] 国家安全监管总局办公厅关于印发危险化学品目录(2015 版)实施指南(试行)的通知.
[103] 劳动防护用品配备标准(试行).
[104] 关于印发《危险化学品生产建设项目安全风险防控指南(试行)》的通知.
[105] 应急管理部关于印发危险化学品企业安全分类整治目录(2020 年)的通知.
[106] 国家安全监管总局关于加强化工安全仪表系统管理的指导意见.
[107] 企业安全生产费用提取和使用管理办法.
[108] 危险化学品企业生产安全事故应急准备指南.
[109] 应急管理部关于全面实施危险化学品企业安全风险研判与承诺公告制度的通知.
[110] 危险化学品生产储存企业安全风险评估诊断分级指南.